本书由南京水利科学研究院出版基金资助出版

典型区域洪水分析模拟及风险评估

钟　华 王旭滢 刘艳丽 史俊超 等 / 著

河海大学出版社
HOHAI UNIVERSITY PRESS
·南京·

图书在版编目(CIP)数据

典型区域洪水分析模拟及风险评估 / 钟华等著. --
南京 : 河海大学出版社，2022.12
ISBN 978-7-5630-7815-8

Ⅰ. ①典… Ⅱ. ①钟… Ⅲ. ①区域洪水-水文分析②区域洪水-水灾-风险管理 Ⅳ. ①P331.1②P426.616

中国版本图书馆 CIP 数据核字(2022)第 226853 号

书　　名　典型区域洪水分析模拟及风险评估
书　　号　ISBN 978-7-5630-7815-8
责任编辑　金　怡
责任校对　周　贤
封面设计　张育智　吴晨迪
出版发行　河海大学出版社
地　　址　南京市西康路 1 号(邮编:210098)
电　　话　(025)83737852(总编室)　(025)83722833(营销部)
经　　销　江苏省新华发行集团有限公司
排　　版　南京布克文化发展有限公司
印　　刷　苏州市古得堡数码印刷有限公司
开　　本　710 毫米×1000 毫米　1/16
印　　张　23.25
字　　数　430 千字
版　　次　2022 年 12 月第 1 版
印　　次　2022 年 12 月第 1 次印刷
定　　价　158.00 元

序言

Preface

防灾减灾工作事关人民群众生命财产安全，事关社会和谐稳定。为应对水旱灾害防御和应急救灾的新形势和新变化，高效准确的洪水模拟研究以及风险评估已成为水利工程的重点课题之一。

“十二五”期间，国家防办下发了《关于印发〈省（区、市、流域）洪水风险图编制项目实施方案（2013—2015）编制大纲〉的通知》，大力推进风险图编制，开展洪水风险图制作相关技术研究，开展重要江河、重点区域、大中型水库及城市洪水风险图制作。

“十三五”期间，浙江省水利厅印发了《浙江省洪水风险图编制实施方案（2016—2020）》，完成约 1.5 万 km^2 的洪水风险图编制，基本覆盖浙江省所有重要防洪保护对象，并明确要求开展实时动态洪水风险图系统的开发。

2019 年水利部印发的《水利网信水平提升三年行动方案（2019—2021 年）》明确提出“基于水利一张图，开展动态洪水风险图编制与应用，结合洪水防御相关资源支撑预测预报、工程调度等工作”。

本书是浙江省洪水风险图编制的探索与应用的总结，对当前洪水分析模拟和风险评估方法及案例进行了详细叙述，共分为 9 章。

第一章绪论，指出我国当前防洪减灾的严峻形势，针对典型区域，探究洪水模拟分析和风险评估方法。第二章关键技术方法，包括资料收集与分析、洪水分析模型构建、洪水风险评估、洪水风险图绘制、洪水风险图应用等。第三章至第九章分别选取浙江省诸暨市、东阳市、杭州市钱塘区江东片（大江东产业集聚区）、青田县、台州市黄岩区、遂昌县、杭州市钱塘区（下沙片）作为典型区域，开展区域洪水分析模拟模型构建、模拟情景方案设计以及洪水风险图管理与应用系统建设。

全书由钟华、王旭滢、刘艳丽、史俊超统稿，由钟华主审。本书第一章至第二章由钟华、陈斌、史俊超、刘艳丽撰写；第三章至第四章由钟华、王旭滢、嵇海祥撰写；第五章至第六章由刘艳丽、张冰、王旭滢撰写；第七章至第八章由刘莉、史俊超、牛智星撰写；第九章由陈斌、林育青撰写。

同时感谢参与本书研究工作的来自于南京水利科学研究院、水利部信息中心、浙江大学、浙江省水利厅、上海勘测设计研究院有限公司、水利部南京水利水文自动化研究所、黄河水利水电开发集团有限公司、诸暨市水利局、诸暨市水文中心、东阳市水务局、青田县水利局、黄岩区水利局、遂昌县水利局、杭州市林业水利局、杭州钱塘区农业农村局、杭州钱塘区综合行政执法局等单位人员。

本书出版得到国家重点研发计划课题（2018YFC1508104）、浙江省重点研发计划项目（2021C03017）、国家自然科学基金项目（U2240203，52079079）和南京水利科学研究院出版基金项目资助，在此一并表示感谢。

目录

Contents

1 绪论 …… 001

1.1 研究背景 …… 001

1.2 国内外研究进展 …… 003

1.2.1 洪水分析模拟方法 …… 003

1.2.2 洪水风险评估方法 …… 006

1.2.3 洪水风险图编制 …… 007

1.2.4 洪水风险图应用 …… 009

2 洪水分析模拟及风险评估关键技术方法 …… 010

2.1 数据收集与分析 …… 010

2.1.1 数据收集 …… 010

2.1.2 数据分析 …… 011

2.2 洪水分析模拟方法 …… 013

2.2.1 一维河道水动力模型 …… 013

2.2.2 一维管网水动力模型 …… 019

2.2.3 二维水动力模型 …… 021

2.2.4 一、二维水动力模型耦合 …… 022

2.2.5 水文产汇流模型 …… 023

2.2.6 水文水动力模型耦合 …… 030

2.3 洪水风险评估方法 …… 031

2.3.1 洪灾损失评估方法 …… 031

2.3.2 避险转移分析方法 …… 034

2.4 洪水风险图绘制方法 …… 035

2.4.1 静态洪水风险图绘制 …… 036
2.4.2 实时洪水风险图服务 …… 041
2.5 洪水风险图管理与应用系统 …… 041
2.5.1 设计原则 …… 041
2.5.2 系统架构 …… 042
2.5.3 功能架构 …… 044
2.5.4 平台集成 …… 044
2.5.5 数据库设计 …… 044

3 浦阳江流域洪水分析模拟与风险评估 …… 048
3.1 研究区域概况 …… 048
3.1.1 自然地理条件 …… 048
3.1.2 河流水系 …… 048
3.1.3 水文气象 …… 050
3.1.4 防洪工程概况 …… 050
3.1.5 社会经济 …… 051
3.1.6 洪水来源分析 …… 051
3.2 技术方案 …… 052
3.3 数据收集 …… 053
3.3.1 基础地图数据 …… 053
3.3.2 水文资料 …… 053
3.3.3 河道地形数据 …… 056
3.3.4 防洪排涝工程数据 …… 056
3.3.5 历史洪水资料 …… 060
3.4 模型构建与检验 …… 061
3.4.1 建模思路 …… 061
3.4.2 建模范围 …… 061
3.4.3 干支流产汇流分区 …… 063
3.4.4 水文模型率定验证 …… 064
3.4.5 一、二维水动力建模 …… 071
3.5 洪水情景分析模拟及风险评估 …… 076
3.5.1 情景方案设置 …… 076
3.5.2 洪潮组合情景 …… 078
3.5.3 溃堤情景 …… 084

3.5.4 历史洪水重演情景 …… 086
3.5.5 洪水风险评估 …… 089
3.6 浦阳江流域洪水风险图管理与应用系统 …… 090
3.6.1 动态设定致灾因子 …… 090
3.6.2 实时洪水风险分析 …… 092
3.6.3 洪水方案管理与查询 …… 093
3.6.4 洪水演进展示 …… 094
3.6.5 灾情统计模块 …… 094

4 水库下游洪水分析模拟与风险评估 …… 095
4.1 研究区域概况 …… 095
4.1.1 自然地理条件 …… 095
4.1.2 河流水系 …… 097
4.1.3 水文气象 …… 097
4.1.4 防洪工程概况 …… 097
4.1.5 社会经济 …… 098
4.1.6 洪水来源分析 …… 098
4.2 技术方案 …… 099
4.3 数据收集 …… 100
4.3.1 基础地理信息 …… 100
4.3.2 水文资料 …… 101
4.3.3 河道断面资料 …… 104
4.3.4 构筑物及工程调度资料 …… 104
4.3.5 历史洪水及灾害资料 …… 109
4.3.6 社会经济资料 …… 109
4.4 模型构建与检验 …… 110
4.4.1 建模思路 …… 110
4.4.2 水文分析计算 …… 110
4.4.3 北江、南江一维水动力建模 …… 124
4.4.4 北江、南江流域二维水动力建模 …… 126
4.5 洪水情景分析模拟与风险评估 …… 129
4.5.1 情景方案设置 …… 129
4.5.2 洪水方案模拟 …… 130
4.5.3 洪灾损失评估 …… 139

4.6 东阳市洪水风险图管理与应用系统 …… 141
4.6.1 洪水实时计算 …… 141
4.6.2 洪水风险查询 …… 144

5 平原河网洪水分析模拟与风险评估 …… 147
5.1 研究区域概况 …… 147
5.1.1 自然地理条件 …… 147
5.1.2 河流水系 …… 147
5.1.3 水文气象 …… 151
5.1.4 防洪工程 …… 151
5.1.5 防洪排涝存在的问题 …… 151
5.1.6 洪水来源分析 …… 152
5.2 技术方案 …… 152
5.3 数据收集 …… 153
5.3.1 基础地理信息 …… 153
5.3.2 水文资料 …… 153
5.3.3 河道断面资料 …… 155
5.3.4 构筑物及工程调度资料 …… 156
5.3.5 历史洪水及灾害资料 …… 159
5.3.6 社会经济资料 …… 159
5.3.7 防洪重要保护对象 …… 160
5.4 模型构建与检验 …… 160
5.4.1 建模思路 …… 160
5.4.2 水文分析计算 …… 161
5.4.3 潮位边界计算 …… 166
5.4.4 河网一维水动力建模 …… 167
5.4.5 钱塘区江东片二维水动力学模型 …… 173
5.5 洪水情景分析模拟与风险评估 …… 175
5.5.1 情景方案设置 …… 175
5.5.2 洪水方案模拟 …… 175
5.5.3 方案成果合理性分析 …… 177
5.5.4 洪水损失评估 …… 179
5.6 钱塘区江东片洪水风险图管理与应用系统 …… 179
5.6.1 动态设定致灾因子 …… 180

5.6.2 实时洪水淹没分析 …… 181
5.6.3 洪水灾情统计 …… 183

6 青田县山区河流洪水分析模拟及风险评估 …… 184
6.1 研究区域概况 …… 184
6.1.1 自然地理条件 …… 184
6.1.2 河流水系 …… 186
6.1.3 水文气象 …… 189
6.1.4 防洪标准 …… 189
6.1.5 社会经济 …… 189
6.1.6 历史洪水及洪水灾害 …… 190
6.1.7 洪水来源分析 …… 191
6.2 技术方案 …… 192
6.3 数据收集 …… 194
6.3.1 基础地理资料 …… 194
6.3.2 河道断面资料 …… 194
6.3.3 相关规划和水文成果资料 …… 195
6.3.4 构筑物及工程调度 …… 196
6.3.5 社会经济资料 …… 199
6.3.6 防洪重要保护对象 …… 199
6.4 洪水模拟分析 …… 199
6.4.1 建模思路 …… 199
6.4.2 水文分析计算 …… 199
6.4.3 一维水动力模型构建 …… 213
6.4.4 二维水动力模型构建 …… 218
6.5 洪水情景分析模拟与风险评估 …… 220
6.5.1 情景方案设置 …… 220
6.5.2 洪水方案模拟 …… 222
6.5.3 洪水计算成果的合理性分析 …… 223
6.5.4 洪灾风险评估 …… 226
6.6 青田县洪水风险图管理与应用系统 …… 227
6.6.1 实时动态边界条件设置 …… 227
6.6.2 实时洪水演进模型计算 …… 228
6.6.3 实时洪水灾情分析 …… 228

6.6.4 实时洪水风险图绘制 …… 229
6.6.5 河道水位预警 …… 230
6.6.6 “20190710”洪水应用 …… 231

7 台州黄岩区防洪工程影响下洪水分析模拟及风险评估 …… 235
7.1 研究区域概况 …… 235
7.1.1 自然地理条件 …… 235
7.1.2 河流水系 …… 235
7.1.3 水文气象 …… 238
7.1.4 防洪排涝形势及工程 …… 238
7.1.5 社会经济 …… 240
7.1.6 历史洪水及洪水灾害 …… 240
7.1.7 洪水来源分析 …… 241
7.2 技术方案 …… 242
7.3 数据收集 …… 243
7.3.1 基础地理信息 …… 243
7.3.2 河道断面测量数据 …… 243
7.3.3 相关规划和水文资料成果 …… 244
7.3.4 构筑物及工程调度信息 …… 245
7.3.5 社会经济数据 …… 246
7.3.6 历史洪水及洪水灾害数据 …… 248
7.3.7 防洪重要保护对象 …… 248
7.4 洪水分析建模 …… 250
7.4.1 建模思路 …… 250
7.4.2 水文分析计算 …… 250
7.4.3 水库调洪演算 …… 256
7.4.4 一维水动力模型构建 …… 259
7.4.5 二维水动力模型构建 …… 263
7.5 洪水情景分析模拟及风险评估 …… 266
7.5.1 情景方案设置 …… 266
7.5.2 洪水方案模拟 …… 267
7.6 黄岩区洪水风险图管理与应用系统 …… 276

8 遂昌县山区小流域洪水分析模拟与风险评估 …… 278
8.1 研究区域概况 …… 278
8.1.1 自然地理条件 …… 278
8.1.2 河流水系 …… 278
8.1.3 水文气象 …… 280
8.1.4 防洪工程概况 …… 282
8.1.5 社会经济 …… 282
8.1.6 历史洪水及洪水灾害 …… 282
8.2 技术方案 …… 284
8.3 数据收集 …… 285
8.3.1 基础地理资料 …… 285
8.3.2 河道地形资料 …… 285
8.3.3 水利规划设计成果资料 …… 287
8.3.4 构筑物及工程调度资料 …… 287
8.3.5 社会经济资料 …… 290
8.3.6 历史洪水及洪水灾害资料 …… 291
8.4 洪水分析模型 …… 293
8.4.1 建模思路 …… 293
8.4.2 水文分析计算 …… 293
8.4.3 一维水动力模型构建 …… 302
8.4.4 二维水动力模型构建 …… 307
8.5 洪水情景分析模拟与风险评估 …… 310
8.5.1 情景方案设置 …… 310
8.5.2 洪水方案模拟 …… 310
8.5.3 方案成果合理性分析 …… 312
8.5.4 洪水风险评估 …… 313
8.6 遂昌县洪水风险图管理与应用系统 …… 313
8.6.1 洪水实时计算 …… 314
8.6.2 洪水动态展示 …… 315

9 滨海城区精细化洪涝模拟与淹没分析 …… 317
9.1 研究区域概况 …… 317
9.1.1 自然地理条件 …… 317
9.1.2 河流水系 …… 318

9.1.3 水文气象 …… 321
9.1.4 防洪排涝现状 …… 321
9.1.5 社会经济 …… 322
9.1.6 历史洪涝灾害 …… 322
9.1.7 洪水来源分析 …… 323
9.2 技术方案 …… 323
9.3 数据收集 …… 324
9.3.1 基础地理信息 …… 324
9.3.2 水文及洪水成果资料 …… 327
9.3.3 河道断面及地下排水管网资料 …… 327
9.3.4 构筑物及工程调度资料 …… 331
9.3.5 历史洪水及洪水灾害资料 …… 331
9.3.6 防洪重要保护对象 …… 332
9.4 洪水分析模拟 …… 333
9.4.1 建模思路 …… 333
9.4.2 水文分析计算 …… 333
9.4.3 一维水动力模型构建 …… 338
9.4.4 二维水动力模型构建 …… 344
9.5 洪涝情景分析模拟及风险评估 …… 346
9.5.1 情景方案设置 …… 346
9.5.2 洪潮组合方案模拟结果分析 …… 346
9.5.3 历史洪水方案重演模拟结果分析 …… 348
9.5.4 洪水风险评估 …… 350
9.6 钱塘区下沙片洪水风险图管理与应用系统 …… 351
9.6.1 洪涝模拟 …… 351
9.6.2 灾情统计分析 …… 353
9.6.3 实时洪水风险图绘制 …… 353

参考文献 …… 355

1

绪论

1.1 研究背景

一个世纪以来，以全球平均气温升高和降水变化为主要特征的气候变化和以城市化发展为主要标志的高强度人类活动对地球系统产生深远影响，其中水安全受气候变化和人类活动影响严重[1,2]。1998 年特大洪水袭击长江、松花江、嫩江等流域。2016 年气象灾害，长江中下游及江淮、西南地区东部等地因持续强降雨而引发严重水灾，11 个省（自治区、直辖市）因强降雨而遭遇洪涝、风雹、滑坡、泥石流灾害。2020 年超长梅雨导致长江中下游地区、淮河流域、西南、华南及东南沿海等地发生严重洪灾，其中安徽歙县因洪水围城而推迟高考，浙江新安江水库历史首次 9 孔泄洪。2021 年 7 月，在德国、比利时、中国等地发生了极端天气引发的洪水灾害事件，河南郑州 7 月 20 日单站最大一小时降水量达 202 mm，日累计降水量达 778 mm，超出郑州多年平均降水量 603 mm。气候变化导致极端天气频发，人民生命财产安全受到严重威胁，因洪水造成的人员伤亡和财产损失在当下社会依然是不容忽视的议题。

2015 年联合国世界减少灾害风险大会发布了《2015—2030 年仙台减少灾害风险框架》，明确提出理解灾害风险、加强灾害风险治理等四个优先研究领域。世界气象组织（WMO）的“减少灾害风险（DRR）计划”［Disaster Risk Reduction (DRR) Program］、联合国教科文组织（UNESCO）国际水文计划（IHP）第八阶段“应对地方、区域和全球水安全挑战（2014—2021）”［Water

Security-Responses to Local, Regional, and Global Challenges (2014—2021)]、国际水文科学协会(IAHS)科学计划"水文和社会中的一切变化(2013—2022)"[Everything Flow-Change in hydrology and Society(2013—2022)]、美国国家研究理事会2012年出版的《水文科学的挑战与机遇》(Challenges and Opportunities in the Hydrologic Sciences)、国际 HEPEX 计划等都提出需要进一步加强对洪涝灾害风险的理解。

随着气候变化和人类活动的不断深入,暴雨洪涝灾害的孕灾模式和成灾特性已经发生了变化。洪涝问题是我国治水"老问题",具有长期化、突发性、反常性、不确定性等特点。为此,随着治水实践的深入和对洪水认知水平的提高,人们意识到仅通过水利工程无法从根本上解决洪水问题,一些国家逐步形成了一种新的治水文化——洪水管理,防洪思想从控制洪水转变为洪水管理[3],通过调整人的行为来促进人与洪水和谐共存,降低洪水风险。

洪水风险管理是涉及自然、人文、经济等各方面的综合管理体系,通过工程措施、非工程措施以及政策措施的综合应用达到高效、可持续的治理效果[4]。洪水风险受自然条件和社会经济等众多因素综合影响,概括为三个因素:致灾因子、发生途径和受灾体。在洪水风险研究中,不同学科侧重的研究目标及时空尺度存在较大差异。洪水风险评估分析的主要方法包括水文学法、水力学法和灾害学法。水文学法强调洪水发生的可能性及大小,主要侧重于致灾因子;水力学法注重洪涝演进过程及洪涝风险空间分布的不均匀性,较为侧重洪涝发生途径;灾害学法探寻洪水灾害成因及其时空分布,侧重于孕灾环境及受灾体。随着技术进步和学科间交叉融合,基于致灾因子-发生途径-受灾体的洪水风险综合研究受到广泛关注,分析方法日渐完善[5-7]。近年水利部发布了《洪水风险图编制导则》和《洪水风险图编制技术细则》,明确了致灾因子分析、洪水过程分析、洪灾损失分析作为洪水风险分析的主要环节[8,9]。

我国50%以上的人口及70%以上的工农业产值分布在沿海地区,地处海陆过渡带,受陆地径流和海洋潮汐、风暴潮的影响,易遭受台风风暴潮、洪水、暴雨袭击,具有洪涝致灾因子多样性、孕灾环境复杂性及承灾体脆弱性的特点。浙江省位于我国东南沿海地区,人口、资产密度高,面对洪涝灾害的脆弱性明显。近年来受气候变化及快速城镇化影响,洪涝灾害事件频发,洪水安全成为社会经济可持续发展的重要制约因素[10,11]。

本研究针对我国沿海地区面临的复合洪涝灾害,选取浙江省典型区域,以致灾因子-发生途径-受灾体的洪水风险研究体系为指导,基于水文气象数据、高精度地形图、数字地面高程(DEM)信息、土地利用状况、河道水下地形、城市排水管网、水利工程及防洪调度、社会经济资料等,结合现场调研和补充测量,采用水文分析、水文模型和水动力模型建模结合洪水分析模拟技术,模拟洪水淹没情景并进行风险分析评估,为防洪减灾、洪水管理提供有效的技术支撑。

1.2 国内外研究进展

1.2.1 洪水分析模拟方法

洪水分析模拟是指通过水文、水力学方法对洪水发生、发展运动规律的模拟计算,一般采用水文学方法、水力学方法,通过数值模型来实现[12]。

1.2.1.1 水文学法

水文学法主要用于计算洪水,有水量平衡方法(能量方程)、降雨产汇流计算方法、河道洪水演算方法等常用的方法。

降雨径流模拟技术,如 Sherman 单位线理论、Horton[13] 的经典地表径流入渗理论、Narsh 的瞬时单位线理论和线性水库方法,多数都采用降雨径流理论来分析,这就是最初的经验性黑箱子模型[13]。20 世纪 60—80 年代,在原先的经验性黑箱子模型基础上,逐步发展了一些概念性集总式模型,比较有代表性的有美国的 Stanford 模型和 SAC. SMA 模型、日本的 Tank 模型、我国的新安江模型和陕北模型[14]、意大利的 CLS 模型等[15]。此时,这些概念性集总式灰箱模型相较之前的经验性黑箱子模型有了很大进步,但仍不满足水文变量的空间分布研究,基于此,Freeze 和 Harlan[16] 提出了未来分布式水文模型发展蓝图(简称 FH69 蓝图)。20 世纪 70 年代,Beven 和 Kirkby 开发了半分布式水文模型 TOPMODEL[17]。随着计算机的不断发展,到 90 年代,欧洲研发的 SHE 水文模型、美国的 SWAT 模型、VIC 模型受到了水文学家的大力追捧。分布式水文模型已成为当前面向多种目标水文研究与应用的重要工具,是现代水文模型发展的一个趋势和方向,是流域水文模型的最新发展和国际前沿研究热点。近年来,人们越来越关心气候变化以及人类活动对水循环和水资源的影响,因此分布式水文模型朝着大尺度和精细化方向发展。

环境的变化导致水文资料缺乏足够的一致性,这也使得缺资料或无资料地区的流域水文预报更加困难[18]。利用分布式或半分布式水文模型对变化环境下的水文预报进行研究,国内外皆取得许多进展和成果。在我国,随着水文监测的不断发展，加上雷达测雨技术以及天气数值预报技术的发展，分布式模型的资料要求基本得到满足，为无资料流域以及中小河流的预警预报研究提供了平台[19,20]。

1.2.1.2 水力学法

水力学法是基于不同洪水调度或工程运行条件下，根据洪水过程中的水力学特征值变化情况，研究洪水发生时可能的威胁及危害程度。

圣维南方程组是水力学方法的基础与核心，通过水力学方法研究洪水演进的目的是将各种水力单元有机连接，建立详细的河流空间分布结构，从而分析不同河道断面流量及水位的时空变化以及洪水在河段内的演进过程。水力学方法的核心是求解圣维南方程组，密西西比河和俄亥俄河的水流模型最早由 Lsaacson Stoker 和 Troessch 建立[21]。国内数值模拟最早以一维数值模拟为主，随后出现了二维模型，并衍生出泥沙、污染物等物质输移模型。

二维水流运动数值模拟，不考虑深度方向的变化，而是根据地形模拟水流运动情况。第一个二维模型是由 Liggett[22]建立的，其采用的方法是有限差分法和矩形网格。1996 年，周孝德等[23]针对君山滞洪区，建立了二维隐式差分模型模拟了洪水淹没情况。1998 年，李大鸣等[24]改进了二维水流模型，考虑到模型上下游洪水边界即糙率变化等因素，对永定河段进行了数值模拟计算。Paul D. Bates 等[25]基于传统圣维南方程进行改进，提高了二维计算模型的精度及效率；谭维炎等[26-30]通过改进洪水波运动方程，提高了对二维浅水运动的计算效率，针对洞庭湖和钱塘江两处研究区分别进行洪水计算，结果合理。

随后一二维耦合模型的研究也得到了迅速发展，尤其是蓄滞洪区的洪水演进模拟。大多一二维耦合模型采用侧向衔接，耦合方法包括重叠计算区域法、边界迭代法、水量守恒法以及水量动量守恒法等[31]。在地理信息技术迅速发展的背景下，基于 GIS 建立淹没模型受到水文工作者的青睐，并开发了基于 GIS 的暴雨淹没模型[32]。将水动力模型与地理信息系统集成能够有效发挥 GIS 在数据管理、空间分析以及人机交互方面的优势。张大伟等[33]对天然河道溃堤水流建立了一维、二维耦合数学模型，在一、二维模型的链接处采用堰流公式实现河槽内外水流的交互。蒋书伟[34]基于平面二维水流的浅水运动方程建立了桥区附近的二维数学模型。

1.2.1.3 水文水动力耦合模型

为研究河道和流域之间的水力联系，有关专家提出了将水文模型和一维水动力模型耦合的想法。根据耦合方式的不同，分为外部耦合、内部耦合以及全耦合[35]。外部耦合也被称为单向连接，即水文模型的输出作为水动力模型的输入。王船海等[36]将水文模型的输出作为洪水演进模型的输入实现平原河网地区流域与河道的水力连接；李致家等[37]采用一维、二维水动力模型与新安江模型相结合的方式对南四湖流域洪水进行了模拟；杨甜甜[38]以大伙房模型的输出作为 MIKE11 模型的输入，并以福山水文站为研究目标，比较耦合之后与耦合之前的不同模拟效果。

内部耦合和全耦合的水文水动力耦合模型目前应用相对较少，这需要水文模型和水动力模型之间建立更深层次的连接，且可以相互作用。这种相互作用可以通过模型状态变量的交换来实现，Beighley 等[39]通过将水文模型 WBM 的输入作为水动力模型中的源汇项来进行变量交换；张小琴等[40]以水动力模型算得的水位对区间入流进行动态修正，从而实现了水动力模型对水文模型的反馈作用。Thompson 等[41]通过运用全耦合技术，将水文模型 MIKE SHE 和水力模型 MIKE 11 成功地进行了耦合，能够反映坡面与河道洪泛区水流之间的相互作用关系。但是全耦合的迭代计算需要耗费大量计算存储空间，因此在实际工程中应用并不广泛。

水文模型与水动力模型的耦合已经成为洪水模拟的基础技术支撑。韩超等[42]在研究区域降水对嘉兴地区河网的洪水过程影响时，将 SCS 水文模型和 MIKE 11 水动力模型进行了耦合；刘浏等[43]分别在太湖流域的山区和平原区构建 VIC 模型和 ISIS 水力学模型，为太湖流域洪水风险情景分析奠定了基础。同时，借助于耦合水文水动力模型，还可以对平原河湖地区土地使用变化对排涝模数的影响展开进一步研究[44,45]。

1.2.1.4 水库防洪调度

水库是流域防洪工程的典型代表，在洪水发生时可以起到调洪蓄水、削减洪峰且坦化洪水过程作用，按照不影响下游河道安全的流量下泄，确保水库下游防洪安全。在水文水动力耦合计算中，水库下泄流量是水力学计算重要的上边界或内边界。水库的调度运行会改变洪水行进状态，因此在洪水分析模拟中需特殊考虑。

早在二十世纪初期，国外已经开展了对于水库工程防洪影响的相关研究。之后伴随着计算机技术的快速发展，至 1987 年，Vogel[46]综合考虑了决策过程中的非天然因素的影响以及对策方法的相关理论，构建了水库防洪兴利的相关函数，有效提高了水库运行过程中的风险管理能力。近年来，我国对于水库工程防洪风险方面研究越来越重视，取得了大量研究成果。主要成果包括防洪调度、库区大坝安全风险、水库多目标决策的风险分析以及对水库泄洪能力的风险分析[47]。

在防洪调度方面，刘艳丽等[48]采用拉丁超立方体抽样方法，对比传统水库防洪风险分析方法，以碧流河水库调度为例，模拟分析两种方法在单因素风险分析和多因素组合分析下的应用情况。焦瑞峰[49]通过分析水库防洪调度工程中存在的问题明确了主要的风险因素，针对陆浑水库设计出多风险因素的蒙特卡洛模拟流程，计算各汛限水位下的方案风险率，得到合理科学的汛限水位方案。

在水库调度对于下游洪水演进的影响方面，主要通过构建水库调度模型模拟计算洪水演进过程。杨百银等[50]针对水库调洪作用提出了泄洪分析模式及计算方法，合理分析梯形水库泄洪方案的风险程度。姜树海等[51]根据考虑多种不确定因素的河道水面线推求方法，为了求得河道水面线的概率密度构建微分方程进行计算，从而分析研究河道行洪的风险。郑管平等[52]在考虑溢流坝能力等不确定因素的同时通过蒙特卡洛方法模拟计算。徐祖信等[53]针对开敞式溢洪道提出了新的泄洪风险计算方法，并结合 JC 法计算水库泄洪风险。庞树森[54]以 2017 年长江 1 号洪水为例，通过分析三峡水库上游入流情况、下游洪水演进过程以及水库运行调度过程多种因素，发现三峡水库防洪补偿调度效果明显，有效减少了流域的经济损失。

在水库调度影响的下游洪水模拟方面，顾巍巍等[55]针对水库下游地区河道洪水与漫堤洪水建立了一二维耦合模型，并采用历史洪水进行验证。陈建峰[56]以黑河金盆水利枢纽为例，应用 HEC-RAS 模型、ArcViewGIS 和 HEC-GeoRAS 模拟了设计洪水和校核洪水经水库调节后下游河道及区域的洪水演进。孙继鑫等[57]构建一二维水动力模型对不同重现期下黄河水库下游河段洪水演进进行模拟，为研究水库下游洪水影响规律及洪水风险区的防洪避险决策方案提供支撑。

1.2.2 洪水风险评估方法

洪水风险评估是根据研究区域的自然环境、洪水特性、社会经济情况等条件，在洪水分析模拟的基础上评估在遭受到不同频率的洪水时，研究区域淹没及损失情况。通过洪水风险评估,可以为防洪工程规划、洪水灾害预警、蓄滞洪区划分等提供技术支持。

洪水风险评估早期主要运用历史灾情数理统计方法,根据数据规律分析灾情特征并进行归纳[58]。发展到中期,形成了指标体系法,研究者凭借经验选取一定的指标进行分析研究。洪水灾害风险评估是涉及多方面指标的综合评估。致灾因子的危险程度、孕灾环境的稳定程度、承灾体的抗破坏程度均会影响洪水灾害的程度。陈军飞等[59]利用随机森林算法,选取人口、土壤含水量、面平均降雨量等 9 个风险指标进行训练,构建基于随机森林算法的洪水灾害风险评估模型。Sun 等[60]和 Tavares 等[61]运用决策树选取降雨、地形、河网等自然因子对当地的洪水风险进行评估。

国内外学者进行了许多以 GIS 为支撑的洪水灾害风险评估研究,借助历史洪水数据和自然、人口、经济数据,结合区域空间动态分析,对洪水灾害进行高效合理的空间评价,以提高风险评估的准确性。Dushmanta 等[62]建立了基于 GIS 的多标准洪水风险评估模型,并对标准中的不确定性及其造成的影响进行了研究,对空间分布上的洪水影响进行了评估。殷洁等[63]基于 GIS 技术和灾害统计学原理,对武陵山区洪水灾害风险进行了评估。田玉刚等[64]基于灾害风险评估理论对洞庭湖地区的洪水灾害进行风险评估,获取了该区域的风险等级区划图,为洞庭湖地区的防灾、减灾工作提供有力支撑。

1.2.3 洪水风险图编制

随着防洪思想的转变,洪水风险图作为典型的非工程防洪措施,已成为重要的洪水风险管理手段。

(1) 美国

美国洪水风险图的编制起步较早,并且与洪水保险制度密切相关[65]。20 世纪 60 年代,美国勾画洪泛区边界以便于进行管理,并颁布《国家洪水保险法》[66];70 年代至 90 年代,联邦政府和各州县相继完成了不同频率下的洪水危险图、100 年一遇洪泛区洪水保险费率图和洪水区划图。随着计算方法的改进、计算机技术发展和地理信息数据精度的提高,美国洪水风险图的应用日趋广泛,包括应急管理、洪泛区生态保护、建设项目洪水影响评价等领域。

(2) 日本

日本的洪水风险图编制起步于 20 世纪 80 年代,日本通过立法使得洪水风险图编制任务的开展具有法律保障,因此在 2010 年日本已经完成全国洪水风险图的编制任务[67]。日本洪水风险图编制技术标准主要包括《洪水灾害图编制指南》《淹没区域图编制导则》《中小河流淹没区域图编制导则》等，其洪水风险图编制量级一律取为相应河流的设计暴雨所对应的防御标准洪水，除根据历史洪水数据编制"历史洪水淹没图"外，洪水分析统一采用水力学方法。

(3) 荷兰

从1953年荷兰遭遇了历史上最为严重的洪水以后，荷兰三角洲委员会成立了，制定了一系列防洪保护措施。根据荷兰皇家气象局(KNMI)预计的气候情景，未来荷兰海平面会持续上升并且河道流量会持续增加。此外，越来越多的居民选择生活在被堤坝保护的区域以外。以上两点表明，洪水的威胁及潜在损失正在增加，洪水将会对荷兰造成广泛且持续的破坏。因此，荷兰政府、省和地方水事委员会积极开展洪水风险图的绘制工作，并于2010年绘制完成了所有堤坝的洪水风险图，描述不同频率洪水发生后可能造成的损失。

按照洪水发生的可能性，荷兰洪水风险图模拟了三种类型的洪水场景，分别是较小概率(500年到10 000年一遇)、小概率(100年到300年一遇)和大概率(10年到30年一遇)洪水事件。通过模拟，洪水风险图将展示不同区域发生洪水的影响，包括：1级地区防洪系统溃坝后被淹没的区域、3～5级地区防洪系统溃坝后被淹没的区域和沿主要水系分布的堤外区域。

洪水风险图包含的信息包括洪水的物理特征(影响范围、水深、流速)、传播速度、水位升高速率和持续时长等。借助洪水风险图信息，分析可能受灾的人群数目、受灾区域经济活动可能受到的影响、是否存在危险性建筑物如核电站或化工厂、是否存在历史文化建筑和是否存在自然保护区等。目前，荷兰洪水风险图均已公开发布在网站上，供公众进行查询。

(4) 中国

中国洪水风险图编制工作起步于20世纪80年代，以淮河干流的蒙洼蓄滞洪区为试点开展研究工作。"十二五"期间，水利部开展了全国重点地区洪水风险图的编制，并对各个地区的成果进行了成果汇集。为保证统一管理与应用，设计开发洪水风险图管理与应用系统，实现了国家级、流域级到省级的逐层覆盖。2004—2013年，国家防办先后在全国范围内开展了三次洪水风险图编制试点。浙江省、福建省、湖北省、北京市、上海市等也相继开展了洪水风险图编制的探索和应用实践。通过全国重点地区洪水风险图编制项目的实施，形成了一系列洪水风险图编制规范性技术文件和管理文件，形成了涵盖河道洪水、溃坝洪水、内涝和风暴潮等多种洪涝类型的通用化洪水分析软件，开发了洪水影响分析与洪水损失评估模型和基于GIS数据模型驱动的洪水风险图绘制通用系统，采用水力学方法编制了所有重点防洪保护区、重要及一般蓄滞洪区、主要江河洪泛区、半数以上重要及重点城市的洪水风险图，初步具备了推行洪水风险管理的基本条件。

我国洪水风险管理体制不断往综合化、系统化方向发展，并结合保险行业对洪水风险实施更加全面的管理[68]。从我国的实际国情出发，需要因地制宜，把握流域水系的洪水特性以及演变趋势才能形成可持续的治水方略[69]。我国洪水风险图在防汛抢险和洪水应急管理中的应用日趋广泛。

1.2.4 洪水风险图应用

当前洪水风险图的应用主要有以下几类。

(1) 防洪区土地管理。以洪水区划图或不同频率淹没范围图的形式，划定禁止开发区、限制开发区，辅助城乡建设规划，引导产业合理布局和建设项目合理选址，支持洪水影响评价工作的开展。

(2) 避洪转移。以避洪转移图的形式，辅助应急管理部门组织群众安全转移或引导公众采取合理的避洪转移行动；以洪水淹没范围、水深、到达时间、淹没历时、洪水损失图等形式，辅助有关部门制定相应的防洪应急预案，提升应急响应行动的合理性、科学性和时效性。

(3) 防洪规划。通过各种防洪措施或其组合方案实施前后洪水淹没特征图对比的方式，既可直观评判防洪措施减灾和保障社会经济发展的效果，提高防洪规划的合理性和有效性，又能促进决策者、规划者和社会公众对防洪措施建设必要性和可行性进行有效地沟通，达成共识，推进防洪规划的认可和审批。

(4) 洪水保险。以洪水保险费率图的形式，直观表现洪水淹没特征、资产类型与保险费率之间的关系，保证洪水保险的合理、公正，推进洪水保险制度的实施，同时激励引导资产所有者采取合理的措施，提高资产防洪性能，规避洪水。

(5) 强化风险意识。以简明易懂的方式发布洪水风险图，公示洪水风险，宣传洪水风险和减灾知识，强化公众的洪水风险意识，促进公众自觉、合理地采取减轻风险及规避风险的行动，推动防洪减灾的社会化和全民化。

2

洪水分析模拟及风险评估关键技术方法

洪水分析模拟及风险评估关键技术方法分为资料收集与分析、洪水模拟、洪水损失评价与避险转移、洪水风险图绘制、洪水风险图管理与应用系统开发五个部分。资料收集与分析是前提准备和必要条件。洪水模拟主要通过数值模拟计算实现，以水力学方法为主要核心，将降雨产流计算结果作为水动力模型的输入条件，通过对河道、管网、地表水流规律的模拟进而对洪水淹没进行分析。洪水损失评价和避险转移以淹没结果为输入，通过社会经济情况的不同设置洪灾损失率，得到洪水淹没损失统计；通过避灾安置点信息分析得到避险转移方案。洪水风险图绘制分为静态 GIS 出图和动态 WebGIS 实时服务。洪水风险图管理应用系统的建设结合 GIS 技术，集成了致灾因子动态设定、洪水实时演进分析、灾情分析、撤退转移路线规划等功能模块，用于支撑防汛管理部门开展抢险救灾、避灾转移及损失评估等。

本章针对山区、山丘平原区、城市、水库下游等典型区域开展洪水分析模拟与风险评估，根据不同区域的地理特性和洪水特征，选择合适的数值模拟方法和风险评估模式，并构建典型区域洪水风险图管理与应用系统。

2.1 数据收集与分析

2.1.1 数据收集

开展洪水分析计算时，对基础资料的要求较高，需要提供较为详细的、能充分反映区域下垫面条件的各种资料，主要包括基础地理资料（行政区划、居民点、高程、道路交通、流域水系、土地利用等）、水文资料（降雨资料、水位流

图 2-1　典型区域洪水分析模拟方法和风险评估方法

量资料、历史洪水资料)、防洪排涝工程(堤防、闸、河道纵横断面、桥梁、道路、涵洞、防洪防涝分区、泵站等工程位置)及调度规则资料、历史洪涝灾情资料(淹没范围、水深)、社会经济数据等。

2.1.2　数据分析

数据分析主要体现在两个方面:第一是提取建模所需的地图数据要素,为模型建立提供数据支持,第二是为洪灾损失评估、避险转移和洪水风险图的绘制等内容提供基础底图。

(1) 地图处理

将收集到的基础电子地图按照洪水风险图编制要求分层处理。对1∶10 000和1∶5 000电子地图(DLG格式或CAD格式)进行脱密、拼接处理和投影转换,按照2000国家大地坐标系(CGCS2000)、高斯-克吕格投影、*.

shp 格式、1985 年国家高程基准进行加工处理；对水文、工程、线状物、防洪重要保护对象等空间信息同样按照等同标准形成独立图层；将社会经济统计数据按照行政区划和位置信息，分别按照其属性通过坐标或行政区划代码叠加到电子地图上。

(2) 断面处理

为了能够将断面数据导入模型中，需将断面形状图转化为带有起点距、高程两列数据的模型输入需要格式；同时将断面具体地理位置图转换为 *. shp 格式，作为底图加载到模型中。

(3) 影像文件处理

将研究范围内的影像图进行投影的坐标系转换，以使其与矢量格式文件的坐标系统一，最后对影像图进行坐标的配准与纠正。

(4) 矢量文件处理

将收集到的所有等高线、等高点、行政区域、河道、涵洞、水库、泵闸、居民地、堤防等矢量数据转换为 *. shp 格式，投影坐标系转换成 2000 国家大地坐标系(CGCS2000)。

(5) 高程统一

将所有研究对象高程转换为 1985 国家基准高程。

(6) 糙率提取

借助 GIS 软件从基础地理数据和土地利用图中提取有效信息，再根据糙率提取的分类原则，将土地利用信息转换为糙率数据。

表 2-1　网格糙率取值表

下垫面类型	糙率(n)	备注
村庄	0.07	居民地
树丛	0.065	幼林、竹林、疏林、成林、灌木林、果园、桑园、茶园、橡胶园、用材林地、防护林、阔叶林、针叶林、特殊针叶林
旱田	0.06	旱地、城市绿地、园地、草地、苗圃、荒草地、高草地、半荒草地、迹地、菜地、其他园地、天然草地、改良草地
水田	0.05	稻田、水生作物、能通行沼泽地、不能通行的沼泽地
道路	0.035	
河道	0.025～0.035	河道(0.025)、湖泊(0.030)

2.2 洪水分析模拟方法

2.2.1 一维河道水动力模型

2.2.1.1 控制方程

采用圣维南方程组模拟河道水流运动，其连续方程及动量方程为

$$B\frac{\partial Z}{\partial t}+\frac{\partial Q}{\partial x}=q \tag{2-1}$$

$$\frac{\partial Q}{\partial t}+\frac{\partial}{\partial x}\left(\frac{\alpha Q^2}{A}\right)+gA\frac{\partial Z}{\partial x}+gA\frac{|Q|Q}{Q^2}=qV_x \tag{2-2}$$

式中：q 为旁侧入流(m^3s^{-1}/m)；Q、A、B、Z 分别为河道断面流量(m^3/s)、过水面积(m^2)、河宽(m)和水位(m)；g 为重力加速度(m/s^2)；Vx 为旁侧入流流速在水流方向上的分量，一般可以近似为零；α 为动量校正系数，反映河道断面流速分布均匀性。

一维模型常用的边界条件主要有三种，分别为流量边界条件、水位边界条件和水位流量关系边界条件。

$$Q=Q(t) \tag{2-3}$$

$$\eta=\eta(t) \tag{2-4}$$

$$Q=Q(\eta) \tag{2-5}$$

其中河流的上游通常给定流量边界条件，下游给定水位边界条件或水位流量关系边界条件。

2.2.1.2 水流模型数值解法

在空间上将计算河段从上游至下游分为 $N-1$ 个单元(河段)，即有 N 个节点(断面)，断面间距即空间步长为 $\Delta x_i=x_{i+1}-x_i$；时间上步长为 Δt，如图 2-2 所示。

离散之后的连续方程为

$$a_i\Delta h_i+b_i\Delta Q_i+c_i\Delta h_{i+1}+d_i\Delta Q_{i+1}=p_i \tag{2-6}$$

离散之后的动量方程为

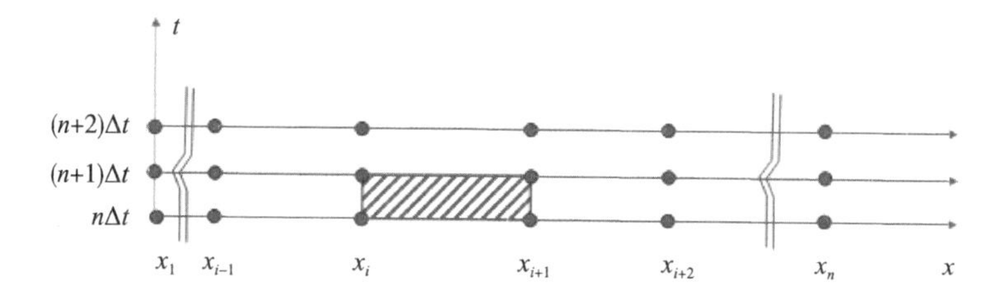

图 2-2　一维模型离散示意图

$$e_i \Delta h_i + f_i \Delta Q_i + g_i \Delta h_{i+1} + w_i \Delta Q_{i+1} = r_i \tag{2-7}$$

由离散后的连续方程(2-6)和动量方程(2-7)可以得到

$$\Delta Q_i = A_{1,i} + A_{2,i} \Delta h_i + A_{3,i} \Delta h_{i+1} \tag{2-8}$$

$$\Delta Q_{i+1} = B_{1,i} + B_{2,i} \Delta h_i + B_{3,i} \Delta h_{i+1} \tag{2-9}$$

其中

$$\begin{aligned} A_{1,i} &= \frac{w_i p_i - d_i r_i}{w_i b_i - d_i f_i} \\ A_{2,i} &= \frac{w_i a_i - d_i e_i}{w_i b_i - d_i f_i} \\ A_{3,i} &= \frac{w_i c_i - d_i g_i}{w_i b_i - d_i f_i} \\ B_{1,i} &= \frac{f_i p_i - b_i r_i}{w_i b_i - d_i f_i} \\ B_{2,i} &= \frac{f_i a_i - b_i e_i}{w_i b_i - d_i f_i} \\ B_{3,i} &= \frac{f_i c_i - b_i g_i}{w_i b_i - d_i f_i} \end{aligned} \tag{2-10}$$

同理有

$$\Delta Q_{i+1} = A_{1,i+1} + A_{2,i+1} \Delta h_{i+1} + A_{3,i+1} \Delta h_{i+2} \tag{2-11}$$

$$\Delta Q_{i+2} = B_{1,i+1} + B_{2,i+1} \Delta h_{i+1} + B_{3,i+1} \Delta h_{i+2} \tag{2-12}$$

在同一个断面上 ΔQ_{i+1} 相等,因而有

$$B_{2,i} \Delta h_i + (B_{3,i} - A_{2,i+1}) \Delta h_{i+1} - A_{3,i+1} \Delta h_{i+2} = A_{1,i+1} - B_{1,i} \tag{2-13}$$

流量边界上有

$$A_{2,i+1}\Delta h_{i+1}+A_{3,i+1}\Delta h_{i+2}=\Delta Q_i-A_{1,i+1} \tag{2-14}$$

水位边界上有

$$B_{2,i}\Delta h_i+(B_{3,i}-A_{2,i+1})\Delta h_{i+1}=A_{1,i+1}-B_{1,i}+A_{3,i+1}\Delta h_{i+2} \tag{2-15}$$

水位流量关系边界上有

$$B_{2,i}\Delta h_i+\left(B_{3,i}-\frac{\partial Q_{i+1}}{\partial \eta}\right)\Delta h_{i+1}=-B_{1,i} \tag{2-16}$$

方程的系数矩阵为三对角矩阵，可以采用追赶法进行计算，得到非边界断面的水深(水位)变化 Δh 和各个断面的流量变化量 ΔQ 。

2.2.1.3 内边界处理

一维圣维南方程包含了三个基本假设：① 流速沿坐标轴方向并在横断面内均匀分布(底摩阻的影响局限在边界层内)；② 水压力沿水深服从静压分布；③ 无垂直速度与加速度。通常河道的大部分河段是满足以上三个假设的(这种假设对水流现象的描述影响较小)，但在有涉水建筑物的局部河段，如闸门、堰、桥梁等河段，上述假设可能会带来较大的误差，在数值计算时需要进行特殊的处理，称之为内部边界条件。

在实际工程中，为了控制水量或水位，常常在一条河中设置人工建筑物来进行控制。人工建筑物包括水闸、船闸、涵洞、泵站等。在水流模拟中，不仅要正确模拟这些工程措施的规模、位置，而且还要模拟这些工程措施的控制运行方式。

在河网概化中，每条河道两端均设置有节点，河道与河道的连接均通过节点。对于水闸、船闸及泵站等控制建筑物的上、下游，也应设置节点，如图 2-3 所示。

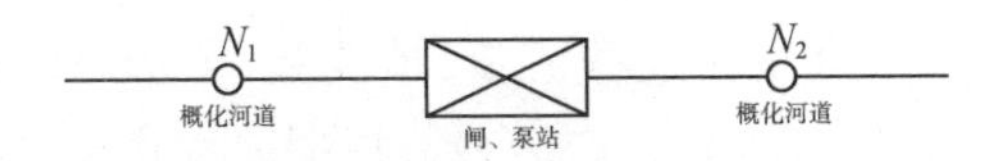

图 2-3　堰闸、泵站概化示意图

堰闸一般可归纳为三种出流形式：控制泄流过程 $Q(t)$ ，控制水位过程 $Z(t)$ ，以及敞泄条件下根据闸的上下游水位满足泄流建筑物的水位流量关系 $Q(z)$ 等。泵站则主要表现为抽水流量与其下游水位的关系 $Q(z)$ 。

在闸门开启情况下，过闸流量 Q 可按宽顶堰公式计算，即

$$
\begin{cases}Q = mB\sqrt{2g}H_0^{1.5}(\text{自由出流})\\ Q = \varphi B\sqrt{2g}H_s\sqrt{Z_u - Z_d}(\text{淹没出流})\end{cases} \tag{2-17}
$$

式中：Q 为过闸流量(m^3/s)；m 为自由出流系数；φ 为淹没出流系数；B 为闸门总宽度(m)；H_0 为堰上水头(m)；H_s 为由堰顶算起的下游水深(m)；Z_u 为闸上游水位(m)；Z_d 为闸下游水位(m)。

在泵站开启的情况下，根据泵站出力曲线可以计算得到泵站过流流量。

在工程的规划与运行阶段，使用最多的是通过控制建筑物的运行方式控制过流流量。闸门、泵站的调度规则决定着闸门、泵站的过流流量。通过调度规则计算得到闸门开启宽度、泵站运行功率等参数，然后代入上述方程中进行模拟计算闸坝、泵站的过流流量。

2.2.1.4 边界条件计算

2.2.1.4.1 设计洪水计算

(1) 设计暴雨推求设计洪水

当研究区域或其上、下游邻近流域具有 30 年以上实测和插补延长的实测降雨资料，并具有实测暴雨洪水的对应资料，可供分析研究区域的产汇流机制时，可先由暴雨资料计算设计暴雨，再经过流域产汇流计算推求设计洪水过程线。

① 设计暴雨计算

在缺资料及无资料地区，通常采用查阅暴雨图册、水文手册暴雨参数等值线图方法来计算设计暴雨。若当地雨量站均匀分布于整个流域且具备长系列水文资料，可以采用年最大面雨量资料进行排频计算。设计暴雨时程分配一般按照典型暴雨过程进行同频率放大，得到设计暴雨过程。

② 产流计算

流域产流是指降雨满足植物截流量、填洼量、土壤下渗以及蒸散发等水量损失后，产生净雨的物理过程。产流一般根据研究区域自然地理特性分为蓄满产流和超渗产流，蓄满产流为主的流域一般采用降雨径流相关法，超渗产流为主的流域一般采用初损后损法。

③ 汇流计算

流域汇流分为坡面汇流和河网汇流，设计洪水计算中一般合在一起进行计算。

单位线法是汇流计算中常见的经验性汇流计算模型。该方法基于三个基本假定:流域入流集中于调节中心、流域对净雨过程调蓄作用可看作几个串联水库的调节、前后洪水互不影响,符合叠加原理。通过对水量平衡方程和槽蓄方程进行换算求解,最后推得方程的一般形式:

$$u(t)=\frac{1}{k\Gamma(n)}\cdot(t/k)^{n-1}\cdot e^{-t/k} \tag{2-18}$$

式中: $u(t)$ 为 t 时刻的瞬时单位线纵高; k 为反映流域汇流时间的参数; n 为调节次数或调节系数; $\Gamma(n)$ 为 n 阶不完全伽马函数; t 为时间。

通过分析式(2-18),只需要计算出研究流域的两个汇流参数 n 和 k ,便能够推求瞬时单位线。两个参数的乘积 $M_1=n\cdot k$ 代表单位线的一阶矩或单位线滞时,其物理含义是流域内水流的平均传播时间或者代表汇流的平均速度。通过经验计算可知,此参数数值稳定,具有规律性变化的特点。

(2) 流量资料推求设计洪水

当研究区域或其上、下游邻近流域具有 30 年以上实测和插补延长的实测流量资料,且有历史洪水调查考证资料时,可采用频率分析法,先求出设计洪峰流量和各时段的设计洪量,再按照典型洪水过程放大求得设计洪水过程线。

① 洪水系列

从研究流域或其邻近流域水文观测资料中选取表征洪水过程特征值,如洪峰流量、不同时段洪量(24 h、72 h、7 d)的样本。根据洪水特征、规划设计要求,选取洪峰流量系列,或分别选取洪峰流量和不同时段的洪量系列,以使设计洪水过程既能较好反映洪水特性,又能保证洪水过程的完整性。

当流域内缺乏实测资料时,可采用历史洪水调查法,通过调查洪水发生时间、测量洪痕点的高程、调查河段横断面和比降来推测历史洪水洪量及过程。

② 频率分析

设计洪水频率计算一般采用适线法,即在一定的适线准则下,求解与经验点据拟合最优的频率曲线。

- 根据选定的经验频率公式,计算样本从大到小排序点据的经验频率;
- 采用矩法或其他参数估计方法,初步估计统计参数,作为适线法的初值;
- 调整统计参数,尽量拟合全部点据,并优先考虑较可靠的大洪水点据;
- 成果合理性检查。

③ 典型洪水过程选择

在选择典型洪水过程线时,应分析洪水成因和洪水过程特征,如洪水出现季节、峰型、主峰位置、上涨历时等。根据实践经验和计算要求，选择某种条件下的洪水过程作为典型洪水过程。

④ 设计洪水过程线放大

同倍比放大是指将典型洪水过程线的纵高都按同一比例系数放大，得到设计洪水过程线。

同频率放大是指洪峰和不同历时的洪量分别采用不同的倍比，使放大后的过程线的洪峰及不同历时的洪量分别等于设计洪峰和设计洪量。

2.2.1.4.2 水库调洪计算方法

水库是对洪水起有效控制措施的防洪工程，利用水库调蓄洪水、削减洪峰，对提高防洪标准，减轻或避免洪水灾害起着十分重要的作用。水库调洪计算是通过数学模型来确定入库洪水、泄洪建筑物型式与尺寸、调洪方式和调洪库容之间定量关系的一种方法。

(1) 水库调洪计算的任务

在水工建筑物或下游防洪保护对象的防洪标准一定的情况下（表 2-2 至表 2-4），根据水文分析计算提供的各种标准的设计洪水或已知的设计入库洪水过程线、水库特性曲线、拟定的泄洪建筑物的型式与尺寸、调洪方式等，通过计算，推求水库出流过程、最大下泄流量、特征库容和水库相应的特征水位。

表 2-2 城市等级与防洪标准

等级	重要性	非农业人口(万人)	防洪标准/重现期(年)
Ⅰ	特别重要的城市	≥150	≥200
Ⅱ	重要的城市	50～150	100～200
Ⅲ	中等城市	20～50	50～100
Ⅳ	一般城镇	≤20	20～50

表 2-3 乡村防护等级与防洪标准

等级	防护区人口(万人)	防护区耕地面积(万亩*)	防洪标准/重现期(年)
Ⅰ	≥150	≥300	50～100
Ⅱ	50～150	100～300	30～50
Ⅲ	20～50	30～100	20～30
Ⅳ	≤20	≤30	10～20

* 注：1 亩≈666.67 m^2。

表 2-4　水工建筑物的等级和防洪标准

工程等别	水库		防洪		治涝
	工程规模	总库（亿 m^3）	城镇及工矿企业重要性	保护农田（万亩）	治涝面积（万亩）
Ⅰ	大(1)型	≥10	特别重要	≥500	≥200
Ⅱ	大(2)型	1.0～10	重要	100～500	60～200
Ⅲ	中型	0.1～1.0	中等	30～100	15～60
Ⅳ	小(1)型	0.01～0.1	一般	5～30	3～15
Ⅴ	小(2)型	0.001～0.01		≤5	≤3

(2) 水库调洪计算方法

假设水库库容与库水位在 dt 时段内呈线性变化，将圣维南偏微分方程中的连续方程改写为如下水量平衡方程如下：

$$(I_1 + I_2)/2 - (Q_1 + Q_2)/2 = (V_2 - V_1)/dt \tag{2-19}$$

式中：I_1、I_2 分别为时段 dt 初、末的入库流量；Q_1、Q_2 分别为时段 dt 初、末的出库流量（为水库泄水量、渗漏损失与蒸发损失的加和）；$V_{初}$、$V_{末}$ 分别为时段 dt 初、末的水库蓄水量。

水库库容 V 与水库水位值 Z 的关系查水库库容曲线得：

$$V = f(Z)\text{。} \tag{2-20}$$

同时水库下泄量 Q 一般可由水库水位值 Z 确定，写作：

$$Q = f(Z)\text{。} \tag{2-21}$$

在给定初始水库状态的情况下，通过联立式(2-19)、式(2-20)、式(2-21)，可以分别求出水库逐时段的水库库容、水库水位值以及水库下泄量。

目前我国常用的方程组求解方式有三种：列表试算法、半图解法、简单三角形法。

2.2.2　一维管网水动力模型

城市的排水系统由入水口（水篦子）、地下排水管网和管网出口处的排水泵站、河道等组成。一维模型提供三种方法用于管渠的汇流计算，即恒定流法、运动波法和动力波法。恒定流法假定在每一个计算时段流动都是恒定、均匀的，是最简单的汇流计算方法。运动波法可以模拟管渠中水流的空间和时间变化，但是仍然不能考虑回水、入口及出口损失、逆流和有压流动。动力波法按照求解完整的圣维南方程组来进行汇流计算，是最准确同时也是最复杂的方法。模型建立时，对于连接管渠写出连续性和动量平衡方程，对于节点写出水量平衡方程。动力波法可以模拟管渠的蓄变、回水、逆流和有压流动等复杂流态。

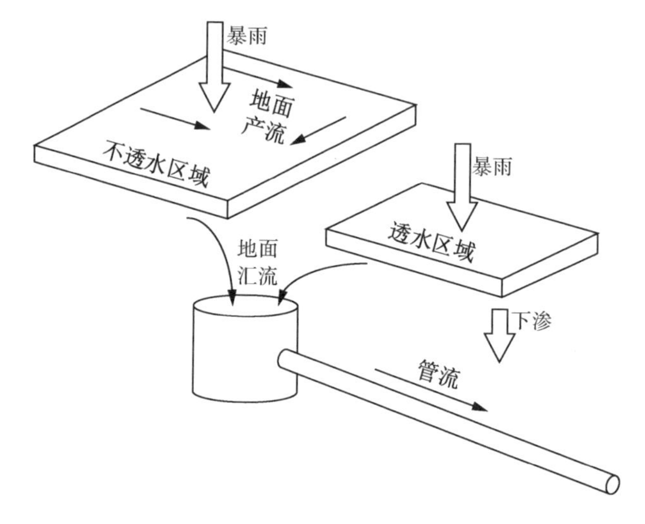

图 2-4 管网模型原理图

(1) 控制方程

控制方程分为连续方程和动量方程，如式(2-22)和(2-23)所示。

连续方程：

$$\frac{\partial Q}{\partial x}+\frac{\partial A}{\partial t}=0 \tag{2-22}$$

式中：Q 为流量(m^3/s)；A 为过水断面面积(m^2)；t 为时间(s)；x 为距离(m)。

动量方程：

$$gA\frac{\partial H}{\partial x}+\frac{\partial(Q^2/A)}{\partial x}+\frac{\partial Q}{\partial t}+gAS_f=0 \tag{2-23}$$

式中：H 为水深(m)；g 为重力加速度，取 9.8 m/s^2；S_f 为摩阻坡度，由曼宁公式求得

$$S_f=\frac{K}{gAR^{4/3}}Q|V| \tag{2-24}$$

式中：$K=gn^2$，n 为管道的曼宁系数；R 为过水断面的水力半径(m)；V 为

流速(m/s),绝对值表示摩擦阻力方向与水流方向相反。

(2) 节点控制方程

管网和渠道的节点控制方程为

$$\frac{\partial H}{\partial t}=\frac{\sum Q_t}{A_{\text{求}}} \tag{2-25}$$

式中:H 为节点水头(m);Q_t 为进出节点的流量(m^3/s);$A_{\text{求}}$ 为节点的自由表面积(m^2)。

2.2.3 二维水动力模型

与一维数学模型相比,二维数学模型能够提供更加详细的水情信息,随着数值计算方法和计算机技术的快速发展,二维水动力学模型已经成为水利工程界分析河道洪水、溃堤洪水和溃坝洪水时的常用技术手段。

水深平均的二维浅水方程可以简写为

$$\frac{\partial h}{\partial t}+\frac{\partial hu}{\partial x}+\frac{\partial hv}{\partial y}=0 \tag{2-26}$$

$$\frac{\partial hu}{\partial t}+\frac{\partial}{\partial x}\left(hu^2+\frac{1}{2}gh^2\right)+\frac{\partial huv}{\partial y}=s_x \tag{2-27}$$

$$\frac{\partial hu}{\partial t}+\frac{\partial hvu}{\partial x}+\frac{\partial}{\partial y}\left(hv^2+\frac{1}{2}gh^2\right)=s_y \tag{2-28}$$

式中:h 为水深;u 为 x 方向的流速;v 为 y 方向的流速;s_x ,s_y 为源项。

在对上述的微分方程进行数值离散时,需要确定变量在计算网格中的位置。二维水动力模型主要用于模拟洪水演进与淹没过程,采用 Godunov 法进行离散,变量定义在单元中心 Arakawa A 网格,也称作 CC(Cell Center)网格,较为常用[73]。

方程(2-26)可以改写为

$$\frac{\partial U}{\partial t}+\nabla F=S_0+S \tag{2-29}$$

式中:$F=(E,H)$ 。将方程(2-29)在单元 V_i 上积分

$$\int_{V_i}\left(\frac{\partial U}{\partial t}+\nabla F\right)\mathrm{d}V=\int_{V_i}(S_0+S)\mathrm{d}V$$

定义 U_i 为单元的平均值,存储在单元的中心,即

$$U_i = \frac{1}{V}\int_{V_i} U \mathrm{d}V \tag{2-30}$$

利用高斯定理把方程(2-29)中的面积分转变为线积分，即

$$\frac{\partial U_i}{\partial t}\Delta V_i + \oint_{\partial V_i} F \cdot \boldsymbol{n}\mathrm{d}s = \hat{S} + \oint_{\partial V_i} S_0 \cdot \boldsymbol{n}\mathrm{d}s \tag{2-31}$$

式中：ΔV_i 为单元 i 的面积；∂V_i 为单元的边界；$\boldsymbol{n} = (n_x, n_y)$ 为单元边界的外法线方向，

$$\hat{S} = \int_{V_i} S(U)\mathrm{d}V \tag{2-32}$$

方程(2-31)中第二项可以写为

$$\oint_{\partial V_i} F \cdot n\mathrm{d}s \approx \sum_{l=1}^{E_i} F_{nj(i,l)} l_{j(i,l)} \tag{2-33}$$

式中：$l_{j(i,l)}$ 为边 j 的长度；$F_n = F \cdot \boldsymbol{n} = En_x + Hn_y$ 为通过单元 i 的第 j 边的数值通量。目前有许多通量 F_n 的计算方法，也就构成了众多的数值格式。

2.2.4 一、二维水动力模型耦合

将河网一维非恒定流数学模型与洪水二维非恒定流模型耦合计算，用于解决河道溃堤、漫溢及溃堤、漫溢水流演进问题，针对不同的研究区域，运用一、二维洪水演进模型，使其发挥各自的优势。

洪水演进一维、二维数学模型通过“交界面”(水流过渡面)上的连接条件来实现模型耦合。“交界面”是指堤防发生溃决后溃口所在的位置。模型耦合的关键在于准确描述溃口处内外水流信息的交互。河道溃口上下游水流信息交互示意图如图 2-5 所示。

溃口流量采用侧堰流量公式计算，涵、闸分洪流量采用闸孔出流公式计算，计算所需的上下游水位分别由河道洪水计算和淹没区洪水计算获得。对于堤防溃口，其宽度以及发展过程采用如下经验公式近似确定。

在汇流点，

$$B_b = 4.5(\log_{10} B)^{3.5} + 50 \tag{2-34}$$

在其余地点，

$$B_b = 1.9(\log_{10} B)^{4.8} + 20 \tag{2-35}$$

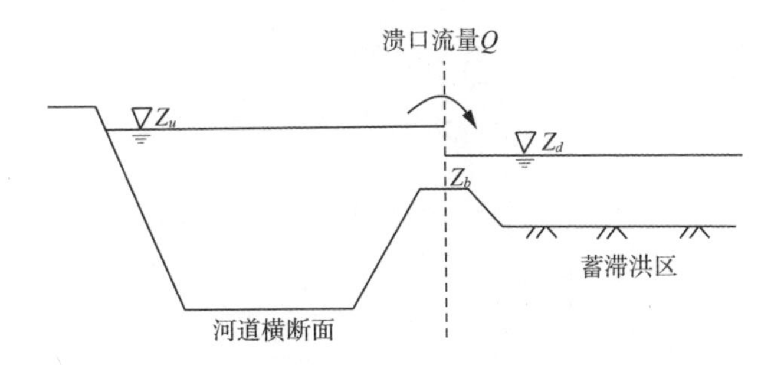

图 2-5　溃口上下游水流信息交互示意图

式中：B_b 为溃口宽(m)；B 为河宽(m)。

对于堤防溃口宽随时间的变化，可以按以下经验公式确定。

$t=0$ 时，$B,b=B_b/2$，

$0<t\leqslant T$ 时，$B,b=B_b/2\times(1+t/T)$，

$t>T$ 时，$B,b=B_b$。

式中：t 为溃堤后的历时(min)；T 为溃堤持续时间(min)；B,b 为任一时刻的溃口宽(m)；B_b 为最终溃口宽(m)。

溃堤持续时间按下式确定：

$$T=1.527(B_b-10) \tag{2-36}$$

在溃口处二维计算单元通过网格点与一维计算单元相连接，由于一维模型计算结果中的水力学参数是物理量的断面平均值，二维模型计算得到的是各个网格的平均值，在溃口连接处需要对一维、二维模型的交互数据进行转化和衔接。

一维模型为二维模型提供流量值 Q 作为二维模型的边界条件，将 Q 值分布到二维模型单元的流量边界上。由于在连接处二维计算网格的水位值并不相等，取各个计算网格的平均水位值返回给一维模型，以进行下一时段的计算，从而实现一维、二维模型的耦合计算。耦合模型的求解过程如图 2-6 所示。

2.2.5　水文产汇流模型

本书研究区域浙江省位于亚热带季风气候区，地形以丘陵、平原和盆地为主，气温适中，雨量充沛，多年降水量为 1 100～2 000 mm。因受海洋和东南亚季风影响，降水有明显季节性变化，5—6 月梅雨期和 7—8 月台风期降雨

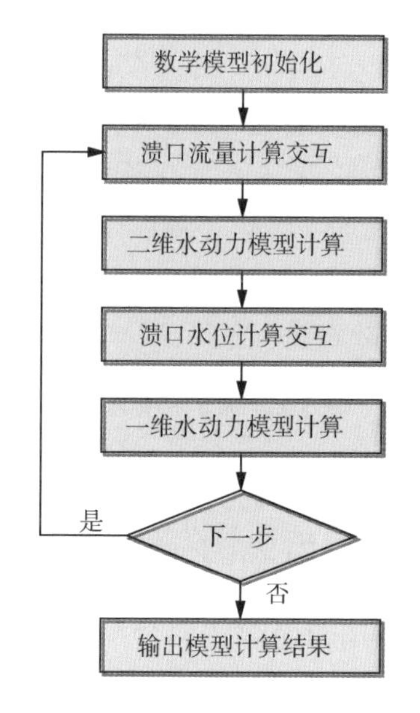

图 2-6 耦合模型求解过程图

偏多。根据研究区域的地形及气候特征，水文产汇流采用三水源新安江模型和马斯京根河道汇流模型。

2.2.5.1 三水源新安江模型

新安江模型是河海大学赵人俊等在 20 世纪 80 年代中期提出的。它的特点是认为湿润地区主要产流方式为蓄满产流，所提出的流域蓄水容量曲线是模型的核心。新安江模型是分散型模型，把全流域按泰森多边形法分成若干块，每一块称为单元流域。新安江模型的结构分为蒸散发计算、产流计算、分水源计算和汇流计算 4 个层次。对划分好的每块单元流域分别进行蒸散发计算、产流计算、分水源计算和汇流计算，得出单元流域的出口流量过程。对单元流域出口流量过程进行出口以下的河道汇流计算，得到该单元流域在全流域出口的流量过程。将每块单元流域的出流过程线性叠加，即为全流域出口总的流量过程。新安江模型的结构特点可以简单归纳为：① 三分特点，即分单元计算产流、分水源坡面汇流和分阶段流域汇流；② 模型参数少且大多数具有明确的物理意义，容易确定；③ 模型参数与流域自然条件的关系比较清楚，可以寻找到参数的区域规律；④ 模型中未设超渗产流机制，适用于湿润与半湿润地区。但在干旱半干旱地区的模拟效果不够理想，且在大中流域的模拟效果比在小流域的模拟效果要好。

2.2.5.1.1　蒸散发计算

流域蒸散发量采用三层蒸发模式计算,计算公式如下。

$$E_p = K \times E_0 \tag{2-37}$$

式中:E_p 为蒸散发能力;E_0 为实测蒸发量;K 为蒸发折算系数。

$$E = \begin{cases} E_p & \text{当 } P + WU \geqslant E_p \text{ 时} \\ (E_p - WU - P)\dfrac{WL}{WLM} & \text{当 } P + WU < E_p \text{ 且} \dfrac{WL}{WLM} > C \text{ 时} \\ C(E_p - WU - P) & \text{当 } P + WU < E_p \text{ 且} \dfrac{WL}{WLM} \leqslant C \text{ 时} \end{cases} \tag{2-38}$$

式中:C 为深层蒸发折算系数;WU、WL 为上、下层土壤含水量;WLM 为下层张力水容量;P 为降水量;E 为计算蒸发量。

2.2.5.1.2　产流量计算

用流域蓄水容量曲线来考虑流域面上土壤缺水量与蓄水容量相等。设点蓄水容量为 Wm,其最大值为 Wmm,又设流域蓄水容量曲线是一条 b 次抛物线,则该曲线可以用下式表示

$$\frac{f}{F} = 1 - \left(1 - \frac{Wm}{Wmm}\right)^b \tag{2-39}$$

据此可求得流域平均蓄水容量 WM 为

$$WM = \frac{Wmm}{1+b} \tag{2-40}$$

与某个土壤含水量 W 相应的纵坐标值 a 为

$$a = Wmm\left[1 - \left(1 - \frac{W}{WM}\right)^{\frac{1}{1+b}}\right] \tag{2-41}$$

当扣去蒸发后的降雨 PE 小于 0 时,不产流,大于 0 时则产流。

产流又分局部产流和全流域产流两种情况。

当 $PE + a < Wmm$ 时,局部产流量为

$$R = PE - WM + W + WM\left(1 - \frac{PE + a}{Wmm}\right)^{1+b} \tag{2-42}$$

当 $PE + a \geqslant Wmm$ 时,全流域产流量为

$$R = PE - (WM - W) \tag{2-43}$$

如流域不透水面积比 IMP 不等于 0 时，只要将式(2-40)改写成

$$WM = \frac{Wmm(1 - IMP)}{1 + b}$$

即可。这时各式也会有相应的变化。式中各参数含义可参照图 2-7，下同。

2.2.5.1.3 分水源计算

对湿润地区以及半湿润地区汛期的流量过程线进行分析，径流成分一般包括地表、壤中和地下这三种成分。由于各种成分的径流的汇流速度有明显的差别，因此水源划分是很重要的一环。在本模型中，水源划分是通过自由水蓄水库进行的。

由产流计算得到的产流量 R 进入自由水蓄水库，连同水库原有的尚未出流完的水，组成实时蓄水量 S 。自由水蓄水库的底宽就是当时的产流面积 FR ，它是时变的。KI 、KG 分别为壤中流和地下水的出流系数。各种水源的径流量的计算公式如下。

$$\begin{gathered}
\text{当 } S + R \leqslant SM \text{ 时} \\
RS = 0 \\
RI = (S + R) \times KI \times FR \\
RG = (S + R) \times KG \times FR \\
\text{当 } S + R > SM \text{ 时} \\
RS = (S + R - SM) \times FR \\
RI = SM \times KI \times FR \\
RG = SM \times KG \times FR
\end{gathered} \tag{2-44}$$

由于在产流面积 FR 上的自由水的蓄水容量不是均匀分布的，将 SM 取为常数是不合适的，也要用类似流域蓄水容量曲线的方式来考虑它的面积分布。为此也采用抛物线，并引入 EX 为其幂次，则有

$$\frac{f}{F} = 1 - \left(1 - \frac{SM}{SSM}\right)^{EX} \tag{2-45}$$

$$SSM = (1 + EX)SM \tag{2-46}$$

$$AU = SSM\left[1 - \left(1 - \frac{S}{SM}\right)^{\frac{1}{1+EX}}\right] \tag{2-47}$$

当 $PE + AU < SSM$ 时

$$RS=\left[PE-SM+S+SM\left(1-\frac{PE+AU}{SSM}\right)^{1+EX}\right]FR \qquad (2-48)$$

当 $PE+AU \geqslant SSM$ 时

$$RS=(PE+S-SM)FR \qquad (2-49)$$

三水源蓄满产流模型是一个概念性模型,其参数都具有明确的物理意义,原则上可以根据其物理意义来确定其数值。但由于量测上的困难,在实际工作中又难以做到,大多按规律与经验,或类似流域的参数值,确定一套模型参数的初始值,然后用模型模拟出产汇流过程,并与实际过程进行比较和分析,以过程的误差最小为原则,用人工试错和自动优选相结合方式率定参数。

(1) K :流域蒸散发折算系数。实测的蒸发量(由蒸发皿得到)乘上 K 就是流域蒸散发能力。在通常情况下,K 参数率定所采用的目标函数是多年水量平衡。

(2) WM (WUM 、WLM 、WDM):流域平均的蓄水容量,以 mm 计。它是反映流域干旱程度的指标,它分成三层,相应的容量系数是 WUM 、WLM 和 WDM 。由于上层按蒸散发能力蒸发,所以 WUM 对计算蒸散发量有影响,因而对产流量的计算还是有一些影响的。WLM 与 WDM 的影响很小。WM 的取值要保证在全部过程中土壤含水量 W 不会出现负值。如出现负的 W ,就要加大 WM 。因此在半湿润地区的 WM 比湿润地区的大,在半干旱地区,WM 又更大一些。而 WM 的加大主要在于加大 WDM 。

(3) C :深层蒸发折算系数。这个参数对湿润地区影响极小,而对半湿润地区及半干旱地区则影响较大。C 值与 WLM 和 WDM 的和有关,这个和越大,深层蒸发越难以发生,C 值越小,深层蒸发越容易。它对久旱以后的洪水的影响较大。因此可用久旱以后的洪水的模拟情况来调试 C 值,同时也可对 $WDM+WLM$ 的值作相应的调整。

(4) IMP 和 B 。IMP 是不透水面积占全流域面积的比例。如有详细的地图,可以量出,但一般都只取值 0.01 或 0.02,主要由径流过程线上的小突起来判断,这些小洪水过程大多由不透水面积上产生的直接径流产生,故可由这些小洪水的拟合好坏来确定与调整 IMP 的值。

B 是流域蓄水容量曲线的方次,它反映流域面上蓄水容量分布的不均匀性。在很大程度上,它取决于流域地形地貌地质情况的均一程度,如差异较大则 B 值也大。B 和 IMP 对全流域蓄满的洪水不起作用,但在局部产流时是有作用的。B 值对径流量在时程上的分配还是有一定影响的。B 值大时，先少后多，B 值小时则先多后少。但这种影响是有限的。B 的取值范围一般在 0.15～0.3，或更大些。

（5）KG 和 KI 。KG 、KI 分别是自由水蓄水库的地下水出流系数及壤中流出流系数，对应着自由水蓄水孔的两个出流孔，它们是并联结构。自由水蓄水库总的出流系数为两者之和（$KG+KI$），消退系数则为 $1-(KG+KI)$，它决定了直接径流的退水历时 N（天数）。如 N 为三天，$KG+KI\approx 0.7$，如 N 为两天，则 $KG+KI\approx 0.8$ 。这就是说 KG 与 KI 之和可根据 N 来推算，而对流量过程线的分析，可以从流量过程线落水段的转折点，粗估壤中流与地下水的量值，其比值就是 KI/KG 的值。知道了 KG 与 KI 的和及比值，就可分别求出 KI 与 KG 的估计值，放进模型中去进一步调试。

（6）SM ：流域平均的自由水蓄水容量。这是个比较重要的参数，决定了地表径流与另两种径流在量上的比例关系，与洪峰的形状、高低有较大关系，优选调试时往往以洪峰为主要目标。自由水蓄水库是一个并联结构的线性水库。由于使用时段递推计算的差分格式，对雨强有均化作用，所以计算时段长不同，所取的 SM 值也应有所变动。时段越短，相应的 SM 越大。

（7）EX ：自由水蓄水容量曲线的指数，表示自由水容量在流域面上分布的不均匀性，与流域蓄水容量曲线中的 B 相仿。EX 的影响不太大，一般流域取 1.5 即可。

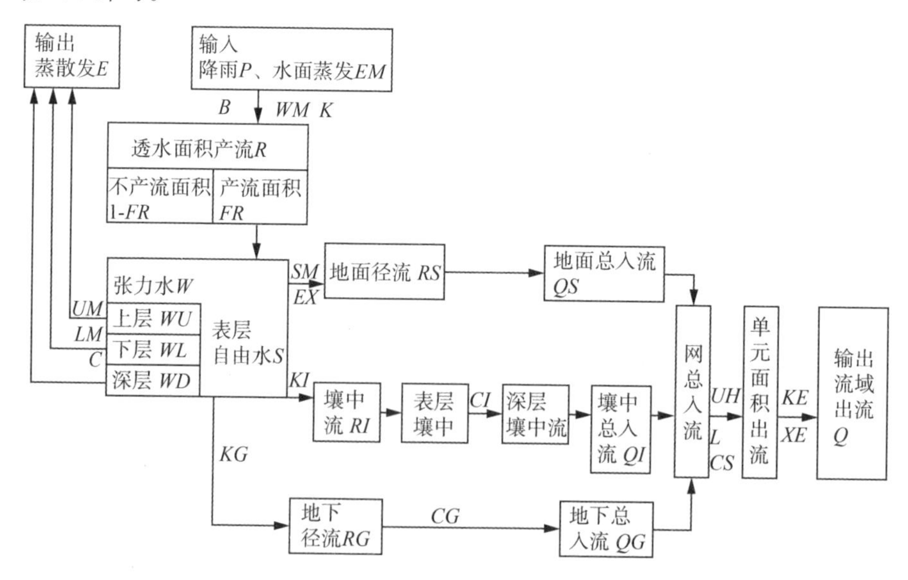

图 2-7　三水源新安江模型计算流程图

2.2.5.2 马斯京根河道汇流演算

马斯京根法于20世纪30年代在美国马斯京根河首先使用，是一个经验性的方法，后被证明与扩散波理论是完全一致的，其参数的物理意义与函数形式都很明确，广泛应用于河道汇流演算。马斯京根法的基本原理基于水量平衡方程式(2-50)和槽蓄方程式(2-51)。

$$(I_1+I_2)-(O_1+O_2)=W_2+W_1 \tag{2-50}$$

$$W=K[xI+(1-x)O]=KQ' \tag{2-51}$$

其中，

$$Q'=xI+(1-x)O \tag{2-52}$$

联解式(2-50)与式(2-51)即得马斯京根汇流演算公式

$$O_2=C_0I_2+C_1I_1+C_2O_1 \tag{2-53}$$

其中，

$$C_0=\frac{0.5\Delta t-Kx}{K-Kx+0.5\Delta t}$$

$$C_1=\frac{Kx+0.5\Delta t}{K-Kx+0.5\Delta t}$$

$$C_2=\frac{K-Kx-0.5\Delta t}{K-Kx+0.5\Delta t} \tag{2-54}$$

$$C_0+C_1+C_2=1 \tag{2-55}$$

式中：K 为蓄量常数，具有时间因次；x 为无因次的流量比重因子；Δt 为计算时间步长；I 为河段入流；O 为河段出流；W 为河段蓄水量。

从式(2-54)可知，当 $\Delta t<2Kx$ 时，$C_0<0$，I_2 对 O_2 是负效应，容易在出流过程线的起涨段出现负流量；当 $\Delta t>2K-2Kx$ 时，$C_2<0$，O_1 对 O_2 是负效应，易在出流过程线的退水段出现负流量。

随着理论发展和实践经验的积累，为了解决实际工作中常会遇到的问题，避免出现负流量等不合理现象，保证上下断面的流量在计算时段内呈线性变化和在任何时刻流量在河段内沿程呈线性变化，一般要求 $\Delta t\approx K$。1962年赵人俊提出了马斯京根河道分段连续流量演算法。将演算河段分成 N 个子河段，每个子河段参数 K_L、x_L 与未分河段时的参数的关系如下。

$$K_L = \frac{K}{N} \tag{2-56}$$

$$x_L = \frac{1}{2} - \frac{N}{2}(1 - 2x) \tag{2-57}$$

分段连续演算的每段推流公式仍为式(2-50)和式(2-51),但式(2-51)中的 K 、x 必须为分段后的 K_L 和 x_L 代替。

模型参数如下。

(1) x_L :子河段流量比重因素,反映河槽调蓄能力的一个指标。一般是随着河道比降逐渐平坦,洪水波变形量大,河槽调蓄作用增强, x 值减小。

(2) K_L :子河段蓄量常数。一般取计算时间长。

2.2.6 水文水动力模型耦合

水文模型模拟的是流域降雨、径流的产生和规律,是将水文系统看作一个整体进行研究,不考虑内部河道的水流运动规律和不均匀性。随着流域内下垫面越来越复杂,内部水流运动规律不再是常规的、单一的。通常,流域上游为山地、丘陵区,洪水汇流受地形影响较大;中下游为平原区,地势平坦,水流速度较为缓和,且受到下游回水顶托影响。水动力模型着重于对河流水流运动规律的描述,可以反映流域内水流运动的细节过程,但水动力模型需要确定上下游边界条件以模拟中间河段的水流运动过程,无法进行预测预报。因此可将水文模型和水动力模型进行耦合,将水文模型的计算结果作为河道水动力模型的边界输入,构建上游与下游、陆地与河道之间的水力联系,如图2-8和2-9所示。

针对实际防汛需要,通过耦合降雨径流水文模型和一二维水动力模型,可以依据降雨提前进行洪水风险评估,提供更优质的防洪防汛服务。

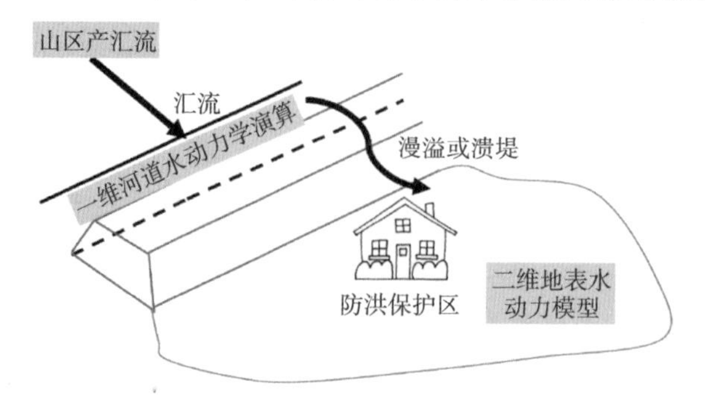

图 2-8　模型空间布局

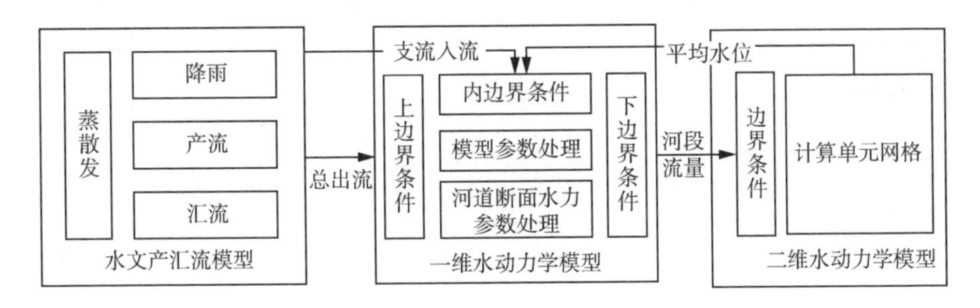

图 2-9　水文水动力模型耦合技术路线

2.3　洪水风险评估方法

2.3.1　洪灾损失评估方法

洪灾损失可分为经济损失和非经济损失等。非经济损失包括受灾人口、受灾面积、灾害的社会政治影响、灾害的生态环境影响等。根据洪灾发生发展的时间特征，洪灾经济损失可分为直接和间接经济损失。

2.3.1.1　洪灾损失率评估

洪灾损失率是描述洪灾直接经济损失的一个相对指标，通常指各类承载体遭受洪灾损失的价值与灾前或正常年份其原有或应有的价值之比。洪灾损失率的确定一般有两种方法：一种是调查历史洪水灾害损失情况，建立损失率与洪水致灾因子的关系；另一种是参考其他地区洪水损失率关系，结合本地实际情况调整确定。损失率的确定，首先针对不同地形地貌（山区、丘陵、平原）、地理环境（城市、农村）、经济状况，考虑洪灾发生时间（如现状、1997 年、1994 年，等等），根据财产类别、性质，建立相应的长系列洪灾损失率数据库。对各种情况下各类财产的洪灾损失率，应根据历史洪灾抽样调查资料和经济资料，建立洪灾损失率与淹没深度、时间、流速等因素的相关关系，绘制相关曲线图或根据多元回归理论建立回归方程。这样，各地区各类财产的洪灾损失率均可根据估计的洪水淹没深度、时间、流速及地区自然经济情况，由相应的相关曲线图或回归方程得到。

不同的资产类型，对洪水的抵抗能力不同，采取不同的防洪措施，在相同洪水情况下其损失率不一样。

各承灾体的损失率影响因素见表 2-5。

表 2-5　影响洪灾损失率的主要因素

承灾体	影响洪灾损失率的主要因素
农业	作物种类、洪水发生时间、历时、水深、冲淤情况
房屋	结构、建筑材料、房台高度、洪水历时、冲淤情况
个人家庭财产	放置高度、财产种类(如家电、家具等)、抢救措施
畜牧业	种类、饲养地高程、抢救措施
商业	设置高程、商品种类、商业规模
水利工程	结构、建筑材料、抗冲击能力等
公路	等级、洪水历时、冲淤情况
电信	设置高程、铺设方式、冲刷情况
工业	类型、位置高程、生产规模、洪水历时、冲淤情况等

在某一洪灾条件下,各类承灾体损失率的计算如下。

$$L = \frac{S_b - S_a + F}{S_b} \tag{2-58}$$

式中:S_b 为承灾体的灾前价值;S_a 承灾体的灾后价值;F 为某些承灾体受灾中进行抢救等额外费用,可作为直接损失,但通常是作为间接损失考虑。

2.3.1.2　洪灾损失计算

根据水文学方法或水动力学方法计算可能淹没的地区范围,算得不同水深等级下的淹没面积和淹没历时,并根据社会经济统计资料计算受灾区域的受灾面积、受灾人口以及经济损失。

(1) 直接经济损失

对于直接经济损失,一般通过损失率直接求出。根据影响区内各类经济类型和洪灾损失率关系,按下列公式计算洪灾经济损失:

$$D = \sum_i \sum_j D_{ij} \eta(i,j) \tag{2-59}$$

式中:D_{ij} 为评估单元在第 j 级水深的第 i 类财产的价值;$\eta(i,j)$ 为第 i 类财产第 j 级水深条件下的损失率。

直接经济损失计算包括受影响社会经济指标统计和灾情经济损失评估两部分。

社会经济指标统计是在土地利用数据和洪水淹没情况的基础上对受洪水影响的社会经济指标进行分类统计。通常根据洪水淹没范围的社会经济发展状况、基础数据的完备程度确定具体统计对象。主要考虑受淹面积、受淹耕地面积、受灾人口总数、受影响行政区域以及 GDP 等指标。

灾情统计主要在 GIS 平台上实现，受灾对象以面图层、点图层或线图层形式存储，在分别与淹没范围面图层进行求交计算后，推求受淹没影响的人口、耕地、资产、重要设施情况。

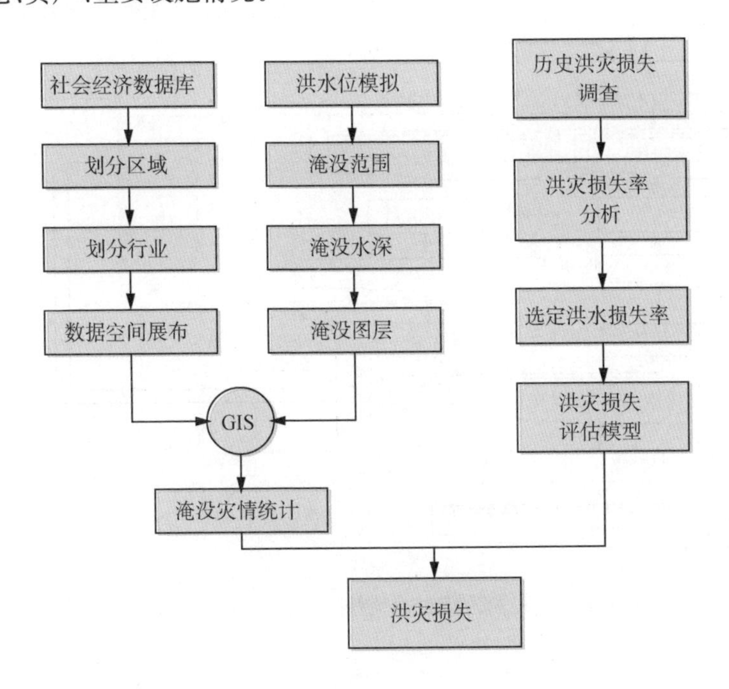

图 2-10　洪灾损失计算技术流程

洪水损失评估可采用中国水科院开发的洪水损失评估软件进行计算。该软件基于自主 GIS 平台开发，可主要实现数据导入、叠加分析、损失评估、结果查询与展示等功能。通过流程控制分析评估过程；通过对土地利用矢量数据和洪水淹没矢量数据进行空间分析，从而对受影响的社会经济状况进行分类统计；用户在进行洪水类型、损失率等参数设置后，即可完成灾情与损失评估的全过程。系统计算流程如图 2-11 所示。

(2) 间接经济损失

对于间接损失，有形的部分可通过调查直接算出，其他部分可采用直接调查估算法或经验系数法计算。

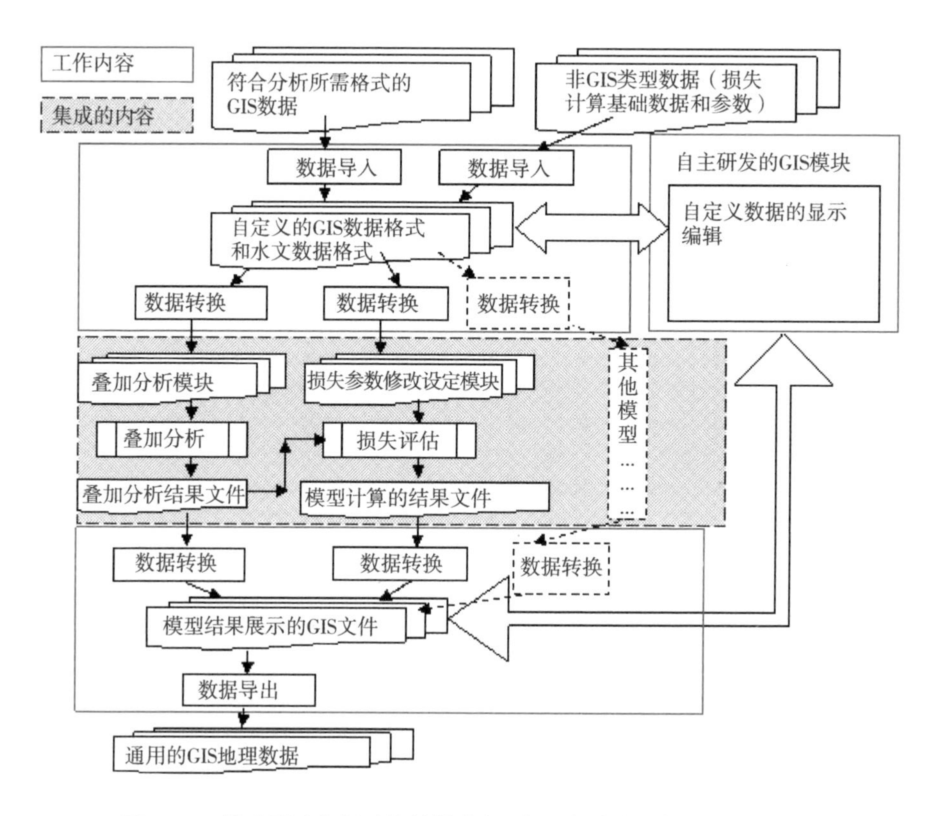

图 2-11　洪水影响分析系统计算流程(中国水科院洪水影响评估软件)

2.3.2　避险转移分析方法

避险转移是应对超标准洪水的重要非工程措施,包括避险规划、准备、预案、预警感知、疏散、撤离、救援避险和个人避洪等内容,根据灾区情况设置安全准确的避险安置点以及合理的撤离路线。

避险转移方案的制定应遵循以下原则。

(1) 坚持以人为本,以保障人民群众生命安全为首要目标,最大限度地避免和减少灾害,使人民群众生命财产损失降到最低;

(2) 落实统一领导,分级负责,实行分级管理和岗位责任制;

(3) 避险转移方案应具有实用性和可操作性;

(4) 避洪区应基于洪水淹没范围空间包络原则确定;

(5) 根据洪水淹没情况,以确保安全为前提,以能充分容纳可转移最大人口数为目标,设置安置区。

2.3.2.1 安置区规划

根据洪水淹没情况，结合安全区域(设施)的布局及容纳能力，以能充分容纳可能转移的最大人口数为衡量标准，在充分利用已有安全设施(包括位于低流速区、淹没历时小于12小时、淹没水深小于2 m的框架结构楼房)的基础上，沿可能最大淹没区周边规划安置场所，安置场所应尽可能选择在居民地、厂矿企业，以便于提供相关生活保障，若上述区域容纳能力仍然不足，则规划设置独立的安置场所。

安置场所规划通过相关GIS数据，包括地形图、地质图和其他环境资料、社会经济资料等，利用GIS空间分析，得到备选安置场所。安置场所规划内容包括：安置场所具体位置，各安置场所的人口容纳能力，各安置场所对外交通容量等。

2.3.2.2 转移路线的确定

根据洪水演进过程和淹没情况以及转移人员、安置点和转移道路分布情况分析确定避洪转移路线和转移时机。避洪方式分为就地安置和转移安置两类。

(1) 同时满足水深<1.0 m、流速<0.5 m/s，且具有可容纳该区域人口的安全场所和设施的，原则上采取就地安置方式。

(2) 不满足上述条件的区域可采取转移安置方式。如区域面积较大、洪水前锋演进时间超过48 h，按洪水前锋到达时间<3 h，3～6 h，6～24 h，24～48 h和>48 h五个区间划定分批转移分区。

对于面积小于20 km^{2}或无人居住的区域，无需开展避洪转移分析，也不编制避洪转移图。此外，对于城市化程度比较高的地方，无需开展避洪转移分析，居民多居住在多层建筑物中，可以采取就地避洪的措施躲避洪水侵袭。

2.4 洪水风险图绘制方法

洪水风险图是展现某一特定地区发生某一级别洪水时的风险信息的专题地图，从展示方式上分为静态洪水风险图(纸质)和实时洪水风险图(数字化)。从防御对象上分为流域洪水风险图、水库洪水风险图、城市洪水风险图、蓄滞洪区洪水风险图等4类。

2.4.1 静态洪水风险图绘制

2.4.1.1 绘制步骤

静态洪水风险图包括:淹没水深分布图、洪水流速分布图、洪水前锋到达时间图和避洪转移图。根据推求计算不同重现期设计洪水,将洪水过程数据整理入库。根据洪水计算成果,分析统计不同水深等级下淹没区面积、受淹人口、耕地和GDP等指标,分析各乡镇街道受影响的程度,并绘制不同频率洪水风险图。

依据国家防办《关于公布重点地区洪水风险图编制项目软件名录的通知》,洪水风险图绘制工作使用"洪水风险图绘制系统FMAP"软件绘制。

2.4.1.2 图件绘制准备

(1) 基础地理数据

矢量地形数据及收集、调查、测量补充的地图数据,通过扫描数字化、坐标和高程转换、制图综合、图形处理等方法,按照绘制系统"水利工程与基础图层编码对照表"的要求进行数据汇总整编,编制成果为Shapefile格式。主要内容包括:行政界、行政驻地、道路等。

(2) 水利工程数据

收集水利工程数据,经扫描数字化、拼接、坐标和制图综合等,按照绘制系统"水利工程图层编码对照表"的要求进行数据汇总整编,整编成果为Shapefile格式。主要内容包括:流域界、水系面状、水系线状、堤防、避水设施、闸、泵站、跨河工程等。

(3) 洪水风险专题数据

进水口数据、计算范围数据、避洪转移数据按照绘制系统"水利工程图层编码对照表"的要求进行数据汇总整编,整编成果为Shapefile格式。

对风险数据采用一二维水动力模型计算成果,主要包括淹没范围、淹没水深、到达时间和洪水流速四种风险数据,整编成果为Shapefile格式。各计算结果专题图层命名遵循以下命名规则,如某分洪方案1,对应图层分别为:方案1,其他方案依次类推。方案1包含的字段包括gridcode(计算网格编码)、ymfw(淹没范围)、ymss(淹没水深)、hsls(洪水流速)、ddsj(到达时间)以及fxqh(风险区划等级)。

(4) 附表数据准备

主要包括不同方案下的淹没面积、影响人口等洪水影响分析成果表格，作为附表插入编制的洪水风险图中。

(5) 数据处理要求

在数据准备完成后，采用绘制系统数据检查工具对数据进行检查，确保数据符合绘制系统的要求。绘制系统要求数据统一采用 2000 国家大地坐标系，经纬度投影；高程统一采用 1985 国家高程基准；图形数据采用 *. shp 格式。基础地理要素和水利工程要求各图层具备 TypeCode(类别编码)、type(所含图形要素类别)、ennm(工程名称)、enmmcd(工程编码)四个字段。

2.4.1.3 图件绘制过程

洪水风险图的绘制，使用洪水风险图绘制系统 FMAP，该系统主要为洪水风险图编制工作提供了绘制洪水风险专题图件的平台，用于绘制符合相关标准和规范的基础洪水风险图，为用户提供淹没水深、历时、流速、到达时间等洪水风险图数据检查、制图、排版、优化、出图等功能。

“洪水风险图绘制系统”利用地形数据，并结合风险统计数据，利用空间插值等数学方法，为系统用户提供包括淹没范围在内的各种专题风险图的流程化制图功能，其提供的风险专题图制图流程如图 2-12 所示。

2.4.1.4 洪水风险图信息分类

洪水风险图的信息包含以下六类。

(1) 基础地理信息

基础地理信息指国家基础地理信息标准规定的、具有空间分布特征的、适用于较多行业的地理信息。对于江河湖泊、蓄滞洪区、水库等洪水风险图，主要应当包括县级以上行政区、各级居民地、主要河流、湖泊、各种主要交通道路、厂矿等对象；对于城市防洪，还应当突出党政机关要地、部队驻地、城市经济中心、电台、电视台等重点部门和重点单位，地铁、地下商场、人防工程等重要地下设施，以及供水、供电、供气、供热等生命线工程设施，重要有毒害污染物生产或仓储地，城区易积水交通干道及危房稠密居民区，医院、学校、商场等重点保护对象，以及博物馆、展览馆、公园、运动场所等公益设施。

(2) 洪水管理工程信息

洪水管理工程信息指防洪工程数据库规定的、具有空间分布特征的、与洪水风险密切相关的信息，主要包括控制站、水库、堤防、圩垸、穿堤建筑物、

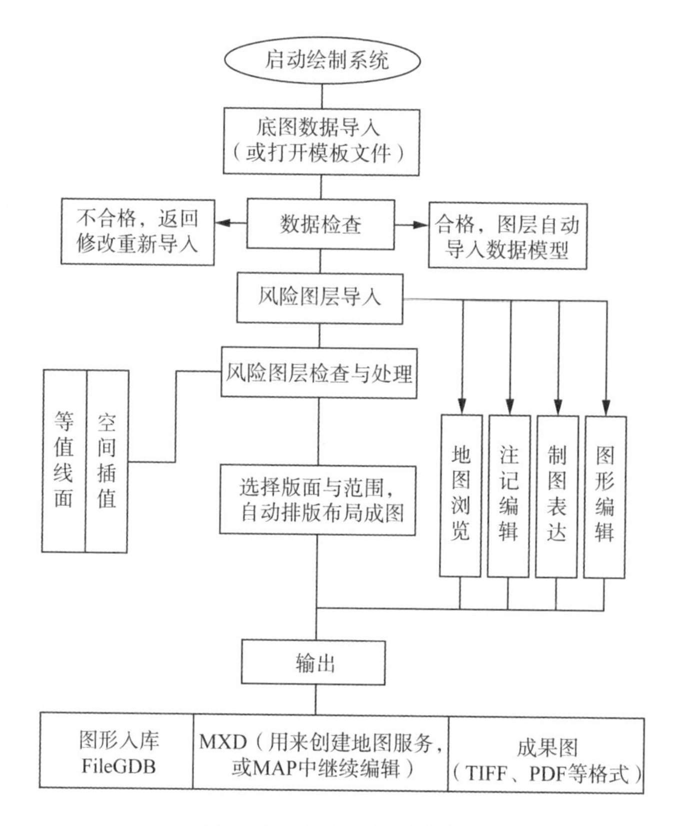

图 2-12　风险图绘制流程图

水闸、泵站、险点险段等。

(3) 洪水管理非工程信息

洪水管理非工程信息指防洪减灾、土地利用规划、洪水保险、洪水风险普及等领域实际工作中采用的、以非工程措施管理洪水风险、具有空间分布特征的信息，主要包括城市土地利用规划、防汛道路、撤退路线、避险地点、避险楼台、洪水预警报设施、防汛物资、抢险队伍等。

(4) 风险要素信息

通过水力学法，以及洪水影响评价模型等计算得到的、反映洪水风险各要素的、具有空间分布特征的信息，主要包括淹没范围、淹没水深、洪水流速、到达时间、淹没历时、淹没区人口、耕地、资产分布等。

(5) 社会经济信息

提供行政区或流域内社会信息和经济信息，主要指洪水影响区内的人口和财产信息，供洪水风险评价、洪水管理决策使用的信息。

(6) 延伸信息

延伸信息是指不具备空间分布特征的、依附于风险图中某一图层的对象或者整张洪水风险图的、反映工程措施和非工程措施多方面特征的或洪水风险的产生、计算以及各种受洪水影响的社会经济信息统计等的信息。依附于整张洪水风险图的信息主要包括计算洪水的标准、计算条件说明、可能损失统计、相应洪水情况下的应急预案等;依附于图层中对象的信息主要包括:依附于各行政区的人口、人民生活、各个产业的资产信息;依附于防洪工程的各类相应信息;依附于防洪非工程的各类相应信息。

2.4.1.5 风险图及其图层延伸信息

底图图层延伸信息主要指依附于行政区划图层的综合信息、人民生活信息、第一产业、第二产业、第三产业等的信息。工程信息延伸信息主要指依附于各类工程的扩展信息,主要包括水库、测站、堤防、蓄滞洪区、水闸、圩垸、机电排灌站、海堤海塘、穿堤建筑物、险点险段等。风险图管理系统应当可以访问相应的防洪工程数据库,提取各类工程相应的延伸信息。非工程图层延伸信息主要包括防洪预案、防汛物资、救灾物资等延伸信息。风险要素图层延伸信息指洪水风险图要素图层的延伸信息,主要是指该风险要素计算中所运用基础资料、分析方法以及具体计算条件的说明。风险图延伸信息主要指针对整张风险图的基本信息、地理范围、图层组成、编制情况、更新情况、综合说明等。

2.4.1.6 风险图数据类型及主要属性

洪水风险图的数据分为基础地理信息数据、洪水管理工程信息数据、洪水管理非工程信息数据、风险要素数据以及延伸信息数据。

根据数据有无空间分布性质,洪水风险图数据分为具有空间分布性质的图形数据和不具备空间分布性质的属性数据两种类型。

图形数据包括基础地理信息数据、洪水管理工程信息数据、洪水管理非工程信息数据、洪水风险信息数据这四类能够在空间展现的数据,属性数据包括附属于图形数据的数据,还包括洪水风险图延伸信息的数据。

根据《洪水风险图编制导则》的要求,图形数据统一采用 CGCS2000 坐标系、高斯-克吕格投影,坐标单位为 m;图形数据中的高程统一采用 1985 国家高程基准面。

图形数据交换格式应采用常用交换数据类型 *.shp 格式。风险图延伸信息数据以 Access 或者 Excel 形式交换，其中的文字说明内容以 txt 文本或者 word 文档等形式交换。

2.4.1.7　风险要素图层表现风格

洪水风险要素主要包括淹没范围、淹没水深、洪水流速、到达时间、淹没历时等。风险要素信息符号样式和色彩的设置应按照所要反映的具体淹没特征选取色系，根据特征值区间选用一定色系中不同的颜色。洪水淹没范围图指在同一张图上表现同一区域不同量级洪水的淹没范围，高量级洪水与低量级洪水淹没范围的重叠部分以规定的低量级洪水颜色着色。

2.4.1.8　纸质图布局

根据国家地图标准和水利制图标准，在条件许可的情况下，纸质洪水风险图的图幅应首先采用 A0 和 A3 两种规格的标准图幅。若标准图幅确实不能满足实际需求时，再使用在标准图幅基础上加长、加宽或缩小幅面的非标准图幅。

风险图需标明统一采用 CGCS2000 坐标系、高斯-克吕格投影，高程统一采用 1985 国家高程基准面，坐标单位为 m。风险图必须标明比例尺。比例尺确定为，在该比例尺下能够将洪水风险信息及基础信息清晰全面地展现在整张图幅之中，比例尺取为 100 的整数倍。明确标示风险图标题、图层图例、指北针、风险图编制单位、风险图编制日期、风险图发布单位、风险图发布日期等辅助信息及与该风险图编制相关的洪水计算条件、洪水计算方法、洪水影响统计、重要保护对象等的相关图表或文字说明。

风险图命名规则：洪水风险图名称放在图框内，防洪保护区图名按照流域水系名称＋防洪保护区名称＋洪水等级＋洪水风险信息种类（如最大淹没水深图、淹没历时图等）命名。城市洪水风险图的图名按照城市名称＋洪水等级＋洪水风险信息种类（如最大淹没水深图、淹没历时图等）命名，图名可横排或者竖排。

图中的主要文字表格说明包括编制范围内的基本情况（自然、社会经济），形成该图的洪水边界条件，洪水影响的统计评估信息等。文字或表格表达要求简洁、准确、突出重点。洪水风险图的指北针形态应简明朴素，色彩协调明显，黑白搭配。指北针一般放置在图幅左上角或右上角，大小根据图面尺寸确定。当风险图的方向根据图面需要旋转时，须注意指北针的角度要同步旋转。图例的位置一般放在图幅右下角，摆放顺序从左至右，自上至下依次为点图例、线状图例、面状图例。根据风险图区域形状，纸质图可横排或纵排。图中各个对象按照美观、简洁、和谐的原则设置。

2.4.2 实时洪水风险图服务

实时洪水风险分析是根据水位站、闸坝站、潮位站等的实时水位，或预报的河道水位或流量作为输入条件，在线分析计算河道水面线，将水面线成果与沿程堤防(圩堤、湖畈等)的高程比较，分析堤顶高程与水位的差值，并以此为基础，分析不同堤防的危机程度。实时洪水风险分析结果与 GIS 技术相结合，可实现实时洪水风险的可视化与在线服务。

WebGIS 是计算机和网络技术发展的产物，是 GIS 的扩展和延伸。随着 GIS 技术与计算机网络技术的进步和发展，WebGIS 能够将地理信息和空间处理能力通过网络技术进行发布与共享。传统各类洪水风险图的成果主要是以静态地图的形式进行展现，而 WebGIS 的发布技术可以提供将其发布成在线地图的服务，在应用系统中通过地址的方式进行叠加和聚合访问使用。当前大多数实时洪水风险图可视化都采用 WebGIS 技术来实现。

实时洪水风险图可视化设计过程大致可以分为系统数据资料收集、系统需求分析、系统整体结构和功能设计、系统数据库设计等部分。

2.5 洪水风险图管理与应用系统

2.5.1 设计原则

洪水风险图信息的可视化表达是一项复杂的、综合性很强的系统工程，系统的设计应该严格遵守软件工程的程序规范进行，在保证系统具有科学合理的结构框架的基础上，力求系统的优化和高效。系统在满足用户需求的前提下，必须尽可能提高各项系统性能指标，系统总体设计遵循以下原则。

(1) 标准统一

遵循行业规范和地区水利信息化相关规划、相关总体设计等进行洪水风险图的研制，遵循相关技术标准，保证项目实施各个阶段的合理和规范。

(2) 实用可靠

以实际业务需求为出发点，结合洪水风险图工作的专业特点、工作方式、业务流程，进行洪水风险图的研制；选用当前成熟、实用的洪水计算方法进行洪水风险图的研制，采用通用的技术及产品进行系统软件开发。确保能够解决目前实际工作中迫切需要解决的，对信息化全局有重要影响的关键问题，为进一步加强洪水风险管理工作打下良好基础。

(3) 技术先进

系统开发的软件和模型,在实用的前提下力求技术方向的高起点和先进性,并适应技术的发展趋势,采用国内外领先的洪水风险图技术和信息技术,以保证系统具有开放性、可扩充性和较长的生命周期。

(4) 科学性

系统的设计和开发要结构开放,要符合客观规律,充分考虑技术的可行性、方法的正确性。对内充分利用现有资源、对外提供共享,系统本身应具有开放性。充分利用现有的模型、数据和应用系统资源,采用开放式的结构进行系统的设计和开发;在具有可扩充性的软硬件环境下,系统能在运行过程中不断地添加新的操作功能和加入新的信息。

2.5.2 系统架构

在充分考虑系统功能要求的前提下,为了保持系统的完整性,将系统作为一个独立的系统进行设计和开发,系统总体架构如图 2-13 所示。

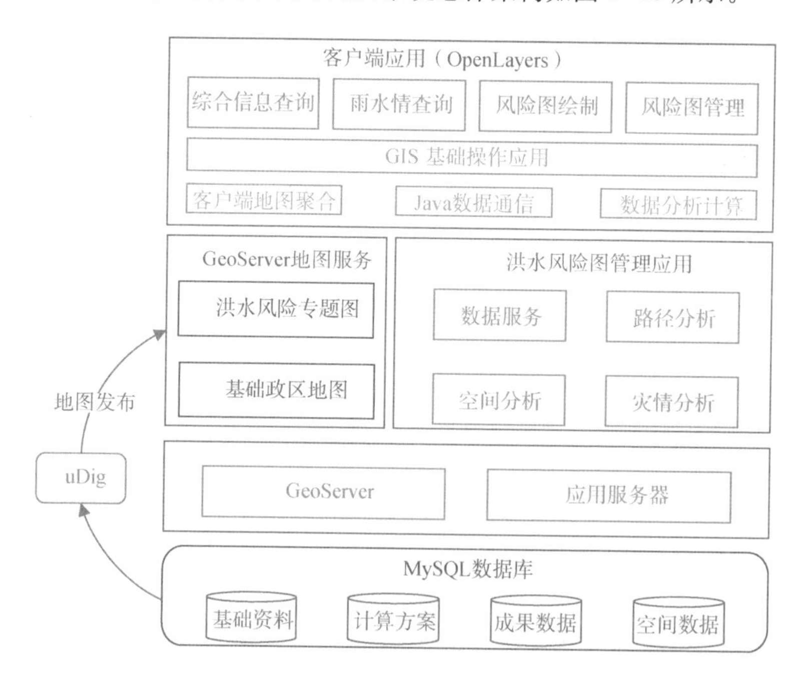

图 2-13　洪水风险图管理与应用系统架构

(1) GeoServer

GeoServer是OpenGIS Web服务器规范的J2EE实现,利用GeoServer可以方便地发布地图数据,允许用户对特征数据进行更新、删除、插入操作,通过GeoServer比较容易在用户之间迅速共享空间地理信息。GeoServer是社区开源项目,可以直接通过社区网站下载。

GeoServer主要包含如下一些特点:

① 兼容WMS和WFS特性;

② 支持PostGIS、Shapefile、ArcSDE、Oracle、VPF、MySQL、MapInfo;

③ 支持上百种投影;

④ 能够将网络地图输出为JPEG、GIF、PNG、SVG、KML等格式;

⑤ 能够运行在任何基于J2EE/Servlet容器之上;

⑥ 嵌入MapBuilder支持AJAX的地图客户端OpenLayers。

(2) uDig

uDig是一个开源(EPL and BSD)桌面应用程序框架,构建在Eclipse RCP和GeoTools(一个开源的Java GIS工具包)上的桌面GIS(地理信息系统)。该软件能够基于Java和Eclipse平台,进行Shp格式地图文件的编辑和查看,同时对OpenGIS标准、互联网GIS、网络地图服务器和网络功能服务器有特别的加强。

(3) OpenLayers

OpenLayers是一个用于开发WebGIS客户端的JavaScript包。OpenLayers支持的地图来源包括Google Maps、Yahoo、Map、微软Virtual Earth等,用户可以用简单的图片地图作为背景图,与其他的图层在OpenLayers中进行叠加,在这一方面OpenLayers提供了非常多的选择。除此之外,OpenLayers实现访问地理空间数据的方法都符合行业标准。OpenLayers支持Open GIS协会制定的WMS(Web Mapping Service)和WFS(Web Feature Service)等网络服务规范,可以通过远程服务的方式,将以OGC服务形式发布的地图数据加载到基于浏览器的OpenLayers客户端中进行显示。OpenLayers采用面向对象方式开发,并使用来自Prototype.js和Rico中的一些组件。

(4) MySQL

MySQL属于传统的关系型数据库产品,其开放式的架构使得用户的选择性很强,而且随着技术的逐渐成熟,MySQL支持的功能也越来越多,性能也在不断地提高,对平台的支持也在增多,此外,社区的开发与维护人数也很多。当下，MySQL 因为其功能稳定、性能卓越，且在遵守 GPL 协议的前提下，可以免费使用与修改，因此深受用户喜爱。

关系型数据库的特点是将数据保存在不同的表中，再将这些表放入不同的数据库中，而不是将所有的数据统一放在一个大仓库里，这样的设计加快了 MySQL 的读取速度，而且它的灵活性和可管理性也得到了很大的提高。访问及管理 MySQL 数据库的最常用标准化语言为 SQL——结构化查询语言。SQL 使得对数据库进行存储、更新和存取信息的操作变得更加容易。

2.5.3 功能架构

实时动态洪水风险图系统可实现各类洪水风险图自动绘制、信息查询、灾情统计、损失评估以及风险预警等功能于一体。系统主要考虑暴雨、高潮位、上游洪水及堤防突发溃口，将此作为洪水致灾因子，结合 GIS 平台和数据库技术，模拟洪水淹没过程，包括多种洪水淹没要素的计算，淹没水深、淹没范围等，结合社会人口经济情况进行受灾淹没损失分析。

系统主要功能包括：

(1) 动态设定致灾因子；

(2) 洪水模型计算；

(3) 洪水演进展示；

(4) 洪水淹没查询；

(5) 洪水灾情分析；

(6) 一维河道重点断面洪水预警和查询；

(7) 一维河道沿程水位预警和查询；

(8) 洪水方案管理。

2.5.4 平台集成

洪水风险图管理系统按照区域分为项目级、县级、市级、省级，并进行数据交互和交换。将实时洪水风险图绘制和灾情统计模块做成计算服务；将水雨情、工情、社会经济及洪涝灾害、防洪重要保护对象、各类风险图成果，以及计算服务所需的基础数据做成数据服务，供远程调用使用。

2.5.5 数据库设计

数据库设计的实质就是把现实世界中一定范围内存在的应用处理和数据抽象成一个数据库的具体结构的过程。数据库结构优化设计能够减少数

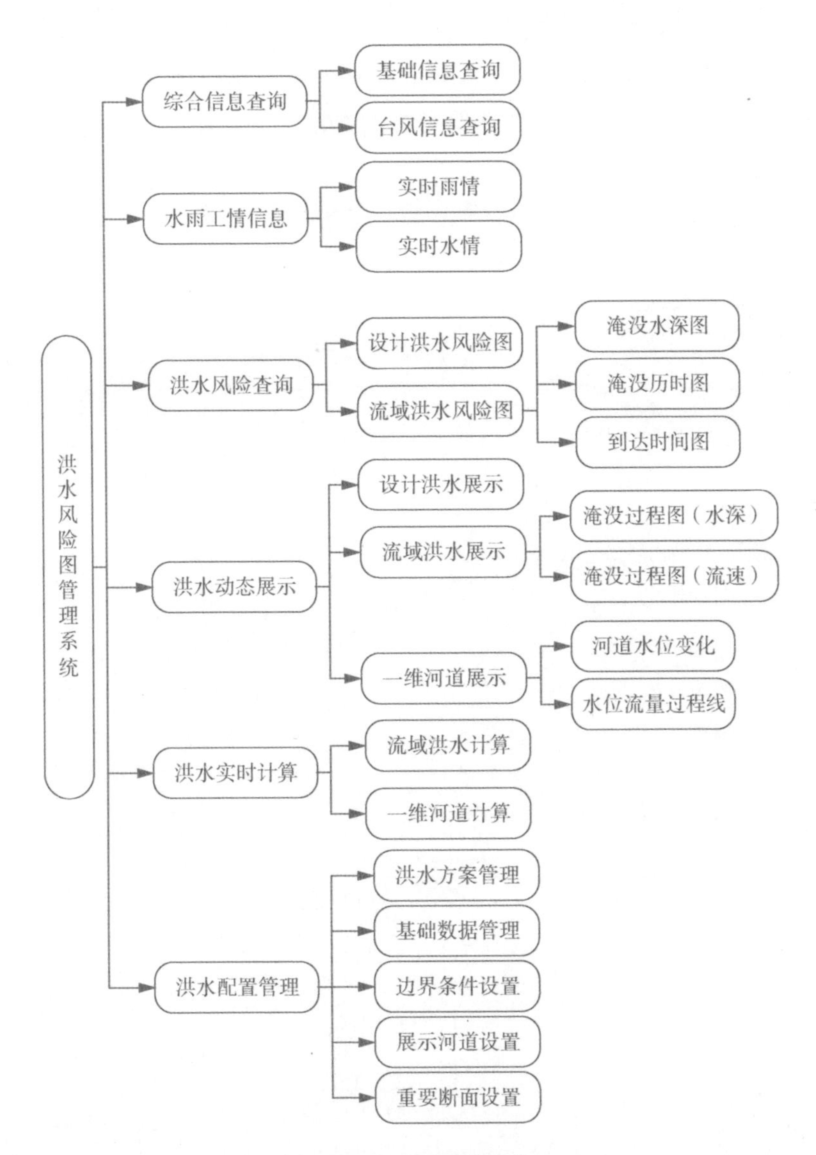

图 2-14　系统功能架构

据库的存储量，数据的完整性和一致性比较高，使得系统具有较快的反应速度。

2.5.5.1　数据库内容

数据库设计与存储需要包括如下内容。

（1）水文气象数据。

（2）测量数据、调查数据等。主要包括基础 GIS 数据、水利工程数据、围保备汛数据、社会经济及洪涝灾害数据、防洪保护区内重点保护对象数据等内容。

（3）预制洪水风险图成果。

（4）实时洪水风险图绘制及灾情统计所需的基础数据及成果数据，包括风险图的基本信息、洪水边界条件及工程调度信息、洪水淹没信息、灾情统计信息和其他相关应急响应措施信息等内容。

表 2-6　洪水风险图数据库内容

<table>
<tr><th>数据库内容</th><th>类型</th><th>建设内容</th><th>基础字段</th></tr>
<tr><td rowspan="2">水文气象</td><td rowspan="2">水文气象数据</td><td>水文站</td><td>见国家水文数据库标准</td></tr>
<tr><td>气象站</td><td>见国家水文数据库标准</td></tr>
<tr><td rowspan="15">调查、测量数据</td><td rowspan="8">防洪工程信息</td><td>大坝</td><td>见表 2-7</td></tr>
<tr><td>堤防(海堤)</td><td>见表 2-7</td></tr>
<tr><td>蓄滞洪区</td><td>名称，面积，人口，GDP，房屋，固定资产</td></tr>
<tr><td>圩垸</td><td>名称，面积，人口，GDP，房屋，固定资产，堤顶高程，堤顶宽度，田面高程</td></tr>
<tr><td>水闸</td><td>见表 2-7</td></tr>
<tr><td>泵站</td><td>名称，位置，坐标，数量，泵型，流量</td></tr>
<tr><td>桥梁</td><td>见表 2-7</td></tr>
<tr><td>涵洞</td><td>见表 2-7</td></tr>
<tr><td rowspan="4">备汛信息</td><td>险工险段</td><td>名称，位置，坐标，高程，易出险高程</td></tr>
<tr><td>避险地点</td><td>名称，位置，坐标，高程，可容纳人数</td></tr>
<tr><td>防汛物资仓库</td><td>名称，位置，坐标，高程，各类物资数量</td></tr>
<tr><td>防洪重要保护对象</td><td>见表 2-8</td></tr>
<tr><td rowspan="3">围保信息</td><td>抢险队伍</td><td>名称，位置，坐标，人数</td></tr>
<tr><td>人口与面积</td><td>名称，人口，房屋面积，地面高程，耕地面积，建筑面积</td></tr>
<tr><td>资产信息</td><td>所在地区，GDP，农业 GDP，工业 GDP，三产 GDP</td></tr>
<tr><td rowspan="4">风险图绘制管理</td><td>风险要素</td><td>淹没水深</td><td></td></tr>
<tr><td rowspan="3">延伸信息</td><td>计算方案洪水特征</td><td>名称，时间，水位，流速，流量</td></tr>
<tr><td>计算方案条件说明</td><td>溃口位置，溃口高程，溃口的宽度，工程调度，分洪状况</td></tr>
<tr><td>灾情统计</td><td>受灾人口，受灾面积，受灾耕地面积，损失 GDP</td></tr>
</table>

表 2-7 构筑物资料基本数据要求

类型	位置	有关参数
大坝(含副坝)	坝两端坐标	坝高,坝型,坝体材料,坝址断面,坝长,泄洪设施参数
堤防	桩号坐标,险段坐标	桩号所在堤顶高程,堤防等级,堤防典型断面
安全设施	位置坐标	形状,面积,安全台高程,安全区围堤参数
桥梁	桥两端坐标	桥面底板高程,桥墩间跨度,桥墩形状,尺寸,个数
涵洞	涵洞坐标	涵洞形状,尺寸,涵洞长
闸门	闸门两端坐标	闸门孔数,各孔闸门尺寸,设计过流能力,闸孔系数
公路、铁路	沿程坐标	路面高程,路面宽

表 2-8 防洪重要保护对象资料基本数据要求

类型	必填字段	可选字段
学校		学校等级,师生数量,联系人,联系电话
医院		医院类型,床位数量,联系人,联系电话
政府机关		
危化企业	名称,坐标,高程,数据年份	危化品名称,产能规模,数据年份
电力设施		设施类型,规模
通信基站		运营商名称
水厂		日供水规模(万 t)
立交桥(城市)	坐标,桥下路面最低点高程	梁底净高,桥类型,桥下公路类型
地下空间(城市)	名称,出入口坐标,出入口高程	地下空间面积,地下空间用途

2.5.5.2 数据入库要求

(1) 调查测量类数据需提供空间信息和属性信息。所有的空间数据入库前应经过数据拼接、格式转换、添加投影等数据处理。数据格式应转化为 MapInfo、MapGIS、ArcGIS 等主流数据处理软件支持的矢量数据格式,投影统一采用高斯-克吕格投影,高程统一采用 1985 年国家高程基准二期,空间数据坐标位置应与 Google(中国)在线地图或天地图为底图相匹配。属性信息应包含编码和基础字段。

(2) 风险图要素需提供具有空间分布特征信息的淹没水深信息。数据格式采用 ArcGIS 的 ASCⅡ格式,信息应包含范围、行列数、栅格大小、淹没水深等,投影统一采用高斯-克吕格投影,高程统一采用 1985 年国家高程基准二期,空间数据坐标位置应与 Google(中国)在线地图或天地图为底图相匹配。

(3) 延伸信息需提供属性信息。属性信息应包含的基本字段见表 2-6。

3

浦阳江流域洪水分析模拟与风险评估

浦阳江流域是钱塘江流域的一部分，地处长江三角洲南翼，浙江省中部偏北地区，位于上海、杭州和宁波的经济三角区之间。浦阳江流域是水灾害防治的典型区域，主要体现在以下几点：① 上游有安华、石壁、陈蔡等多座水库，中游诸暨城区附近有高湖蓄滞洪区等防洪工程；② 历史上人水争地矛盾突出，河道行洪能力有限，洪水灾害突出，洪灾损失大。本章以浦阳江流域为研究区域，利用水文水动力模型开展流域洪水模拟，基于水库防洪调度和蓄滞洪区滞洪等不同工况设定模拟情景，综合考虑流域内水文、防洪工程以及气候变化等要素，构建洪水风险管理系统。

3.1 研究区域概况

3.1.1 自然地理条件

浦阳江地形地貌较为复杂，流域境内有山地、丘陵、盆地和平原。流域东部、西部、南部均为山区，地面起伏较大，是河流的发源地；中部为通道式盆地，地面起伏小且河道纵横；北部为萧绍平原的边缘地带，地势平坦。

3.1.2 河流水系

浦阳江主要支流有大陈江、开化江、五泄江、枫桥江、凰桐江。流域内湖畈（圩区的当地称呼）众多，包括苍象湖、葬马湖、月塘湖、朱公湖、江西湖、渔村湖、连七湖、下四湖、黄潭解放湖、横山湖（圩区）等，水网密布。

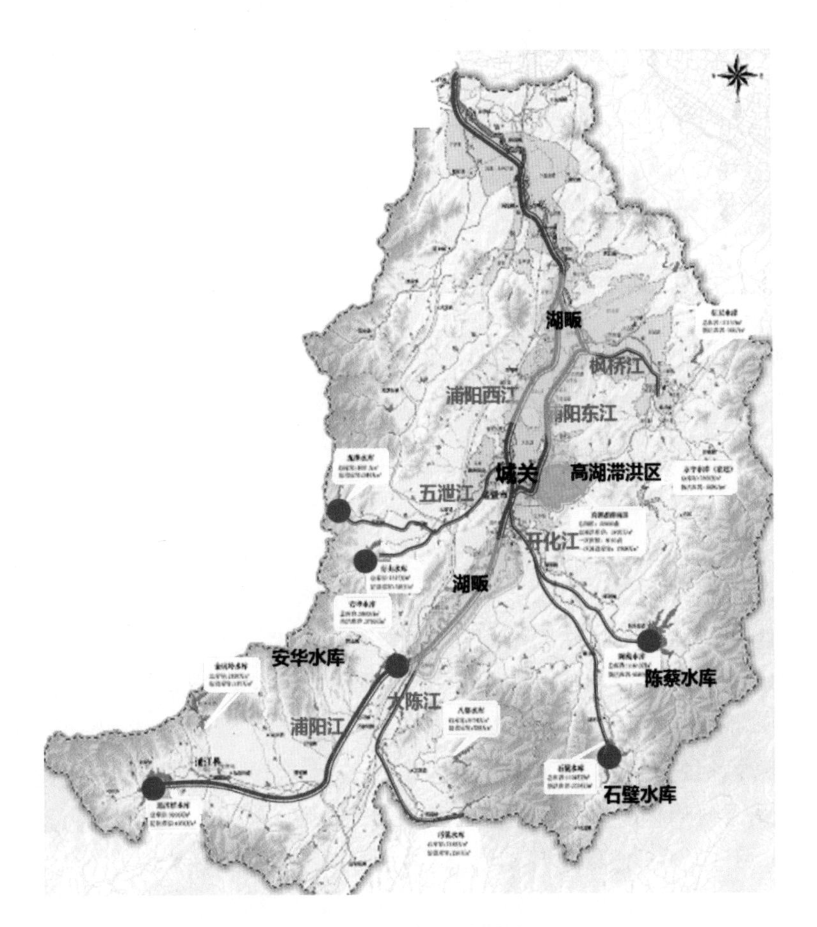

图 3-1　浦阳江流域图

表 3-1　浦阳江干支流基本情况表

河　名	集雨面积（km^2）	河长（km）	汇合口地点	汇入河流	河道平均比降(‰)
浦阳江	3 452	150	闻家堰	钱塘江	1.4
大陈江	234	37	安华镇	浦阳江	1.93
开化江	616.7	48	丫江杨	浦阳江	6.5
五泄江	249.6	40.8	石　家	西江	3.2
枫桥江	426.1	44.7	江卅头	东江	7
栎桥江	104.5	31.8	下洄地	枫桥江	7.8
枫　溪	118.6	23.5	下洄地	枫桥江	2.46
孝泉江	72	16	遮　山	枫桥江	

续表

河　名	集雨面积（km²）	河长（km）	汇合口地点	汇入河流	河道平均比降(‰)
凰桐江	167.2	42	尖　山	浦阳江	
店口江	96	16	金浦桥	浦阳江	17.4
陈蔡江	273.5	39.3	街　亭	开化江	9.1
璜山江	313.4	40.6	街　亭	开化江	14.6
冠山溪	53	14	水磨头	五泄江	21.45

注：数据摘自《诸暨市防汛防台抗旱手册》。

3.1.3 水文气象

流域汛期受梅雨和台风影响，洪水灾害较多。从1034—1949年的915年间发生大洪水84次，1949年后70多年中，大兴水利，水灾稍减，但平均3年就有一次洪水灾害发生。

浦阳江流域洪水由暴雨所形成，因暴雨季节性变化较大，故洪水也同样有明显的季节性变化。春末夏初（4月16日—7月15日）由于太平洋副热带高压逐渐加强，与北方南下的冷空气交汇，静止锋徘徊，形成连绵阴雨天气，称梅汛期；夏秋季（7月16日—10月15日）受太平洋副热带高压控制，热带风暴或台风活动频繁，经常发生大暴雨，也是形成流域大洪水的主要因素，称台汛期；10月16日—翌年4月15日流域受冷高压控制，晴冷少雨，北方冷空气南下时，间有雨雪，称非汛期。浦阳江的洪水特征是涨水过程陡，洪峰高，退水过程平缓。

3.1.4 防洪工程概况

浦阳江流域的防洪特点可以用“上蓄、中分、下泄”来概括，自20世纪50年代以来已经进行了三次大型河道综合治理，目前防洪工程体系较为完善。

“上蓄”指的是水库对洪水的调蓄。流域共有11座大中型水库和236座小型水库，防洪库容达1.19亿m³，包括浦阳江干流的通济桥水库、安华水库以及开化江上的陈蔡水库和石壁水库等。

“中分”是指流域中游高湖蓄滞洪区，其总滞洪库容达5 800万m³。目前高湖蓄滞洪区正在进行分级改造，以降低分洪门槛，减少分洪成本。

“下泄”指的是浦阳江入海工程及电排站工程。浦阳江在闻家堰站汇入钱塘江后入海，入河口地势较高，容易形成排涝困境，需要电排站进行抽水排泄。

3.1.5　社会经济

浦阳江63.3%的流域面积位于诸暨市，主要集中在中下游地区。诸暨市是流域内最大社会经济体，也是流域的防洪保护区。诸暨位于浙江省中北部，北邻杭州，东接绍兴，南临义乌。诸暨是越国古都、西施故里和於越文化的发祥地之一，是浙江省首批科技强市、首批教育强市。诸暨市区域面积2 311 km^2，下辖3个街道、24个镇乡、542个村委会或居委会(2019年6月行政区划调整前)。根据诸暨市统计局资料，全市2017年末户籍人口108.55万。2017年全市实现地区生产总值(GDP)1 180.02亿元，比上年增长7.0%。其中，第一产业增加值51.30亿元，增长2.4%；第二产业增加值608.67亿元，增长6.0%；第三产业增加值520.05亿元，增长8.7%。按户籍人口计算，全市人均生产总值为108 706元，增长6.8%。

3.1.6　洪水来源分析

浦阳江流域洪水由暴雨所形成，因暴雨季节性变化较大，故洪水也同样有明显的季节性变化。春末夏初为梅汛期；夏秋季为台汛期，热带风暴或台风活动频繁，经常发生大暴雨，也是形成流域大洪水的主要因素。浦阳江过萧山境后汇入钱塘江，湄池站以下属感潮河段。受潮汐影响，钱塘江潮水可从闻家堰上溯至诸暨王家堰，梅汛期，受钱塘江河口洪水顶托影响，排泄不畅，洪水时易泛滥成灾。如遇浦阳江、富春江洪水与大潮汛“三碰头”，浦阳江洪水易受顶托，水位壅高，不利行洪。

浦阳江流域的重点防洪保护区是诸暨市城区及下游，其中城区的防洪控制站点是诸暨站，下游防洪控制站点是湄池站。

洪水来源主要分为三个部分。

(1) 上游干支流洪水

诸暨市水库较多，对浦阳江流域防洪起关键作用的是安华、陈蔡、石壁三座防洪水库。上游水库在洪水期拦蓄洪水、削减洪峰，减小了下游河道的洪峰流量，对下游地区的防洪发挥了一定的作用。下游河道洪水主要由水库调蓄后的下泄过程与下游区间相应洪水错峰叠加而成。

(2) 区间暴雨洪水

遭遇浦阳江大洪水时，限制沿江区域电排工程涝水排泄，因此区间暴雨极易造成流域两岸区域内涝。

(3) 下游钱塘江洪水、潮汐顶托

浦阳江下游地区受钱塘江洪水顶托作用影响显著。钱塘江是浙江省境内的第一大河，河口段位于富春江电站以下，其中，近口段为富春江电站到闻家堰，主要为径流作用；河口段为闻家堰到澉浦，受径流和潮汐共同作用。澉浦以下主要受潮汐作用。当浦阳江洪水遭遇钱塘江洪水、天文大潮时，会造成严重顶托。浦阳江出口下游 2.5 km 处、钱塘江干流上的闻家堰水(潮)位站，为浦阳江洪水计算下游边界的代表站。

3.2 技术方案

研究工作主要分为四个部分：数据收集与分析、洪水模型构建与检验、洪水风险情景模拟、洪水风险系统管理。

(1) 数据收集与分析：收集基础地理信息、水文气象、构筑物及工程调度、社会经济、历史洪涝灾害等数据。

(2) 洪水模型构建与检验：针对浦阳江流域地形地貌建立水文水动力模型来模拟流域水流运动，并通过历史洪水资料率定验证。水文模型采用适用于湿润地区的新安江模型，以浦阳江干流上拥有长时间序列洪水资料的站点，上游水库和水文站等为控制断面，建立水文产汇流模型。水文模型计算得到的流量作为一维水动力模型的输入，下游以钱塘江闻家堰潮位站潮位过程作为下边界，对河道的水流运动进行模拟。通过堰流公式将一二维水动力模型进行耦合，模拟洪水在河流两岸的淹没和演进过程。

(3) 洪水风险情景模拟：针对洪涝致灾因子的不确定性，设置不同情景方案，模拟发生该情景下的洪水淹没情况。情景分为洪潮组合情景、溃堤情景以及历史洪水情景。洪潮组合情景模拟暴雨重现期 5、10、20、50、100 年下遭遇多年平均高潮位时淹没情况；溃堤情景模拟了 20 年一遇设计洪水下四个险工险段发生溃堤时沿江湖畈淹没情形；历史洪水重演情景以 1997 年 7 月 9 日和 2011 年 6 月 11 日曾发生湖畈倒堤的两场洪水为例，通过比较历史洪水在当时和目前防洪体系下的溃堤淹没情况，从而分析防洪工程如高湖蓄滞洪区在进行分级改造、堤防在加固整治之后的防洪效果。

(4) 洪水风险系统管理：构建浦阳江洪水风险图管理与应用管理系统，实现区域洪水风险快速判断和分析。

具体的技术路线如图 3-2 所示。

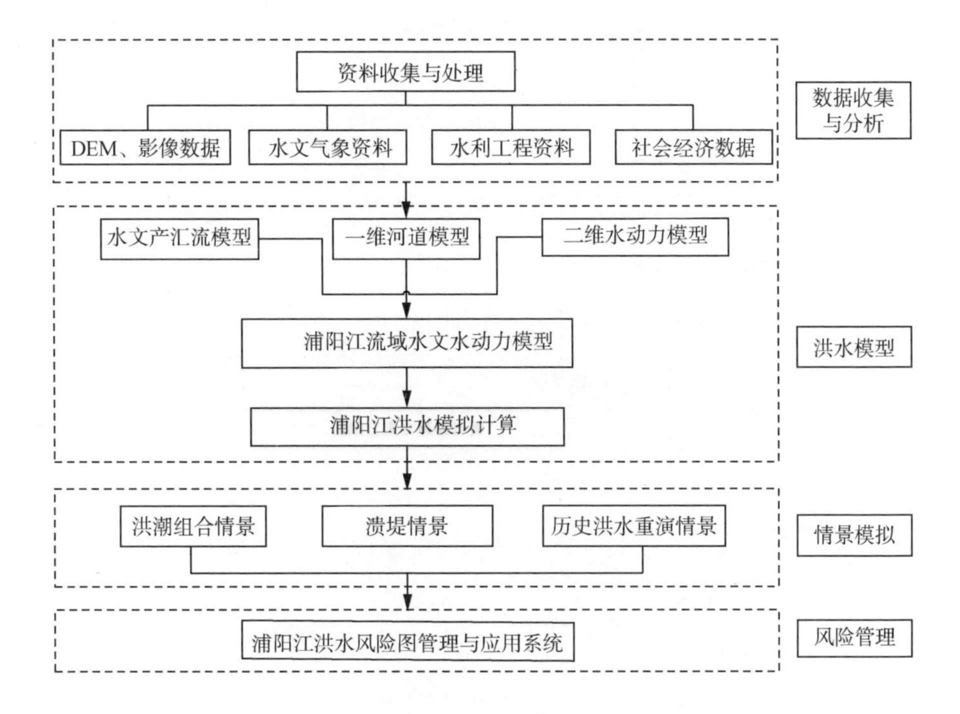

图 3-2　技术路线

3.3　数据收集

3.3.1　基础地图数据

基础地图资料包括全要素地形图(DLG)、影像图(DOM)、数字地面高程模型(DEM)。

基础地图部分的处理主要是根据收集到的全要素地形图等对行政区划、居民点、道路交通、土地利用、河流水系、水利工程、线状构筑物(公路、铁路、堤防)等进行提取和分层(表 3-2);根据研究区域分辨率为 5 m 的高精度 DEM 进行等高线的提取,依据等高线划定二维地表模型的范围(图 3-3)。

3.3.2　水文资料

水文资料主要用于水文模型和一维河道水动力数值模型的参数率定和验证,摘录流域内 1987—2017 年实测降雨、蒸发、水位、流量等资料,并按照要求整理成模型需要的相应格式,集成到历史洪水资料数据库中,方便模型的调用。

表 3-2　电子地图图层列表

分类	图层名称/内容	主要属性字段要求	图层类型	备注
行政区划	省界	名称、行政区代码	面、线	浙江省
	市界	名称、行政区代码	面、线	浙江省
	城区(县、县级市)界	名称、行政区代码	面、线	诸暨市
	街道(乡、镇)界	名称、行政区代码	面、线	诸暨市
	居委会(村)界	名称、行政区代码	面、线	诸暨市
居民点	省级政府驻地	编码、名称、行政区代码	点	浙江省
	地市级政府驻地	编码、名称、行政区代码	点	浙江省
	县(区)级政府驻地	编码、名称、行政区代码	点	诸暨市
	街道处(乡、镇)	编码、名称、行政区代码	点	诸暨市
	居委会(村)	编码、名称、行政区代码	点	诸暨市
高程	等高线	名称、高程	线	
	高程点注记点	名称、高程	点	
	测量三角点	名称、流域、备注	点	
交通	铁路	名称、编号、起点、终点	线	
	高速公路	名称、编号、起点、终点	线	
	国道	名称、编号、起点、终点	线	
	省道	名称、编号、起点、终点	线	
	城市道路	名称、编号、起点、终点	线	
	县道	名称、编号、起点、终点	线	
	街道	名称、编号、起点、终点	线	
	乡村路	名称、编号、起点、终点	线	
	小路	名称、编号、起点、终点	线	
流域水系	河流	名称、代码	线、面	
	湖泊	名称、代码	面	
	干渠、支渠	名称、代码	线	

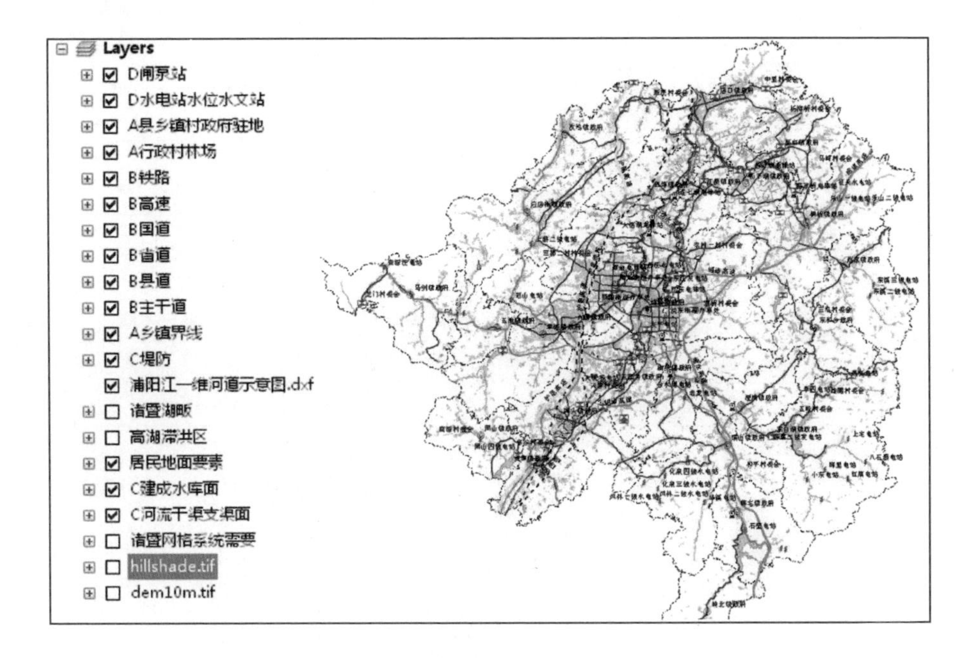

图 3-3　基础地图处理示意图

浦阳江流域设有诸暨、街亭、枫桥等水文站，安华、湄池、临浦等水位站，下宅溪、通济桥、黄宅、礼张、安华、后宅、杨佳山、陈蔡等 20 多处雨量站。通济桥和安华等水库有自设的水位站，主要观测水库水位等。其中，诸暨站为浦阳江流域中游的主要控制站。浦阳江出口附近，在钱塘江干流上设有闻家堰水位站。雨量站的雨量资料精度较高，且多数站的观测系列已有 30 年以上。

浦阳江流域主要水文测站概况见表 3-3，流域水系、测站位置见图 3-4。

表 3-3　浦阳江流域水文测站概况表

所属河流	站名	集水面积(km^2)	观测项目	备　注
浦阳江	同山		降水量	
	通济桥	104.5	降水量	集水面积指通济桥水库坝址
	黄宅		降水量	
	后宅		降水量	
	礼张		降水量	
	安华	898	水位、降水量、蒸发	安华水库集水面积 635.2 km^2
大陈江	苏溪		降水量	

续表

所属河流	站名	集水面积(km²)	观测项目	备　注
	岭北		降水量	
	石壁		降水量	
	横岭顶		降水量	
	外蒋		降水量	
	陈蔡		降水量	
	街亭	588	水位、流量、降水量、蒸发	街亭目前已不测流
浦阳江	诸暨	1 719	水位、流量、降水量	吴淞高程=85 高程+1.86
五泄江	杨佳山		降水量	
	大岭山		降水量	
枫桥江	枫桥	109	水位、流量、降水量	枫桥站目前已升级为水文站
	杨梅桥		降水量	
	骆家桥		水位、降水量	
凰桐江	应店街		降水量	
浦阳江	湄　池	2 800	潮水位、降水量	吴淞高程=85 高程+1.84
	临　浦		潮水位、降水量	吴淞高程=85 高程+1.82
钱塘江	闻家堰		潮水位、降水量	吴淞高程=85 高程+1.94

3.3.3 河道地形数据

为了能够将河道断面数据(水下地形)导入模型中,需将断面形状图转化为带有起点距-高程两列数据的模型输入需要格式,如图 3-5(右图)所示,X 坐标表示起点距,Y 坐标表示起点距对应的河底高程;同时将断面具体地理位置图转换为 *.shp 格式,作为底图加载到一维水动力数值模型中。

3.3.4 防洪排涝工程数据

浦阳江流域境内的防洪排涝工程主要有水库、蓄滞洪区、涵闸及电排站等。

水库需要的数据有调度规则、库容曲线、泄流曲线等,流域内与防洪相关的水库主要有安华水库、石壁水库、陈蔡水库;水闸泵站与排涝相关,需收集其地点位置、设计排涝流量等;高湖蓄滞洪区是重要的防洪工程,近年来浙江省针对其分洪困难的问题进行了分级改造,因此收集其分级改造之后的最新调度资料。防洪排涝工程数据清单如表 3-4 所示。

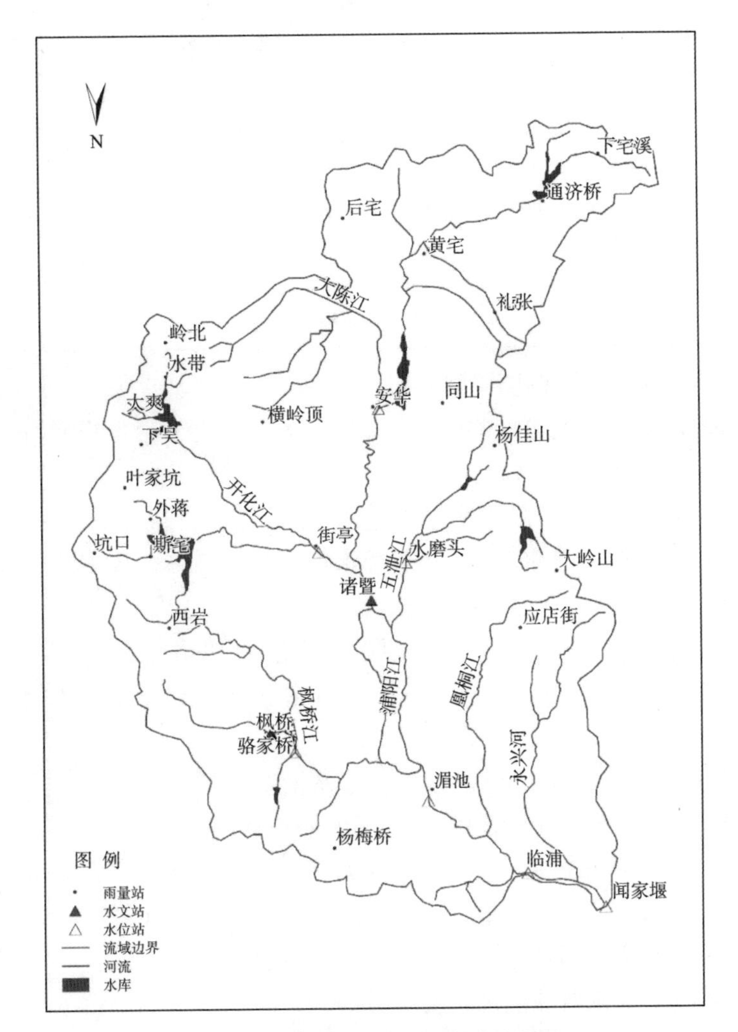

图 3-4　浦阳江流域水文测站位置图

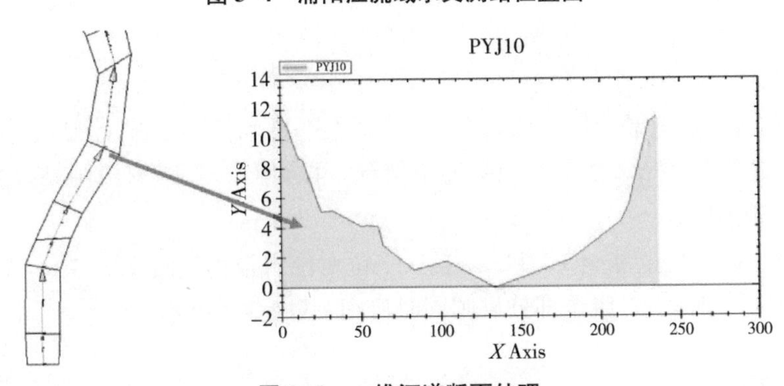

图 3-5　一维河道断面处理

表 3-4　防洪排涝工程数据收集清单

分类	内容	备注
水库	水文特征、水库特征、溢洪道及泄洪闸门、调度规则	主要收集安华、石壁、陈蔡三座水库
排水涵闸	所在地、水闸规模(孔数、闸高等)、最大设计流量	
电排站	所在地、装机容量、设计流量、排涝面积	
蓄滞洪区	面积、控制闸(位置、设计流量)、调度规则	

(1) 安华水库防洪调度规则

水库空库调洪。灌溉期临时蓄水 600 万 m^3，接到暴雨预报后，在洪水入库前泄空水库。

洪水初期不拦洪，根据预报，在诸暨太平桥水位*将超过 12.14 m 前 6 小时，安华水库逐步关闸滞洪，按太平桥水位不超过 12.14 m 实施错峰补偿调度。

库水位达到 30.09 m，若高湖滞洪区全开分洪，以诸暨太平桥水位不超过 12.44 m 实施错峰补偿调度，否则，按入出库平衡下泄，控制水库水位不再上涨。

当库水位达到 32.09 m 时，应立即开闸泄洪，控制下泄流量与入库流量基本持平，直至闸门全开敞泄，确保水库大坝安全。

诸暨太平桥洪峰过后，尽量按诸暨太平桥水位不超过 12.14 m 补偿下泄；当库水位回落至 29.09 m 以下，天气晴好且近期预报无暴雨时，为照顾下游排涝，可酌情减少下泄流量，但库水位不得再超过 29.09 m。

(2) 改造后高湖蓄滞洪区调度规则

当预报浦阳江将发生洪水，通过启用斗门、骆家山闸站排水，控制高湖一区河道内水位不高于 5.0 m。

当诸暨太平桥水位预报将超过 12.64 m，实测上涨至 12.44 m 左右时，开启高湖分洪闸，启动一区分洪，并尽量控制太平桥水位不继续上涨、下游湄池水位不超过 10.0 m；视下游湖畈安全情况，可启用斗门、骆家山闸站外排，尽量腾出滞洪库容。

当一区水位上涨至 11.14 m，且太平桥水位预报仍超过 12.64 m，实测超过 12.44 m 时，一二区全部分洪闸同时启用，共同蓄滞洪水。

---

* 太平桥在诸暨站下游 100 m 位置，诸暨站水位可近似看作太平桥水位

当诸暨太平桥水位实测退至 12.44 m，湄池水位回落至 10.0 m 以下，可逐步减少高湖分洪闸开度。

当诸暨太平桥水位退至 12.14 m，视湖畈安全情况，可结束分洪，并可启用斗门、骆家山闸站外排，腾出滞洪库容。必要时，也可使用高湖分洪闸加快退水。

高湖依靠高湖分洪闸、骆家山闸等两处水闸进行自排退水。具体退水流量和历时，视当时天气预报和中下游湖畈防御洪水情况综合确定。

(3) 石壁水库

石壁水库位于开化江上游，集雨面积 108.8 km^2，坝顶高程 106 m，总库容 1.103 亿 m^3。

石壁水库防洪调度规则如下。

汛限水位：梅汛期 93.50 m，相应库容 5 478 万 m^3；台汛期 92.50 m，相应库容 5 099 万 m^3。梅台过渡期为 7 月 16 日到 7 月 31 日，期间接省气象台台风预报后，必须及时将库水位降至台汛期汛限水位。

当库水位低于 20 年一遇洪水位 97.56 m 时，按不大于下游河道安全泄量下泄；当预报诸暨太平桥水位将超过 12.14 m 前 6 小时关闸错峰。

当库水位超过 97.56 m，低于 100 年一遇洪水位 99.01 m 时，根据下游防洪要求，控制下泄流量不大于 100 m^3/s。

库水位超过 99.01 m 时，加大下泄流量，控制出库流量与入库流量基本持平，直至泄洪洞与溢洪道闸门全开敞泄。

待诸暨洪峰过后，太平桥水位退至 12.14m 以下时，按先安华水库，后陈蔡水库、石壁水库的次序宣泄洪水。

(4) 陈蔡水库

陈蔡水库位于开化江支流陈蔡江上游，集雨面积 187 km^2，坝顶高程 93.68 m，总库容 1.164 亿 m^3。

陈蔡水库防洪调度规则如下。

陈蔡水库设计梅汛期限制水位 83.18 m，台汛期限制水位 81.18 m。2008 年 5 月大坝安全鉴定为二类坝，在未实施加固改造前，省水利厅批准的控制运用水位为：梅汛期限制水位 82.68 m，台汛期限制水位 80.68 m。历史最高水位为 86.39 m(发生日期 1997 年 7 月 12 日)。梅台过渡期为 7 月 16 日到 7 月 31 日，期间接省气象台台风预报后，必须及时将库水位降至台汛期汛限水位。

库水位低于 20 年一遇洪水位 88.38 m，诸暨太平桥水位低于 12.14m 时，按下游河道安全泄量进行补偿调节；当预报诸暨太平桥水位将超过 12.14 m 前 4 小时关闸错峰。

库水位超过 88.38 m，低于 50 年一遇洪水位 90.58 m 时，按下泄流量 140 m^3/s控制泄洪。

库水位超过 90.58 m，低于 100 年一遇洪水位 90.68 m 时，根据防洪情势，控制下泄流量不超过 206 m^3/s。

库水位超过 90.68 m 时，控制出库流量与入库流量基本持平，直至泄洪闸全开敞泄；库水位超过 91.18 m 时，非常溢洪道启用。

洪峰过后，太平桥水位降至 12.14 m 以下时，按先安华水库，后陈蔡水库、石壁水库的次序宣泄洪水。

(5) 永宁水库

永宁水库位于枫桥江上游，坝址以上集水面积 73.6 km^2，水库正常蓄水位为 44 m，相应库容 1 332 万 m^3，设计洪水位 48.68 m，校核洪水位为 49.45 m，水库总库容 2 308 万 m^3，其中防洪库容 1 028 万 m^3，防洪保护耕地 33.5 万亩，保护人口 40.6 万人，主要建筑物设计洪水标准 100 年一遇，校核洪水标准 500 年一遇。

依据《2018 年度五泄等四座中型水库控制运用计划的报告》(诸水电〔2018〕14 号)，永宁水库汛限水位及洪水调度原则如下。

梅汛期(4 月 15 日至 7 月 15 日)限制水位 43.0 m(试运行，较设计降低 1.0 m)，相应蓄水量 1 189.0 万 m^3；台汛期(8 月 1 日至 10 月 15 日)限制水位 39.5 m(试运行，较设计降低 2.5 m)，相应蓄水量 759.0 万 m^3。梅台过渡期为 7 月 16 日至 7 月 31 日，期间接省、市气象部门台风预报后，必须及时将库水位降至台汛期限制水位。

洪水调度原则：

①水库水位高于汛限水位(梅汛期 43.0 m，台汛期 39.5 m)，低于 48.36 m (台汛期 20 年一遇洪水位)时，控制水库下泄流量不超过 100 m^3/s，同时控制骆家桥流量不超过 12 00 m^3/s(骆家桥水位为 11.5 m)；

②当水库水位高于 48.36 m(台汛期 20 年一遇洪水位)，应以水库本身安全为主，逐渐加大下泄流量，直至闸门全开，但控制下泄流量不大于入库洪峰流量。

3.3.5 历史洪水资料

历史洪水资料主要是从历史洪水调查报告中获取，包括降水、关键断面的最高水位、水文站洪峰、湖畈倒堤情况等。本次涉及的历史洪水主要有两场:1997 年 7 月 9 日和 2011 年 6 月 16 日洪水。

3.4 模型构建与检验

3.4.1 建模思路

浦阳江流域地形包括丘陵、盆地和平原。因此河流也划分为山溪性河流和平原河流。针对山溪性河流采用三水源新安江模型模拟其产汇流过程,得到出口断面处的流量过程;针对地势低洼的平原河流,采用一维河道水动力模型模拟水流的运动。水文模型与一维河道模型之间为单向连接,以山区性河流的控制站为连接点,将水文模型的计算结果作为水动力模型的输入。

采用圣维南方程组建立浦阳江水动力模型,一维河道模型范围覆盖流域盆地平原区主要干支流河道,根据所测得的河道地形资料,对河流进行概化模拟。二维模型以研究范围内地形(DEM 数字高程模型)、地貌为依据,充分考虑线性工程(公路、铁路、堤防等线状物)的阻水及导水影响。溃口位置根据历史溃口位置及堤防险工险段设定,溃口的宽度以及过程根据堤防溃口经验公式确定。一维河道模型与二维地表网格模型之间为紧耦合,即双向连接,考虑到浦阳江历史洪涝灾害的受灾形式主要表现为下游湖畈的溃堤或漫溢,因此一维和二维的水流交换主要通过堰流公式。其中溃口位置根据堤防调查成果设定,溃口的宽度以及过程根据堤防溃口经验公式确定。

3.4.2 建模范围

3.4.2.1 水文模型建模范围

浦阳江上游为山丘区,针对山丘区的水流运动,建立新安江水文模型,其中区间或小支流可根据相邻流域面积比移用流量过程。具体为:① 安华水库上游;② 支流大陈江龙潭断面上游;③ 安华水库—丫家杨区间;④ 开化江街亭水位站上游;⑤ 五泄江水磨头断面上游;⑥ 枫桥江骆家桥断面上游;⑦ 凰桐江流域;⑧ 永兴河流域。产流区空间分布如图 3-6 所示。

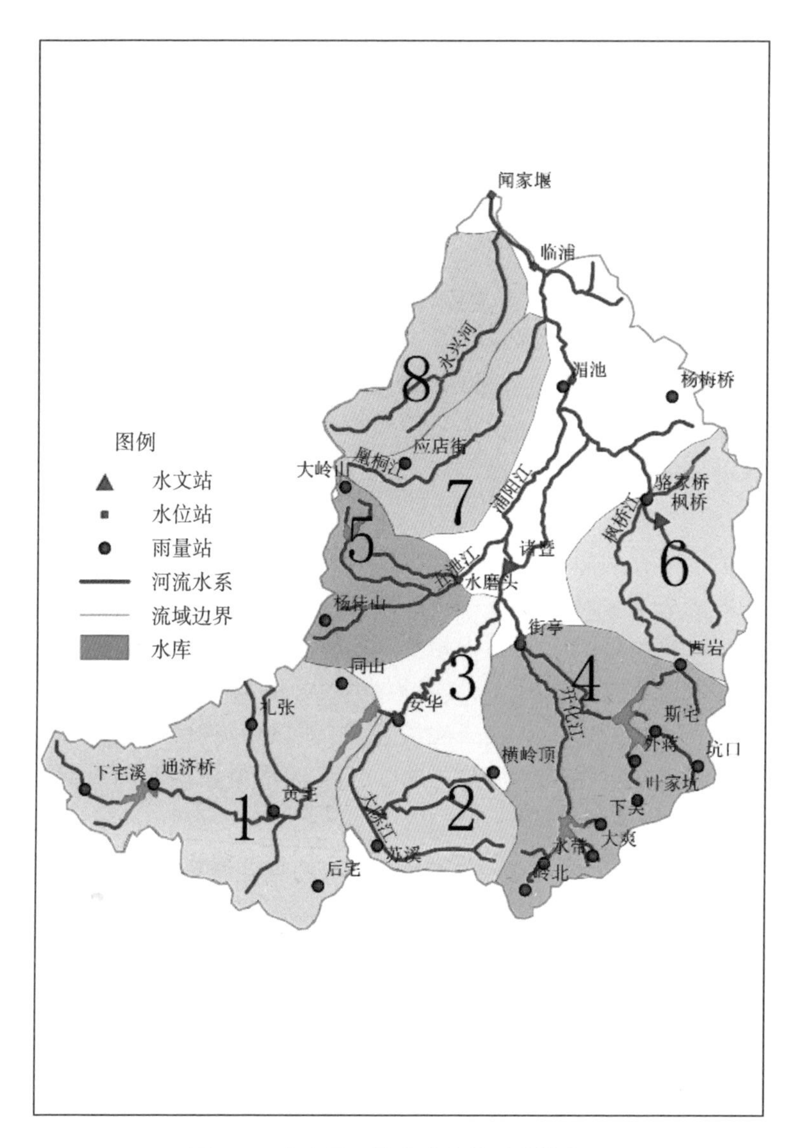

图 3-6　水文及一维水动力模型建模范围

3.4.2.2　一维河道水动力模型建模范围

考虑到洪水影响，建模范围为干流安华水库以下—浦阳江河口，概化的主要支流和向上延伸范围包括：大陈江至龙潭断面、开化江至街亭水文站、五泄江至水磨头、枫桥江至骆家桥等。

干流上边界 1 个,浦阳江安华水库泄流,为流量边界。

支流边界 4 个,分别为大陈江龙潭、开化江街亭、五泄江水磨头、枫桥江骆家桥,均为流量边界。

集中入流边界 3 个,分别为安华—丫家杨区间入流、凰桐江和永兴河,均为流量边界。

下边界 1 个,为闻家堰水位边界。

表 3-5 浦阳江流域模型边界示意表

序号	河流名称	边界性质	数据类型
1	浦阳江上游(安华水库)	干流上边界	流量
2	大陈江(龙潭)	支流边界	流量
3	安华—丫家杨区间入流	集中入流	流量
4	开化江(街亭)	支流边界	流量
5	五泄江(水磨头)	支流边界	流量
6	枫桥江(骆家桥)	支流边界	流量
7	凰桐江	集中入流	流量
8	永兴河	集中入流	流量
9	闻家堰	下边界	水位

3.4.2.3 二维地表水动力模型建模范围

以诸暨水文站为分界,上游以 45 m 等高线,下游以 25 m 等高线划定二维建模范围,并作适当微调。二维建模范围 488.7 km^2。

一、二维水动力模型建模范围如图 3-7 所示。

3.4.3 干支流产汇流分区

以一维水动力模型的边界为控制断面,建立断面以上集雨面积的产汇流模型。根据研究区域地形特点和水系分布,采用新安江模型进行产汇流模拟计算,其中安华水库还需考虑水库调度,经过水库调蓄作用后的下泄过程才是一维水动力模型的输入。由于流域内仅安华水库和诸暨水文站有长序列实测流量资料,因此安华水库和诸暨水文站两个水文分区建立新安江模型并率定参数。开化江街亭站、五泄江水磨头、枫桥江骆家桥移用诸暨站分区的水文参数进行计算。而对于区间入流,则采用水文移置法,根据面积比移用诸暨站分区洪水过程。产汇流分区如表 3-6 所示。

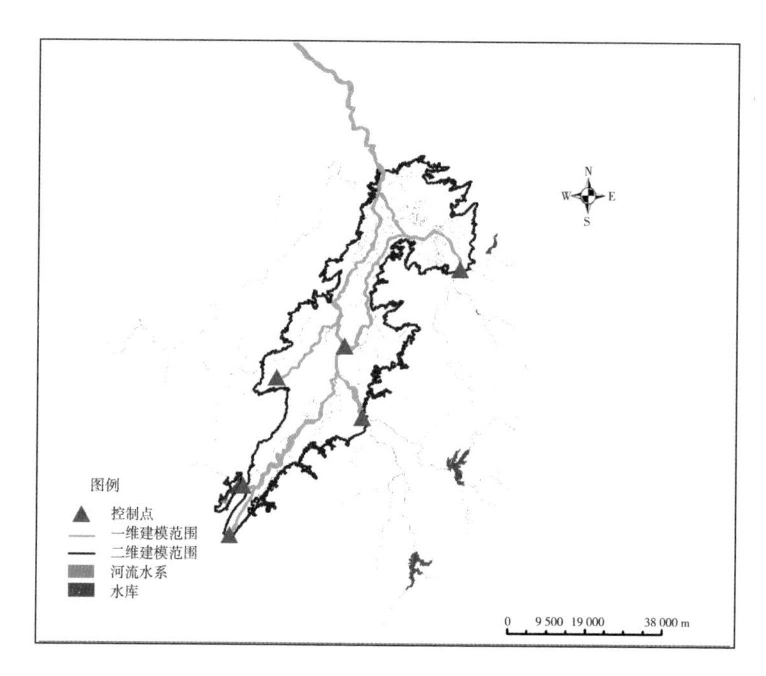

图 3-7　一维(蓝色)、二维(红色)水动力模型建模范围

表 3-6　产汇流分区表

序号	水动力学模型组成部分	区域名称	控制点	集水面积(km^2)	移用区域
1	干流上边界	安华水库	坝址	640	—
2	支流上边界	大陈江	龙潭	264	安华水库
3	集中入流	安华—丫家杨	—	217.3	安华水库
4	支流上边界	开化江	街亭	584	诸暨水文站
5	支流上边界	五泄江	水磨头	225	诸暨水文站
6	支流上边界	枫桥江	骆家桥	330	诸暨水文站
7	集中入流	凰桐江	—	167.2	诸暨水文站
8	集中入流	永兴河	—	99.63	诸暨水文站

3.4.4　水文模型率定验证

3.4.4.1　安华水库入库洪水

安华水库实测资料较为齐全，采用 1989—2014 年洪水资料对其进行率定验证。其中，1989—1999 年 12 场洪水资料用于率定，2007—2014 年 5 场洪水资料用于验证。由于 2012、2016—2017 年 3 场洪水缺少实测流量，因此只进

行计算，不作验证。使用的站点水文资料如表 3-7 所示。

表 3-7　安华水库流域测站概况

类别	名称	资料年份
雨量站	通济桥、黄宅、礼张、后宅、同山、白马桥、安华	1989—2014
蒸发站	安华	1989—2014
水文站	安华水库	1989—2014

表 3-8　安华水库流域次洪资料

	洪号	开始时间	结束时间
率定期	19890723	1989/7/22 12:00	1989/7/25 20:00
	19890916	1989/9/15 15:00	1989/9/19 5:00
	19900901	1990/8/30 15:00	1990/9/8 0:00
	19940614	1994/6/12 10:00	1994/6/16 5:00
	19940617	1994/6/16 6:00	1994/6/19 21:00
	19950429	1995/4/28 2:00	1995/5/2 18:00
	19950626	1995/6/24 12:00	1995/6/27 8:00
	19960701	1996/6/30 12:00	1996/7/3 22:00
	19970708	1997/7/7 17:00	1997/7/14 5:00
	19970819	1997/8/18 9:00	1997/8/21 11:00
	19980618	1998/6/18 6:00	1998/6/22 8:00
	19990618	1999/6/16 21:00	1999/6/20 23:00
验证期	20071007	2007/10/7 8:00	2007/10/11 21:00
	20090813	2009/8/13 15:00	2009/8/17 6:00
	20110613	2011/6/13 8:00	2011/6/19 3:00
	20130626	2013/6/26 8:00	2013/6/30 8:00
	20140818	2014/8/18 12:00	2014/8/22 17:00

洪水模拟的初始值根据先验信息确定，再通过人工调试最终确定。经过率定之后，安华水库流域新安江模型参数如表 3-9 所示。

表 3-9　安华水库流域新安江模型次洪参数表

参数	*K*	*WM*	*WUM*	*WLM*	*C*	*B*	*SM*	*EX*	*KI*	*KG*	*CS*	*CI*	*CG*	*KE*	*XE*
值	1	160	20	80	0.16	0.28	15	1	0.45	0.2	0.5	0.88	0.995	2.7	0.1

表 3-10　安华水库流域洪水模拟结果

	洪　号	P (mm)	$R_{实测}$ (m)	$R_{计算}$ (m)	相对误差 (%)	$Q_{实测}$ (m^3/s)	$Q_{计算}$ (m^3/s)	相对误差 (%)	峰现时差 (h)	确定性系数	合格否
率定期	19890723	44.7	29.6	32.7	10.47	339	298	−12.09	计算迟后 1	0.839	合格
	19890916	51.5	37.7	34.6	−8.22	246	259	5.28	0	0.87	合格
	19900901	179.3	105.4	106.1	0.66	615	646	5.04	计算迟后 1	0.845	合格
	19940614	149	168.2	164.7	−2.08	833	718	−13.81	0	0.972	合格
	19940617	128.5	134.4	127.9	−4.84	643	563	−12.44	计算迟后 1	0.972	合格
	19950429	122.5	106.7	102.7	−3.75	366	384	4.92	计算提前 1	0.967	合格
	19950626	59.2	64.3	58.8	−8.55	330	328	−0.61	计算迟后 1	0.638	合格
	19960701	82.4	53.8	48.9	−9.11	350	362	3.43	0	0.856	合格
	19970708	366.5	284.5	292.8	2.92	668	703	5.24	计算迟后 1	0.93	合格
	19970819	135.1	88.2	92.2	4.54	662	672	1.51	计算迟后 1	0.935	合格
	19980618	111.4	103.9	97.7	−5.97	473	484	2.33	计算提前 1	0.955	合格
	19990618	102.3	80.8	84.2	4.21	501	506	1.00	计算提前 1	0.987	合格
验证期	20071007	120	54.8	63	14.96	300	300	0	计算迟后 1	0.898	合格
	20090813	57.5	41.5	38	−8.43	162	189	16.7	0	0.764	合格
	20110613	341.7	230.9	228.9	−0.87	799	719	10	计算迟后 1	0.917	合格
	20130626	112.4	81.7	95.4	16.77	355	360	1.4	0	0.845	合格
	20140818	117.9	98.19	111.83	13.89	464	452	2.6	计算迟后 1	0.906	合格

由表 3-10 可知，率定期 12 场洪水均合格，合格率为 100%；验证洪水均合格，安华水库流域所率定的模型参数合理。由于大陈江和安华水库流域为邻近流域，因此大陈江流域的水文模型参数移用安华水库这套参数进行洪水模拟。

3.4.4.2 诸暨水文站以上区间洪水

诸暨水文站以上区间主要考虑的是安华、石壁、陈蔡坝址以下至诸暨水文站的区间流域面积。采用 1987—2017 年洪水资料对其进行率定验证。其中，1987—1999 年 17 场洪水资料用于率定，2007—2017 年 7 场洪水资料用于验证。使用的站点水文资料如表 3-11 所示。

表 3-11 诸暨水文站以上流域测站概况

类别	名称	资料年份
雨量站	安华水库、苏溪、横岭顶、石壁水库、陈蔡水库、街亭、诸暨	1987—2017
蒸发站	街亭	1987—2017
水文站	诸暨	1987—2017

表 3-12 诸暨水文站以上流域次洪资料

	洪号	开始时间	结束时间
率定期	19870728	1987/7/28 0:00	1987/7/28 22:00
	19880620	1988/6/18 18:00	1988/6/20 6:00
	19890523	1989/5/22 8:00	1989/5/24 0:00
	19890618	1989/6/17 3:00	1989/6/18 17:00
	19890702	1989/7/1 9:00	1989/7/2 14:00
	19890723	1989/7/23 2:00	1989/7/24 8:00
	19890916	1989/9/15 18:00	1989/9/17 0:00
	19900901	1990/8/30 23:00	1990/9/3 8:00
	19910418	1991/4/17 12:00	1991/4/18 20:00
	19920626	1992/6/25 0:00	1992/6/26 21:00
	19920704	1992/7/3 6:00	1992/7/4 23:00
	19930702	1993/6/30 6:00	1993/7/2 4:00
	19930705	1993/7/3 0:00	1993/7/5 4:00
	19940609	1994/6/9 14:00	1994/6/18 20:00
	19970709	1997/7/7 23:00	1997/7/13 14:00

续表

	洪号	开始时间	结束时间
率定期	19980619	1998/6/18 8:00	1998/6/20 8:00
	19990618	1999/6/17 9:00	1999/6/20 16:00
验证期	20071007	2007/10/7 8:00	2007/10/11 21:00
	20110616	2011/6/14 4:00	2011/6/19 8:00
	20120806	2012/8/7 20:00	2012/8/9 21:00
	20130626	2013/6/26 8:00	2013/6/30 8:00
	20140818	2014/8/18 20:00	2014/8/22 14:00
	20160628	2016/6/28 16:00	2016/7/1 8:00
	20170623	2017/6/23 19:00	2017/6/28 6:00

经过率定之后，诸暨站以上流域新安江模型参数如表 3-13 所示。

表 3-13　诸暨水文站以上流域新安江模型次洪参数表

参数	*K*	*WM*	*WUM*	*WLM*	*C*	*B*	*SM*	*EX*	*KI*	*KG*	*CS*	*CI*	*CG*	*KE*	*XE*
值	1.1	150	20	80	0.16	0.4	16	1	0.5	0.2	0.5	0.85	0.998	2.55	0.1

表 3-14 中有多场洪水计算或实测径流深大于降水，这是因为诸暨水文站上游有安华、石壁、陈蔡三座水库，其作用是在汛期进行蓄泄调度保证下游诸暨城区不出现险情。因此在降雨连续且密集的梅汛期需要提前腾空库容，如 19880620、19890702 号洪水；当流域发生特大暴雨如 19940609、19970709、20110616 号洪水，为保证水库大坝自身安全，水库必须泄洪以保证不发生垮坝造成更大险情。由于考虑水库的泄流，导致某些场次洪水径流深大于降雨。

由表 3-14 可知，率定期洪水 15 场合格，2 场不合格；验证洪水 7 场全部合格，仅有一场确定性系数低于 0.7，诸暨以上流域所率定的模型参数合理。由于开化江流域包含在此流域内，五泄江和枫桥江在诸暨站下游，但流域面积较小，因此参数移用诸暨站参数进行洪水模拟。

表 3-14　诸暨水文站以上流域洪水模拟结果

	洪　号	P (mm)	$R_{实测}$ (m)	$R_{计算}$ (m)	相对误差 (%)	$Q_{实测}$ (m^3/s)	$Q_{计算}$ (m^3/s)	相对误差 (%)	峰现时差 (h)	确定性系数	合格否
率定期	19870728	55.4	33.7	33.9	0.59	541	524	−3.14	0	0.977	合格
	19880620	84.4	99.7	98.1	−1.60	839	863	2.86	计算迟后 1	0.943	合格
	19890523	84	62.2	63.3	1.77	658	730	10.94	计算迟后 2	0.972	合格
	19890618	101	89.7	90.4	0.78	707	865	22.35	计算提前 2	0.712	不合格
	19890702	52.4	58.5	53.9	−7.86	690	753	9.13	计算迟后 2	0.8	合格
	19890723	95.5	54.5	51.8	−4.95	776	952	22.68	计算迟后 2	0.824	不合格
	19890916	76.8	68	61.1	−10.15	817	795	−2.69	0	0.943	合格
	19900901	223	215.8	217.5	0.79	1 090	1 147	5.23	0	0.938	合格
	19910418	62.2	56.6	54.2	−4.24	750	785	4.67	计算迟后 2	0.973	合格
	19920626	85.5	84.3	86.4	2.49	756	811	7.28	计算迟后 2	0.986	合格
	19920704	72.3	107.7	100.6	−6.59	846	913	7.92	计算迟后 2	0.851	合格
	19930702	100.6	74.4	87.2	17.20	861	911	5.81	0	0.93	合格
	19930705	93.4	124.3	128	2.98	760	804	5.79	计算迟后 1	0.797	合格
	19940609	444.3	708.6	681.1	−3.88	1 100	1 222	11.09	计算迟后 1	0.875	合格
	19970709	307.7	481.2	478	−0.67	1 150	1 178	2.43	计算迟后 2	0.85	合格
	19980619	84.6	124.6	123	−1.28	867	885	2.08	计算迟后 2	0.91	合格
	19990618	65	138.8	145.3	4.68	830	879	5.90	计算迟后 1	0.806	合格

续表

	洪　号	P (mm)	$R_{实测}$ (m)	$R_{计算}$ (m)	相对误差 (%)	$Q_{实测}$ (m^3/s)	$Q_{计算}$ (m^3/s)	相对误差 (%)	峰现时差 (h)	确定性系数	合格否
验证期	20071007	178	152.8	137.9	−9.75	833	768	−7.80	计算提前 1	0.871	合格
	20110616	188.8	392.3	381	−2.88	1 050	1 070	1.90	计算迟后 2	0.574	合格
	20120806	114.3	132.5	133.1	0.45	981	972	−0.92	计算迟后 2	0.841	合格
	20130626	123	165.6	167.8	1.33	702	633	−9.83	计算迟后 1	0.727	合格
	20140818	132.1	174	170.9	−1.78	913	819	−10.30	计算迟后 2	0.916	合格
	20160628	88.2	120	117.5	−2.08	894	816	−8.72	计算迟后 2	0.935	合格
	20170623	97.1	216.8	216.4	−0.18	864	819	−5.21	0	0.906	合格

3.4.5 一、二维水动力建模

3.4.5.1 模型概化

按照离散化建模规则，根据诸暨市地形、水系河道、水利工程分布、工程调度运用规则，构建诸暨市洪水模型与模拟平台。

(1) 河道

河道分为浦阳江干流(安华水库以下)、浦阳东江、大陈江、开化江、五泄江、枫桥江。针对涉及的保护区，统一建立一维河道模型进行洪水演进计算，河网模型使用的河道地形资料采用近期更新的资料。一维河道建模示意图如图 3-8 所示。

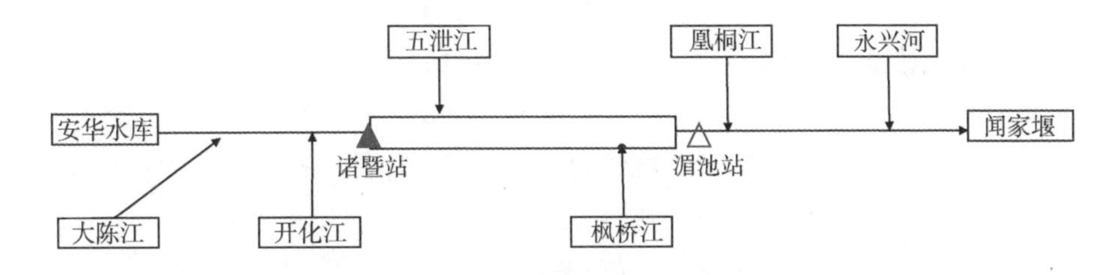

图 3-8 一维建模河道概化示意图

断面是模型计算最基本的单元，断面数据的准确性直接影响到模型计算结果的精确程度。模型构建时对于河宽小于 500 m 的河流，其计算断面间距一般不超过 500 m，以确保洪水模拟精度。

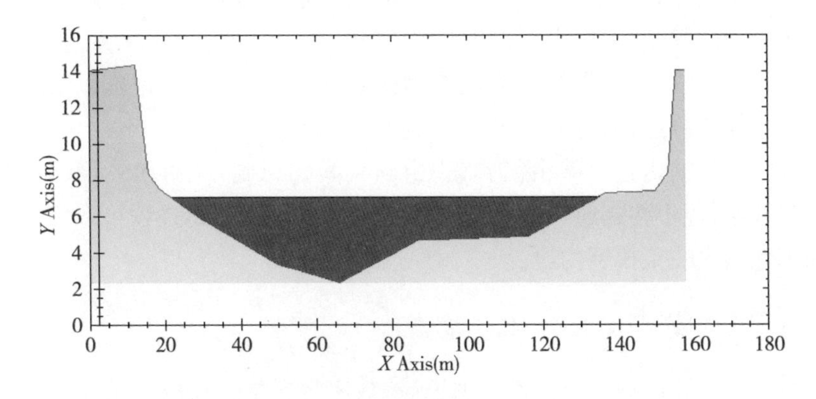

图 3-9 诸暨水文站断面

(2) 河道两岸区域

将河道两侧堤防外部的保护区划分为二维网格；而对于河道堤防、溃口口门、行洪口门，则采用溢流单元来处理。以诸暨水文站为界，上游以 45 m 等高线，下游以 25 m 等高线划定二维建模范围，并作适当微调。二维建模范围 488.7 km^2。

首先，根据 GIS 地图使用 2D 模拟多边形对象绘出保护区的外形轮廓，并自动计算出面积大小；然后根据实际情况修订防洪保护区的面积。根据面积大小，确定最大三角形面积、最小网格面积和最小角度；在经济与人口分布密集区段，进行适当网格加密。此外，通过试算，将计算区域内水流不可能到达的地区单独设定，使其不生成网格，节省计算时间。最终剖分网格数量 42 893，均面积 0.01 km^2，网格平均边长 120 m，是比较合理的网格划分结果。不但考虑了计算精度，而且考虑了计算效率。一般技术要求规定，采用规则网格或不规则网格，对于规则网格，边长一般不超过 300 m，对于不规则网格，最大网格面积一般不超过 0.1 km^2，重要地区、地形变化较大部分的计算网格要适当加密。城镇范围内计算网格控制在 0.05 km^2 以下。网格划分过程中考虑了重要阻水建筑物的作用，以重要道路和堤防作为控制边界进行划分。网格划分完成后，利用数字高程模型、土地利用情况和高分辨率遥感图像为网格附上相应的属性值，并且试算进行优化调整，确定最终的网格模型。

(3) 计算网络

在创建了断面、2D 多边形、溢流单元以及闸门这些单一对象之后，就可以使用特定的对象将这些单一对象连接起来：离散的断面使用连接相连；断面和溢流单元之间使用溢流连接相连；干支流交汇处则使用交叉点进行连接。之后，就可以使用计算模型自带的模型工具对断面的方向、角度以及左右岸标记进行修正。这样，就完成了浦阳江洪水模拟计算网络。

计算网络的构建遵循由简到繁、由点到线的原则，从对单一网络对象进行设定开始，逐步构建成一个完整真实的网络。通过上述过程可以完成诸暨市浦阳江洪水模拟模型构建。

3.4.5.2 参数率定与验证

对河道一维水动力数值模型来说，参数率定包括初始条件的设置和糙率系数率定，糙率系数率定需要对河段进行分级，其数值通常在某一区间内，而非确定值。河道一维水动力数值模拟对河道断面资料要求较高，同时受断面形状变化的影响也很大,因此选用近二十年发生的 8 场历史洪水进行参数的率定和验证。对浦阳江防洪工作来说,水位是首要要素,因此对干流关键防洪断面诸暨、湄池两站水位的计算值和实测值进行比对,来确定河道糙率。其中 1997、2007、2012、2013、2014 年 5 场洪水用于参数率定,2011、2016、2017 年 3 场洪水用于验证。

其中,安华水库作为一维河道模型的上边界,其边界条件采用的是实测的出库流量。下边界闻家堰水位过程为历史实测值,为逐小时实测水位。

表 3-15 测站及资料概况

分区	类别	测站名称	资料年份
安华水库	雨量站	通济桥、黄宅、礼张、后宅、同山、安华	1997、2007、2011—2014、2016—2017
	蒸发站	安华	
	水文站	安华水库	
大陈江	雨量站	苏溪	
	蒸发站	安华	
开化江	雨量站	横岭顶、石壁水库、陈蔡水库、街亭	
	蒸发站	街亭	
五泄江	雨量站	大岭山、杨佳山	
	蒸发站	街亭	
枫桥江	雨量站	杨梅桥、枫桥	
	蒸发站	街亭	
下边界	潮位站	闻家堰	

糙率系数是水动力模型的一个综合系数,它的影响因素有很多,包括:河床岸坡结构、植被覆盖情况、水流特性等。因此针对某一特定流域,糙率系数需要根据水系河流的分布情况进行分段率定。感潮河段的糙率相对更复杂一些,糙率会随着潮水顶托发生变化。参与糙率率定的 5 场洪水中,洪水量级各不相同,且河道地形每一年都会发生变化,会影响糙率的取值。因此,糙率值的确定是根据河道地形特点在经验值的基础上进行微调。

最终的率定结果如表 3-16 所示。

表 3-16　浦阳江分段糙率系数表

序号	河流分段	糙率系数
1	浦阳江安华水库—诸暨站	0.035
2	大陈江	0.035
3	开化江	0.035
4	枫桥江、五泄江、浦阳江诸暨站—湄池站	0.03
5	浦阳江湄池站—闻家堰	0.027 5

表 3-17　一维水动力模型率定结果

洪水场次		诸暨站水位峰值(m)	湄池站水位峰值(m)
19970709 洪水	实测值或调查值(m)	12.76	10.22
	洪水位计算值(m)	12.6	10.24
	相差值(m)	0.16	0.02
20071007 洪水	实测值或调查值(m)	11.17	8.92
	洪水位计算值(m)	11.00	9.04
	相差值(m)	−0.17	0.12
20120806 洪水	实测值或调查值(m)	11.38	9.43
	洪水位计算值(m)	11.18	9.43
	相差值(m)	−0.2	0
20130626 洪水	实测值或调查值(m)	10.65	8.68
	洪水位计算值(m)	10.36	8.53
	相差值(m)	−0.29	−0.15
20140818 洪水	实测值或调查值(m)	11.34	8.78
	洪水位计算值(m)	11.22	8.97
	相差值(m)	−0.12	0.19

模型验证的要求是:河道洪水最高水位的绝对误差不超过 0.2 m,最大流量的相对误差不超过 20%,即为合格。模型验证的结果如表 3-18 所示。

表 3-18　洪水模拟结果

洪水场次		诸暨站		湄池站	合格否
		水位峰值(m)	流量峰值(m^3/s)	水位峰值(m)	
20110616 洪水	实测值	12.49	1 040	10.22	是
	计算值	12.43	1 200	10.2	
	绝对误差	−0.06	160	−0.02	
	相对误差	—	15.4	—	
20160628 洪水	实测值	10.74	894	8.5	是
	计算值	10.6	1 000	8.4	
	绝对误差	−0.14	106	−0.1	
	相对误差	—	11.86	—	
20170623 洪水	实测值	10.6	864	8.85	是
	计算值	10.54	850	8.8	
	绝对误差	−0.06	−14	−0.05	
	相对误差	—	−1.6	—	

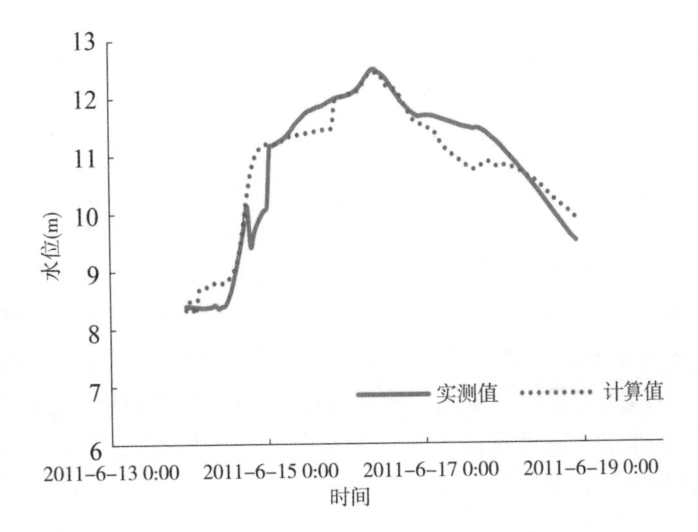

图 3-10　20110616 历史洪水诸暨站水位过程

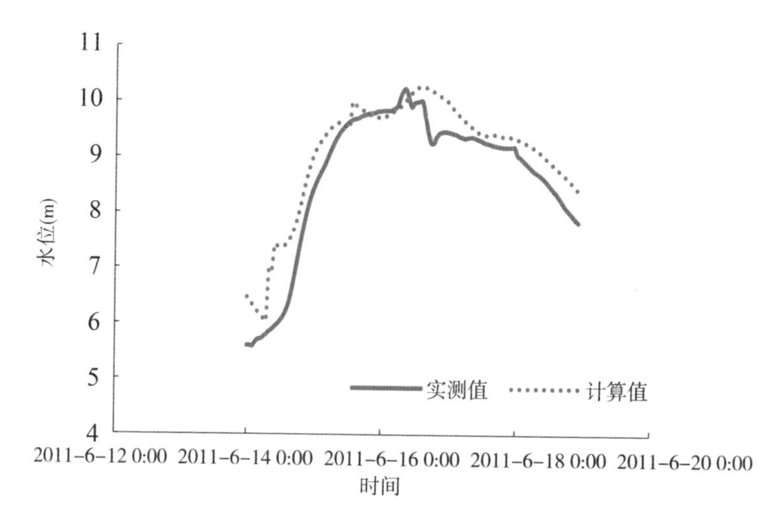

图 3-11　20110616 历史洪水湄池站水位过程

对于二维水动力模型来说，由于诸暨市近年淹没范围较广的大洪水只有两场——1997 年和 2011 年，且实测资料有限，因此根据保护区下垫面条件，给出二维水动力模型糙率经验值 0.06。

3.5　洪水情景分析模拟及风险评估

通过水文模型与水动力模型的组合计算，可完成浦阳江流域洪水情景分析模拟。针对致灾因子和蓄滞洪区启闭两方面模拟浦阳江洪水风险。

浦阳江流域沿江地势低洼，分布有多个湖畈，是诸暨防洪重点保护地区之一。其中，诸暨—湄池区间河道弯曲、防洪岸线长且两岸地势低洼，沿江防洪安全全仗堤防防御；其次，堤防高耸、且堤后地势平坦导致高水位期间防洪压力大和堤防失事的后果也很严重；湄池站以下受潮水顶托趋势加重，高水位持续时间明显延长，特殊的地理位置再加上发达的社会经济使得湖畈地区防洪任务十分紧迫。为缓解湄池地区洪涝压力，诸暨市对境内高湖蓄滞洪区进行了分级改造，打破以往分洪困境，同时对湖畈堤防进行了标准提升。

因此，在建立流域洪水模拟模型的基础上，针对不同情景下可能发生的洪灾，分析浦阳江沿岸的洪水淹没。

3.5.1　情景方案设置

根据浦阳江流域洪水特点，结合致灾因子变化与水利工程的影响，模拟方案提出三大类，共计 13 组子情景的模拟方案。

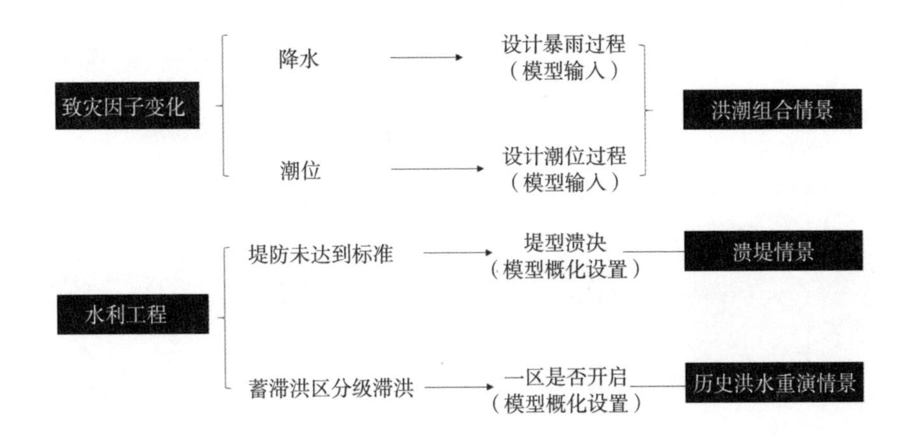

图 3-12　影响因素与情景设置的关系

第一类，洪潮组合情景。致灾因子变化带来的影响包括暴雨洪水和下游高潮位。其中暴雨洪水按照 5～100 年洪水等级依次递增的方式，模拟分析当前浦阳江防洪体系遭遇不同频率洪水时，可能出现的洪水风险和事故地点。据水文分析，流域遭遇 20 年一遇以下洪水时，下边界选用闻家堰偏不利实测潮位过程(约 4 年一遇)；流域 50 年一遇以上洪水下边界采用“19970709”洪水实际遭遇潮型(约 20 年一遇潮位过程)，该设置与流域规划保持一致。

第二类，溃堤情景。浦阳江整体设防标准 20 年一遇，在遭遇 5～10 年一遇洪水，依靠上游多个大中型水库联合拦洪调度，可基本确保流域不出大的险情(即主要堤防不出现缺口)；另一方面，流域规划制度性安排了高湖滞洪区，超过 10 年一遇按规定运用高湖，可保持 20 年一遇的流域洪水风险与 10 年一遇整体持平(即洪水位基本一致，无大幅上涨)。但由于浦阳江自然条件恶劣，随着流域洪水总量(流量和水量)和沿江高水位持续时间的增加，遭遇 20 年一遇洪水，沿江湖畈防洪压力很大，出现局部溃堤的风险将进一步增加。

第三类，历史洪水重演情景。浦阳江洪涝频繁，20 世纪 90 年代以来，已出现 4 次大水，其中，最近两次“19970709”“20110616”洪水，造成的防洪压力最大，受灾最为严重。具体表现为诸暨站水位达到或接近 12.64 m，湄池先后出现历史最高、次高洪水位，且高水位持续时间均创历史新高。针对历史洪水，分别模拟历史实际发生溃口条件下和现状条件下的洪水演进和淹没情况。

根据不同频率洪水遭遇、溃口位置，考虑历史洪水方案，拟定浦阳江洪水模拟方案如表 3-19 所示。

表 3-19　浦阳江洪水模拟方案设置表

序号	类别	备注
1	洪潮组合情景	浦阳江流域5年一遇设计洪水，闻家堰遭遇偏不利潮型；按规定，遇5年一遇洪水，高湖蓄滞洪区不启用
2		浦阳江流域10年一遇设计洪水，闻家堰遭遇偏不利潮型；按规定，遇10年一遇洪水，高湖蓄滞洪区不启用
3		浦阳江流域20年一遇设计洪水，闻家堰遭遇偏不利潮型；按规定，遇20年一遇洪水，必须启用中游高湖蓄滞洪区
4		浦阳江流域50年一遇设计洪水，闻家堰遭遇"19970709"潮型；按规定，启用中游高湖蓄滞洪区；因河窄难以消化超标准洪水，流域内多处湖畈可能弃守滞洪
5		浦阳江流域100年一遇设计洪水，闻家堰遭遇"19970709"潮型；按规定，启用中游高湖蓄滞洪区；流域内弃守滞洪的湖畈增多，仅个别特别重点地区予以坚守
6	溃堤情景	假设研究范围浦阳江黄潭解放湖堤防溃口，其余同设计20年一遇洪水
7		假设研究范围浦阳江定荡畈(王家井镇)堤防溃口，其余同设计20年一遇洪水
8		假设研究范围浦阳江西江的莽马湖和月塘湖堤防溃口，其余同设计20年一遇洪水
9		假设研究范围浦阳江东江的墨城湖堤防溃口，其余同设计20年一遇洪水
10	历史洪水重演情景	假定发生"19970709"历史洪水，分析历史实际发生溃口条件下所造成的洪水淹没
11		假定发生"19970709"历史洪水，分析现状条件下所造成的洪水淹没
12		假定发生"20110616"历史洪水，分析历史实际发生溃口条件下所造成的洪水淹没
13		假定发生"20110616"历史洪水，分析现状条件下所造成的洪水淹没

3.5.2　洪潮组合情景

3.5.2.1　设计洪水

(1) 设计暴雨

设计暴雨采用《诸暨市防汛防台抗旱手册》(2018版)中浦阳江分区设计暴雨量成果。各产汇流分区最大24小时和最大三日设计暴雨结果如表3-20所示。

表 3-20　浦阳江流域设计暴雨成果

分区	时段	各重现期雨量(mm)				
		100 年	50 年	20 年	10 年	5 年
安华水库、大陈江	H_{24}	220	190	151	121	94
	$H_{三日}$	256	226	185	154	123
开化江	H_{24}	319	274	218	176	136
	$H_{三日}$	328	288	236	197	157
五泄江	H_{24}	305	262	209	168	130
	$H_{三日}$	337	296	243	203	161
枫桥江	H_{24}	319	274	218	176	136
	$H_{三日}$	328	288	236	197	157
凰桐江、永兴河	H_{24}	254	218	174	140	108
	$H_{三日}$	290	256	210	175	139

据实测大暴雨统计分析，将最大 24 小时雨量置于最大三日的第二日，第一、三两日雨量的分配比例分别为三日减去 24 小时雨量之差的 45%和 55%。设计暴雨的时间分布选用“19970709”实测大暴雨作为设计暴雨时间分布的典型。

(2) 产汇流模拟

以设计暴雨作为水文模型输入，得到 8 个产汇流分区的设计洪水过程。

表 3-21　设计洪水分区计算结果

洪水计算分区编号	计算分区	集水面积(km^2)	各频率洪峰流量(m^3/s)				
			1%	2%	5%	10%	20%
1	安华水库	640	2 053	1 673	1 241	916	605
2	大陈江	264	1 041	869	623	467	325
3	安华—丫家杨	217.3	696	567	420	310	205
4	开化江	584	2 115	1 694	1 234	884	740
5	五泄江	225	1 145	944	690	487	325
6	枫桥江	330	1 875	1 459	1 220	951	697
7	凰桐江	167.2	543	452	330	230	138
8	永兴河	169.5	682	571	418	288	172

其中安华水库、石壁水库、陈蔡水库、永宁水库、征天水库还需调洪演算，得到设计下泄流量过程。

表 3-22　安华水库设计最大泄量

最大泄量	各频率洪峰流量(m^3/s)				
	1%	2%	5%	10%	20%
安华水库	1957	1400	678	604	364
石壁水库	82	60	9	9	9
陈蔡水库	206	105	87	87	87
永宁水库	720	644	150	150	150
征天水库	158	144	122	103	84

3.5.2.2　设计潮位

浦阳江流域下游边界为富春江水位边界。在浦阳江出口下游 2.5 km 处、钱塘江干流上的闻家堰水(潮)位站,可以作为浦阳江洪水计算下游边界的代表站。

选用对浦阳江流域防洪排涝平均偏不利 1977 年 6 月 15 日—6 月 19 日和偏恶劣 1997 年 7 月 8 日—7 月 12 日实测潮位过程为设计潮型。

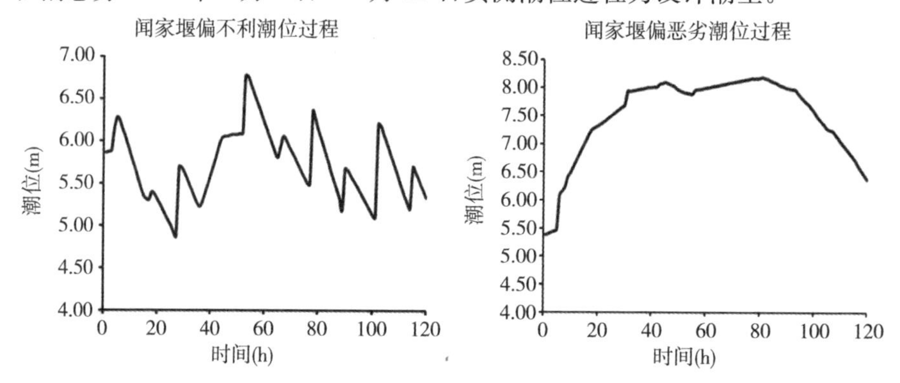

图 3-13　闻家堰站设计潮位过程线

3.5.2.3　洪潮组合

由于浦阳江流域同时受暴雨洪水和潮水顶托的影响,因此在设置方案时,考虑洪潮遭遇的情景。历史上,流域前十场大洪水一般遭遇的是 2～4 年一遇的高潮位,仅 1997 年遭遇超过 20 年一遇的高潮位以及 2011 年遭遇约 10 年一遇的高潮位,因此,当流域设计 5～20 年一遇暴雨洪水时,假设下游发生偏不利潮型(1977 年 6 月 15 日—6 月 19 日);当流域发生 50～100 年设计暴雨洪水时,则下游相应为偏恶劣潮型(1997 年 7 月 8 日—7 月 12 日)。

流域 100 年一遇设计洪水和设计潮位过程的组合成果如图 3-14 所示，从左至右，从上至下分别为安华水库设计下泄流量、大陈江、开化江、五泄江、枫桥江、凰桐江、永兴河设计洪水以及闻家堰 1997 年偏恶劣潮位过程。

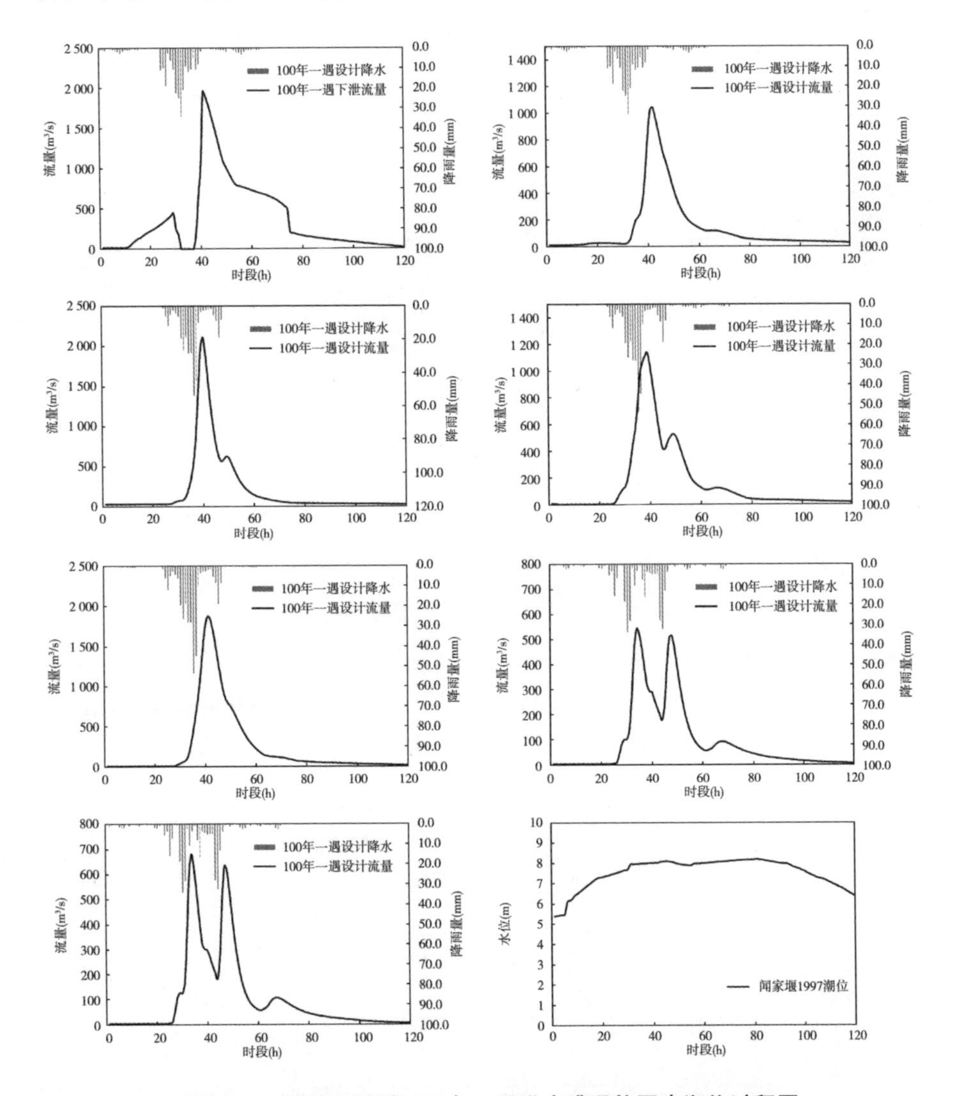

图 3-14　浦阳江流域 100 年一遇洪水遭遇偏恶劣潮位过程图

3.5.2.4　结果分析

针对浦阳江流域 5 年、10 年、20 年、50 年、100 年一遇设计洪水洪潮组合方案，分析统计各方案淹没范围和淹没水深，横向比较。

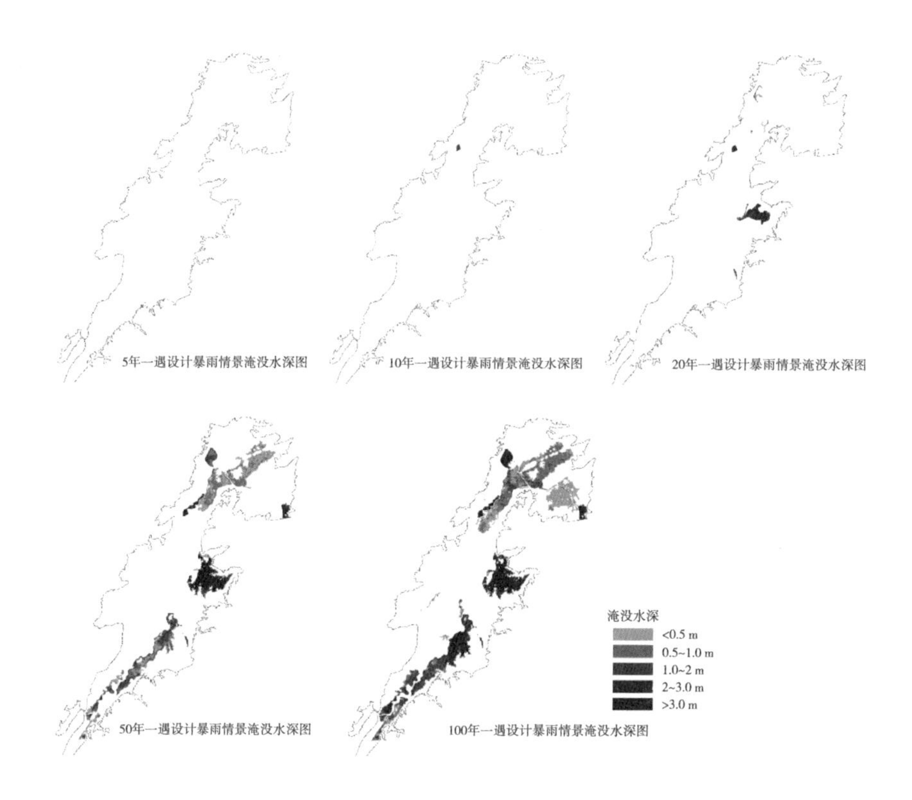

图 3-15 浦阳江流域(诸暨市范围)5 年、10 年、20 年、50 年、100 年洪潮组合方案洪水淹没水深图

表 3-23 洪潮组合情景下计算结果

方案名称	诸暨站水位峰值(m)		湄池站水位峰值(m)		淹没面积(km^2)	最大淹没水深(m)	最小淹没水深(m)	平均淹没水深(m)
	计算	规划	计算	规划				
5 年一遇洪水+偏不利潮型	11.86	—	9.77	—	0	0	0	0
10 年一遇洪水+偏不利潮型	12.2	12.57	10.15	10.59	0.47	2.22	0.06	1.32
20 年一遇洪水+偏不利潮型	12.7	12.69	10.74	10.63	2.08	6.86	0.03	1.56
50 年一遇洪水+偏恶劣潮型	13.6	13.3	11.07	10.8	26.95	7.76	0.03	1.66
100 年一遇洪水+偏恶劣潮型	13.75	13.83	11.11	11.3	65.94	8.04	0.03	1.76

(1) 流域发生5年一遇洪水遭遇偏不利潮型

经过20世纪90年代大规模的标准堤防建设，浦阳江干流防洪能力有了较大提高，依靠现状水利工程，主要是上游拦洪水库，流域可在防汛形势基本平稳的情况下，安全抵御5年一遇洪水。从5年一遇淹没水深图中可见，浦阳江流域受堤防保护范围及各湖畈，没有发生淹没情况。

(2) 流域发生10年一遇洪水遭遇偏不利潮型

流域上游发生10年一遇洪水，下游遭遇偏不利潮位时，模型计算得出诸暨站最高洪水位达到12.2 m，规划设计值为12.57 m，二者相差0.37 m，这是因为模型计算结果不仅仅受上游洪水影响，而且受下游钱塘江洪水位影响，边界条件不同而导致有所差异。最高洪水位超过诸暨站警戒水位(10.64 m)、保证水位(12.14 m)；湄池站最高洪水位达到10.15 m以上(规划设计值为10.59 m)，超过警戒水位(8.2 m)和保证水位(9.7 m)。

依靠各级防汛体系的科学防御，大多数湖畈可确保防洪安全，中游的高湖蓄滞洪区可维持不分洪。此情况下，必须按照防汛预案的要求，提前布置，高度重视和加强沿江堤防巡检和应急处置，否则很有可能出现中小湖畈倒堤。

(3) 流域发生20年一遇洪水遭遇偏不利潮型

流域上游发生20年一遇洪水，下游遭遇偏不利潮位时，模型计算得出诸暨站最高洪水位达到12.7 m(规划设计值为12.69 m)；湄池站最高洪水位达到10.74 m(规划设计值为10.63 m)。

预计高湖分洪后，经大力抢险，流域绝大部分区域仍可确保防洪安全。但由于流域按20年一遇整体设防，流域防洪整体风险处于极限。预计诸暨洪水位仍有可能达12.7 m以上，湄池洪水位超过10.7 m，此情况下，流域防汛形势十分危急。

设计防洪标准10年一遇的沿江湖畈，苍象湖、大埂头、黄家墩湖、潺头湖、曹家湖、船塘湖、新沥湖、月塘湖、山塘畈，存在倒堤和漫堤的风险。在这种情况下，个别湖畈的倒堤可以在一定程度上起到分洪的作用，从而降低其余湖畈的破堤风险。

(4) 流域发生50年一遇洪水遭遇偏恶劣潮型

流域上游发生50年一遇洪水，下游遭遇偏恶劣潮位时，模型计算得出诸暨站最高洪水位达到13.6 m(规划设计值为13.3 m)；湄池站最高洪水位达到11.07 m(规划设计值为10.8 m)。

由于诸暨市湖畈大多数为20年一遇防洪标准，因此当发生50年一遇洪水情景时，大多数湖畈会发生溃堤或漫堤，造成淹没损失。

遇50年一遇洪水，届时虽经上游拦洪水库及中游高湖滞洪区全力调度，但流域出现湖畈漫堤将是大概率事件。在本次洪水计算方案模拟中，湖头畈、下汇湖、江荡畈、定荡畈、杨蔡小湖、关湖、红岩畈、五湖、大埂头、黄家墩湖、落星湖、墨城湖、连七湖、下四湖、黄潭解放湖、山塘畈、白塔湖、葬马湖、月塘湖漫堤进水。其中，黄潭解放湖、葬马湖、月塘湖、山塘畈、落星湖、定荡畈内淹没深度达到了3 m以上，高湖滞洪区内水位近11 m。此时应该及时组织应急抢险，安排群众转移避险。

(5) 流域发生100年一遇洪水遭遇偏恶劣潮型

100年一遇洪水，模型计算得出诸暨站最高洪水位达到13.75 m(规划设计值为13.83 m)；湄池站最高洪水位达到11.11 m(规划设计值为11.3 m)。

100年一遇洪水已属于浦阳江超标准洪水，力争确保流域内诸暨主城区等最重要保护对象防洪安全，其余湖畈均可视防汛实际情况择机弃守。

在本次洪水计算方案模拟中，除主城区外，大部分沿江湖畈发生漫堤进水。此时应该及时组织应急抢险，安排群众转移避险。

3.5.3 溃堤情景

3.5.3.1 溃口设置

目前浦阳江湖畈(两岸圩区)的堤防标准为10～20年一遇，若流域发生20年一遇洪水，高湖蓄滞洪区一区开启，现状防洪体系无法保证堤防薄弱部分不出现险情，因此，根据历史和现状的险工险段设置4个溃口(如图3-16所示)：黄潭解放湖堤防溃口、定荡畈堤防溃口、葬马湖和月牙湖堤防溃口、墨城湖堤防溃口。这四处也是防洪的敏感地带，需要着重注意。

表3-24 湖畈堤防建成情况表

溃口名称	经纬度		历史溃口年份及事件	历史溃口宽度(m)
	纬度	经度		
黄潭解放湖堤防溃口	29.903 76	120.291 3	2011年“6·16”洪水	130
定荡畈堤防溃口	120.222 21	29.640 87	1997年“7·9”洪水	50
葬马湖和月牙湖堤防溃口	29.832 37	120.275	1997年“7·9”洪水	230
墨城湖堤防溃口	120.290 554	29.815 474	1997年“7·9”洪水	90

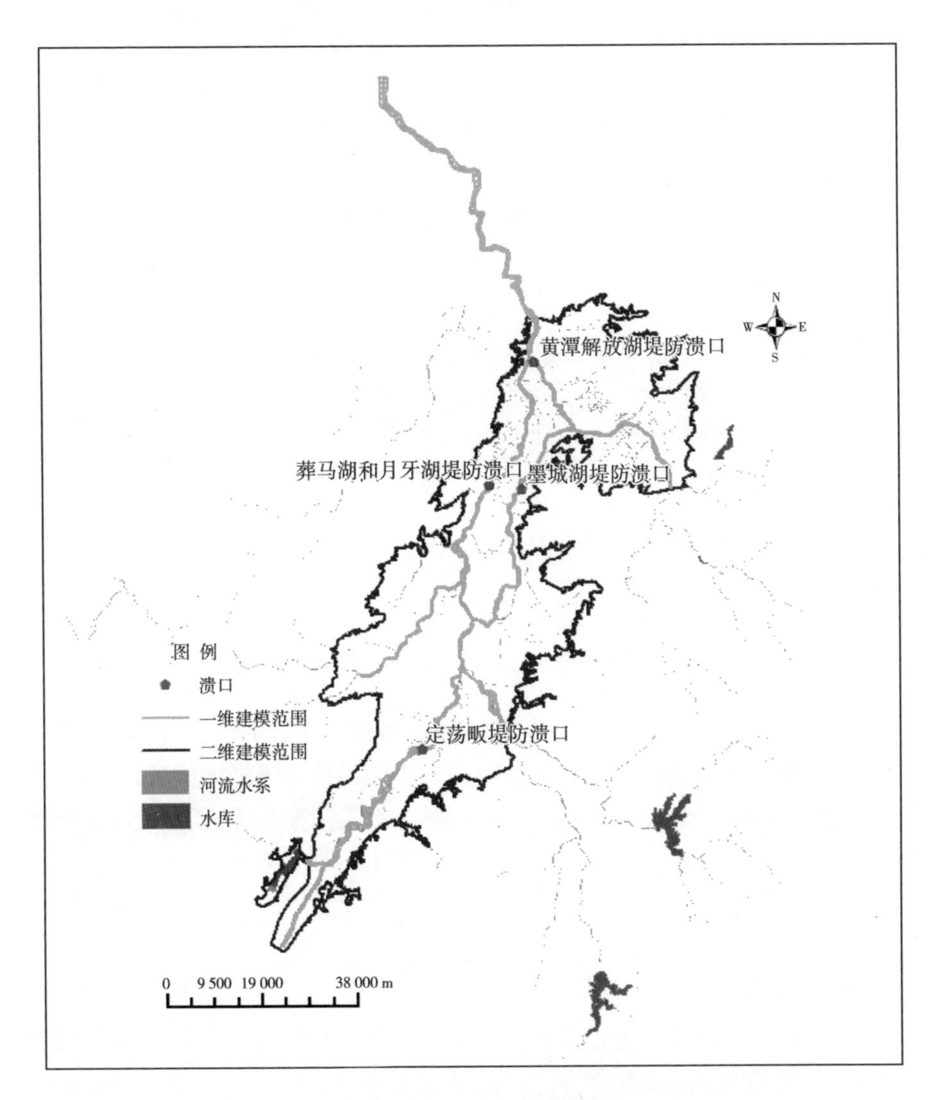

图 3-16 溃口分布图

表 3-25 溃口方案计算

溃口名称	起溃水位(m)	溃口宽度(m)	溃口处高程(m)
黄潭解放湖堤防溃口	8	80	6
定荡畈堤防溃口	13	100	10.5
葬马湖和月牙湖堤防溃口	10	90	7
墨城湖堤防溃口	10	90	8

3.5.3.2 结果分析

经计算，在20年一遇的洪水情景下，黄潭解放湖、定荡畈、莽马湖和月牙湖、墨城湖若发生溃堤，会造成不同程度的洪水淹没。湖畈受灾范围的大小取决于湖畈面积，因此对于堤防不达标的大型湖畈，需要作为重点保护对象，一方面加强堤防的标准建设，另一方面优化湖畈内经济要素管理，最大限度减少洪灾造成的经济损失。

表3-26 溃口方案计算结果

方案	河道水位(m)	淹没面积(km^2)	湖内水深(m)
黄潭解放湖堤防溃口	10.8	9.08	4
定荡畈堤防溃口	14.67	12.84	2.5
莽马湖和月牙湖堤防溃口	11.4	6.60	2.4
墨城湖堤防溃口	11.43	8.08	2.41

3.5.4 历史洪水重演情景

历史洪水情景主要分为两类：一类是模拟历史洪水发生时在当下防洪体系下的淹没情况，还原历史洪水演进过程；另一类是模拟历史洪水重演，在当前的防洪体系下，尤其是高湖蓄滞洪区分级改造后，淹没情况是否会有改善，从而评估这防洪工程的有效性，为下一阶段防洪体系的健全提供技术指导。

3.5.4.1 历史洪水水情

(1)“19970709”洪水

本次暴雨历时较长，主要集中在7月7日17时至7月11日17时，流域平均降水量326 mm，其中石壁水库库区288.3 mm，陈蔡水库库区321.8 mm，安华水库库区352.9 mm，诸暨以上区间346.3 mm，诸暨至湄池区间333.3 mm，安华江372 mm，五泄江372 mm，枫桥江290 mm，大陈江、开化江、凰桐江分别为310 mm、314 mm、323 mm。暴雨中心同山站415 mm，时段雨量超过15 mm的达36小时，最大时段雨量43 mm。诸暨城关以上平均雨量356 mm，最大24小时雨量142 mm，最大三天雨量248 mm。浦阳江流域平均最大一日雨量121.6 mm，最大三天雨量246 mm。本次洪水诸暨站最大洪峰流量1 150 m^3/s，最高洪水位12.70 m。浦阳江仍全线超过危急水位，城关太平桥连续出现四次洪峰，城关段河道拓宽后最高洪水位达14.52 m，下游湄池站出现两次洪峰，最高水位 12.32 m，为历史最高水位，相当于 50 年一遇。

(2)“20110616”洪水

本次暴雨历时较长，从 6 月 3 日 8 时至 20 日 8 时，前后有 4 次较为明显的降水过程，其中 6 月 3 日—6 日第一次降雨过程，流域面雨量 136.4 mm，6 月9 日—12 日第二次降雨过程，降雨区域与第一次基本重叠，流域面雨量 82.4 mm，6 月 14 日—16 日第三次降雨过程，流域面雨量 176 mm，6 月 18 日—20 日第四次降雨过程，主要降雨分布区域与第三次降雨过程高度重叠，流域面雨量 105.6 mm。本次洪水降水时间长，前期流域干旱，因降水持续时间长、降水总量大等特点，导致旱涝急转，从 6 月 3 日 8 时至 14 日 8 时，洪水从涨到落，土壤蓄水趋于饱和，自 14 日 9 时又连降暴雨，导致洪水猛涨，16 日 7 时安华站出现洪峰水位 17.92 m，16 日 8 时 45 分街亭站出现洪峰水位 13.27 m，16 日 9 时诸暨站出现洪峰水位 12.48 m，16 日 8 时 10 分湄池站出现洪峰水位 10.22 m。本次洪水过程浦阳江流域平均最大一日雨量 95.0 mm，最大三日雨量 188.8 mm，最大七日雨量 313.9 mm，诸暨站最大洪峰流量 1 040 m^3/s，最高洪水位 12.49 m。

3.5.4.2 结果分析

(1)“19970709”历史洪水

诸暨水文站算得的水位峰值为 12.6 m(实测 12.66 m)，超出警戒水位(10.64 m)持续时间达 95 小时；湄池站水位洪峰为 10.24 m(实测 10.22 m)，超出警戒水位(8.20 m)持续时间达 100 小时。

此次历史洪水已达高湖蓄滞洪区分洪标准，但未启用；另外堤防建设不够完善，因此洪水影响的范围较广。定荡畈、琢玉湖、墨城湖、月塘湖、船塘湖、新联湖等 6 个湖畈发生决堤，淹没面积达 13.76 km^2，最大淹没水深超过 3 m，淹没区洪水基本 7 天之内会退水完成。

以“19970709”历史洪水作为模型输入，重新模拟该种情况下现状防洪体系下的淹没，在启动高湖蓄滞洪区一区分洪的情况下，决堤的湖畈有莽马湖和黄家墩湖，淹没面积为 1.07 km^2，最大淹没水深超过 3 m。

(2)“20110616”历史洪水

诸暨水文站算得的水位峰值为 12.43 m(实测 12.49 m)，超出警戒水位(10.64 m)持续时间达 79 小时；湄池站水位洪峰为 10.28 m(实测 10.22 m)，超出警戒水位(8.20 m)持续时间达 119 小时，淹没区洪水基本 7 天之内会退水完成。

该次历史洪水高湖蓄滞洪区未启用，但相较于 1997 年堤防更加完善。这场洪水导致墨城湖、解放湖决堤，下竹月湖、江藻小湖内湖渠道决口，最大淹没水深超过 3 m，如图 3-17 所示。

以“20110616”历史洪水作为模型输入，重新模拟该种情况下现状防洪体系下的淹没，在启动高湖蓄滞洪区一区分洪的情况下，流域内无湖畈决堤。

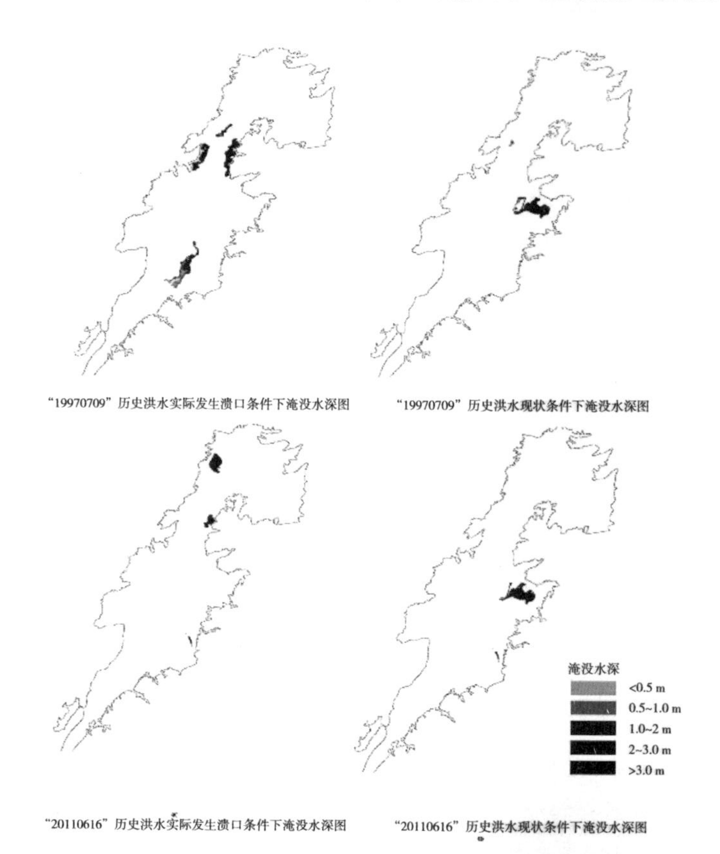

图 3-17　历史洪水模拟历史与现状结果对比

表 3-27　历史洪水模拟历史与现状结果对比

方案	淹没湖畈个数	淹没湖畈面积(km²)	最大淹没水深(m)
1997 历史	6	13.76	7
1997 现状	2	1.07	1.5
2011 历史	2	4.80	10.5
2011 现状	0	0	0

根据两场历史洪水的重演计算结果，可以看出同样的致灾因子条件下，防洪工程的升级与改造有效降低了洪水风险。尤其是高湖蓄滞洪区的分级改造，一区的分洪能够有效缓解下游湖畈的防洪压力。

3.5.5 洪水风险评估

摘录诸暨市统计局 2017 年诸暨市街道镇乡社会经济统计数据，主要包括各乡镇街道的资产、人口分布等相关情况。由于诸暨浦阳江沿岸情况较为特殊，沿岸主要以湖畈作为防洪单元，因此在进行防洪影响分析及损失评估过程中，以湖畈（内含数量不一的行政村）作为分析单元，进行经济、人口等的损失评估。

表 3-28　各方案洪水影响分析统计表

方案编号	类别	标准（重现期）	淹没面积（km^2）	影响人口（万人）	淹没区 GDP（万元）	洪水损失（万元）
1	洪潮组合情景	5 年	0	0	0	0
2		10 年	0.47	0.02	1 107.67	443.07
3		20 年	8.08	0.45	33 925.89	13 570.36
4		50 年	72.95	5.04	373 362.07	149 344.83
5		100 年	112.94	7.77	539 007.33	215 602.93
6	溃堤情景	20 年	9.08	0.56	58 722.51	23 489
7			12.84	0.79	42 450.81	16 980.32
8			6.6	0.32	21 271.67	8 508.67
9			8.08	0.4	25 803.88	10 321.55
10	历史洪水重演情景	—	13.76	0.9	48 559.78	19 423.91
11			7	0.34	22 835.57	9 134.23
12			4.8	0.38	44 729.11	17 891.64
13			5.93	0.33	20 581.35	8 232.54

从浦阳江流域的致灾因子和承载体两方面入手，设置不同工况，在水文模型和水动力模型组合计算的基础上模拟不同情景下的洪水淹没情况。

（1）从设计洪水情景的模拟情况可以看出，当流域发生 5 年一遇、10 年一遇设计洪水，下游为偏不利潮型时，流域内可以通过防洪工程的合理调度确保无溃堤、漫堤风险。但当流域发生 20 年一遇洪水甚至更严重的洪水时，必须开启高湖蓄滞洪区，以减少下游湖畈溃堤的概率。当流域发生 100 年一遇洪水时，必须弃守湖畈以保住主城区。

(2) 当流域发生 20 年一遇洪水时,堤防薄弱区域:黄潭解放湖堤防、定荡畈堤防、莽马湖和月牙湖堤防、墨城湖堤防需在防洪中特别关注,这四处极易发生堤防溃决。

(3) 通过历史洪水两种情景的模拟对比,可以看出在堤防加固以及高湖蓄滞洪区分级改造之后,浦阳江流域的防洪能力有了显著的提高。在同样的致灾因子下,通过现状防洪工程的调度,受洪灾影响的湖畈面积会大大减小,有效降低洪灾损失。

3.6 浦阳江流域洪水风险图管理与应用系统

实施洪水风险管理是防洪的关键,在防灾减灾工作中,预防和管理是重中之重。充分发挥水利工程作用,全面提升抗灾能力是洪水风险管理的目标。情景模拟计算只能够提供静态的洪水风险图,无法将风险动态展示,在实际防洪工作中发挥的实际作用不大。此外,考虑到致灾因子的不确定性和区域洪水风险快速预判和分析的现实需要,静态洪水模拟不能够满足防洪的紧迫性和及时性。因此考虑构建浦阳江洪涝风险管理系统,实现洪水风险的动态化管理。一方面诸暨市水雨情监测体系完善,可将水文模型计算得到的结果作为外部数据库接入,经过降雨径流模型计算后能够得到水库入库预报流量,方便水库工作人员及时做出防汛调度响应;水文模型与一维水动力模型的连接也可以有效提高关键防洪断面水位预报的预见期。另一方面,对暴雨、洪水、风暴潮、溃堤、溃坝等造成和影响洪涝过程的致灾因子赋予灵活的输入功能,同时考虑泄洪(排涝)闸泵开启等防洪防涝应对措施,通过对这些致灾因子的组合、量级、空间位置等进行设置,可以客观反映致灾因子及其导致的洪涝过程及风险,适应防汛指挥调度的实际需求。

系统主要功能包括:① 动态设定致灾因子;② 实时洪水风险分析;③ 洪水方案管理;④ 洪水演进展示;⑤ 洪水灾情分析。系统通过电子地图将区域内的空间数据进行表达,将空间分析、信息管理、实时洪水演进分析、风险分析等专业模型集成于一体,可以辅助管理人员进行洪水风险分析工作。系统主界面见图 3-18。

3.6.1 动态设定致灾因子

安华水库等水文边界,若缺少流量数据,但具有水位数据,需要在模型边界条件设置时,可以灵活选择水位或流量作为输入条件。因此增加一项功能，可以对例如浦阳江干流安华水库坝址，选择流量边界或水位边界。如图3-19和图3-20所示。

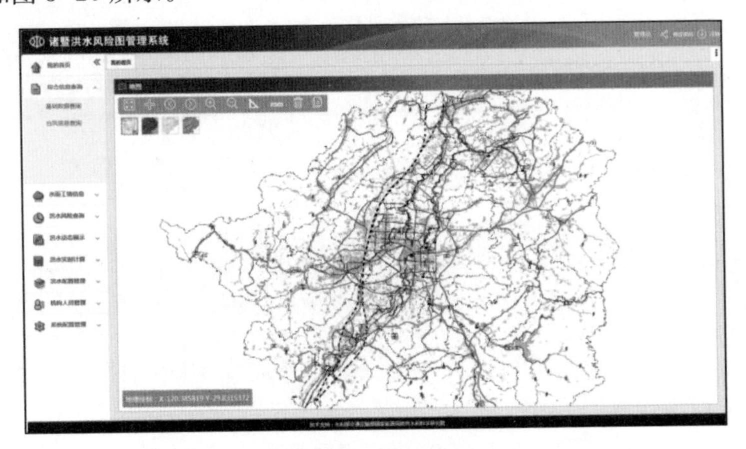

图 3-18　系统主界面

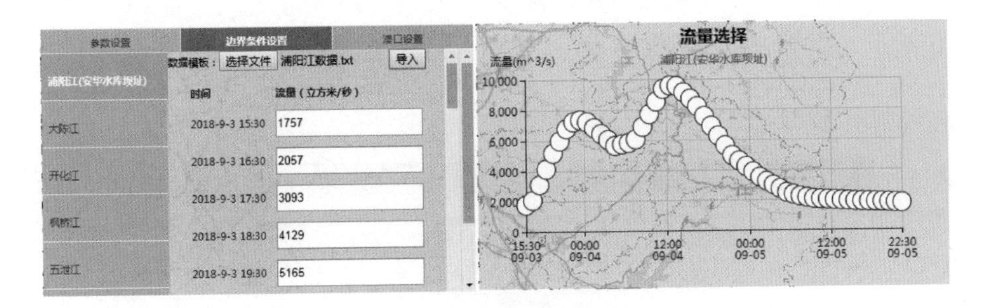

图 3-19　模型边界条件设计

图 3-20　模型水文边界条件选择

当堤防的险工险情段发生突发性的溃堤时，可以在堤防处任选择一处作为临时突发溃口，如图 3-21 所示，可以对溃口流量、起溃时间等进行设置，设置完成后可以调用模型进行计算。

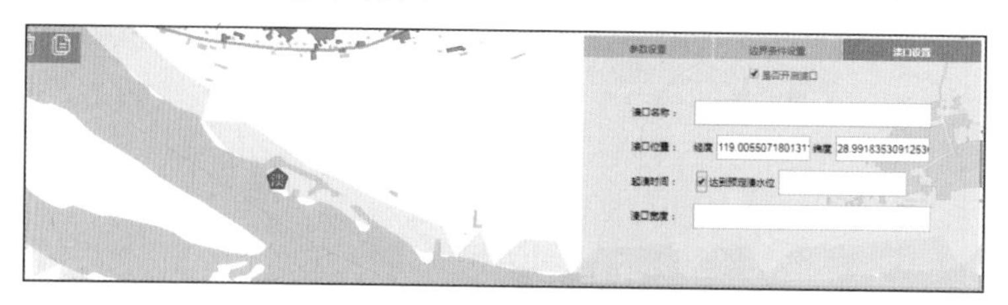

图 3-21　实时动态溃口设置

将致灾因子和突发溃口设置为模型的计算边界条件，根据边界条件进行洪水演进模拟计算。

可以勾选“是否添加动态溃口边界”，在地图上选择溃口位置、进行溃口设置，使得动态溃口边界参与计算。

3.6.2　实时洪水风险分析

如图 3-22 至图 3-24 所示。

图 3-22　某方案下洪水最大淹没水深图

图 3-23　某方案下洪水到达时间图

图 3-24　某方案下洪水淹没历时图

3.6.3　洪水方案管理与查询

如图 3-25 所示。

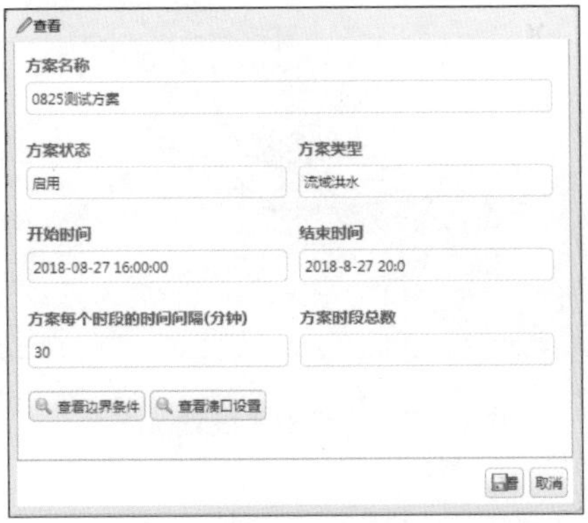

查看

方案名称	
0825测试方案	
方案状态	方案类型
启用	流域洪水
开始时间	结束时间
2018-08-27 16:00:00	2018-8-27 20:0
方案每个时段的时间间隔(分钟)	方案时段总数
30	

查看边界条件　查看溃口设置

取消

图 3-25　洪水方案管理与查询

3.6.4　洪水演进展示

通过计算机程序模拟，能够真实、直观地反映河道水流的运动情况，如图 3-26 所示。

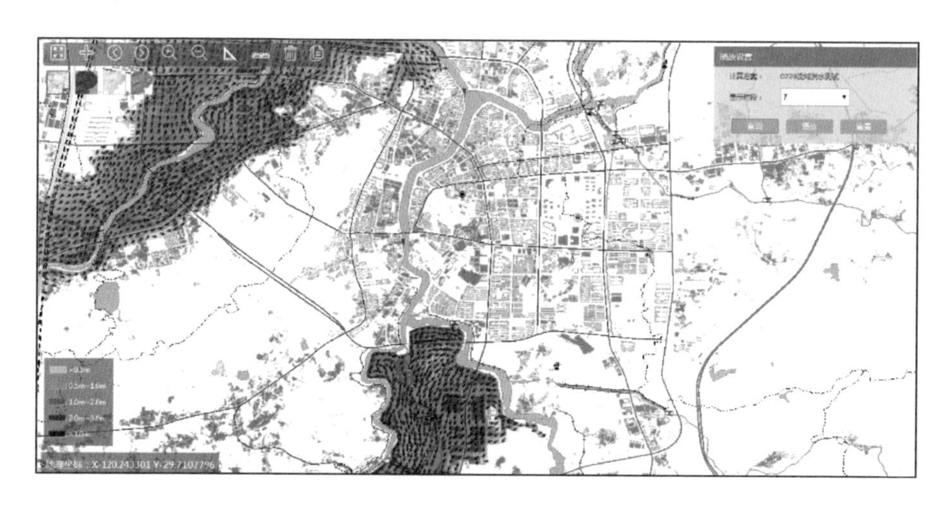

图 3-26　设计洪水方案洪水演进流场图

3.6.5　灾情统计模块

洪水灾情统计是防洪决策的重要组成部分。通过模型计算得出洪水淹没图层，确定洪水淹没范围及等级，然后再对淹没区的淹没深度进行分级统计，如图 3-27 所示。

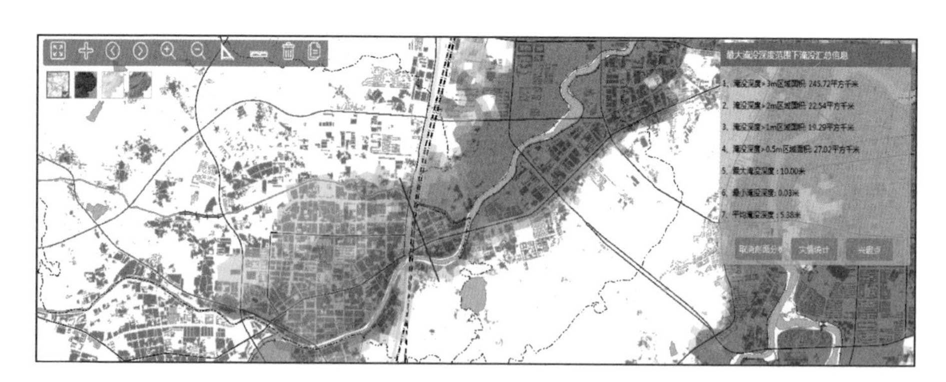

图 3-27　淹没信息统计及展示

4

水库下游洪水分析模拟与风险评估

东阳市位于浙江中部，位于北江流域和南江流域下游，两大河流上游均建有大型水库用于防洪调度，以保证下游居民生命财产安全。沿江区域均为地势低洼的冲积平原或盆地，而东阳市由于亚热带季风气候影响，台风暴雨降水量大且集中，因此南江和北江上游水库防洪调度至关重要。本章以东阳市为研究区域，利用一、二维水动力模型对北江流域和南江流域进行洪水模拟，基于上游水库泄洪、堤防溃决等不同工况设定模拟情景，分析水库不同调度方案下的淹没结果和洪灾损失分析，并构建东阳市洪水风险图管理与应用系统。

4.1 研究区域概况

4.1.1 自然地理条件

东阳市位于浙江省中部，金华市东北部，金衢盆地东缘，浙东丘陵西侧，东邻新昌县，东南与磐安县、西南与永康市交界，西依义乌市，北接诸暨市，东北与嵊州市接壤，市域总面积 1 747 km^2。地形以丘陵山地为主，地势走向东北向西南倾斜，形成“三山夹两盆，两盆涵两江”的地貌。

大盘山余脉从东向西，将东阳市分成南北两片，成为东阳南、北两江的分水岭；山脉间分布着河谷平原与盆地，北部横锦水库和东方红水库以下至义乌界地为东阳江冲积平原，东西长 40 余 km，南北宽 10 余 km；南部是南江盆地，又称南马盆地，东起郭宅，西经南马到黄田畈，沿南江流域纵贯湖溪、横店、南马、画溪四片冲积平原，盆地长 34 km，宽 5 km。盆地内有高丘和低丘台地分布，盆地两侧多红壤低丘。北江、南江流域地形地貌图见图 4-1 和 4-2。

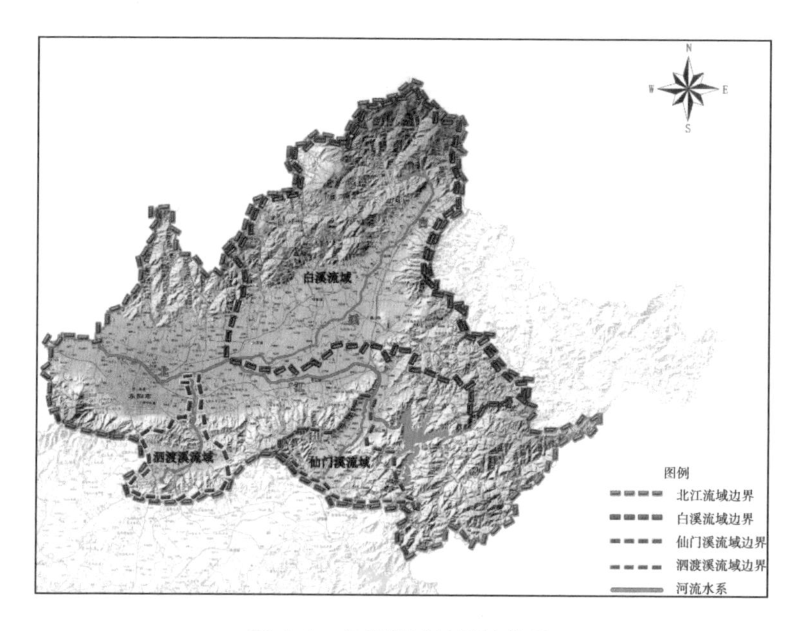

图 4-1　北江流域地形地貌图

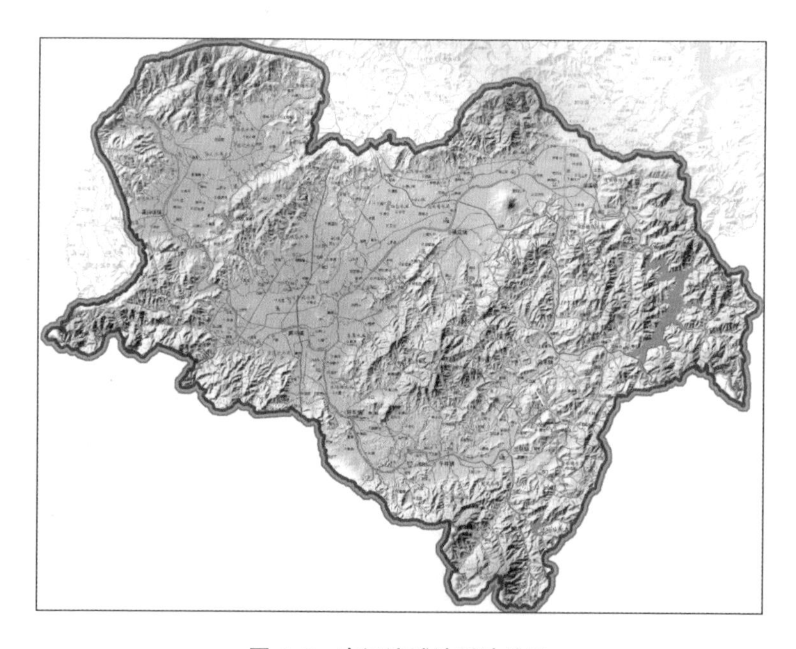

图 4-2　南江流域地形地貌图

4.1.2 河流水系

东阳市境内水系发育，主要河流有北江（东阳江）和南江，此外西部有剡溪经义乌江入金华江，北部有璜山江支流，经浦阳江入钱塘江，东部有澄潭江、长乐江支流经曹娥江入钱塘江口，均属钱塘江水系。东阳市流域水系见图 4-3。

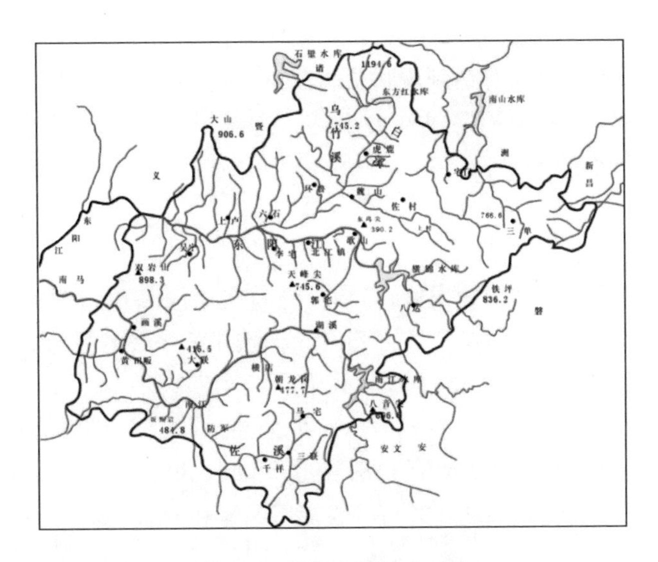

图 4-3　东阳市河流水系图

4.1.3 水文气象

东阳市地处亚热带季风气候区，年平均降雨量为 1 456.6 mm，降水年际变化呈“双峰型”分布，3—6 月为第一个雨季，7—9 月为相对雨季，常受副热带高压控制，降水主要为台风暴雨和局部雷阵雨。台风暴雨不仅降水量大，而且比较集中，强度较大，是形成流域大洪水的主要成因。加之北江、南江流域水系呈扇形，支流洪水汇流时间短，导致洪峰流量大，水位高，北江、南江水位壅高，将会对两岸防洪保护区造成洪水风险。冬季盛行偏北风，冷而干燥，以晴冷为主。

4.1.4 防洪工程概况

东阳市有大型水库 2 座，分别是横锦水库和南江水库。横锦水库正常水位 164.04 m，正常库容 18 279 万 m^3，总库容 27 400 万 m^3。南江水库正常水位 204.24 m，正常库容 9 134 万 m^3，总库容 11 700 万 m^3。

北江干流上蒋桥至下蒋桥左岸防洪标准取 20 年一遇、下蒋桥至骆店桥下右岸防洪标准取 20 年一遇，桐坑溪下至湖沧桥左岸防洪标准取 50 年一遇。白溪永和亭桥汇合口右岸防洪标准取 50 年一遇，其他均取 20 年一遇。其他支流均取 20 年一遇防洪标准。

南江干流大部分堤防没有加高加固，有相当部分堤防低矮单薄、局部甚至开口，防洪能力偏低。根据现状工况防洪水利计算，两岸均有 40%～50% 的堤防(护岸)顶高程没有达到现状要求高程，部分现状顶高程达到要求的堤段，也由于堤身断面不足，防洪能力也达不到规划要求。总体上说，南马、画水镇问题最为突出，现状防洪能力不足 10 年一遇，湖溪、横店镇稍好。

4.1.5 社会经济

东阳经济社会持续快速发展，是浙江省首批小康县市、首批文明城市、首批旅游经济强市，全国县域经济百强县市、全国优秀旅游城市、国家卫生城市。2016 年实现地区生产总值 499.66 亿元，同比增长 7.5%；实现财政总收入 92.40 亿元，同比增长 13.8%，其中一般公共预算收入 56.26 亿元，同比增长 16.8%；实现规上工业增加值 128.49 亿元，同比增长 6.3%；固定资产投资额 295.64 亿元，同比增长 16.3%；社会消费品零售总额 250.46 亿元，同比增长 8.9%；全年进出口总额 185.22 亿元，同比增长 9.0%；金融机构本外币存款余额 1 012.06 亿元，同比增长 12.5%；城镇居民人均可支配收入 44 542 元，同比增长 8.0%，农村居民人均可支配收入 245 56 元，同比增长 9.5%。财政总收入、一般公共预算收入、规上工业增加值等多项指标增幅居金华各县市前列。

4.1.6 洪水来源分析

东阳市的洪水来源主要是北江、南江的流域洪水，由梅雨期暴雨或台风雨造成。该片区域北江上游有大型水库横锦水库，白溪上游有中型水库东方红水库，南江上游有大型水库南江水库。洪水来源为上游水库下泄洪水和区间洪水汇入。

(1) 上游水库泄洪

横锦水库和南江水库在洪水期拦蓄洪水，削减洪峰，减小了东阳市区河道的洪峰流量，对下游防洪具有重要作用。受水库调蓄作用，上游干支流洪水主要指暴雨造成的水库入库洪水过程经水库调蓄作用后，水库的下泄洪水过程。

(2) 区间洪水

区间洪水主要是上游水库坝址至北江、南江的出境断面内的集雨面积区域上,暴雨产汇流导致的汇入北江、南江的区间洪水。

当发生梅汛期暴雨或台汛期暴雨,横锦水库、南江水库等上游水库下泄洪水叠加区间洪水,大幅提高东阳江、南江的水位,容易发生洪水满溢、堤防溃决等。

4.2 技术方案

研究工作主要分为四个部分:数据收集与分析、洪水模型构建、洪水风险情景模拟、洪水风险管理系统开发。

(1) 数据收集与分析:收集研究范围内基础地理信息、水文气象、构筑物及工程调度、社会经济、历史洪涝灾害等数据。

(2) 洪水模型构建与检验:对流域进行产汇流计算,得到不同频率设计洪水过程,并对东方红水库、南江水库、横锦水库进行调洪演算得到水库下泄流量过程。以水库下泄洪水、区间洪水作为一维水动力模型边界输入,建立北江、南江一维河网模型,模拟北江流域东方红水库和横锦水库下游、南江水库下游洪水可能影响范围。构建沿江区域高精度二维水动力模型,范围包含沿江所有可能受洪水影响的乡镇、行政村,采用侧向连接方法进行一维、二维水动力模型耦合。以 2012 年 8 月 7 日—8 月 10 日洪水过程进行模型率定验证。

(3) 洪水风险情景模拟:以不同设计洪水方案下的洪水演进模拟计算结果为依据,通过淹没水深、淹没范围等指标对东阳市防洪能力进行分析。根据洪水分析得到的淹没范围、淹没水深、淹没历时等要素,结合淹没区各街道、乡镇社会经济情况,综合分析评估洪水影响程度,包括淹没范围内、不同淹没水深区域内的人口、资产统计分析等,并评估洪水损失。

(4) 洪水风险管理:构建东阳市洪水风险图管理与应用系统,实现区域洪水风险快速判断和分析。

具体的技术路线如图 4-4 所示。

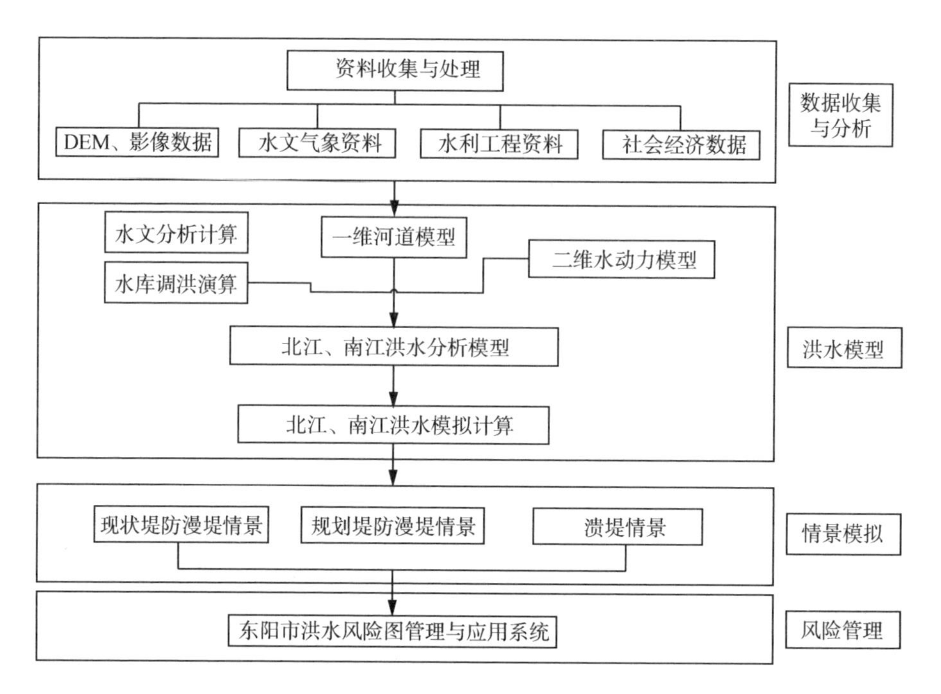

图 4-4　技术路线

4.3　数据收集

4.3.1　基础地理信息

收集到研究范围内最新的全要素地形图(DLG)、影像图(DOM)、数字地面高程模型(DEM)等数据资料。包括:等高线、高程点、河道断面、行政区划、居民点、道路交通、土地利用、河流水系、水利工程、线状构筑物(公路、铁路、堤防)等。

表 4-1　电子地图图层列表

分类	图层名称/内容	主要属性字段要求	图层类型	备注
行政区划	省界	名称、行政区代码	面、线	浙江省
	市界	名称、行政区代码	面、线	浙江省
	城区(县、县级市)界	名称、行政区代码	面、线	金华市
	街道(乡、镇)界	名称、行政区代码	面、线	东阳市
	居委会(村)界	名称、行政区代码	面、线	东阳市

续表

分类	图层名称/内容	主要属性字段要求	图层类型	备注
居民点	省级政府驻地	编码、名称、行政区代码	点	浙江省
	地市级政府驻地	编码、名称、行政区代码	点	浙江省
	县(区)级政府驻地	编码、名称、行政区代码	点	金华市
	街道处(乡、镇)	编码、名称、行政区代码	点	东阳市
	居委会(村)	编码、名称、行政区代码	点	东阳市
高程	等高线	名称、高程	线	
	高程点注记点	名称、高程	点	
	测量三角点	名称、流域、备注	点	
交通	铁路	名称、编号、起点、终点	线	
	高速公路	名称、编号、起点、终点	线	
	国道	名称、编号、起点、终点	线	
	省道	名称、编号、起点、终点	线	
	城市道路	名称、编号、起点、终点	线	
	县道	名称、编号、起点、终点	线	
	街道	名称、编号、起点、终点	线	
	乡村路	名称、编号、起点、终点	线	
	机耕道	名称、编号、起点、终点	线	
	小路	名称、编号、起点、终点	线	
流域水系	河流	名称、代码	线、面	
	湖泊	名称、代码	面	
	干渠、支渠	名称、代码	线	
土地利用	土地利用	编号、类型	面	
	土壤分布	编号、类型	面	
	植被分布	编号、类型	面	

4.3.2 水文资料

主要包括流域内各个水文(水位)站、雨量站的相关资料,实测洪水期间(降雨量、水位、流量)数据等;典型大暴雨、大洪水,以及设计暴雨、设计洪水等成果资料。收集到《东阳市南江流域综合治理规划》,《东阳市北江-白溪流域综合治理规划》,东方红水库调度规程,东阳市横锦水库安全应急预案,东阳市横锦水库调度规程,南江水库各年控制运用计划,东阳市各镇各街道的防汛

图 4-5　研究区域影像图(局部)

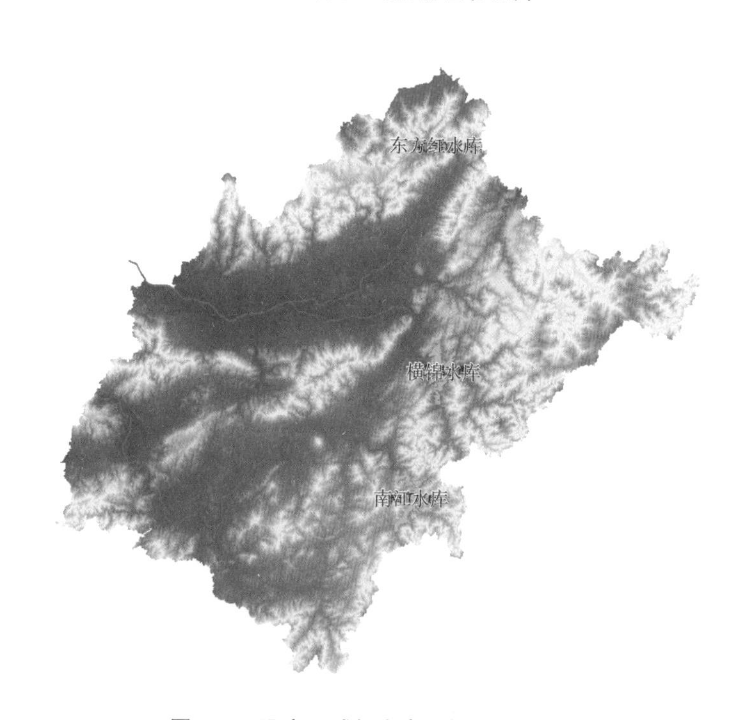

图 4-6　研究区域数字高程模型(DEM)

防台应急预案等相关报告中设计暴雨、设计洪水等资料。

北江流域内设有横锦、东阳、白溪、八达等水文站，铜钱、史姆、大潦、巍山、蔡家园等诸多雨量站。各站水文资料均摘自浙江省水文局颁布的《水文年鉴》及有关水文站实测数据，可靠性与精度均能满足规划要求。各水文测站基本情况见表4-2。

表4-2 北江流域水文测站基本情况表

站别	站名	设站年月	坐标		观测项目
			东经	北纬	
水文站	横锦	1957	120°27′	29°15′	水位、流量、降水量
	东阳	1951.4	120°14′	29°16′	水位、流量、降水量
	白溪	1958.4	120°27′	29°26′	水位、流量、降水量
	八达	1967.1	120°30′	29°12′	水位、流量、降水量
雨量站	巍山	1980.1	120°26′	29°20′	降水量
	大潦	1958.5	120°25′	29°27′	降水量
	西垣	1980	120°29′	29°28′	降水量
	蔡家园	1958.8	120°26′	29°25′	降水量
	铜钱	1957.3	120°36′	29°07′	降水量
	史姆	1960.4	120°30′	29°08′	降水量
	窈川	1963.1	120°33′	29°06′	降水量
	墨林	1981	120°32′	29°03′	降水量
	黄莲	1963.1	120°37′	29°14′	降水量
	西坞	1964.5	120°36′	29°11′	降水量
	学陶	1980.1	120°34′	29°13′	降水量
	岭下	1981	120°31′	29°15′	降水量
	图塘	1980.1	120°33′	29°11′	降水量
	自家庄	1980.1	120°38′	29°12′	降水量

南江干流原设有岩下水文站，于1956年5月设立，6月开始测量，观测项目有水位、流量、降水量等，集水面积为830 km^2。1977年测站上移，集水面积约789 km^2。2000年撤销水位、流量观测。该站资料均经浙江省水文局整编刊印，精度可靠，1971年南江水库建成后，其资料系列的一致性受到影响。为进一步监测南江洪水、径流等情况，2014年在画水镇胡头桥下游约130 m处

新建水文站一座——竹溪水文站，已投入运行。流域内现有雨量站主要有深泽、安文、楼店、南马等雨量站，其中深泽和安文站在磐安。各站雨量资料均由行业水文资料主管部门浙江省水文局进行整编，可靠性与精度均能满足规划要求。各水文测站基本情况见表 4-3。

表 4-3　南江流域水文测站基本情况表

站别	站名	设站年月	集水面积(km^2)	观测项目
水文站	岩下	1956.5	1977 年(含)前 830 1977 年后 789	降水量
				水位、流量
	竹溪	2014	880	降水、水位、流量
雨量站	南江水库	1969.4	210	降水量
	深泽	1971.3	—	降水量
	安文	1951.5	—	降水量
	山店	1980.1	—	降水量
	湖溪	1962.1	—	降水量
	楼店	1980.1	—	降水量
	南马	1972.4	—	降水量
	四路口	1966.4	—	降水量
	下董	1980.1	—	降水量
	千祥	1980.1	—	降水量
	秀溪	1957.3	—	降水量
	寨口	1980.1	—	降水量

4.3.3　河道断面资料

收集北江、南江、白溪、柽溪河道断面(水下地形)数据。收集到北江从横锦水库坝址到东阳市界处、白溪、南江从南江水库坝址到东阳市界处的河道地形大断面数据。

4.3.4　构筑物及工程调度资料

收集东阳北江、南江研究范围内的水库、堤防、堰坝工程情况和调度资料，包括工程布置及特性、建筑物、控制运用情况、逐年运用情况、历年水文情况、淹没损失调查。收集整理构筑物工程资料后，需要其地理信息数字化，作为基础电子地图的工程设施图层。

4.3.4.1 水库

横锦水库位于东阳江镇横锦村以东，东阳城区上游，距离东阳城区约28 km。水库原设计为以防洪、灌溉为主，结合发电、养殖等综合利用的大(2)型水库工程，1993年经浙江省水利厅批准，增加供水任务(图4-7)。

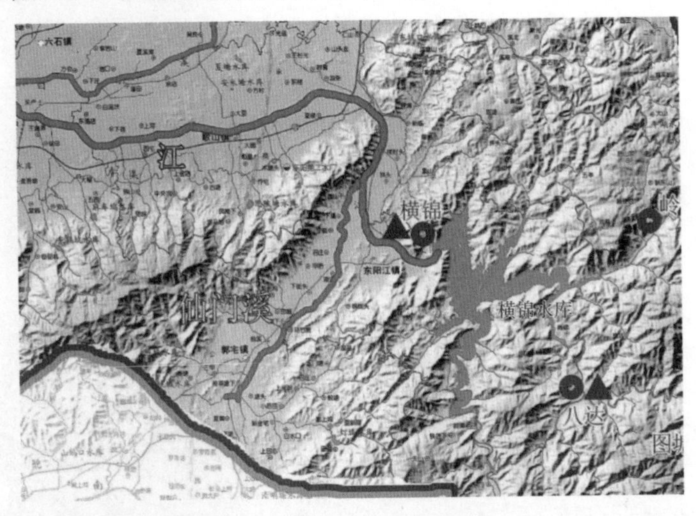

图4-7　横锦水库地理位置图

图4-8　东方红水库地理位置图

东方红水库位于虎鹿镇溪口村之北 1 km 处白溪上游。水库原设计为以灌溉、防洪为主,结合发电、养殖等综合利用的中型水库工程,2008 年经批准增加供水任务,因此,水库现工程任务改为以灌溉、防洪、供水为主,结合发电、养殖等综合利用(图 4-8)。

南江水库大坝位于南江干流上,湖溪镇南江村境内,距东阳市区约 36 km,是一座以防洪、灌溉为主,结合供水、发电、养殖等综合利用的大(2)型水库工程。

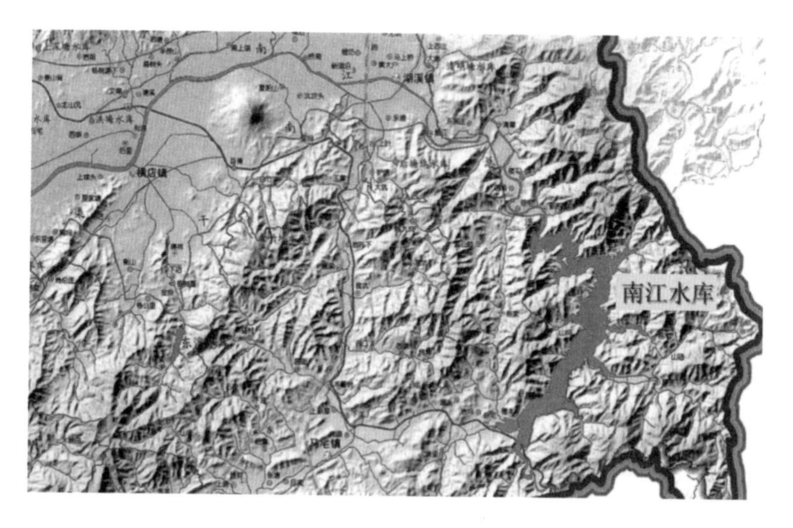

图 4-9　南江水库地理位置图

4.3.4.2　堤防

(1) 北江堤防

北江为省级河道,又称东阳江,是东阳市两条主要河流之一,东阳市境内长约 57.0 km,横锦水库以下长约 36.1 km,沿岸有东阳市中心城区、歌山镇、东阳江镇等。经过多年的建设,北江干流现状从上往下游,上陈桥至歌山段 2 km,上蒋大桥至下蒋大桥段左岸 1 km,下蒋大桥至槑卢界(骆店桥下)右岸 800 m,桐坑溪至湖沧桥 1 km 和东阳与义乌交界 1 km,五段合计 5.8 km 未达标治理,其他段已基本达标建设,且城镇段堤顶兼有交通功能段以硬化堤防(护岸)为主。正在规划治理中间三段,白溪汇合口以上北江上蒋大桥至下蒋大桥段左岸,在下蒋桥上游约 500 m 为山体,其他段为自然状态的土堤。右岸从下蒋大桥至槑卢界(骆店桥下)现状堤顶高程 84.2～86.1 m,河段现状自然状态,堤防低矮,未达标;北江左岸白溪汇合口以下桐坑溪至湖沧桥段,河段原生态好，树木茂盛，河段堤顶高程不满足防洪标准要求。

北江干流规划河段从上往下游，上蒋大桥至下蒋大桥段左岸 1 km，下蒋大桥至宲卢界(骆店桥下)右岸 800 m，主要措施为新建生态堤防，防洪标准按 20 年一遇进行设计。白溪汇合口下游湖沧桥至道塘段规划整治堤防长度约 1 km，按 50 年一遇进行设计。

(2) 白溪堤防

白溪为北江在东阳境内最大支流，干流为县级河道，干流长约 40.00 km，东方红水库以下干流长 25.52 km，沿岸有虎鹿镇、巍山镇、六石街道等。目前，除东方红水库坝下防冲堤防和虎鹿镇镇区 2014 年建设完工的新建堤防外，其他河段防洪能力仍然偏低，河道面貌不尽如人意，白溪流域大部分堰坝阻水严重、损坏失修。

白溪干流左岸现状堤顶高程 79.4～163.2 m，右岸现状堤顶高程 78.6～163.04 m。除虎鹿镇葛宅桥以上 5.76 km 长的两侧浆砌和干砌石防冲堤防、镇区段 2014 年新建成的 5.15 km 堤防和局部工厂企业自建堤防外，其他现状基本为土堤，几乎无硬化护岸，堤顶宽度不一，有相当部分堤段堤顶较窄。白溪干流堤防(护岸)葛宅桥以上 5.76 km 长堤防顶高程现状表面情况较好，局部堤顶高程不满足，规划堤防暂维持现状，局部用防浪墙形式加高堤防。在中小流域治理中，白溪干流左岸白溪大桥至下沈 5.15 km 已经治理完成，规划维持现状，其他堤防均需要进行建设，新建生态堤防 35.99 km，加高加固堤防 8.86 km。

(3) 南江堤防

受地形条件限制，南江暂未规划对干流防洪有较大作用的大中型水库，南江水库以下干流河道也没有分洪、大规模调整河道布置工程。规划确定南江干流防洪总体规划工程体系为“上蓄、中防、下疏”。

经过多年建设，南江干流大部分河段两岸已建有堤防(护岸)，城镇、村庄段堤顶兼有交通功能，以硬化堤防(护岸)为主，乡村段基本为土质堤防。除横店镇区段左岸 3.879 km、右岸 2.320 km，南马镇区右岸 5.71 km 纳入中小河流治理项目外，大部分堤防未经加高加固，防洪能力偏低，且部分河段堤距较窄，行洪能力达不到要求。

左岸堤防(护岸)长约 52.28 km，山岸长 3.01 km；顶高程 73.9～168.1 m；堤顶最窄处仅 1.5 m，部分堤段如路堤结合段，堤顶宽度较宽。右岸堤防(护岸)长约 52.12 km，山岸长 3.17 km；顶高程 75.0～166.0 m；堤顶最窄处仅 1.0 m，部分堤段如路堤结合段，堤顶宽度较宽。

南江干流湖溪镇、横店镇、南马镇、画水镇段现状均有堤防不满足设计高程要求，其中除南马镇长畈、南新、上安恬段 5.71 km（右岸）和横店镇圆明园至湖溪大桥段左岸 3.879 km，右岸 2.32 km 已纳入中小河流治理外（目前正在实施中），其他堤防均需进行建设。南江干流左岸整治堤防（护岸）长 25.810 km，其中新建堤防 20.153 km，加高加固堤防 0.892 km，新建护岸 4.765 km；南江干流右岸整治堤防（护岸）长 23.713 km，其中新建堤防 20.613 km，新建护岸 3.1 km。

（4）柽溪堤防

南江支流柽溪受地形条件限制，柽溪流域没有规划对柽溪防洪有较大作用的大中型水库，干流也没有分洪、大规模调整河道布置工程，因此确定柽溪干流防洪总体规划工程体系为“疏通河道、建筑堤防”。

柽溪现状，千祥、防军、三联和马宅等镇村段为硬化护岸，其余基本为土堤，堤顶宽度不一，有相当部分堤段堤顶较窄。

柽溪左岸现状堤顶高程 102.9～193.9 m，右岸现状堤顶高程 100.0～193.3 m。现状除千祥、防军、马宅、月溪、三联等村镇段为硬化护岸外，其余均为土堤。除千祥镇左、右岸共计 5.51 km 纳入中小河流治理项目和马宅、月溪段 1.3 km 外，大部分堤防未经加高加固，部分堤防低矮单薄，防洪能力偏低。规划柽溪干流从沈岭坑水库至南江汇合口，左岸新建护岸 2.095 km，新建堤防 7.05 km；右岸新建护岸 2.18 km，新建堤防 7.421 km。

（5）堤防险工险段

险工险段如表 4-4 所示。

表 4-4 堤防险工险段情况表

序号	所在政区	河道名称	左/右岸	险段位置及名称	原因
1	歌山镇	北江	右	积塘湖段	险工险段、堤防部分被冲毁
2	南马镇	南江	右	下湖头村段	险工险段、堤防部分被冲毁

4.3.4.3 堰坝

北江干流上有堰坝 12 座，自上而下分别为三甲院堰、上陈堰、林头堰、官陡堰、塘石堰、伯丰堰、圳干堰、长林堰、友谊堰、洲义堰、江滨橡胶坝、义东堰。除江滨橡胶坝为活动坝外，其他均为实体坝。

白溪上现有堰坝 13 座，自上而下分别为张公堂堰、陈家堰、蒋村堰、新庄堰、白峰堰、葛宅堰、岱鲁堰、锦溪堰、苏圳堰、长征大桥下堰、水溪桥堰、燥塘堰、夏溪潭堰。各堰均为实体坝，由于建设年代较早，经多年来的运行，受洪水冲刷，均有不同程度的损坏或者阻水。

南江干流上有堰坝 38 座，其中橡胶坝 4 座，翻板门 4 座，固定堰 30 座。

4.3.5 历史洪水及灾害资料

受特殊的地理位置、地形地貌和水文气象条件的影响，东阳市洪涝灾害多发频发。2000 年以来，东阳市较典型的洪涝灾害主要如下。

(1) 2009 年 8 月 9 日，受第 8 号台风“莫拉克”影响，三单等地降雨量达到 95 mm，出现农户房屋进水、田地受淹等灾情。8 月 13 日晚，北部地区出现强降雨，其中 1 小时降雨超过 50 mm 的有：虎鹿镇白溪站 102 mm、东方红站 78 mm；巍山镇东风站 93.5 mm、巍山站 52.5 mm；六石街道石马站 71 mm。短时间强降雨导致虎鹿、巍山、六石等镇乡、街道发生洪水灾害。受灾人口 6 000 人，农作物受灾 206 公顷，倒塌房屋 52 间，损坏 85 间，全市直接经济损失 2 878 万元，其中农业损失 1 130 万元，工矿企业损失 608 万元，基础设施损失 1 000 万元，公益设施损失 90 万元，家庭财产损失 50 万元。

(2) 2012 年 8 月上旬，受台风“海葵”影响，全市出现暴雨平均降雨量 162.5mm，多个镇乡发生灾情。全市受灾人口 50 000 人，主要集中在三单乡、佐村镇、虎鹿镇、马宅镇；农作物受灾 5766 公顷（成灾 710 公顷，绝收 150 公顷）；倒塌房屋 187 间；三单、湖溪、城北等多个镇乡、街道发生停电，交通道路出现多处塌方、毁损。全市直接经济损失 6 025 万元，其中农业损失 2 725 万元，工矿企业损失 150 万元，基础设施损失 2 900 万元，公益设施损失 100 万元，家庭财产损失 150 万元。

(3) 2013 年 10 月份受台风“菲特”带来的降雨影响，多地出现特大暴雨，其中三单 188.5 mm、马宅 141.4 mm、虎鹿 131.5 mm、东阳江 130 mm、城东 213.5 mm，全市受灾人口 1 500 人，倒塌房屋 58 间，部分道路、堤防设施损毁，大量农作物受灾，直接经济损失 900 万元。

4.3.6 社会经济资料

收集了东阳市 2016 年统计年鉴资料和相关的统计资料，并进行了整理工作。

4.4 模型构建与检验

4.4.1 建模思路

东阳市北江和南江流域的防洪特点是河流上游均建有大型水库进行防洪调度,考虑到洪水来源主要是水库下泄洪水和区间暴雨洪水,因此建模从三个方面进行考虑:

一是针对水库上游产汇流和水库调洪过程、区间支流产汇流进行模拟计算,作为一维水动力模型的边界;

二是针对北江和南江干流构建一维水动力模型,模拟洪水在河道的演进过程;

三是针对北江和南江流域洪水影响范围内构建二维水动力模型并将其与一维河道模型进行耦合,模拟河道漫堤或溃堤后洪水在地表的演进过程。

4.4.2 水文分析计算

4.4.2.1 设计暴雨

(一) 暴雨分区

根据流域内实测水文资料条件,流域设计洪水采用暴雨资料推求。暴雨取样为年最大值法,计算时段分一日与三日。

根据暴雨情况和水库规模,将北江上游流域划分为两个区,即横锦坝址和东方红坝址以上流域,横锦水库、东方红水库至吴山区间流域。

根据流域内雨量站实测暴雨资料分析,南江流域南江水库以上、桎溪三联(洋坑汇入口)以上两个地区的短历时暴雨在暴雨量和发生时间上都与下游有一定差别。鉴于水库规模和暴雨情况,将南江南岸以上流域划分为三个区,即南江水库以上流域,桎溪三联以上流域,南江水库、桎溪三联至南岸区间流域。

表 4-5 北江、南江流域暴雨分区

<table>
<tr><th>流域</th><th colspan="6">暴雨分区</th></tr>
<tr><td>北江流域</td><td colspan="3">横锦坝址和东方红坝址以上流域</td><td colspan="3">横锦水库、东方红水库至吴山区间流域</td></tr>
<tr><td>南江流域</td><td colspan="2">南江水库以上流域</td><td colspan="2">桎溪三联以上流域</td><td colspan="2">南江水库、桎溪三联至南岸区间流域</td></tr>
</table>

（二）设计暴雨计算

根据各区、各期面雨量系列，按经验频率排频，P-Ⅲ型线型适线，求得北江流域和南江流域的设计暴雨成果分别见表 4-6 和表 4-7。

表 4-6　北江流域各分区设计暴雨成果表(年最大)

分区	时段	各频率(%)设计暴雨(mm)				
		1	2	5	10	20
横锦和东方红以上流域	24 h	254	225	185	155	124
	3 d	272	249	218	193	166
区间	24 h	197	178	151	130	108
	3 d	228	211	188	169	148

表 4-7　南江流域各分区设计暴雨成果表(年最大)

分区	时段	各频率(%)设计暴雨(mm)				
		1	2	5	10	20
南江水库以上流域	24 h	278	245	201	168	133
	3 d	324	290	245	210	173
柽溪三联以上流域	24 h	223	199	167	142	116
	3 d	275	250	216	188	159
区间	24 h	185	168	145	126	107
	3 d	220	204	183	165	146

（三）设计雨型

时程分配：各日时程分配系数用暴雨衰减指数法求得，各分区设计暴雨过程见图 4-10 至图 4-14。

(1) 东阳江(北江)流域

选取东阳、白溪、横锦雨量站最大 10 场 24 h 暴雨(暴雨量均在 100 mm 以上)，根据统计，各站最大短历时暴雨的衰减指数 N_p 与暴雨选样有关，且变化范围较大，在 0.25～0.75 之间。根据实测暴雨分析结果，并参考《浙江省短历时暴雨》，本次计算年最大、台汛期设计暴雨的衰减指数 N_p 取用 0.45～0.50，其中区间为 0.45，横锦、东方红水库为 0.50。

(2) 南江流域

选取安文、秀溪、南马雨量站最大 10 场 24 h 暴雨(暴雨量均在 100 mm 以上)，根据统计，各站最大短历时暴雨的衰减指数 N_p 与暴雨选样有关，且变化范围较大，在 0.25～0.75 之间。根据实测暴雨分析结果，并参考《浙江省短历时暴雨》，本次计算年最大、台汛期设计暴雨的衰减指数 N_p 取用 0.38～0.65，其中区间为 0.38～0.45，南江水库为 0.65。

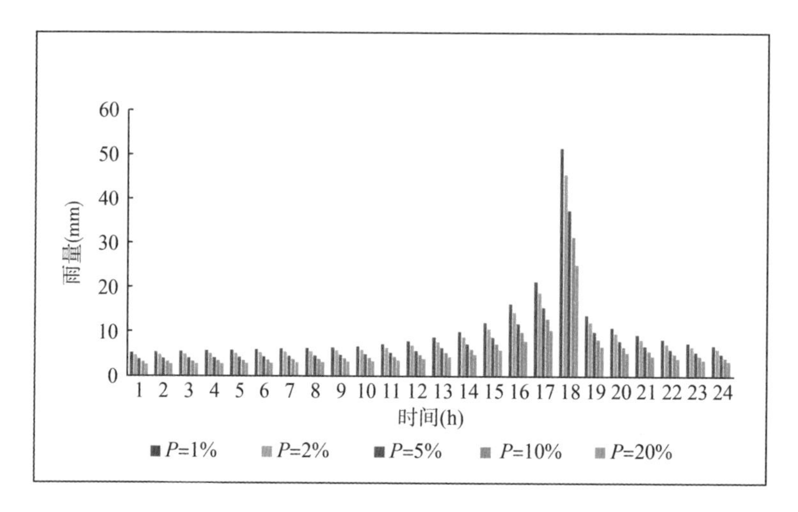

图 4-10　横锦和东方红以上流域 24 小时设计暴雨过程

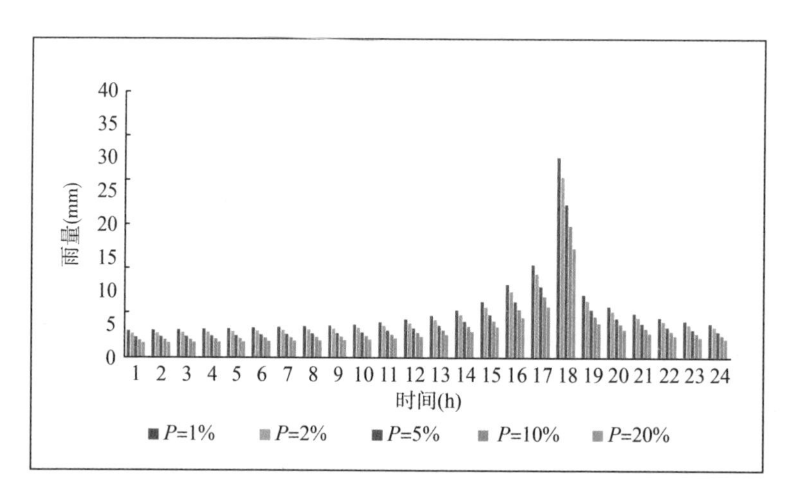

图 4-11　东阳江流域区间 24 小时设计暴雨过程

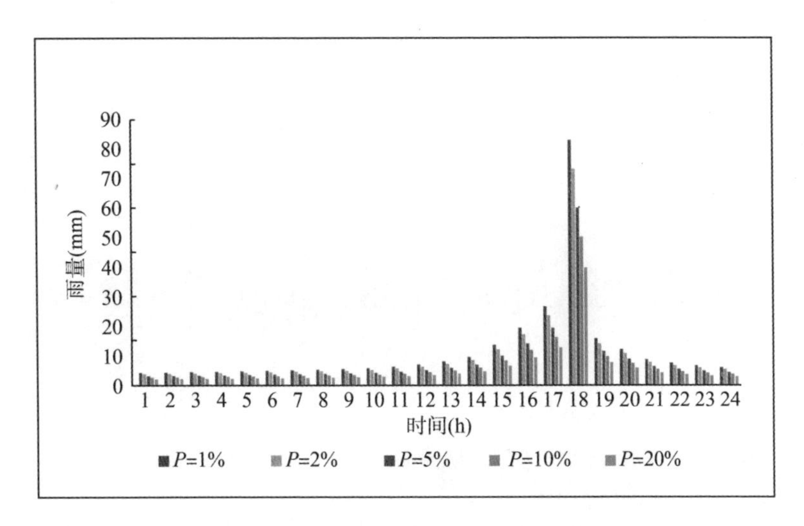

图 4-12　南江水库以上流域 24 小时设计暴雨过程

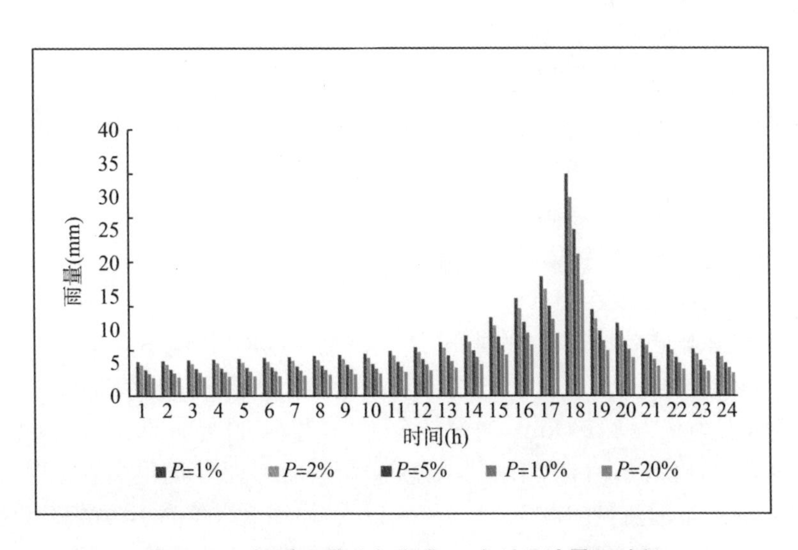

图 4-13　桎溪三联以上流域 24 小时设计暴雨过程

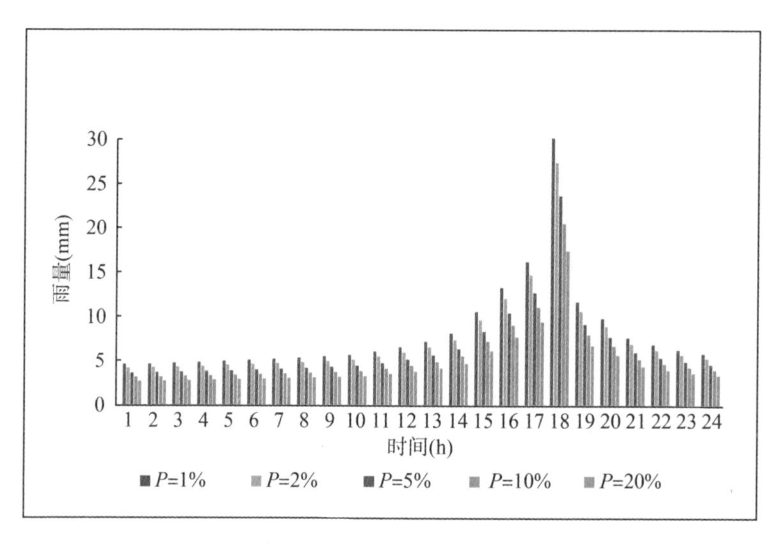

图 4-14　南江流域区间 24 小时设计暴雨过程

4.4.2.2　水库调洪演算

东阳市南江和北江流域共有三座大型水库：北江流域白溪东方红水库、横锦水库，南江流域的南江水库。

（一）东方红水库调洪演算

（1）水库概况

东方红水库位于东阳市虎鹿镇溪口村之北 1 km 处，系钱塘江流域，金华江水系，东阳江支流白溪上游。坝址以上控制集雨面积 59.3 km^2，主流长度 11.5 km，库区多年平均降雨量 1 467.2 mm，多年平均径流深 750 mm，是一座以灌溉、防洪、供水为主，结合发电等综合性利用的中型水库。

（2）防洪调度及运用

根据《东阳市河道整治规划》安排，水库下游防洪将坝下 5 km 处的公路桥作为防洪控制断面，公路桥处的安全流量为 340 m^3/s，水库与控制断面公路桥间集水面积为 8.16 km^2，通过计算可得，遭遇 20 年一遇洪水时，水库安全下泄流量为 285 m^3/s。当坝前水位高于汛限水位低于防洪高水位时，以下游防洪为主，下泄流量控制在 285 m^3/s 以内；当坝前水位高于防洪高水位时，防洪对象转为水库大坝，洪水下泄流量将超过下游防洪标准，但此时要求控制下泄流量不大于天然来水流量，避免人为加大下游洪灾。

根据水库调洪原则，确定水库防洪运行方式如下：

起调水位台汛期为 195.27 m，梅汛期及非汛期除险加固后按正常蓄水位

197.27 m起调；

在水库坝前水位低于20年一遇洪水位时，水库控制下游防洪将坝下5 km处的公路桥作为防洪控制断面，公路桥处的安全流量为340 m^3/s；

当库水位超过20年一遇洪水位时，控制最大下泄流量不大于入库洪峰流量，以免造成不必要的人为洪水灾害。

（二）横锦水库调洪演算

（1）水库概况

横锦水库位于东阳市东阳江镇横锦村之东，控制集水面积378 km^2，是一座以灌溉、防洪为主，结合发电、供水等综合利用的大(2)型水库。水库承担灌溉任务12.2万亩，防洪直接保护人口15万人，农田12.6万亩，间接保护人口40余万人，以及浙赣铁路和杭金衢、诸永高速公路，东阳市城区为最直接防洪保护对象。

水库坝址以上主流东阳江河长50 km，有支流东溪汇入。水库流域以山区为主，降雨量时空分布不均，年际、年内变化显著。本地3、4月份西北季风减退和东南季风开始增强，冷暖空气交汇，形成绵绵春雨。4月中旬至7月中旬，夏季风的暖气流与南下的冷空气相遇，有持续时间较长的锋面雨即梅雨，梅雨期最大暴雨通常发生在6月份。7月下旬至9月下旬，降水主要为台风暴雨和局部雷阵雨，台风暴雨不仅降水量大，而且强度大，雨量比较集中，是流域大洪水的主要成因。

表4-8　横锦水库水位-库容关系

水位(m)	130	135	136.4	140	141	145	150	155
库容(万 m^3)	681	1 791	2 230	3 450	3 822	5 530	8 209	11 397
水位(m)	157.5	158.5	159	160	161	162	162.5	163
库容(万 m^3)	13 159	13 895	14 270	15 032	15 813	16 620	17 030	17 440
水位(m)	164	165	166	167	167.5	168	169	170
库容(万 m^3)	18 279	19 142	20 028	20 940	21 406	21 878	22 842	22 833
水位(m)	171	172	173	173.32				
库容(万 m^3)	24 861	25 918	27 004	27 323				

现状泄水建筑物有三孔泄洪闸、带胸墙的两孔泄洪洞、放空洞及输水洞。

泄洪闸堰顶高程160.00 m，闸门尺寸10 m×6.2 m(宽×高)，采用底流消能，设计水库水位-泄流能力关系如表4-9所示。

表 4-9 横锦水库泄洪闸水位-泄流能力关系

水位(m)	160	160.5	161	161.5	162	162.5
泄流量(m^3/s)	0	21	59	107	165	231
水位(m)	163	163.5	164	164.5	165	165.5
泄流量(m^3/s)	304	383	468	558	654	755
水位(m)	166	166.5	167	167.5	168	168.5
泄流量(m^3/s)	860	969	1 083	1 202	1 324	1 450
水位(m)	169	169.5	170	170.5	171	171.5
泄流量(m^3/s)	1 580	1 713	1 850	1 990	2 134	2 281
水位(m)	172	172.5	173	173.32		
泄流量(m^3/s)	2 462	2 585	2 742	2 870		

泄洪洞的堰顶高程为 155.00 m,闸门尺寸 4.5 m×4.5 m,设计水库泄洪洞水位与泄流能力关系如表 4-10 所示。

表 4-10 横锦水库泄洪洞水位-泄流能力关系

水位(m)	159.5	160	160.5	161	161.5	162
泄流量(m^3/s)	120	135	145	178	205	229
水位(m)	162.5	163	163.5	164	164.5	165
泄流量(m^3/s)	251	270	290	308	324	340
水位(m)	165.5	166	166.5	167	197.5	168
泄流量(m^3/s)	355	370	384	397	410	423
水位(m)	168.5	169	169.5	170	170.5	171
泄流量(m^3/s)	435	447	459	470	481	492
水位(m)	171.5	172	172.5	173	173.32	
泄流量(m^3/s)	502	513	523	533	539	

放空洞进口底高程 130.00 m,出口底高程 120.00 m,工作闸门尺寸 2.5 m×2.5 m,设计水库放空水位与泄流能力关系如表 4-11 所示。

表 4-11 横锦水库放空洞水位-泄流能力关系

水位(m)	130	135	136.4	140	141	145
泄流量(m^3/s)	0	58	65	72	75	82
水位(m)	150	155	157.5	158.5	159	160
泄流量(m^3/s)	91	98	102	104	105	106

续表

水位(m)	161	162	162.5	163	164	165
泄流量(m^3/s)	107	108	109	110	111	112
水位(m)	166	167	167.5	168	169	170
泄流量(m^3/s)	114	115	116	117	118	119
水位(m)	171	172	173	173.32		
泄流量(m^3/s)	120	122	123	124		

(2) 防洪调度及运用

水库防洪调度设计具体原则：

水库正常蓄水位(梅汛期限制蓄水位)164.00 m；台汛期限制蓄水位161.00 m(年最大洪水按此水位起调)；电站满发电量下泄流量为 30 m^3/s；

库水位在征地水位 164.20 m(原设计 5 年一遇洪水位)以下时，水库限泄流量 420 m^3/s；

库水位超过征地水位 164.20 m、低于 20 年一遇洪水位(165.29 m)时，水库限泄流量 495 m^3/s；

库水位超过 20 年一遇洪水位(165.29 m)、低于 50 年一遇洪水位(166.59 m)时，即按东阳市麻车埠断面控制流量不超过 1 870 m^3/s 进行补偿调节；

库水位超过 50 年一遇洪水位(166.59 m)时，为确保水库自身的安全，而不受东阳市麻车埠断面控制流量 1 870 m^3/s 的限制，泄洪闸逐步加大泄量，直至畅泄。

(三) 南江水库调洪演算

(1) 水库概况

南江是钱塘江水系金华江干流东阳江的主要支流，发源于大盘山西北麓的磐安县双峰乡仰曹尖，河长 109 km，流域面积 933.2 km^2。境内地形属山区与丘陵，地势东高西低，自东南向西北倾斜。分水岭高程一般在 400～1 000 m之间。山地树林覆盖率约 50%。干流自东往西，流经磐安县城安文镇、东阳市南江水库、湖溪镇、横店镇、南马镇、黄田畈镇等，至义乌市佛堂镇北部与北江汇合后称东阳江。东阳江继续西流至金华婺城区与武义江汇合后称金华江，至兰溪三江口与钱塘江干流衢江汇合，泄入钱塘江主流——兰江，南江主流长 37.45 km，河道比降 6.65‰。

南江水库坝址位于东阳市湖溪镇南江村，距东阳市区约 36 km，是一座以防洪、供水、灌溉为主，结合发电、养殖等综合利用的大(Ⅱ)型水库。工程于1969 年 12 月动工兴建，1971 年 7 月开始拦洪蓄水，同年 12 月坝体竣工，1990

年 9 月开始实施加固扩建，1995 年 10 月竣工。水库加固扩建后总库容 1.194 亿 m^3，正常蓄水位 204.24 m(1985 国家高程基准，下同)相应库容 0.913 4 亿 m^3，100 年一遇设计洪水位 205.91 m，5000 年一遇校核洪水位 208.73 m。坝型为细骨料混凝土砌石重力坝，坝体加高采用与下游坝面平行加高的方式，加高后坝顶高程 211.24 m，坝顶宽度 8 m，坝顶长度 202.07 m，最大坝高达 57 m。一级电站总装机容量 6 230 kW。2006 年浙江省水利厅组织水库安全鉴定评定水库大坝为：二类坝。2009 年浙江省水利厅批准水库进行加固改造，于 2010 年 1 月土建工程开工，加固改造主体工程有：拦河坝加固改造，金属结构更换，大坝防渗处理，灌溉、发电引水隧洞加固改造，防汛桥梁改造，泄洪渠改造等。2011 年 1 月 25 日通过蓄水验收，水库恢复正常蓄水功能。

(2) 库容及泄流能力

水库水位容积曲线仍采用 1989 年拆建加固初步设计时所用成果，其水位-库容曲线关系见表 4-12。

表 4-12　南江水库水位-库容关系

水位(m)	库容(万 m^3)	水位(m)	库容(万 m^3)	水位(m)	库容(万 m^3)
187.24	2 206	194.24	4 140	201.24	7 600
188.24	2 470	195.24	4 510	202.24	8 090
189.24	2 778	196.24	4 890	203.24	8 605
190.24	3 100	197.24	5 710	204.24	9 134
191.24	3 435	198.24	6 165	205.24	9 679
92.24	3 780	199.24	6 635	206.24	10 240
193.24	4 142	200.24	7 115	207.24	10 820

水库正常溢洪道为大坝溢流堰顶泄洪闸，高程 200.24 m，现 6 孔 5.5 m×8 m 泄洪闸的闸门已更新。灌溉、发电引水放空洞布置在大坝右岸，进水口采用竖井式，底高程 172.24 m。一级电站总装机容量 6 230 kW，1# 2# 机装机 1 800 kW，水轮机设计流量 6.43 m^3/s，3# 机装机 2 000 kW，水轮机设计流量 7.2 m^3/s，4# 机装机 630 kW，水轮机设计流量 2.37 m^3/s。

表 4-13　南江水库溢洪道畅开泄流水位-流量关系

水库水位(m)	下泄流量(m^3/s)
200.24	0
201.24	15.90
202.24	45.10

续表

水库水位(m)	下泄流量(m³/s)
203.24	82.90
204.24	127.60
205.24	178.30
206.24	234.40

说明：该曲线为南江水库溢洪道泄洪能力曲线(单孔)，共6孔。

(3) 防洪调度及运用

洪水调度原则：

库水位低于205.00 m(防洪高水位，下同)时，按下游湖溪镇河道安全泄量320 m^3/s进行补偿调节；

库水位超过防洪水位205.00 m时，逐步加大下泄流量，控制下泄流量与入库流量持平，直至六扇闸门全开敞泄；

当金华市预报将发生50年一遇洪水时，库水位在204.24 m以下时可短期关闸，仅下泄发电流量；

非汛期洪水调度参照上述原则执行。

4.4.2.3 设计洪水

(一) 北江设计洪水

根据东阳市北江流域河道规划，北江流域设计洪水地区组成与设计暴雨地区组成一致。

横锦水库和东方红水库根据水库库容曲线和泄流能力，经过调洪计算，得到横锦、东方红水库出库设计洪水过程。区间设计洪水主要考虑集雨面积较大的支流：白溪上的乌竹溪、渼沙溪、石马坑；东阳江上的仙门溪、桐坑、磐溪、泗渡溪和浪坑。采用区间设计暴雨通过瞬时单位线推求得到设计洪水。

(1) 横锦水库设计下泄洪水

横锦水库位于东阳市东阳江镇横锦村之东，控制集水面积378 km^2，是一座以灌溉、防洪为主，结合发电、供水等综合利用的大(2)型水库。参考横锦水库除险加固工程初步设计中的$P=1\%$设计入库洪水过程及其他各频率设计入库洪峰进行同频率放大，得到不同频率下的入库洪水过程线，再经过调洪演算得到不同频率设计下泄流量过程。

表 4-14　横锦水库设计洪水成果比较表(年最大)

项目	各频率洪峰流量 (m^3/s)				
	1%	2%	5%	10%	20%
入库洪峰流量	3 231	2 781	2 092	1 579	1 114
下泄流量	1 294	1 279	495	495	373

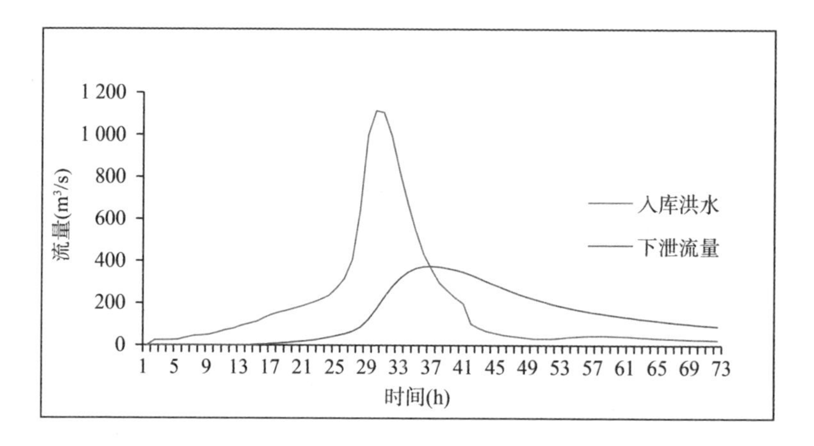

图 4-15　横锦水库设计 5 年一遇至 100 年一遇设计下泄流量

(2) 东方红水库设计下泄洪水

东方红水库位于东阳市虎鹿镇溪口村之北 1 km 处，系钱塘江流域，金华江水系，东阳江支流白溪上游。坝址以上控制集雨面积 59.3 km^2，主流长度 11.5 km，库区多年平均降雨量 1 467.2 mm，多年平均径流深 750 mm，是一座以灌溉、防洪、供水为主，结合发电等综合性利用的中型水库。参考东方红水库除险加固工程初步设计中的 $P=2\%$ 设计入库洪水过程及其他各频率设计入库洪峰进行同频率放大，得到不同频率下的入库洪水过程线，再经过调洪演算得到不同频率设计下泄流量过程。

表 4-15　东方红水库设计洪水成果比较表(年最大)

项目	各频率洪峰流量 (m^3/s)				
	1%	2%	5%	10%	20%
入库洪峰流量	688	585	450	365	261
下泄流量	632	423	285	285	246

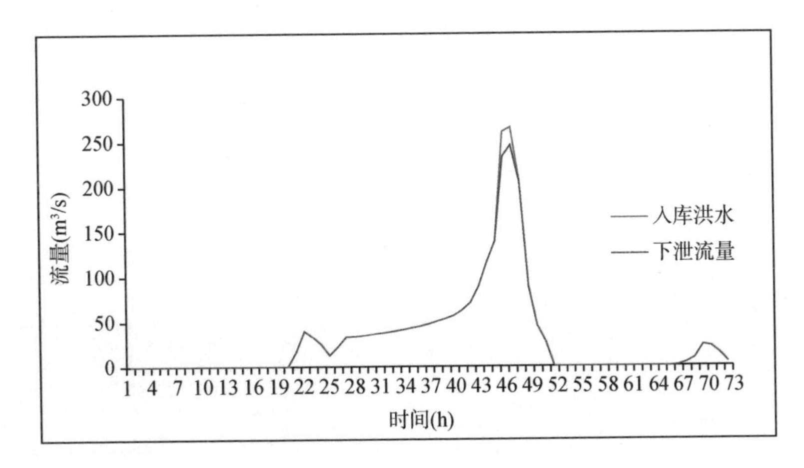

图 4-16　东方红水库设计 5 年一遇至 100 年一遇设计下泄流量

(3) 区间支流

区间设计洪水主要考虑集雨面积较大的支流：白溪上的乌竹溪、渼沙溪、石马坑；东阳江上的仙门溪、桐坑、磐溪、泗渡溪和浪坑。其集雨面积为 312.3 km^2，大约占区间（横锦、东方红水库—东阳市界，686.7 km^2）面积的 45%，采用区间设计暴雨，通过瞬时单位线推求得到设计洪水，剩余 55%集雨面积的设计洪水根据集雨面积比例放大得到，作为一维河道模型的集中入流。河流基本信息如表 4-16 所示。

表 4-16　北江流域主要支流信息表

河流名称	集雨面积(km^2)	河长(km)	平均比降(‰)
仙门溪	47.7	15.2	6.4
乌竹溪	53.8	17.2	13.7
渼沙溪	60.5	20	11.7
石马坑	29	13.4	9.6
桐坑	11.2	9.2	4.2
磐溪	26.4	11.0	5.8
泗渡溪	52.13	15.4	6.8
浪坑溪	31.6	14.3	4.0

东阳江各支流设计洪水成果见表 4-17。

表 4-17　北江各支流设计洪水成果表(年最大)

支流	集水面积(km²)	各频率设计值(m³/s)				
		1%	2%	5%	10%	20%
乌竹溪	53.8	459	390	296	229	166
渼沙溪	60.5	509	432	328	253	183
石马坑	29.0	185	157	120	93.4	68.2
仙门溪	47.7	395	336	257	199	146
垌坑	11.2	94.8	80.8	62.2	48.6	35.9
磐溪	26.4	222	189	145	113	83
泗渡溪	52.13	432	368	281	218	159
浪坑	31.6	193	164	126	98.1	72.1

（二）南江设计洪水

采用东阳市南江流域河道规划，南江流域设计洪水地区组成与设计暴雨地区组成一致。

南江水库根据水库库容曲线和泄流能力，经过调洪计算，得到南江水库出库设计洪水过程。柽溪防军镇断面以上设计洪水过程采用设计暴雨通过瞬时单位线推求得到，区间设计洪水主要考虑集雨面积较大的支流：木衢桥溪、城头溪、枫坑溪、横溪、磁窑溪和南溪。采用区间设计暴雨，通过瞬时单位线推求得到设计洪水。

(1) 南江水库设计下泄洪水

南江水库坝址位于东阳市湖溪镇南江村，距东阳市区约 36 km，是一座以防洪、供水、灌溉为主，结合发电、养殖等综合利用的大(2)型水库。南江水库集水面积 210 km²，多年平均径流量 1.79 亿 m³，总库容 1.194 亿 m³。参考南江水库加固改造工程初步设计中的 $P=1\%$设计入库洪水过程及其他各频率设计入库洪峰进行同频率放大，得到不同频率下的入库洪水过程线，再经过调洪演算得到不同频率设计下泄流量过程。

表 4-18　南江水库设计洪水成果比较表(年最大)

项目	各频率洪峰流量 (m³/s)				
	1%	2%	5%	10%	20%
入库洪峰流量	2 080	1 780	1 370	1 070	793
下泄流量	1 298	1 111	320	320	320

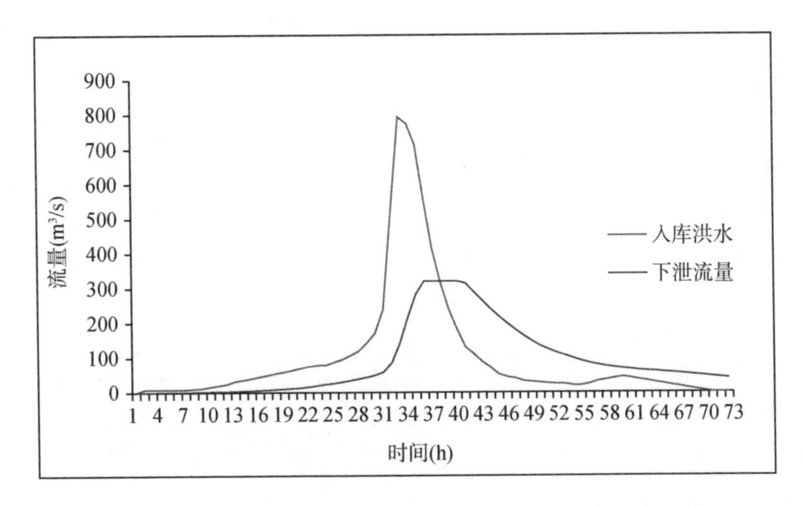

图 4-17　南江水库设计 5 年一遇至 100 年一遇设计下泄流量

(2) 区间支流

区间设计洪水主要考虑集雨面积较大的支流：木衢桥溪、城头溪、柽溪、枫坑溪、横溪、磁窑溪和南溪。其集雨面积为 228.7 km^2，大约占区间（南江水库、柽溪—东阳市界，474.4 km^2）面积的 48%，采用区间设计暴雨通过瞬时单位线推求得到设计洪水，剩余 52%集雨面积的设计洪水根据集雨面积比例放大得到，作为一维河道模型的集中入流。产汇流方法前文已介绍，主要支流的信息如表 4-19 所示。需要注意的是柽溪计算的是防军镇断面以上洪水，断面以上集雨面积为 188.4 km^2，河长根据百度地图估算约为 19 km。

表 4-19　南江流域主要支流信息表

河流名称	集雨面积(km^2)	河长(km)	平均比降(‰)
木衢桥溪	42.3	14.5	5.14
城头溪	16.8	8.2	4.99
柽溪	215	34.4	5.07
枫坑溪	28.4	11.0	2.86
横溪	55.6	21.0	14.25
磁窑溪	37.4	14.5	3.11
南溪	48.2	14.0	5.49

南江各支流设计洪水成果见表 4-20。

表 4-20 南江各支流设计洪水成果表(年最大)

支流	集水面积(km²)	各频率设计值(m³/s)				
		1%	2%	5%	10%	20%
木衢桥溪	42.3	207	177	138	108	82.2
城头溪	16.8	97.1	83.4	65.2	51.3	38.9
柽溪(防军镇断面)	188.4	811	691	532	414	296
枫坑溪	28.4	138	119	92.8	73.2	55.6
横溪	55.6	338	288	223	167	130
磁窑溪	37.4	166	142	111	87.6	67.0
南溪	48.2	253	217	169	133	101

4.4.3 北江、南江一维水动力建模

4.4.3.1 边界条件

北江一维模型包括白溪从东方红水库坝址至北江汇合口，北江从横锦水库坝址至东阳市界处，南江一维模型包括南江从南江水库坝址至东阳市界处，柽溪从防军镇断面至南江汇合口。模型水文边界条件中干流上游边界 2 个，分别为横锦水库下泄流量边界、南江水库下泄流量边界；支流上游边界 2 个，分别为东方红水库下泄流量边界，防军镇断面入流边界；下边界 2 个，为北江出流边界和南江出流边界；区间暴雨边界 1 个，北江、南江段区间暴雨过程。

4.4.3.2 模型概化

北江、白溪、南江干流河段，使用河道地形资料，建立北江、南江一维河网模型进行河道洪水演进计算，共有 375 个计算断面、369 个计算河段、2 个计算汊点，河段总长约 125 km。北江、南江河网一维建模范围见图 4-18。

4.4.3.3 模型验证

采用 2012 年 8 月 7 日—8 月 10 日的东阳水文站的历史洪水资料对构建的北江、南江河网一维模型进行验证，东阳站断面处的计算水位与实测水位对比见图 4-19，表明模型是合理可靠的。

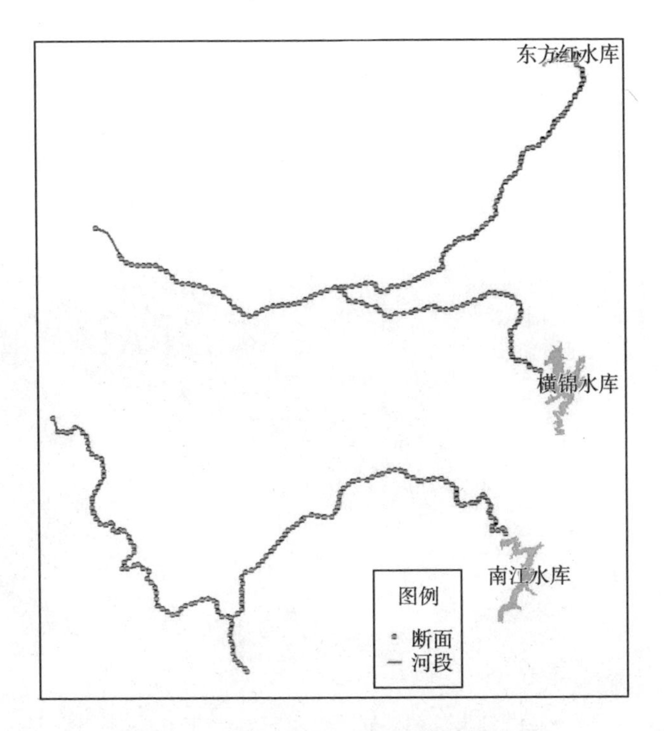

图 4-18　北江、南江一维河网模型概化图

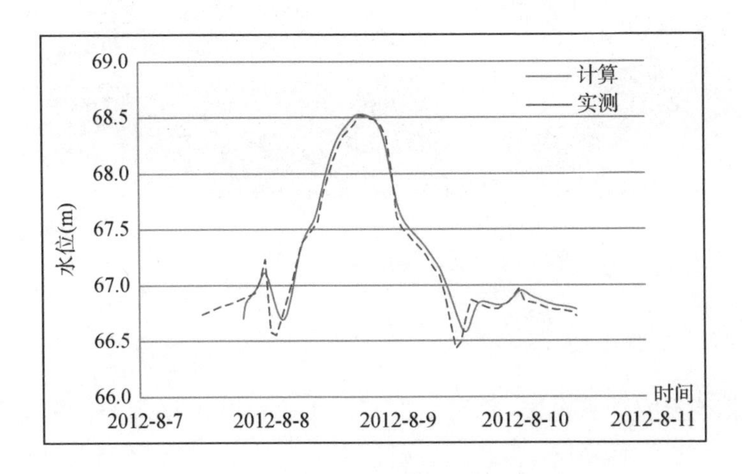

图 4-19　东阳站计算水位与实测水位对比

4.4.4 北江、南江流域二维水动力建模

4.4.4.1 计算范围

根据流域地形地理特征和洪水特征等确定模型计算地理边界如图 4-20 所示，北江、南江流域二维水动力模型建模面积为 380 km^2。

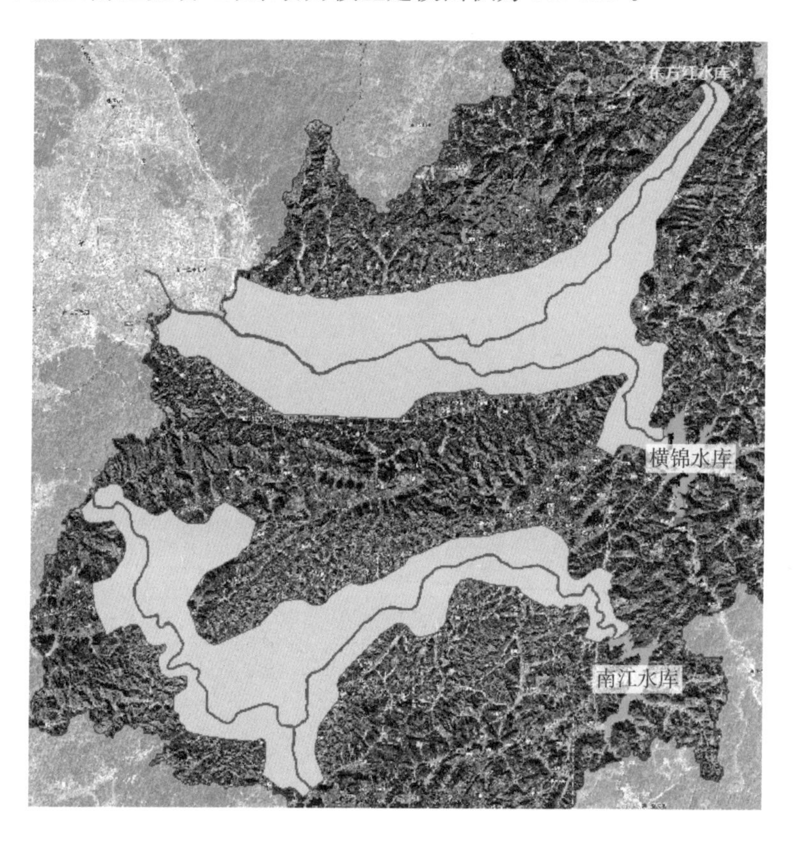

图 4-20 北江、南江流域二维建模范围

4.4.4.2 模型概化

根据确定的计算范围，采用网格剖分工具进行网格剖分。根据面积大小，确定最大三角形面积、最小网格面积和最小角度；在经济与人口分布密集区段，进行适当网格加密。概化得到网格单元共 23 999 个，网格平均面积 0.016 km^2，网格平均边长 140 m。网格划分过程中考虑了重要阻水建筑物的

作用，以重要道路和堤防作为控制边界进行划分，网格划分完成后，利用数字高程模型、土地利用情况和高分辨率遥感图像为网格附上相应的属性值，并且试算进行优化调整，确定最终的网格模型，见图 4-21。

图 4-21　东阳市洪水影响区二维模型网格

模型主要计算参数包括网格单元的高程、糙率等。结合下垫面资料(土地利用等)对不同区域的网格单元的糙率进行赋值。糙率值根据糙率参数取值表选取，分析计算得到的网格糙率分布见图 4-22。对收集到的 DEM 数据进行处理后，插值计算网格单元高程，见图 4-23。

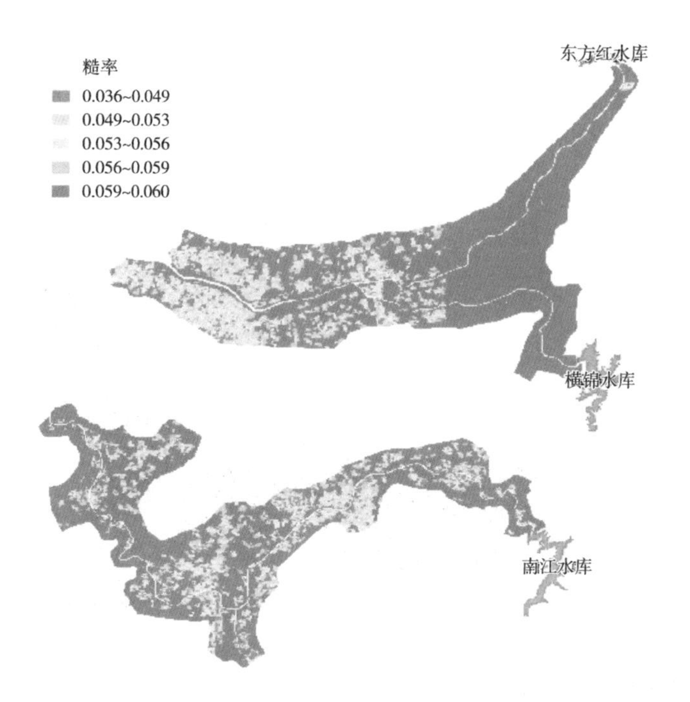

图 4-22　东阳市洪水影响区二维模型网格糙率分布图

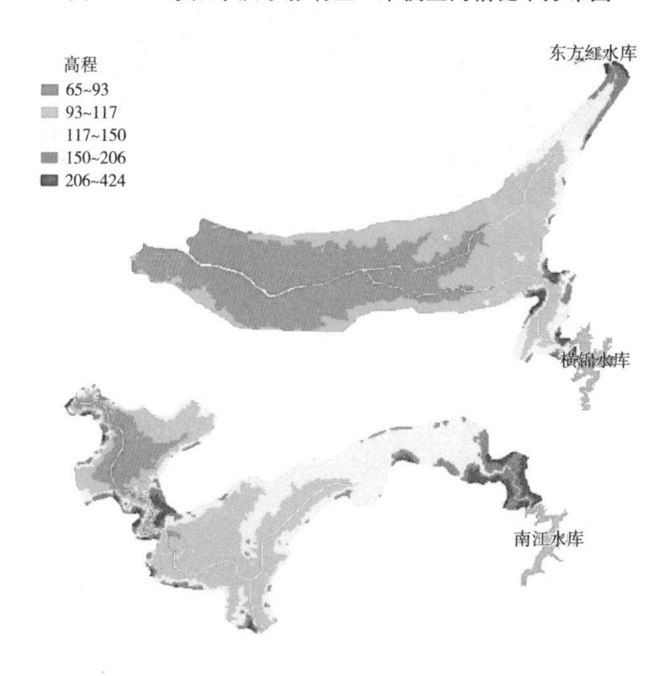

图 4-23　东阳市洪水影响区二维模型网格高程分布图

4.5 洪水情景分析模拟与风险评估

4.5.1 情景方案设置

情景方案中包括了分析对象主要来源洪水的量级、其他来源洪水的量级等。根据北江、南江流域洪水实际，技术大纲提出三大类，共计 12 个洪水分析方案。

第一类：现状堤防条件下，北江、南江流域发生 5、10、20、50、100 年一遇设计洪水，东方红、横锦、南江水库根据调度规则控制下泄流量，模拟计算河道堤防发生漫溢的洪水风险。

第二类：规划堤防条件下，北江、南江流域发生 5、10、20、50、100 年一遇设计洪水，东方红、横锦、南江水库根据调度规则控制下泄流量，模拟计算河道堤防发生漫溢的洪水风险。

第三类：现状堤防条件下，北江流域发生 20 年一遇设计洪水，东方红、横锦水库根据调度规则控制下泄流量，模拟计算北江积塘湖村段堤防溃口下的洪水淹没。南江流域发生 20 年一遇设计洪水，南江水库根据调度规则控制下泄流量，模拟计算南江下湖头村段堤防溃口下的洪水淹没。

东阳市北江、南江洪水情景分析方案如表 4-21 所示。

表 4-21 东阳市北江、南江洪水情景分析方案设置表

<table>
<tr><th>序号</th><th>类别</th><th>方案</th><th>标准
(重现期)</th><th>备注</th></tr>
<tr><td>1</td><td rowspan="5">设计洪水</td><td rowspan="5">现状堤防</td><td>5 年</td><td>北江、南江流域 5 年一遇设计洪水，考虑河道洪水漫溢</td></tr>
<tr><td>2</td><td>10 年</td><td>北江、南江流域 10 年一遇设计洪水，考虑河道洪水漫溢</td></tr>
<tr><td>3</td><td>20 年</td><td>北江、南江流域 20 年一遇设计洪水，考虑河道洪水漫溢</td></tr>
<tr><td>4</td><td>50 年</td><td>北江、南江流域 50 年一遇设计洪水，考虑河道洪水漫溢</td></tr>
<tr><td>5</td><td>100 年</td><td>北江、南江流域 100 年一遇设计洪水，考虑河道洪水漫溢</td></tr>
<tr><td>6</td><td rowspan="5">设计洪水</td><td rowspan="5">规划堤防</td><td>5 年</td><td>北江、南江流域 5 年一遇设计洪水，考虑河道洪水漫溢</td></tr>
<tr><td>7</td><td>10 年</td><td>北江、南江流域 10 年一遇设计洪水，考虑河道洪水漫溢</td></tr>
<tr><td>8</td><td>20 年</td><td>北江、南江流域 20 年一遇设计洪水，考虑河道洪水漫溢</td></tr>
<tr><td>9</td><td>50 年</td><td>北江、南江流域 50 年一遇设计洪水，考虑河道洪水漫溢</td></tr>
<tr><td>10</td><td>100 年</td><td>北江、南江流域 100 年一遇设计洪水，考虑河道洪水漫溢</td></tr>
<tr><td>11</td><td rowspan="2">溃堤分析</td><td>北江积塘湖村溃口</td><td rowspan="2">20 年</td><td>假设北江积塘湖村堤防溃口</td></tr>
<tr><td>12</td><td>南江下湖头村溃口</td><td>假设南江下湖头村堤防溃口</td></tr>
</table>

4.5.2 洪水方案模拟

本次计算完成了12个方案的计算工作，得到各方案下所有网格的洪水最大淹没水深、洪水到达时间、洪水淹没历时、洪水最大流速以及各个网格的淹没水深过程和流量过程等。根据计算结果，统计了洪水受影响区域的最大淹没面积、最大淹没水深等，成果见表4-22。由表可知，随着洪水量级的增加，受洪水影响区域的最大淹没面积和平均水深都在增加。

表4-22 计算方案成果分析统计指标表

方案编号	类别	标准（重现期）	淹没面积（km^2）	平均淹没水深（m）
1	现状堤防条件	5年	12.77	0.907
2		10年	26.1	0.977
3		20年	37.21	1.097
4		50年	59.87	1.177
5		100年	72.89	1.258
6	规划堤防条件	5年	6.5	0.995
7		10年	17.41	1.041
8		20年	27.25	1.129
9		50年	49.01	1.207
10		100年	65.1	1.239
11	北江积塘湖村溃口	20年	2.95	1.608
12	南江下湖头村溃口		1.38	1.573

4.5.2.1 漫堤情景

（一）现状堤防漫堤情景

经过多年建设，北江干流大部分河段两岸已建有堤防（护岸），城镇段堤顶兼有交通功能段以硬化堤防（护岸）为主，农村段基本为土质堤防。南江干流大部分河段两岸已建有堤防（护岸），城镇、村庄段堤顶兼有交通功能段以硬化堤防（护岸）为主，乡村段基本为土质堤防。以现状堤防情况为模型计算条件，得到不同重现期洪水下的淹没情况。

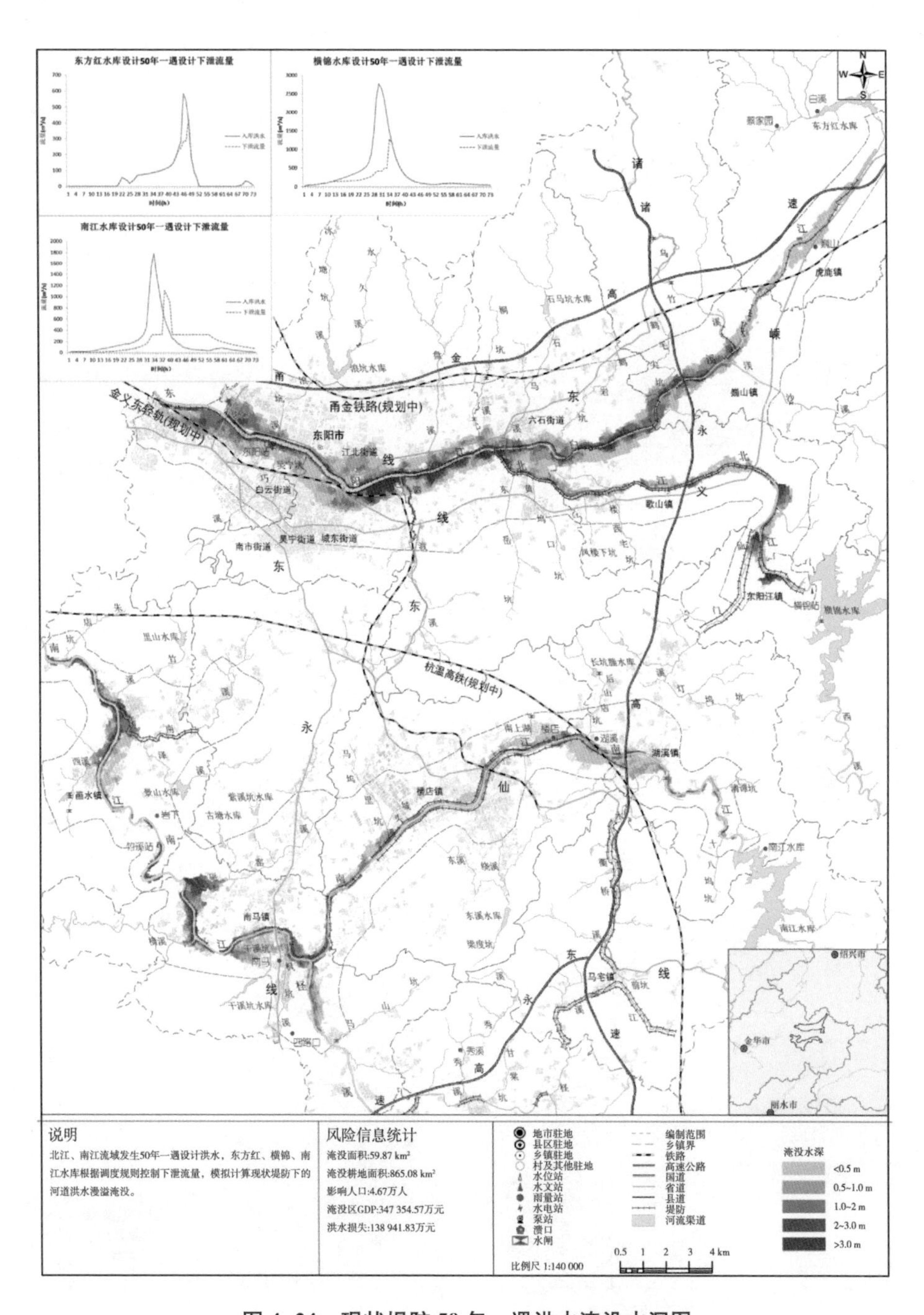

图 4-24 现状堤防 50 年一遇洪水淹没水深图

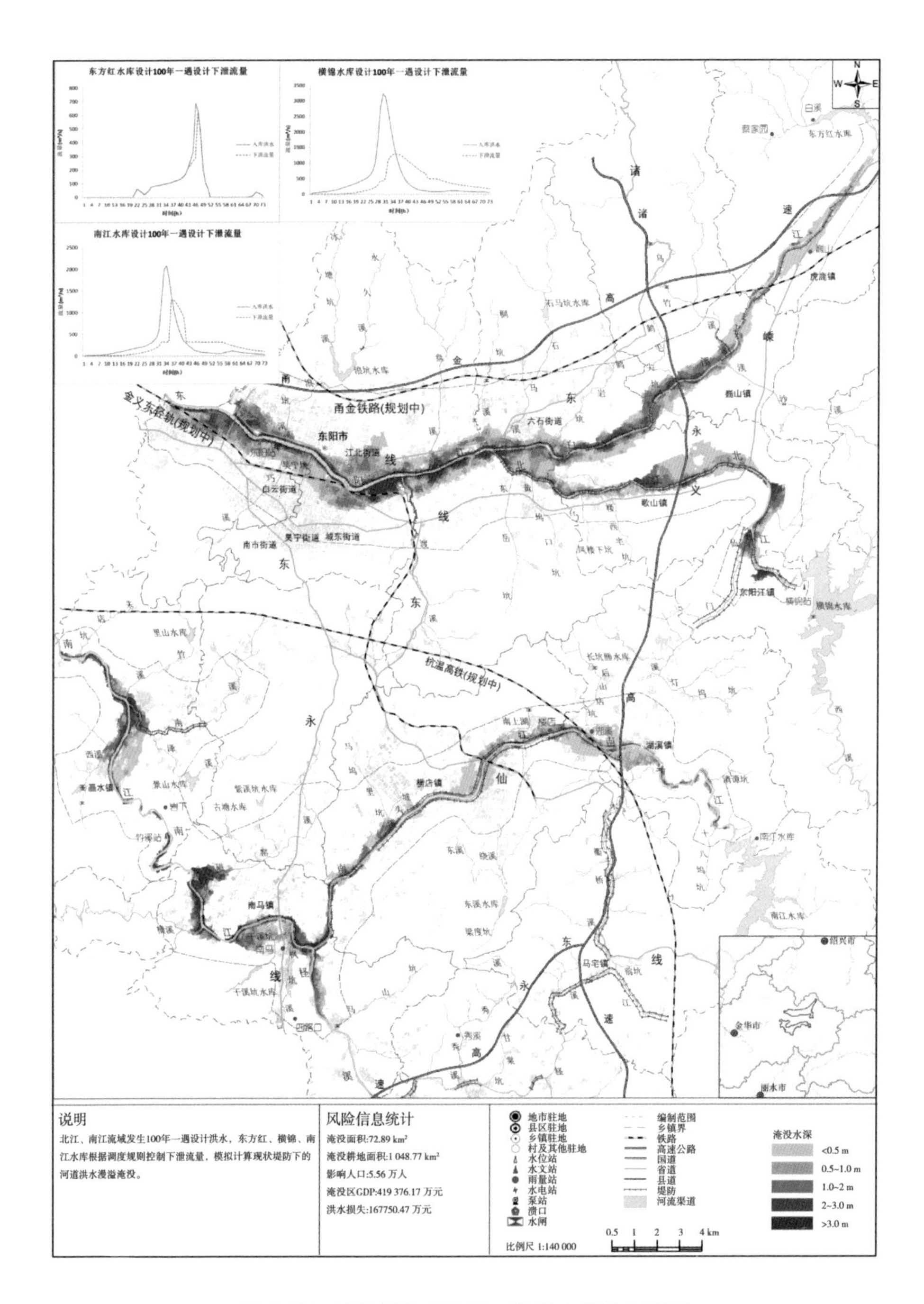

图 4-25　现状堤防 100 年一遇洪水淹没水深图

计算结果表明，当发生5年一遇洪水时，北江流域白溪沿岸发生洪水漫堤，尤其是北江干流和白溪汇流口六石街道和城东街道淹没较为严重。北江下游北岸部分堤防不达标区域发生洪水漫溢。南江南马镇和画水镇两处堤防低矮单薄、局部甚至开口，防洪能力偏低，发生洪水漫堤淹没。

随着洪水量级的增大，北江和南江沿岸洪水漫溢淹没愈发严重，北江和白溪汇合处下游南北岸均发生洪水漫溢淹没。当发生50年一遇洪水时，除东阳市北岸城区和南江上游外，沿河发生大范围漫堤；当发生100年一遇洪水时，全流域发生洪水淹没，受灾范围广泛，平均淹没水深达1.3 m（图4-24，图4-25）。

（二）规划堤防漫堤情景

根据东阳市城市总体规划和钱塘江流域综合规划，东阳市北江流域东阳江镇和歌山镇镇区防洪标准取20年一遇，东阳市城区为10～50年一遇。南江流域确定横店镇近期为30年一遇，远期为50年一遇，其他镇为5～20年一遇。村庄段堤顶兼有交通功能以硬化堤防（护岸）为主，乡村段基本为土质堤防。以规划堤防情况为模型计算条件，得到不同重现期洪水下的淹没情况。

计算结果表明，与现状堤防情景相比，当发生5年一遇洪水时，白溪干流不发生淹没，仅白溪汇入南江汇合口处发生轻微漫溢；南江几乎无淹没。随着洪水量级的增大，流域沿岸洪水漫溢淹没愈发严重，但与现状堤防情景相比，淹没范围和平均淹没水深有所改善（图4-26，图4-27）。

4.5.2.2 溃堤情景

北江和南江属于山区型河道，历史多次发生局部河段漫溢，很少发生堤防溃口洪水，因此在南江的下湖头村、北江的积塘湖村险工险段各设置1处溃口，共2个溃口，具体信息见表4-23，溃口位置见图4-28。

表4-23 溃口设置表

序号	所在政区	河道名称	左/右岸	溃口位置及名称	溃口选择原因	河段宽度/溃口宽度
1	歌山镇	北江	右	积塘湖村段	险工险段、堤防部分被冲毁	65 m/30 m
2	南马镇	南江	右	下湖头村段	险工险段、堤防部分被冲毁	85 m/40 m

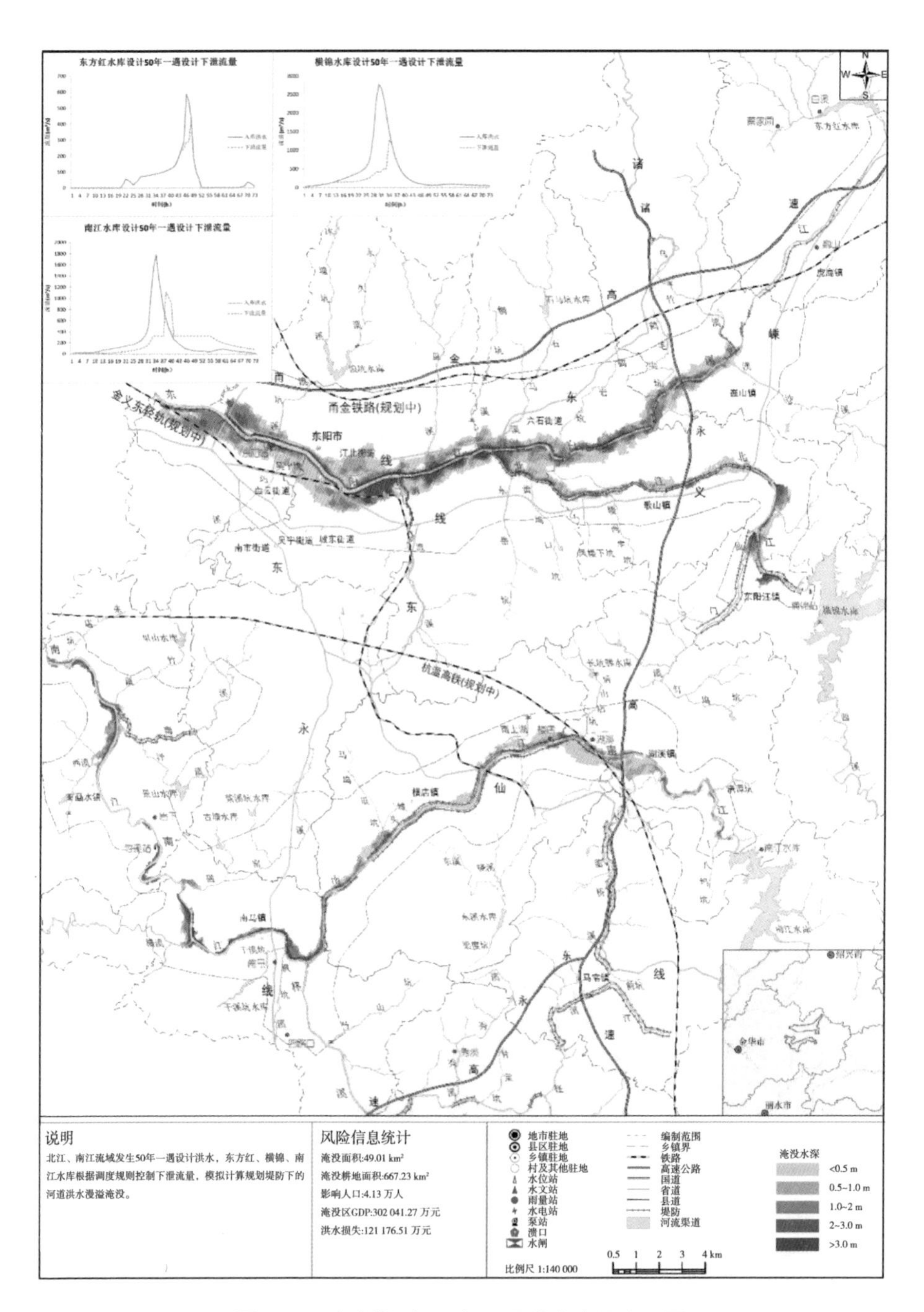

图 4-26　规划堤防 50 年一遇洪水淹没水深图

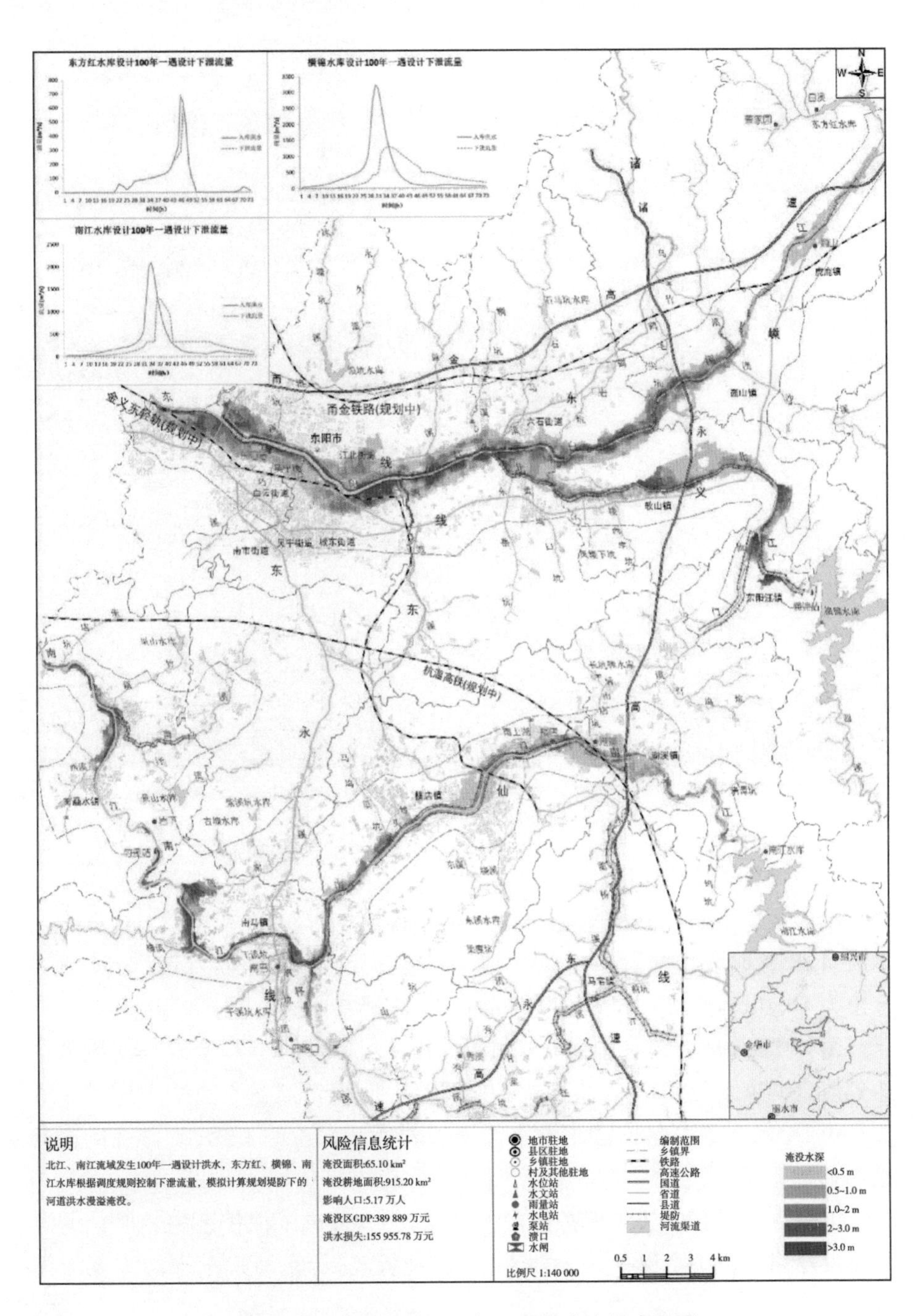

图 4-27 规划堤防 100 年一遇洪水淹没水深图

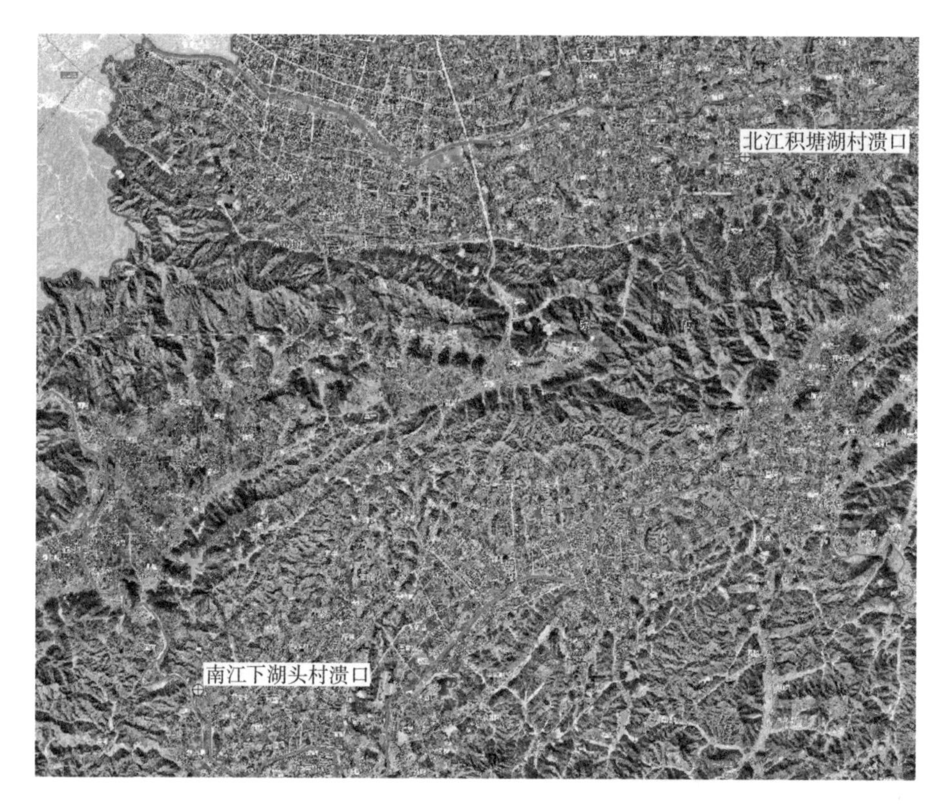

图 4-28　溃口位置图

（一）积塘湖村段溃口

本方案模拟北江流域发生 20 年一遇设计洪水时，北江积塘湖村段堤防发生溃口，模拟时段长度为 72 小时。溃口宽度为 30 m，底高程为 87.0 m，溃堤水位为 89.0 m，溃决方式采用瞬时全溃，溃口最大流量为 103 m^3/s。

图 4-29 为溃口流量过程计算结果。由图可知，在 $t=34$ h 时刻河道水位达到溃口溃决水位，溃口发生溃决；在溃决初期，溃口流量迅速增大到最大值 103 m^3/s；之后随着保护区淹没水位增加和外江水位的下降，溃口流量逐渐减小。

由图 4-30 可知，进入保护区内的洪量较大，造成了保护区内较严重的洪水淹没及损失。防洪保护区内西部区域，地势较低，是溃口洪水的主要淹没区域。

（二）下湖头村段溃口

本方案模拟南江流域发生 20 年一遇设计洪水时，南江下湖头村段堤防发

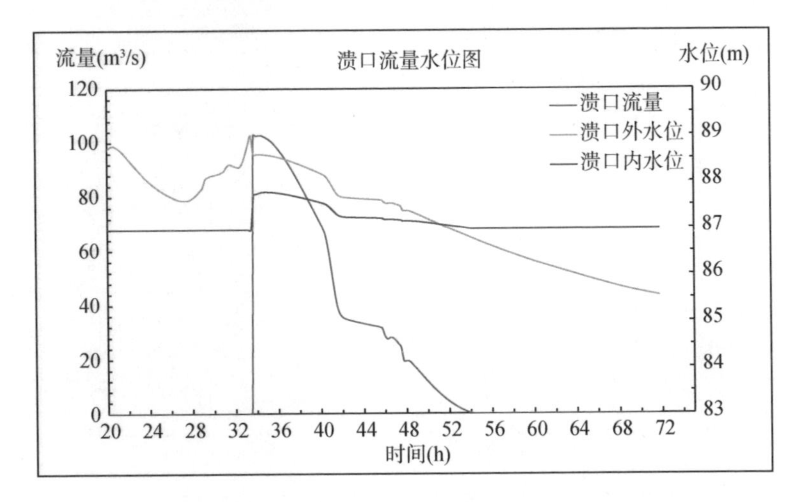

图 4-29　积塘湖村段堤防溃口流量及溃口处内外水位图

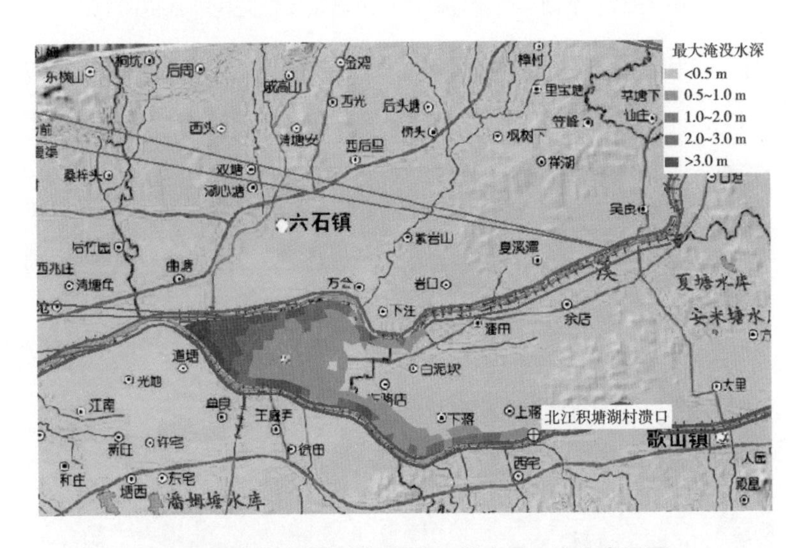

图 4-30　北江积塘湖村段溃口洪水最大淹没水深图

生溃口，模拟时段长度为 72 小时。溃口宽度为 40 m，底高程为 90.6 m，溃堤水位为 92.0 m，溃决方式采用瞬时全溃，溃口最大流量为 191 m^3/s。

图 4-31 为溃口流量过程计算结果。由图可知，在 $t=18$ h 时刻河道水位达到溃口溃决水位，溃口发生溃决；在溃决初期，溃口流量迅速增大到最大值 191 m^3/s；之后随着保护区淹没水位增加和外江水位的下降，溃口流量逐渐减小。外江水位与保护区内淹没水位基本持平后，随着外江水位的下降，洪水通过溃口回流河道（即图 4-31 中溃口流量小于零的情况）。

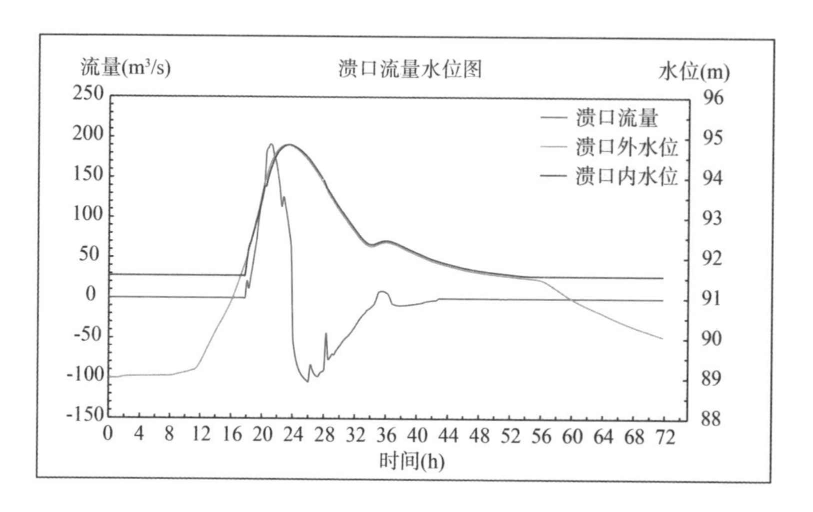

图 4-31　下湖头村段堤防溃口流量及溃口处内外水位图

由图 4-32 可知，保护区内北部区域，地势较低，是溃口洪水的主要淹没区域。

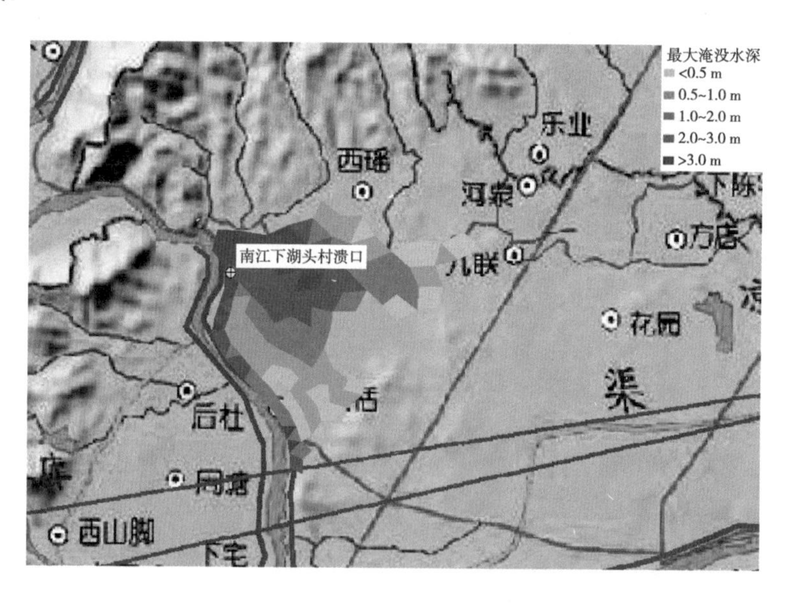

图 4-32　南江下湖头村溃口洪水最大淹没水深图

4.5.2.3 计算结果合理性分析

（一）水量平衡分析

对南江发生 20 年一遇设计洪水时下湖头村段堤防发生溃口后的溃口进水量和受影响区域的总水量进行统计，见表 4-24。由表可知，该方案在整个模拟计算阶段中，水量累积误差为零，计算结果满足水量平衡。

表 4-24 计算方案水量平衡分析表

时段(h)	区域总水量(m^3)	溃口进水量(m^3)	水量差(m^3)	相对误差(%)
0	0	0	0	0
1	59 320.98	59 320.98	0	0
2	331 162	331 162	0	0
3	873 630.5	873 630.5	0	0
4	1 540 197	1 540 197	0	0
5	2 021 398	2 021 398	0	0
6	2 229 679	2 229 679	0	0
7	2 149 044	2 149 044	0	0
8	1 919 513	1 919 513	0	0
9	1 620 232	1 620 232	0	0
10	1 297 076	1 297 076	0	0

（二）局部流场与淹没过程分析

以北江、南江流域 100 年一遇设计洪水下，考虑河道洪水漫溢计算方案的淹没过程为例，选择洪水漫溢后堤防附近的局部流场分析流场的合理性，见图 4-33。北江河道洪水发生堤防漫溢后，洪水主要集中在两岸地形地势低洼处，并且白溪发生堤防漫溢洪水后沿着白溪两岸从地势高的上游向地形低的下游演进。南江河道洪水发生堤防漫溢后，洪水主要淹没地势低洼处，受地势影响堤防两岸山体处没有淹没。上述分析表明，流场计算结果符合水流运动的基本规律。

4.5.3 洪灾损失评估

采用洪水影响分析软件洪涝灾情统计模块计算各方案下洪水灾情，基于社会经济统计数据和土地利用数据对受洪水影响的社会经济数据进行统计分析，主要指标包括受淹行政区面积、受淹居民地面积及受淹重点单位、受影

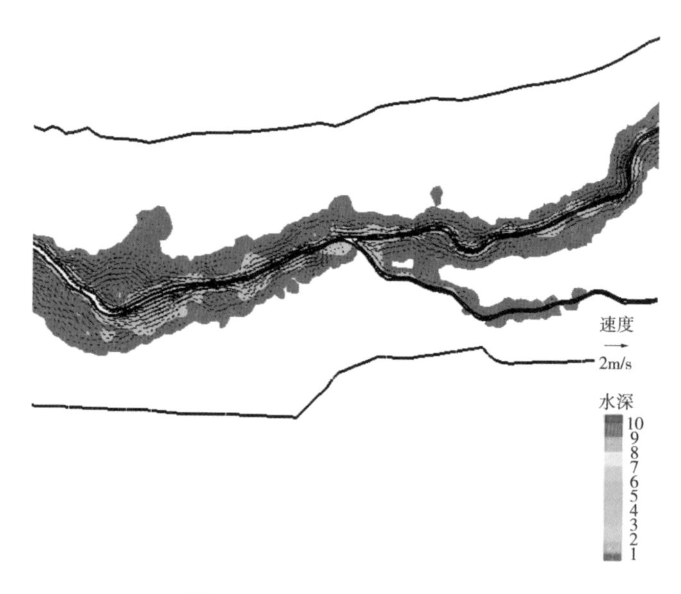

图 4-33 堤防漫溢洪水流场图

响交通道路、受影响人口、受影响 GDP 等，见表 4-25。

表 4-25 各方案洪水影响分析统计表

方案编号	类别	标准（重现期）	淹没面积（km²）	淹没耕地面积（hm²）	影响人口（万人）	淹没区 GDP（万元）	洪水损失（万元）
1	现状堤防条件	5 年	12.77	219.52	0.74	57 147.42	22 858.97
2		10 年	26.1	408.82	1.87	13 5321.69	54 128.68
3		20 年	37.21	557.23	2.92	204 825.64	81 930.26
4		50 年	59.87	865.08	4.67	347 354.57	13 8941.83
5		100 年	72.89	1 048.77	5.56	419 376.17	167 750.47
6	规划堤防条件	5 年	6.5	115.23	0.42	36 356.9	14 542.76
7		10 年	17.41	260.22	1.43	99 288.68	39 715.47
8		20 年	27.25	384.52	2.38	15 9140.08	63 656.03
9		50 年	49.01	677.23	4.13	302 941.27	121176.51
10		100 年	65.1	915.2	5.17	389 889.44	155 955.78
11	北江积塘湖村溃口	20 年	2.95	65.19	0.18	7 323.05	2 929.22
12	南江下湖头村溃口		1.38	25.33	0.08	11 066.42	4 426.57

由现状堤防情景和规划堤防情景模拟结果对比可知，堤防标准的提高有助于减轻洪水淹没灾害风险，但改善幅度并不大。

流域内存在若干防洪险工险段，例如白溪北江汇合口，由于在洪水期汇集了两条河段同频率洪水，而现状和规划的堤防防洪能力均不足以承受；南江对横店镇较重视，但对下游南马镇和画水镇堤防矮小不达标的问题并未进行加固规划，因此在汛期需重点关注。针对北江积塘湖村溃口和南江下湖头村溃口，需对堤防缺口进行加固修整。除工程性措施外还需考虑非工程性措施，如在洪水期间及时应急响应并做好避险转移措施，降低洪灾损失。

4.6 东阳市洪水风险图管理与应用系统

为了能够实现根据实时或任意设计洪水进行模拟以掌握和分析洪水淹没情况、实施洪水管理与调度决策，以及考虑区域历史分洪和淹没情景反演的需要，开发建设东阳市洪水风险图管理与应用系统，以实现洪水动态模拟以及风险管理。

系统主要功能包括：洪水实时计算及动态展示、洪水风险查询。系统通过电子地图将区域内的空间数据进行表达，将空间分析、信息管理、实时洪水演进分析、风险分析等专业模型集成于一体，可以辅助管理人员进行洪水风险分析工作。

4.6.1 洪水实时计算

系统提供洪水实时计算功能。首先第一步是设置计算模型需要的计算参数，包括基本参数设置、边界条件设置和溃口设置，如图 4-34 至图 4-36 所示。

图 4-34 参数设置

图 4-35　边界条件设置

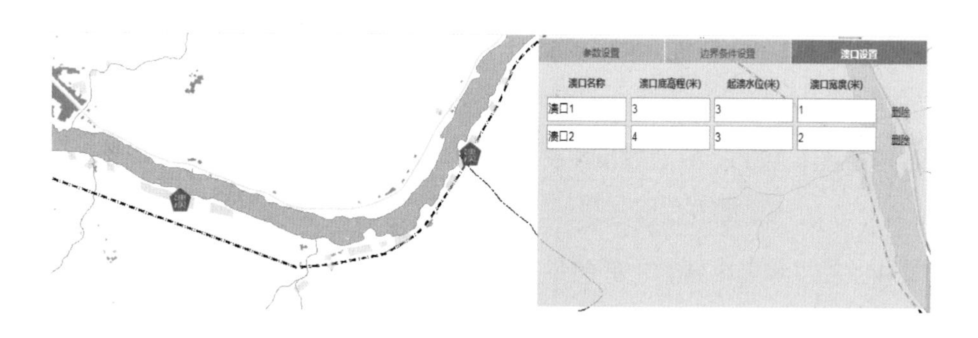

图 4-36　溃口设置

在计算参数设置完成后，第二步调用计算模型进行计算。系统根据设置的边界条件，利用内置的水动力模型，对该边界条件下河道洪水演进过程、水位变化过程、地表淹没过程进行计算模拟及展示。

（1）流域洪水展示

如图 4-37 所示。

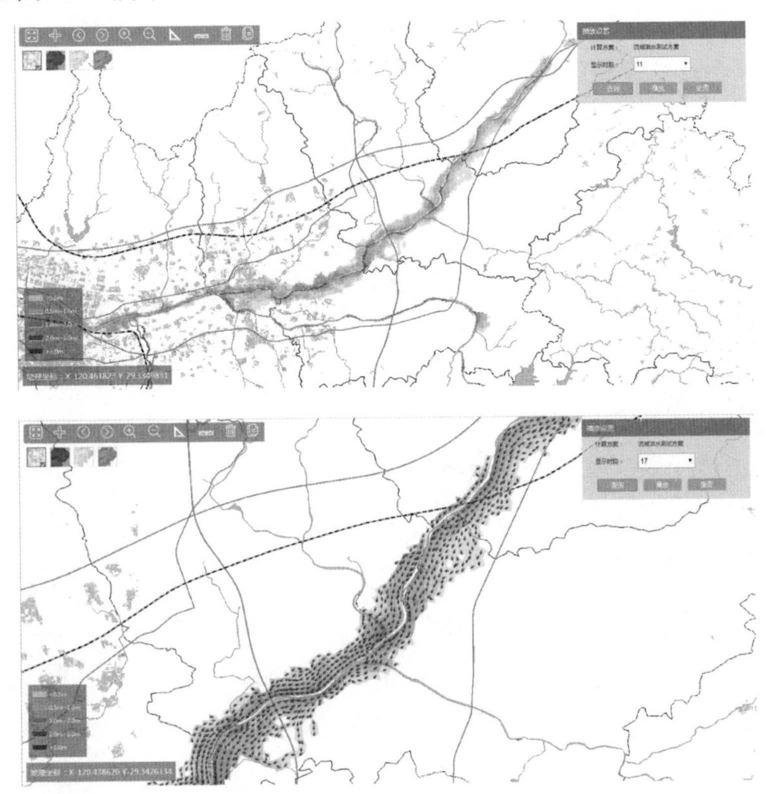

图 4-37　洪水动态模拟

（2）一维河道展示

如图 4-38 所示。

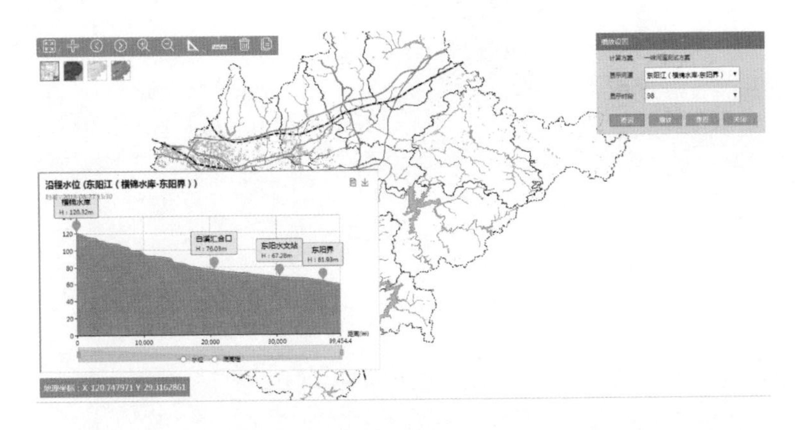

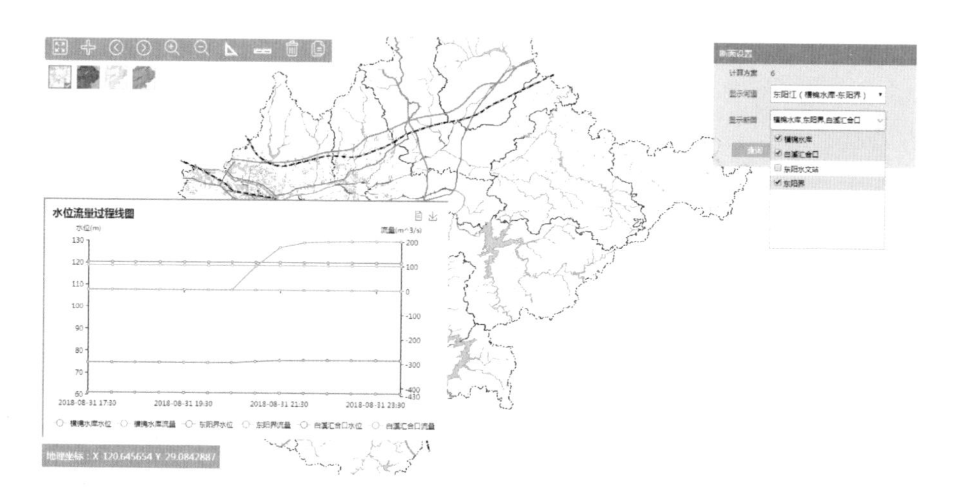

图 4-38　一维河道展示

4.6.2　洪水风险查询

系统提供特殊情景方案下洪水风险查询功能，即静态洪水风险结果查询，并提供不同方案洪水风险结果比对功能，如图 4-39 至图 4-43 所示。

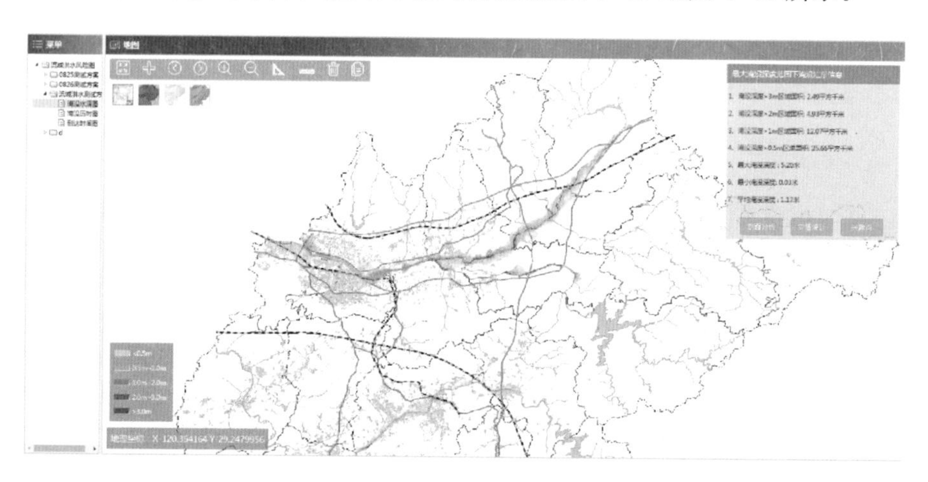

图 4-39　淹没水深图

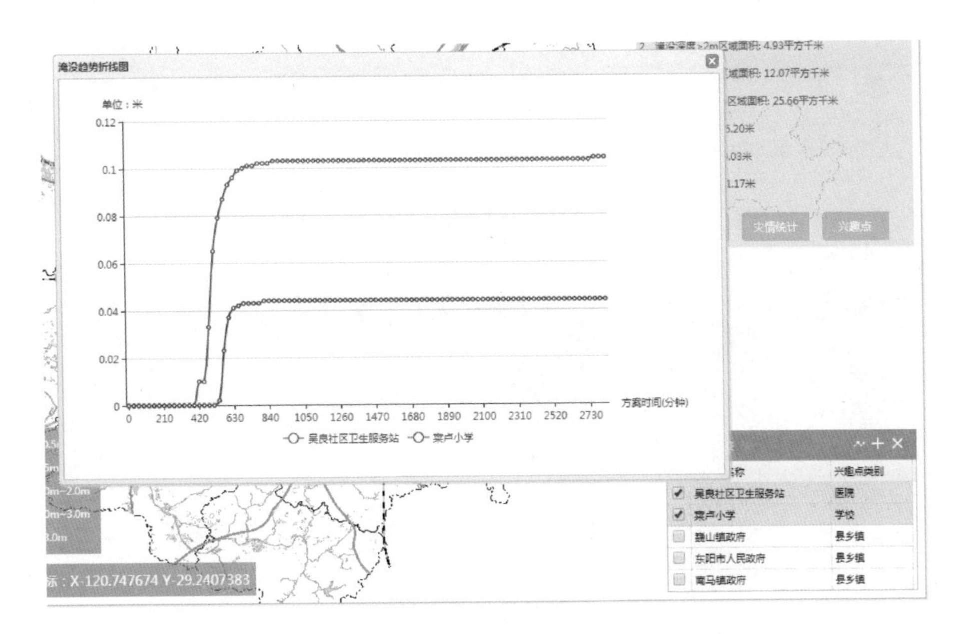

图 4-40　剖面分析

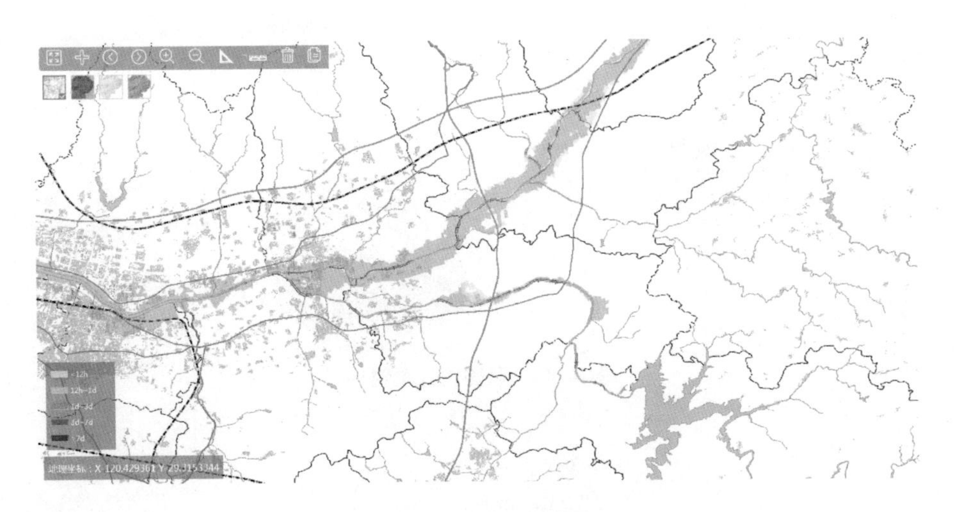

图 4-41　淹没历时图

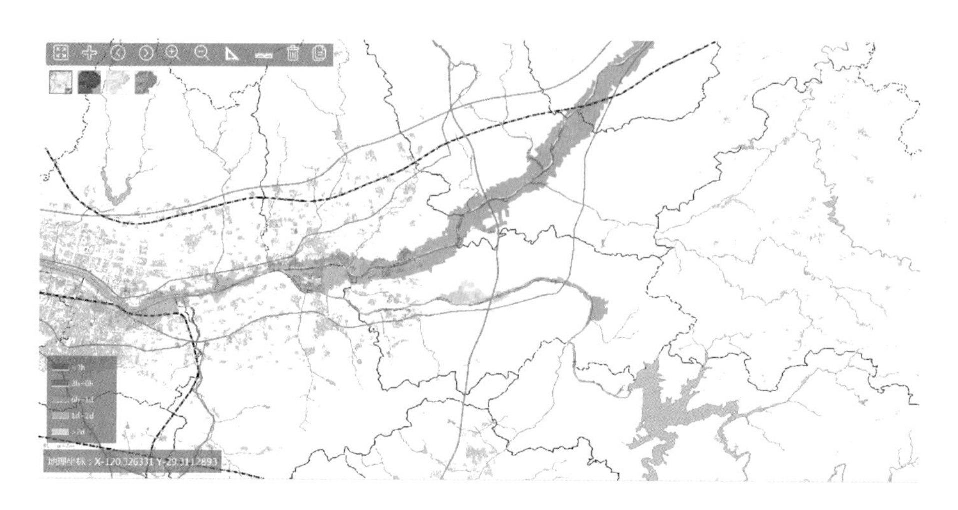

图 4-42　到达时间图

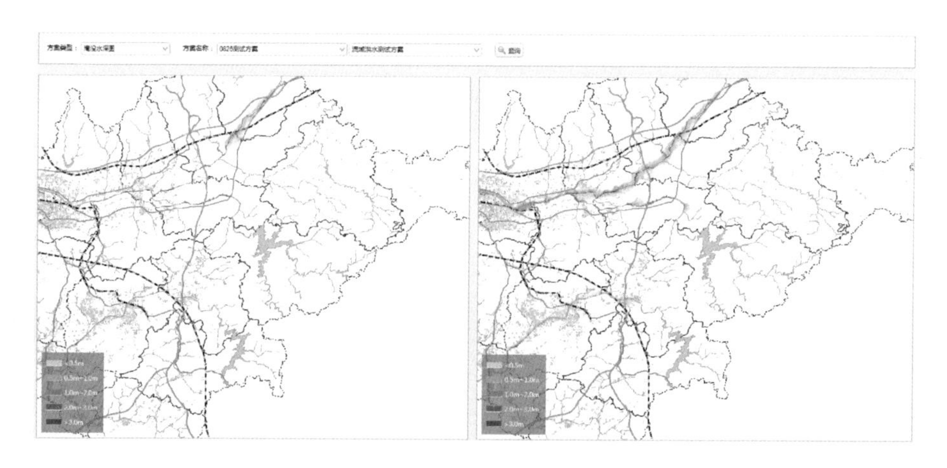

图 4-43　风险图方案对比

5

平原河网洪水分析模拟与风险评估

沿海平原河网地区是我国城市化程度最高的地区之一，人口密集、产业集中，同时也是防洪的重点保护对象，一旦受灾，损失严重。本章以杭州市钱塘区江东片（原杭州大江东产业集聚区）为例，基于平原河网下垫面和水流特性，采用一维河道水动力模型和二维地表水动力模型耦合对设计工况和历史工况下的洪水过程进行模拟，评估洪水损失。

5.1 研究区域概况

5.1.1 自然地理条件

钱塘区江东片位于浙江沿海五大平原之一的萧绍平原萧山片（以下简称萧山平原）东北部，地处浙东低山丘陵北部，浙北平原区南部。地势低平，主要由海相沉积平原与钱塘江河口人工围垦形成，现状沿江分布有大量滩涂、沼泽、鱼塘等湿地水面，人口聚集区与工农业生产区主要位于中部（图 5-1）。

江东片现状地面高程在 5.0～6.8 m 之间，根据《杭州市城市防洪减灾规划（2011—2020）》中城市地面标高控制，其道路高程控制在 5.4～5.7 m，成片居住区、建筑物地面高程在本地区控制标高基础上抬高 0.2～0.5 m。

5.1.2 河流水系

钱塘区江东片外部水系为钱塘江（在东、北、西三面环绕），内部水系主要为沿海滩涂围垦时人工开凿的排涝渠道，呈格网状分布（图 5-2，图 5-3）。

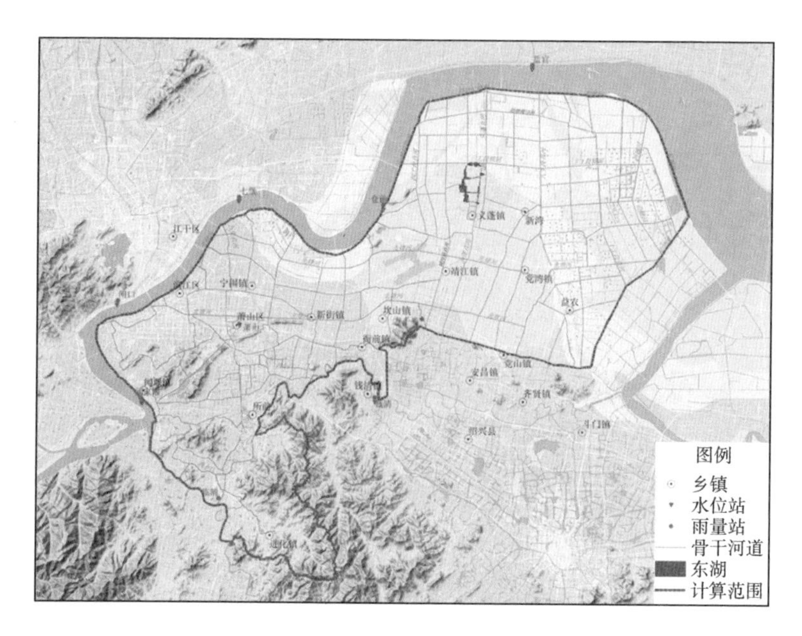

图 5-1　萧山平原地形地貌图

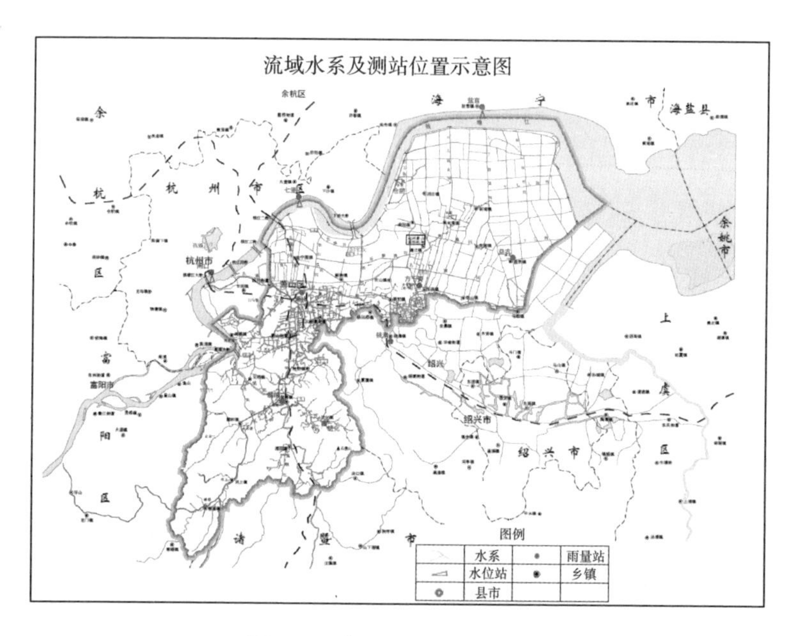

图 5-2　萧山平原河流水系图

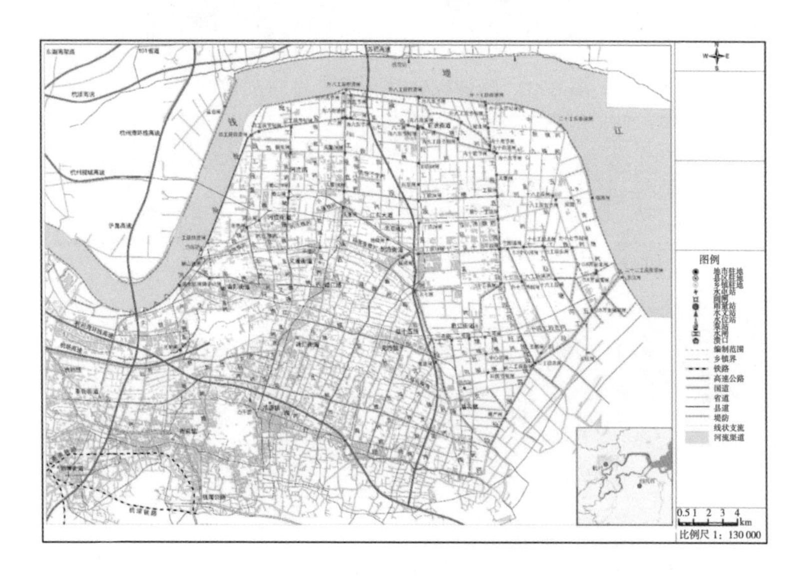

图 5-3　钱塘区江东片水系图

（1）钱塘江

钱塘江是浙江省第一大河，古称浙江，浙江省因此而得名。钱塘江原指下游流经古钱塘县段，后泛指全河，现在亦以钱塘江统称整条河流。

钱塘江有南、北两源，均发源于安徽省休宁县，流至建德梅城汇合后，向东北流出七里泷峡谷，进入河口区，继续东北流经口门注入东海。北源（新安江）从源头至河口入海处，干流河长 668.1 km。流域面积 55 558.4 km^2，其中浙江省境内 48 080 km^2。

钱塘区江东片沿钱塘江一线，处于钱塘江河口段，河口平面呈弯曲的喇叭形。钱塘江河口段由于潮流强劲、涌潮汹涌、江道宽浅，海域来沙丰富，自东江嘴以下河床底坡呈倒坡向下游抬升，形成纵剖面长达 130 km 的沙坎。钱塘区江东片沿钱塘江一线高水位主要由上游洪水和外海风暴潮共同控制，两股作用力此消彼长，此外，高水位还受江道沙坎高程的制约。澉浦以下是杭州湾，以海洋动力作用为主，河床相对稳定。

（2）区域内部河网

钱塘区江东片内河道纵横交错，呈网格状分布，主要有义南横河、三工段横河、四工段直河、六工段直河、八工段直河、十工段直河、沿塘河、抢险河等。根据最新的水域调查成果统计，区域内河道总长度 540 km，河流总水域面积为 17.59 km^2；区域内现状湖泊江东湖位于三工段横河中部，现状湖泊面积0.31 km^2。按照钱塘区江东片陆域面积 355 km^{2}计算，现状河流湖泊水面率为5.04%。

表5-1 钱塘区江东片主要排涝河道

序号	规划河道名称	原河道名称	起点	终点	河道长度(km)	现状面宽(m)	现状底高(m)
1(一纵)	四工段直河	四工段直河	永丰闸	四工段闸	6.20	29～35	1.68
2(两纵)	六工段直河	小泗埠直河	甘北横河	义蓬站	1.67	18～25	1.72
		义隆横河	小泗埠直河	头蓬直河	0.6	28～30	1.68
		头蓬直河	义隆横河	头蓬闸	5.10	28	1.68
		六工段直河	头蓬闸	围垦沿塘河	5.78	40	2.2
		六工段直河	围垦沿塘河	外六工段闸	2.00	75	1.68
3(三纵)	八工段直河	党湾抢险河	红十五线	五七闸	3.09	15～20	1.72
		党湾抢险湾	五十七闸桥	十二工段横河	2.40	30～35	1.68
		八工段直河	军民桥	三工段横河	3.55	30～36	1.68
		八工段直河	江东一路	围垦沿塘河	4.84	70	0.5
		八工段直河	围垦沿塘河	外八工段闸	1.76	30～50	0.5
4(四纵)	十工段直河	十工段直河	十四工段	外十工段闸	15.80	39	2.5
5(五纵)	十五至十九沿塘河	十五至十九沿塘	二十工段横河	十五工段	14.20	40	2.4
6(一横)	沿塘河	抢险河	一工段	四工段直河	7.77	32.5～49	2
		抢险河	四工段直河	六工段直河	7.82	32.5～49	3
		抢险河	六工段直河	八工段直河	4.93	32.5～49	3
		抢险河	八工段直河	十工段直河	4.50	45	1.68
		抢险河	十工段	二十工段横河	5.42	20～40	1.68
		沿塘河	二十工段横河	东江闸	9.92	20～45	1
7(二横)	三工段横河	三工段横河	抢险河	十工段直河	16.6	44	1
		三工段横河	十工段直河	5.2万亩中心直河	1.8	30～40	1.68
		三工段横河	5.2万亩中心直河	十五至十九沿塘河	1.64	35.4	1.68
8(三横)	白洋川	十二埭横河	真益化工厂	白洋川	9.90	33	2.4
		十五工段河	四围抢险湾	十四工段横河	6.74	23～51	1.68
		十五工段河	十四工段横河	二十工段排涝闸	1.50	33～61	1.22
		东江闸排水河	二十工段排涝闸	东江闸	1.70	31～65	0.5

5.1.3 水文气象

区域内气候的主要特征为：雨量充沛、日照丰富、湿润温和、四季分明；冬夏长而春秋短、春季温凉多雨，夏季炎热湿润，秋季先湿后干，冬季寒冷干燥；冷空气易进难出，灾害性天气较多，光、温、水的地区差异明显。

处于梅雨和台风的双重控制之下，每年春末夏初季节，太平洋副热带高压逐渐加强，与北方冷空气相遇，静止锋徘徊，形成连绵阴雨天气，即梅汛期；夏秋季节受太平洋副热带高压控制，热带风暴或台风活动频繁，经常发生大暴雨，即台汛期。由于受台风暴雨和梅雨交替双重控制，降水量在年内分配呈双峰型，峰值出现在 6 月和 9 月，多年月平均降雨量分别为 186.3 mm 和 164.4 mm，形成相对的两个雨季和两个旱季，即 3—6 月的春雨和梅雨，8—9 月的台风雨季，10 月—次年 2 月和 7—8 月的旱季。

根据萧山气象站资料，多年平均降雨量为 1 324.9 mm，最大降雨量为 2018.2 mm(1954 年)，最小年降雨量为 837.6 mm(1967 年)。年内降雨分配不均匀，主要集中在 4—9 月份，占年降雨量的 66%，年平均相对湿度为 80%。

5.1.4 防洪工程

研究区域位于萧山平原东部，西面与萧山城区单元相接，东南面与绍兴通过节制闸分隔，外临钱塘江。堤防包括萧围西线、萧围东线，防洪标准不低于 100 年一遇。现有口门 8 座，主要有赭山湾闸、一工段闸、四工段闸站、外六工段闸、外八工段闸、外十工段闸、二十工段闸、东江闸。

5.1.5 防洪排涝存在的问题

钱塘江对于研究区域来讲，属于外江洪水。沿钱塘江堤防经过历年建设，已基本达到 100 年一遇以上的设计标准。但部分海塘(四工段闸至外四工段转角段和二十工段闸附近段)建造年代较早，设防标准仅为 20～50 年一遇，尚未完全达到 100 年一遇的设防标准，存在薄弱环节。研究区地处钱塘江杭州湾南岸一线海塘，上有山洪迫境，下受强潮袭击，特别易受台风暴潮引起的巨浪正面冲击，若一旦发生“台风、大潮、暴雨”三碰头，不仅是浪高流急，破坏力很强，而且台风引起的增水和巨浪，会引起潮浪越顶和冲毁堤塘，造成决堤坍江之灾。

钱塘江沿线现有口门 8 座，主要有赭山湾闸、一工段闸、四工段闸站、外六工段闸、外八工段闸、外十工段闸、二十工段闸、东江闸。

对于区域内河道来说，平原区域河道为粉砂土质河床，由于多年来自钱塘江引水灌溉，河道淤积情况较为严重，尤其是部分河道未设护岸工程，口门段河道塌落，淤塞河道，河床底高程在 2.0～2.5 m 之间，行洪断面和调蓄水量的减少削弱了河道的排涝能力。近年来对水域保护的重视程度越来越高，占用河道水面建设的情况基本得到了遏制，但由于“欠账太多”，原来被占用和缩窄的河道难以得到恢复，造成整个平原区水面率偏低的现状。

5.1.6 洪水来源分析

本章节主要考虑区域内的暴雨洪水，暂不考虑钱塘江外江洪水。研究区域洪水来源主要是暴雨洪水。受平原河网区防洪排涝的特点影响，暴雨主要造成平原河网洪水和低洼处暴雨内涝洪水。同时也需要考虑到钱塘江高潮位对平原河网内涝外排的影响，考虑到关键排涝闸泵的调度。

研究区域自流排水条件好。域内河道多为围垦时人工开挖而成，排水河道呈网格状，主要有义南横河、三工段横河、四工段直河、六工段直河、八工段直河、十工段直河、沿塘河、抢险河等。本区片地面高程在 5.0～6.8 m 之间，地势走向南低北高，瓜沥、益农一带地势较低，距离排涝口门较远，排水条件较差。

5.2 技术方案

研究工作主要分为四个部分：数据收集与分析、洪水模型构建与检验、洪水风险情景模拟、洪水风险管理系统开发。

(1) 数据收集与分析：收集研究工作所需要的基础地理信息、水文气象、构筑物及工程调度、社会经济、历史洪涝灾害等数据。

(2) 洪水模型构建与检验：对钱塘区江东片进行产汇流计算，得到不同频率设计洪水下的流量过程作为一维水动力模型上边界输入，以钱塘江河口偏不利潮位作为下边界条件，模拟钱塘区江东片洪水可能影响范围。构建平原河网区域高精度二维水动力模型，范围包含沿江所有可能受洪水影响的乡镇、行政村，采用侧向连接方法进行一维、二维水动力模型耦合，选用 2013 年“菲特”台风、2019“利奇马”台风进行验证。

(3) 洪水风险情景模拟：以不同设计洪水方案下的洪水演进模拟计算结果为依据，通过淹没水深、淹没范围等指标对钱塘区江东片防洪能力进行分析。根据洪水分析得到的淹没范围、淹没水深、淹没历时等要素，结合淹没区各街道、乡镇社会经济情况，综合分析评估洪水影响程度，包括淹没范围内、不同淹没水深区域内的人口、资产统计分析等，并评估洪水损失。

(4) 洪水风险管理系统开发：构建钱塘区江东片洪水风险图管理与应用系统，实现区域洪水风险快速判断和分析。

具体的技术路线如图 5-4 所示。

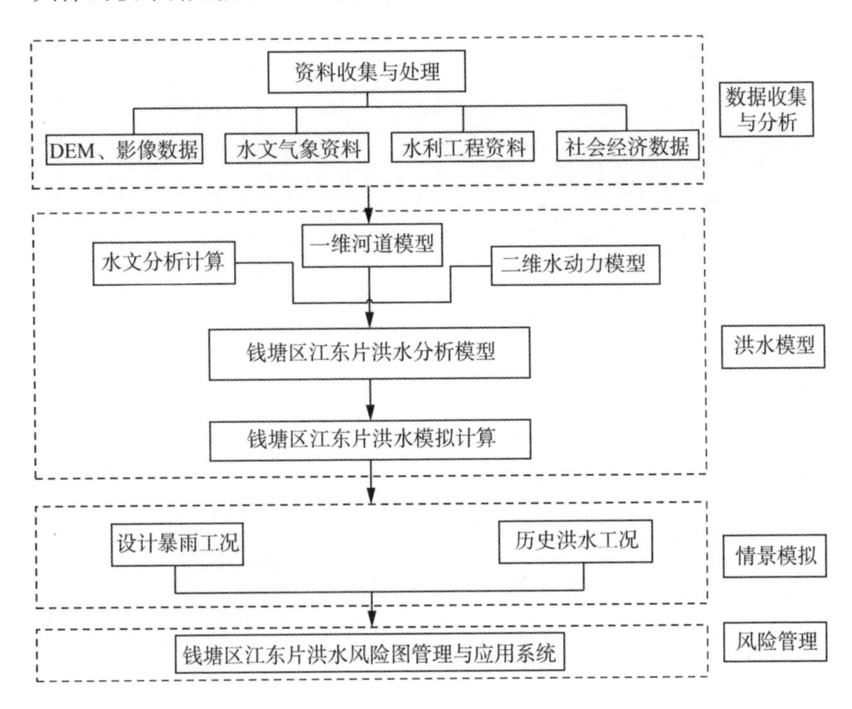

图 5-4　技术路线

5.3　数据收集

5.3.1　基础地理信息

收集到研究范围内最新的 DLG 电子地图、DEM、影像图等数据资料。包括：等高线、高程点、河道断面、行政区划、居民点、道路交通、土地利用、河流水系、水利工程、线状构筑物(公路、铁路、堤防)等(图 5-5)。

5.3.2　水文资料

水文资料主要包括流域内各个水文(水位)站、雨量站的相关资料，实测

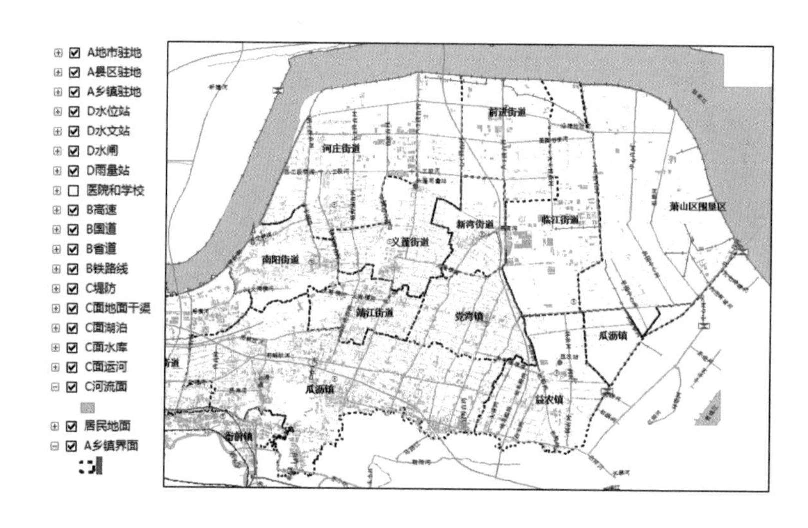

图 5-5　研究区域基础地理信息

洪水期间（降雨量、水位、流量）数据等；典型大暴雨、大洪水，以及设计暴雨、设计洪水等成果资料。

收集《钱塘江流域综合规划修编》（2015）、《杭州大江东产业集聚区水利综合规划》（2016）、《杭州大江东片外排工程——东湖防洪调蓄湖可行性研究报告》（2017）等报告。

研究区域范围内外设有方千娄、头蓬水位站观测区域水位，仓前潮位站观测钱塘江潮位。近期设有外六、外八、外十工段排涝闸上专用水位站。

（1）雨量站：设有省级雨量站仓前，市级雨量站萧山、瓜沥等站，钱塘江对岸设有闸口、七堡雨量站。各站设立年份在 1922 至 1962 年间，自 1962 年后为连续观测。地方雨量站有益农、方千娄雨量站等。

（2）水位站：设有省级水位站钱清，市级水位站萧山、瓜沥等。上述各站的水文资料均经有关单位整编、审核、刊印发表，精度满足规划设计的要求。测站的基本情况见表 5-2。

表 5-2　水文测站基本情况一览表

河名	站名	东经	北纬	观测项目	设站年份	备注
钱塘江	闸口	120°08′	30°12′	降水量、潮位	1915	曾中断
钱塘江	七堡	120°15′	30°18′	降水量、潮位	1956	连续
钱塘江	仓前	120°24′	30°17′	降水量、潮位	1951	连续
钱塘江	澉浦	120°54′	30°24′	潮位	1951	连续

续表

河名	站名	东经	北纬	观测项目	设站年份	备注
萧绍运河	萧山	120°16′	30°10′	降水量、水位	1961	连续
萧绍运河	方千娄	120°27′	30°11′	降水量、水位	1958	连续
萧绍运河	钱清	120°25′	30°08′	降水量、水位	1931	曾中断

5.3.3 河道断面资料

收集和补充测量了研究范围内的河网水下地形(河道断面测量)数据。对于次要的排涝沟渠,按照相关要求进行了概化和简化处理(见图5-6至图5-8)。

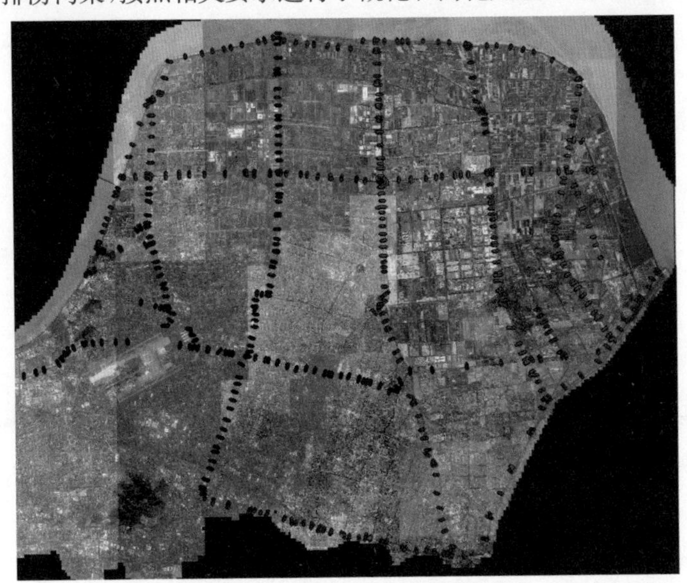

图5-6 研究范围河道测量图

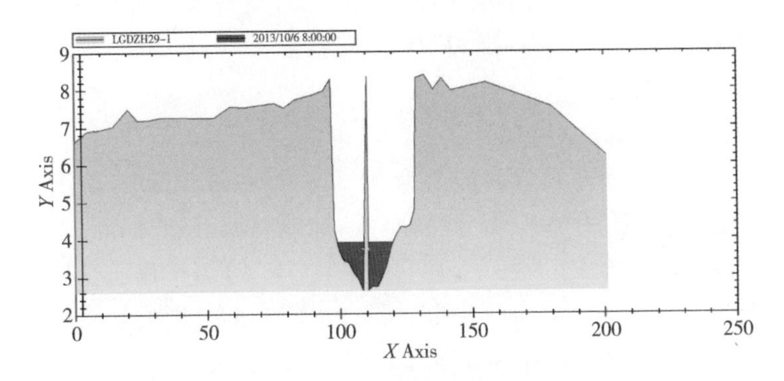

图5-7 六工段直河典型断面

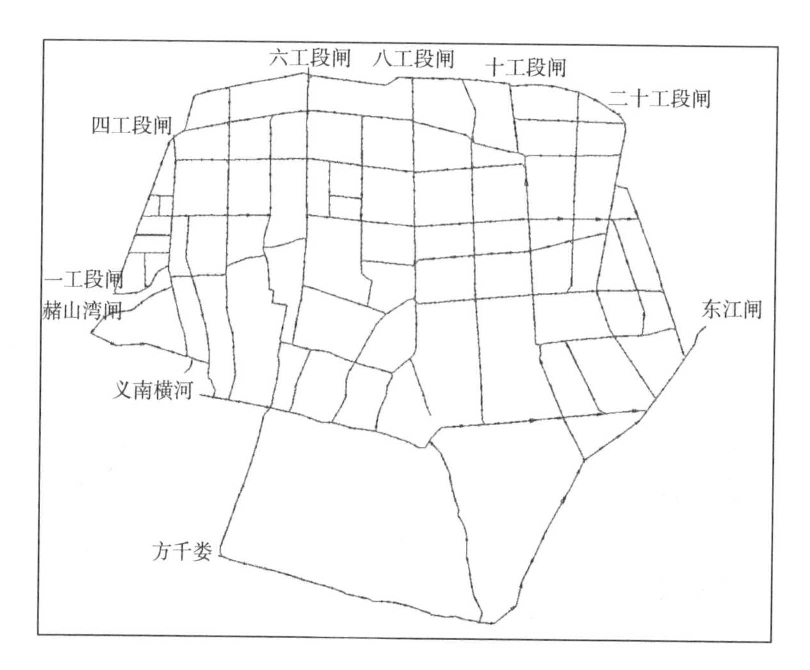

图 5-8 研究区域沟渠概化断面

5.3.4 构筑物及工程调度资料

收集到研究区域河道堤防、水闸泵站相关资料，收集到堤防、涵闸、堰坝、工程情况和调度资料，包括工程布置及特性、建筑物、控制运用情况、逐年运用情况、历年水文情况、淹没损失调查数据。

(1) 钱塘江一线海塘

①萧围西线围堤

该段堤防自一工段闸起，至四工段闸止，长 10.26 km，堤顶高程 10.67～11.3 m，现状防洪(潮)设防标准为 50 年一遇，建于 2001 年。

②萧围北线围堤

该段堤防自四工段闸起，至二十工段闸西侧，长约 21.96 km，堤顶高程 9.87～10.62 m，目前防洪(潮)能力为 20～50 年一遇。其中，位于中部的外六至外十工段海塘长 9.03 km，为已建成的标准海塘，设防标准 100 年一遇，其余 12.713 km 海塘(四—外六工段、外十—二十工段)正在建设标准海塘工程，设防标准为 20～50 年一遇(50 年一遇 4.217 km，分别位于四工段闸至外四工段转角段和二十工段闸附近段，建于 2001 年、2000 年；20 年一遇

8.496 km)，由于地处钱塘江著名的强涌潮河段，现状堤身结构单薄，防潮能力不高，特别是20年一遇的塘段，临江侧仅为抛石护岸，又考虑当时条件限制，施工质量的标准均较低，险情频发，抢险保堤任务十分艰巨。

③萧围东线围堤

该段堤防自二十工段闸东侧转角起，至东江闸(绍兴围垦交界)止，长约10.45 km，正在建设标准海塘，设防标准为100年一遇。现状堤防建设情况见表5-3。

表 5-3 研究区域堤防现状

堤防名称	堤防长度(km)	起点	终点	现状堤顶高程(m)	设防标准	现状标准
萧围西线围堤	10.26	一工段	四工段转角	10.67～11.3	100年	50年
萧围北线围堤	7.27	四工段转角	外六工段闸	9.98	100年	20～50年
萧围北线围堤	4.85	外六工段闸	外八工段闸	10.45	100年	100年
萧围北线围堤	4.39	外八工段闸	外十工段闸	10.45	100年	100年
萧围北线围堤	5.45	外十工段闸	二十工段闸	9.85	100年	20～50年
萧围东线	5.95	二十工段闸	十八工段	6.7	100年	20年
萧围东线	4.5	十八工段	东江闸	10.4～10.14	100年	100年
合计	42.67	一工段	东江闸	6.7～11.3	100年	20～100年

(2) 钱塘江沿线排涝闸站

钱塘区江东片外临钱塘江，主要排水方向以外排钱塘江为主。现有排涝口门7座，主要有一工段排涝闸、四工段闸站、六工段排涝闸、八工段排涝闸、十工段排涝闸、二十工段排涝闸、东江排涝闸(表5-4)，此外研究区域内部河道现有涵闸28座，包括四工段节制闸、永丰闸等(表5-5)。

表 5-4 研究区域沿江主要排涝闸站

序号	闸名	孔数×单孔宽(m)	泵站排涝流量(m^3/s)	底高程(m)	建造时间
1	一工段	5×4		1.18	1973年建成
2	四工段闸站	4×6	50	1.18	2014年改建
3	外六工段	4×6		1.18	2008年改建
4	外八工段	4×6		1.18	2009年改建
5	外十工段	3×4		1.18	1984年建成
6	二十工段闸	5×4		1.18	1989年建成
7	东江闸	4×6		1.18	2002年建成

表 5-5　研究区域河道主要涵闸

序号	闸名	所在河道	孔数	孔径(m)	底高程(m)
1	四工段节制闸	四工段直河(永丰直河)	2	4	1.66
2	永丰闸		3	4	1.66
3	河庄闸	横岔路直河	2	4	1.66
4	五工段节制闸	五工段直河(城隍庙直河)	2	4	1.66
5	新农闸		1	4	1.66
6	蜀山 1# 闸				
7	蜀山闸		3	4	1.66
8	瓜沥船闸	钱江直河(生产前湾)	2	6	1.46
9	内六排涝闸	六工段直河(头蓬直河)	5	4	1.16
10	头蓬 2# 闸		1	4	1.66
11	头蓬闸		4	4	1.66
12	内八排涝闸	八工段直河	5	4	1.16
13	内八东节制闸		2	4	1.66
14	丁坝 4# 闸		2	4	1.66
15	四联闸		1	4	1.66
16	丁坝 3# 闸		3	4	1.66
17	丁坝 2# 闸		2	4	1.66
18	丁坝 1# 闸		2	4	1.66
19	五七闸		2	6	1.66
20	内九工段节制闸	九工段直河	2	4	1.66
21	外十东节制闸	十工段直河(十一工段)	2	4	1.66
22	城北闸		2	4	1.66
23	内十闸		3	4	1.16
24	前十一工段闸		2	4	1.66
25	十二段闸		2	4	1.56
26	十三段闸		2	4	1.56
27	十七工段北闸	十五至十九沿塘河	2	4	1.66
28	十九工段闸		2	4	1.66

5.3.5 历史洪水及灾害资料

典型洪涝灾害统计资料特征参数包括了受灾范围、农作物受灾面积、受灾人口、转移人口、倒塌房屋、直接经济总损失。这些数据收集较为困难，主要是根据历史台风洪水中的洪灾描述性文字进行定性化分析，以满足本研究洪水分析模型率定、验证以及灾情统计和损失评估计算的需要。

5.3.6 社会经济资料

收集萧山区统计局《2017 年萧山区统计年鉴》(当时钱塘区江东片行政区划隶属于萧山区)。统计年鉴相关内容包括:行政区划、生产总值及发展指数详情、人口及变动详情、单位人员数据、农业产值及耕地面积详情、工业产值及单位产值详情、固定资产投资和建筑业统计、国内贸易对外经济和旅游统计、交运邮电和电力详情、文化教育等事业统计、街道镇乡资料详情等。

初步统计，2017 年全区实现地区生产总值 296.01 亿元，扣除价格因素实际增长 0.1%，其中农业增加值 12.87 亿元，下降 2.1%，规上工业增加值 220.05 亿元，下降 0.3%，服务业增加值 37.23 亿元，增长 3.5%；全年实现固定资产投资 218.04 亿元，下降 15.5%，其中规上工业投资 91.31 亿元，下降 2.3%；实现社会消费品零售总额 51.83 亿，出口总额 84.29 亿，同比分别增长 12.3%和 9.8%；实现财政总收入 87.18 亿，其中地方一般公共预算收入 39.41 亿，同比分别增长 11.0%和 20.9%；全年国内到位资金 69.80 亿元，浙商回归引进资金 51.98 亿元，同比分别增长 14.2%和 10.4%，实际到位外资 6 亿美元，下降 5.8%。

钱塘区江东片的区域范围为:河庄、义蓬、新湾、临江、前进 5 个街道。这些街道 2017 年社会经济情况见表 5-6。

表 5-6　钱塘区江东片 2017 年社会经济统计表

街道名称	面积 (km^2)	常住人口 (人)	生产总值 (万元)	第一产业 (万元)	第二产业 (万元)	第三产业 (万元)
河庄街道	69.2	46 940	538 182	23 400	400 000	67 691
义蓬街道	56	52 063	807 273	35 100	600 000	101 536
新湾街道	22.05	21 226	349 818	15 210	260 000	43 999
临江街道	44.1	20 688	188 364	8 190	140 000	23 692
前进街道	40.54	13 193	1 076 364	46 800	800 000	135 382
总计	231.89	154 110	2 960 001	128 700	2 200 000	372 300

5.3.7 防洪重要保护对象

防洪重要保护对象主要包括物资仓库、避灾场所、危化企业、医院、学校，通信、电力、供水、道路系统等重要设施(图 5-9)。备汛资料包括防汛物资仓库位置及储备情况、避灾点位置及数量、抢险队伍等。

这部分主要依靠收集到的全要素 DLG 数据(地形图中包含了物资仓库、避灾场所、危化企业、通信、电力、供水、医院、学校、道路等相关图层及数据)及防办和民政部门提供的避灾点位置及数量等信息。

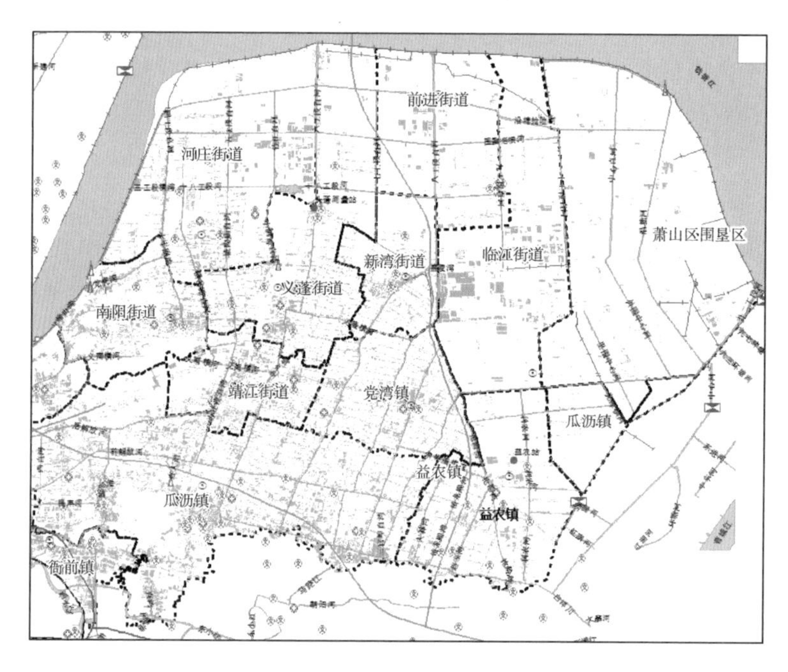

图 5-9 研究区域重要防洪保护对象(含医院、学校)

5.4 模型构建与检验

5.4.1 建模思路

钱塘区江东片陆地面积 348 km²，东、北、西均以钱塘江为界，西南至杭州江东工业园区与杭州空港经济开发区的边界线，南至红十五线、十二埭横河及与绍兴县(柯桥区)接壤的北侧河道(图 5-10)。

保护对象：大江东新城，包括萧山的河庄、义蓬、新湾、临江、前进等 5 个街道的行政管辖区域及党湾镇部分用地。

图 5-10 研究范围涉及的乡镇

洪水分析方法采用水文学与水力学结合的方法进行分析计算。暴雨产汇流采用新安江模型分析，河道洪水采用一维水力学法分析，地表漫溢洪水采用二维水力学法分析，并对一维和二维模型进行耦合计算。

5.4.2 水文分析计算

5.4.2.1 建模范围

针对钱塘区江东片研究范围内的区间暴雨，结合地形地势、水系，采用新安江模型进行暴雨产汇流计算，最后得出平原河网各河道相应的汇入洪水流量过程(图 5-11)。

5.4.2.2 设计暴雨

研究范围内采用盐官、钱清、方千娄、益农站作为雨量代表站。统计各代表站历年实测最大一、三日暴雨，采用不同年份站点权重求得同场雨面雨量，雨量系列为 1958—2013 年 56 年资料。将各站点及分区历年实测最大一、三日暴雨进行频率适线，适线方法采用 P-Ⅲ型，得到 5 年一遇至 100 年一遇频率下的设计暴雨，见表 5-7。

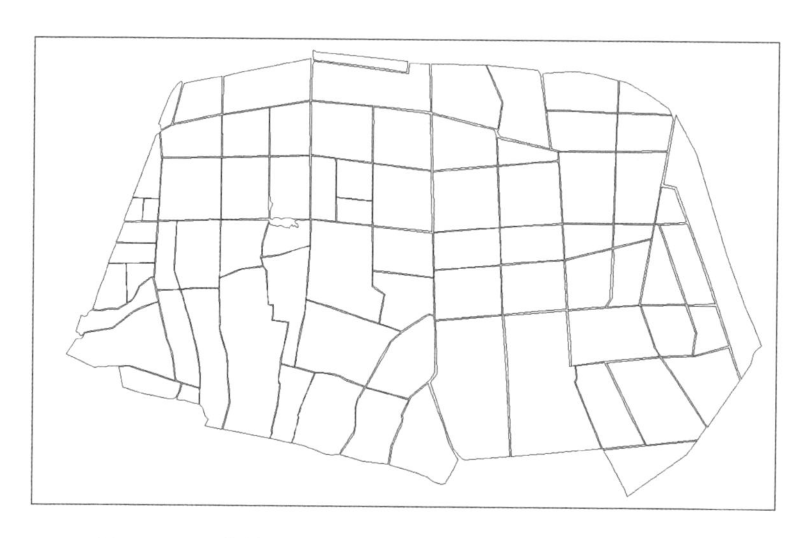

图 5-11　江东片新安江模型子流域划分(按照主要河道划分)

表 5-7　设计暴雨成果表

项目	均值	Cv	Cs/Cv	各频率(%)设计暴雨成果(mm)					
				0.5	1	2	5	10	20
$H_{一日}$	81	0.55	4	310	246	213	170	138	107
H_{24}	$H_{24}=H_{一日}\times 1.13$			350	278	241	192	156	121
$H_{三日}$	120	0.52	4	399	348	303	245	201	157

将 5 年一遇至 100 年一遇频率下设计暴雨与查《浙江省短历时暴雨》图集成果相比较，设计暴雨与查图成果相比，差别不大，最大相差不超过 8%，可见本次设计暴雨成果基本合理。

表 5-8　设计暴雨成果合理性比较表

项目	各频率(%)设计暴雨成果(mm)					备注
	1	2	5	10	20	
H_{24}	278	241	192	156	121	本次设计
$H_{三日}$	348	303	245	201	157	
H_{24}	277	243	199	165	131	查图
$H_{三日}$	339	299	245	204	162	

同时，为评估超标准暴雨洪水所造成的洪涝灾害，需计算 200 年一遇设计标准的暴雨方案，参考《浙江省短历时暴雨》图集，查图计算得到最终设计值如表 5-9 所示。

表 5-9　200 年一遇设计暴雨成果表

项目	均值	Cv	Cs/Cv	0.5%设计暴雨成果(mm)
$H_{一日}$	109	0.55	3.5	310
H_{24}	$H_{24}=H_{一日}\times1.13$			350
$H_{三日}$	144	0.54	3.5	399

5.4.2.3　设计雨型

设计暴雨的时程分配，各时段雨量按暴雨公式计算，然后进行排列，老大项时段雨量的末时刻排在 21 时段，老二项时段雨量紧靠老大项的左边，其余各时段雨量，按大小次序，奇数项时段雨量排在左边，偶数项时段雨量排在右边，当右边排满 24 小时，余下各时段雨量按大小依次向左边排列。

考虑到安全和使用上的习惯，本次计算采用浙江省多年来沿用的设计暴雨的日程分配，查《浙江省短历时暴雨》图集得三日暴雨日程分配表如表 5-10 所示。

表 5-10　三日暴雨日程分配表

	第一天	第二天	第三天
H_{24}		100%	
$H_{72}-H_{24}$	60%		40%

根据分析，历年发生较大暴雨 N_p 都不是很大，一般介于 0.2～0.4 之间，从工程安全考虑，本次暴雨衰减指数取值为 0.55。最终计算得到研究区域设计暴雨情况如表 5-11 所示。

表 5-11　研究区域不同频率 24 h 设计暴雨成果表

时段	各频率 24 h 设计暴雨					
	0.5%	1%	2%	5%	10%	20%
1	8.84	6.43	5.58	4.44	3.61	2.80
2	8.99	6.56	5.69	4.53	3.68	2.85
3	9.16	6.69	5.80	4.62	3.76	2.91
4	9.33	6.84	5.93	4.72	3.84	2.98
5	9.52	7.00	6.06	4.83	3.93	3.04
6	9.72	7.16	6.21	4.95	4.02	3.12
7	9.94	7.34	6.37	5.07	4.12	3.20

续表

时段	各频率 24 h 设计暴雨					
	0.5%	1%	2%	5%	10%	20%
8	10.18	7.54	6.54	5.21	4.23	3.28
9	10.44	7.76	6.72	5.36	4.35	3.38
10	10.72	7.99	6.93	5.52	4.49	3.48
11	11.03	8.25	7.16	5.70	4.63	3.59
12	11.38	8.55	7.41	5.90	4.80	3.72
13	11.76	8.87	7.69	6.13	4.98	3.86
14	12.20	9.24	8.01	6.38	5.19	4.02
15	12.70	9.67	8.38	6.68	5.43	4.21
16	13.28	10.17	8.81	7.02	5.71	4.43
17	14.78	11.48	9.95	7.93	6.44	4.99
18	17.14	13.55	11.75	9.36	7.60	5.90
19	21.73	17.71	15.35	12.23	9.94	7.71
20	26.85	22.47	19.48	15.52	12.61	9.78
21	52.06	48.41	41.97	33.43	27.16	21.07
22	18.96	15.19	13.16	10.49	8.52	6.61
23	15.81	12.37	10.73	8.55	6.94	5.39
24	13.96	10.76	9.33	7.43	6.04	4.68

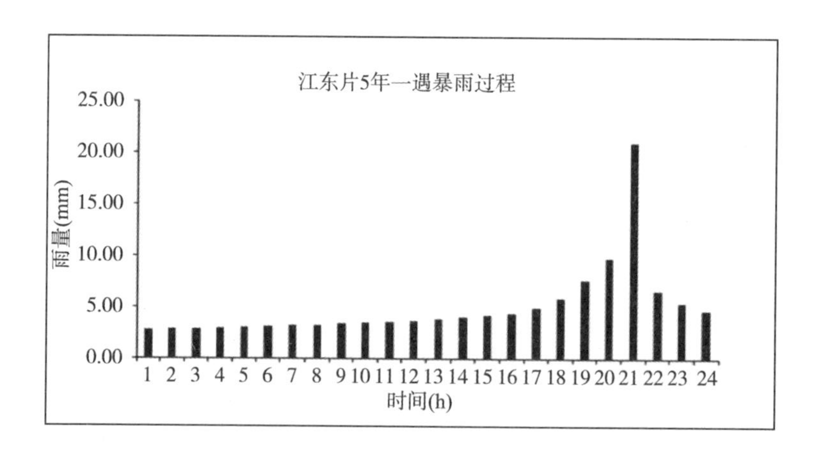

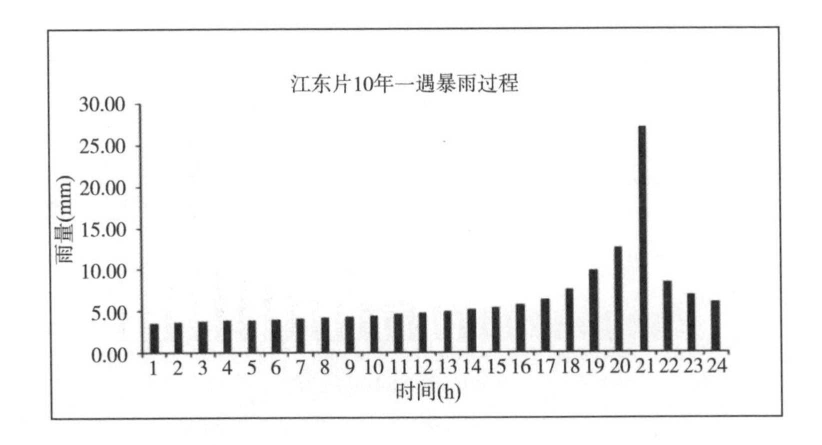
江东片10年一遇暴雨过程
雨量(mm)
30.00
25.00
20.00
15.00
10.00
5.00
0.00
1 2 3 4 5 6 7 8 9 10 11 12 13 14 15 16 17 18 19 20 21 22 23 24
时间(h)

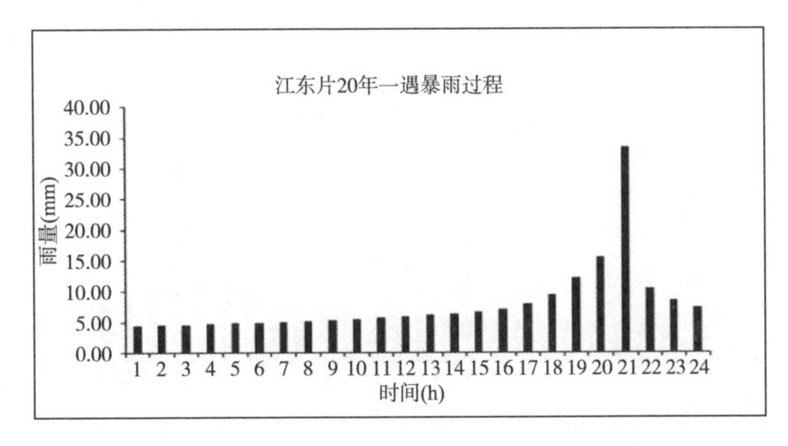
江东片20年一遇暴雨过程
雨量(mm)
40.00
35.00
30.00
25.00
20.00
15.00
10.00
5.00
0.00
1 2 3 4 5 6 7 8 9 10 11 12 13 14 15 16 17 18 19 20 21 22 23 24
时间(h)

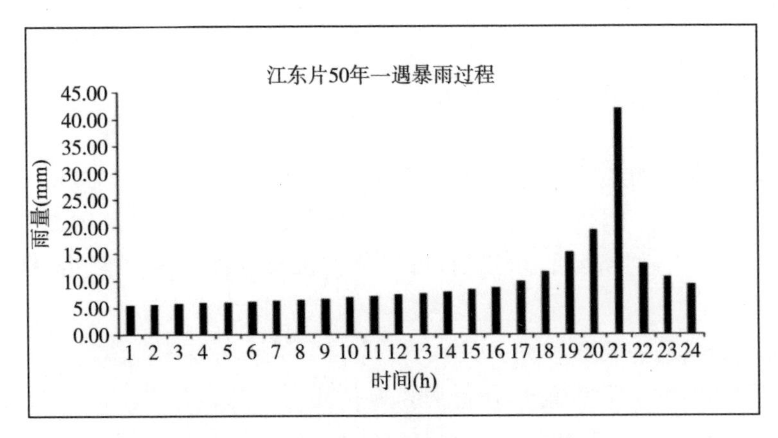
江东片50年一遇暴雨过程
雨量(mm)
45.00
40.00
35.00
30.00
25.00
20.00
15.00
10.00
5.00
0.00
1 2 3 4 5 6 7 8 9 10 11 12 13 14 15 16 17 18 19 20 21 22 23 24
时间(h)

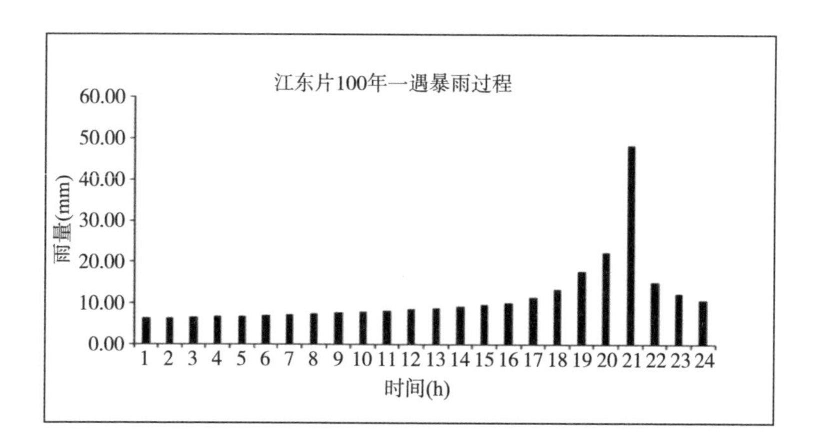

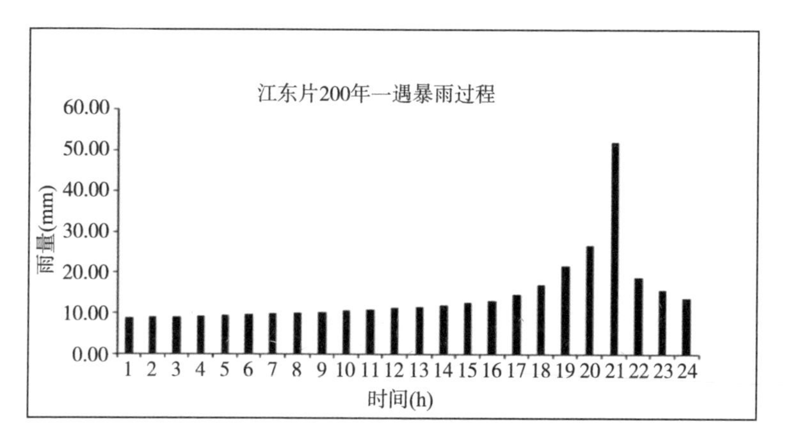

图 5-12　钱塘区江东片设计暴雨过程

5.4.3　潮位边界计算

本次研究区域的下游边界为钱塘江水位边界。在钱塘江出口下游处的一工段排涝闸、四工段排涝闸、外六工段排涝闸、外八工段排涝闸、外十工段排涝闸、二十工段排涝闸、东江闸，可以作为区域模型计算下游边界的代表站点。

潮型分析的主要原则为：以影响排涝的多年平均潮汐要素为控制，选择略高于平均值的实际潮型为设计潮型，并优先考虑与设计暴雨同步的实际潮型。因此，设计潮型选用设计流域发生洪水时相应的潮位过程。经分析，选用 2013 年 10 月 5 日—10 月 10 日钱塘江河口各站实测潮位过程作为偏不利潮位过程(图 5-13)。

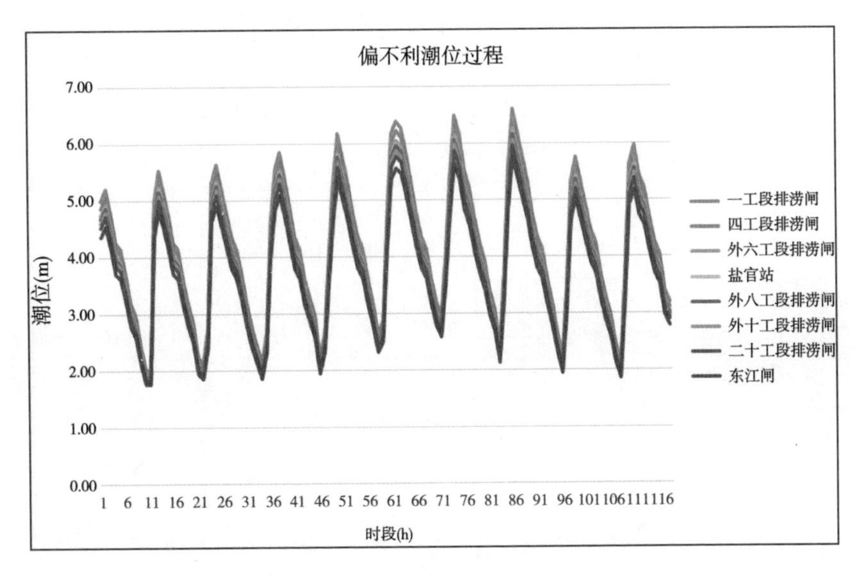

图 5-13 钱塘江下游典型站点偏不利潮位过程图

5.4.4 河网一维水动力建模

5.4.4.1 建模范围

从现场调研实际了解洪水来源情况，考虑了地形、地势、河流走向、河网连通情况、排涝挡潮闸以及拟建工程的要求，建模范围扩大到边界河道。本研究一维河网建模范围主要考虑区域所在的五纵四横主要防洪排涝骨干河道(图 5-14)。

(1)“五纵”:①四工段直河，②六工段直河，③八工段直河，④十工段直河，⑤十五至十九沿塘河。

(2)“四横”:①沿塘河，②三工段横河，③白洋川，④义南横河。

对于次要的排涝沟渠，按照相关要求进行了概化和简化处理。

一维平原河网模型共截取了 1 053 个计算断面，1 个区域暴雨边界，3 个流量边界(上边界)、7 个水位边界(下边界)。

5.4.4.2 边界条件

洪水分析模型的水文边界条件共有：

雨量边界 1 个，区域设计面雨量过程；

流量边界 3 个，分别为方千娄、后解放河、先锋河流量过程；

水位边界7个，分别为钱塘江沿岸排涝闸处水位过程等。具体如表5-12所示。

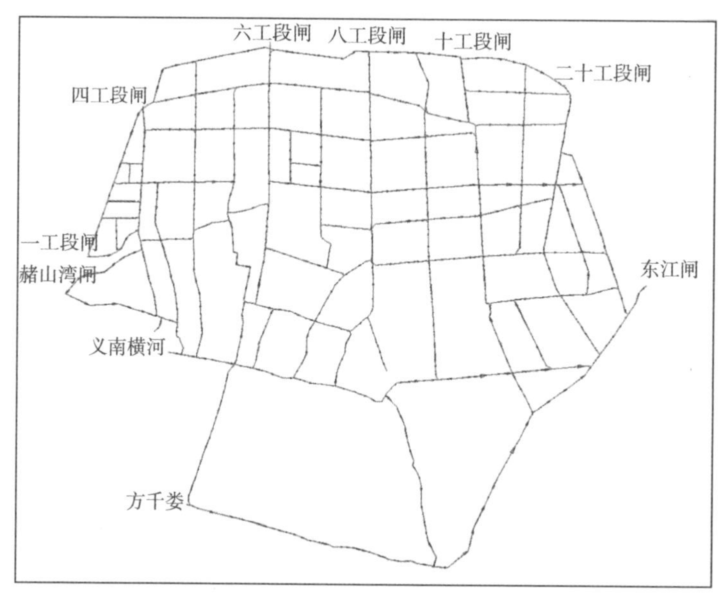

图5-14　一维模型建模范围

表 5-12　钱塘区江东片洪水分析模型边界示意表

序号	名称	边界性质	数据类型
1	区域降雨	上边界	暴雨
2	方千娄(断面)	上边界	流量
3	后解放河(义南横河断面)	上边界	流量
4	先锋河(义南横河断面)	上边界	流量
5	赭山湾闸、一工段排涝闸(仓前站)	下边界	潮位
6	四工段排涝闸	下边界	潮位
7	六工段排涝闸	下边界	潮位
8	八工段排涝闸	下边界	潮位
9	十工段排涝闸	下边界	潮位
10	二十工段排涝闸	下边界	潮位
11	东江闸(萧山)	下边界	潮位

5.4.4.3　模型概化

针对研究区域，统一建立一维河道模型进行洪水演进计算，河网模型使用的河道地形资料采用近期的河道断面资料。断面是模型计算的最基本的单元，断面数据的准确性直接影响模型计算结果的精确程度。模型构建时河道断面间距一般不超过 500 m，如图 5-15 所示。

一维水力学模型满足以下基本技术要求。

①河道洪水的计算断面间距应与河宽相匹配，其计算断面间距一般不超过 500 m。河道形态变化显著的河段和有工程(桥、闸、坝、堰等)的位置，断面进行加密。

②能够处理急流、缓流和混合流等流态，并具备侧向水流交换(例如侧向分洪闸、堰、泵站、沿程入流等)的计算功能和处理河道内影响或控制行洪的工程(桥、堰、闸、坝等)的功能。

③能够记录所有断面的水位和流量的计算过程，能够提取水位、流量的最大值和整时刻的水位和流量值。

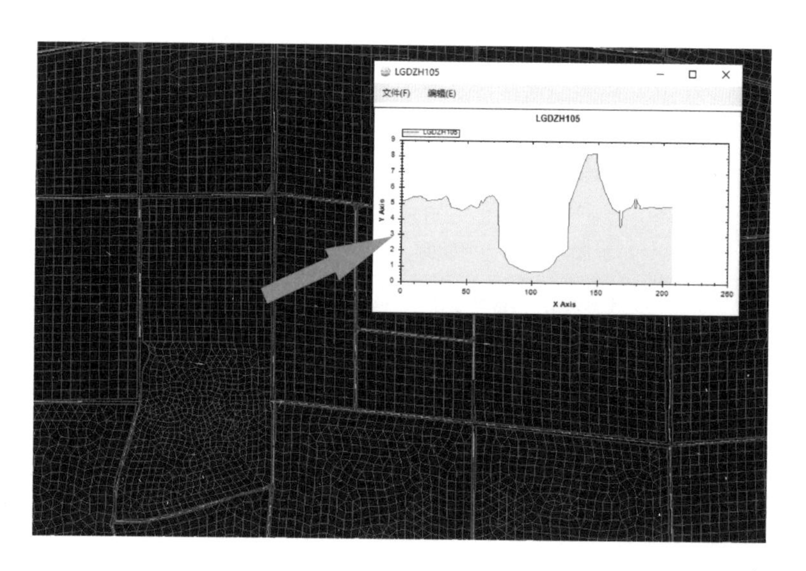

图 5-15　河道断面示意图

5.4.4.4　模型率定

（1）率定水文条件

考虑实际地形条件、现场调研考察情况、洪水影响及已有水文资料的实际条件，本次糙率最终选用 2019 年“利奇马”台风洪水相关资料进行反推，得出各河段的糙率分布（图 5-16 至图 5-18）。

（2）率定站点

采用研究区域水位站实际监测水位，进行模型糙率的率定，站点包括义蓬水位站、益农水位站、东江闸（上游）、仓前站、八工段闸（上游）等。

（3）率定结果

主要防洪排涝河道（“五纵四横”）糙率参数在 0.02 至 0.03 之间，其他概化沟渠糙率取 0.03～0.04。糙率取值在合理范围内，与河道的特性相符合，说明所采用的洪水演进方法及模型参数是合理的。

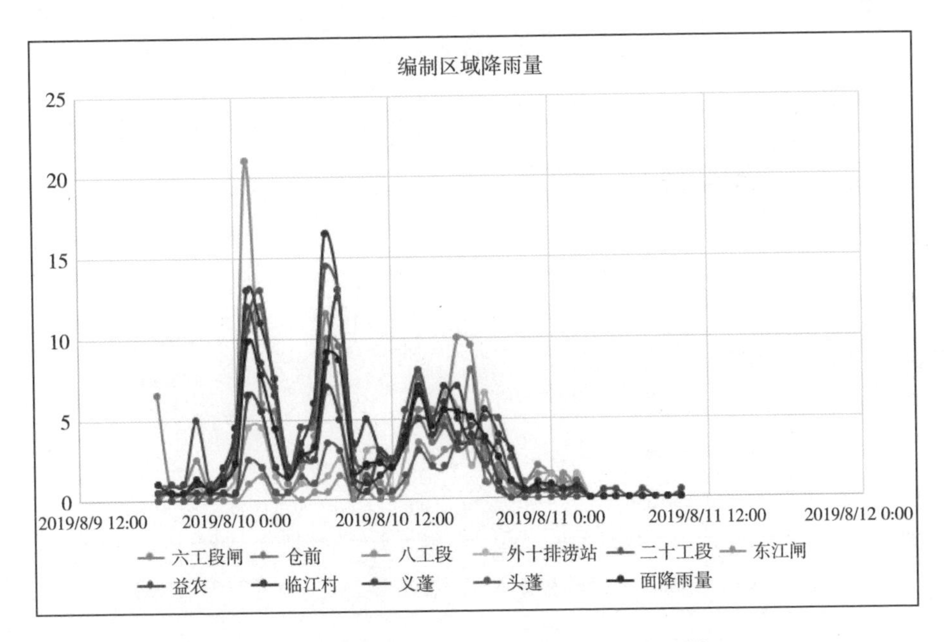

图 5-16　研究区域 2019 年“利奇马”台风降雨情况

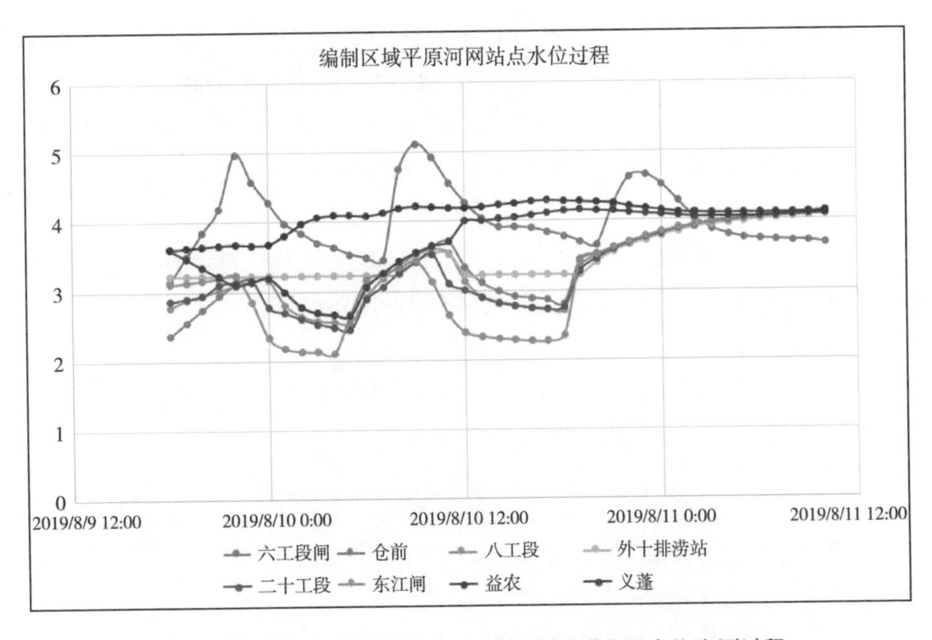

图 5-17　研究区域各站点 2019 年“利奇马”台风水位实测过程

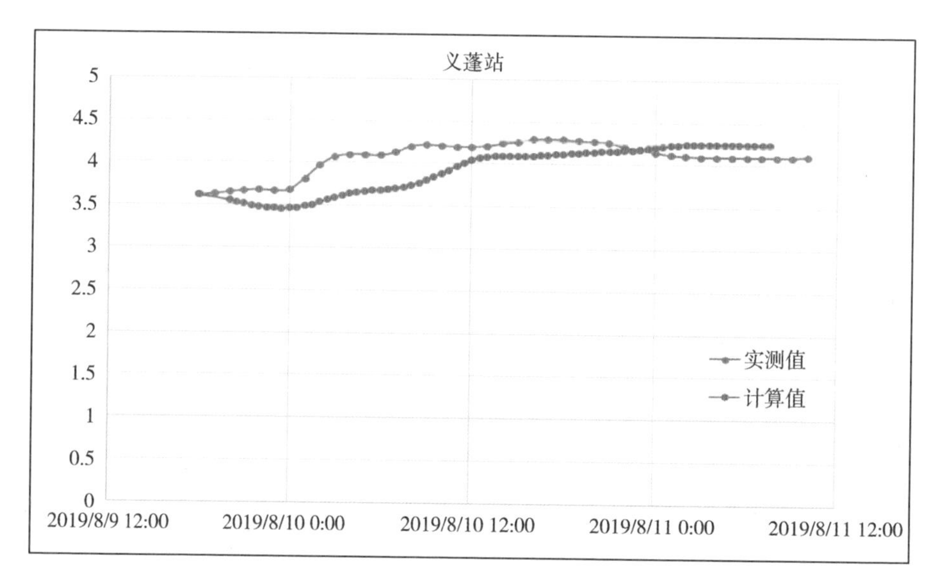

图 5-18　义蓬站 2019 年“利奇马”台风水位实测值与模型计算值比较

5.4.4.5　模型验证

考虑实际地形条件、现场调研考察情况、洪水影响及已有水文资料的实际条件，本次模型验证就近选用 2013 年“菲特”台风洪水进行验证。

在以台风暴雨洪水进行验证时候，模型输入研究范围的实测暴雨过程、沿钱塘江各排涝闸处潮位过程，计算出的研究范围各断面水位与实测值做比较，验证结果基本符合要求。

从 2013 年“菲特”台风洪水条件下模型计算结果与实测数据的比较结果来看，模型能够较好地模拟研究区域在暴雨作用下的河道水位分布特性。水位计算值基本能够反映水位实测值，表明模型能正确反映河网水位的空间分布特性。在计算的长历时过程中水位及流量相位关系与实测同步性也很好，再现了河网各断面水位流量时间上的变化特征。

表 5-13　“菲特”台风洪水验证计算成果表

单位：m

水位点	实测最高洪水位	计算值	差值
义蓬	5.25	5.23	−0.02
方千娄	5.46	5.48	+0.02

义蓬水位站实测值与模型计算值比较，最高水位相差 0.02 m 左右。可以认为所建模型合理且符合实际。

5.4.5 钱塘区江东片二维水动力学模型

5.4.5.1 计算范围

根据本研究规划的范围，以研究范围内地形(DEM 数字高程模型)、地貌为依据，充分考虑线性工程(公路、铁路、堤防等线状物)的阻水及导水影响，划定二维地表水动力模型范围。

二维建模范围为 360 km²，建模范围见图 5-19。

图 5-19 二维建模范围

5.4.5.2 模型概化

首先，根据 GIS 地图使用 2D 模拟多边形对象绘出外形轮廓，并自动计算出面积大小；然后根据实际情况修订面积。根据面积大小，确定最大三角形面积、最小网格面积和最小角度；在经济与人口分布密集区段，进行适当网格加密。此外，通过试算，将计算区域内水流不可能到达的地区单独设定，使其不生成网格，节省计算时间。

地表采用的是二维模型，要将其与一维河网模型相连，则需要用到溢流单元进行口门概化。

在创建了断面、2D多边形、溢流单元以及闸门这些单一对象之后，就可以使用特定的对象将这些单一对象连接起来：离散的断面使用连接相连；断面和溢流单元之间使用溢流连接相连；干支流交汇处则使用交叉点进行连接。之后，就可以使用计算模型自带的模型工具对断面的方向、角度以及左右岸标记进行修正。这样，就完成了江东片洪水模拟计算网络。

计算网络的构建遵循由简到繁、由点到线的原则，从对单一网络对象进行设定开始，逐步构建成一个完整真实的网络。通过上述过程可以完成江东片城市河网洪水模拟模型构建。

考虑到钱塘江大堤的防洪等级，本次网格剖分依据平原河网河道划分。此外，通过试算，将计算区域内水流不可能到达的地区单独设定，使其不生成网格，节省计算时间。最终计算方案网格数量30 063个，网格平均面积11 975 m^2，网格平均边长118 m，是较为精细化的网格划分结果。不但考虑了计算精度，而且考虑了计算效率。（注：技术要求规定，采用规则网格或不规则网格。对于规则网格，边长一般不超过300 m；对于不规则网格，最大网格面积一般不超过0.1 km^2，重要地区、地形变化较大部分的计算网格要适当加密。城镇范围内计算网格面积控制在0.05 km^2以下。）

网格划分过程中考虑了重要阻水建筑物的作用，以重要道路和堤防作为控制边界进行划分。网格划分完成后，利用数字高程模型和高分辨率遥感图像为网格附上相应的属性值，并且试算进行优化调整，确定最终的网格模型。

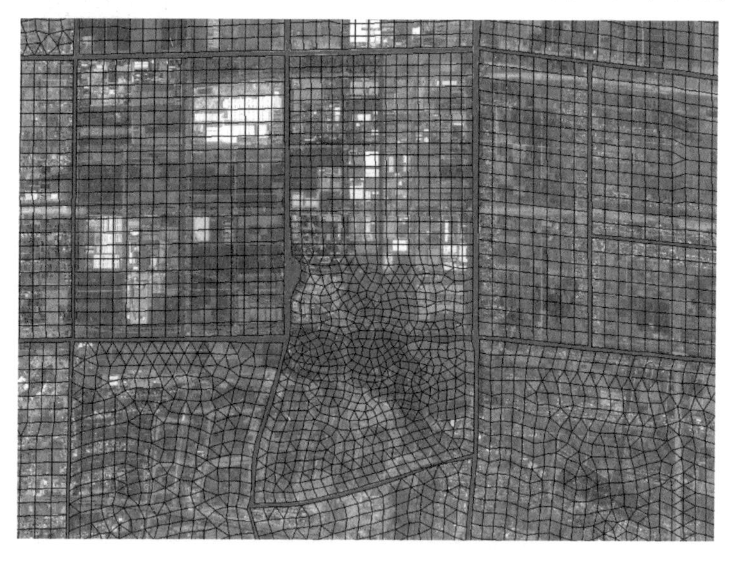

图5-20　研究范围（东湖附近）网格剖分

5.5 洪水情景分析模拟与风险评估

5.5.1 情景方案设置

洪水计算方案中包括了分析对象主要来源洪水的量级。根据区域暴雨洪水实际情况，提出两大类、共计 9 组工况的洪水分析方案。

第一类，设计暴雨工况。按照 5 年、10 年、20 年、50 年、100 年、200 年一遇设计暴雨洪水等级依次递增的方式，模拟分析当前江东片防洪防涝体系，遭遇不同频率暴雨洪水，可能出现洪水风险和事故地点，为摸清区域现状防洪防涝能力和评估相应频率洪水的风险，提供技术支撑。

第二类，历史洪水。主要分析区域实际发生洪涝灾情过程，用于直观反映区域防洪能力，对防汛调度工作具有重要参考价值。主要选取 2007 年“罗莎”台风和 2013 年“菲特”台风 2 场历史洪水方案。

据此，拟定钱塘区江东片情景方案如表 5-14 所示。

表 5-14　钱塘区江东片洪水情景分析方案设置表

序号	类别	方案	标准（重现期）	备注
1	设计洪水	设计暴雨	5	5 年一遇设计暴雨，钱塘江遭遇偏不利潮型
2			10	10 年一遇设计暴雨，钱塘江遭遇偏不利潮型
3			20	20 年一遇设计暴雨，钱塘江遭遇偏不利潮型
4			50	50 年一遇设计暴雨，钱塘江遭遇偏不利潮型
5			100	100 年一遇设计暴雨，钱塘江遭遇偏不利潮型
6			200	200 年一遇设计暴雨，钱塘江遭遇偏不利潮型
7	历史洪水	2007 年“罗莎”台风	—	假定发生 2007 年“罗莎”台风历史洪水，分析现状条件下所造成的洪水淹没及损失
8		2013 年“菲特”台风	—	假定发生 2013 年“菲特”台风历史洪水，分析现状条件下所造成的洪水淹没及损失

5.5.2 洪水方案模拟

本次计算完成了 8 个方案的计算工作，得到各方案下所有网格的洪水最大淹没水深、洪水到达时间、洪水淹没历时、洪水最大流速以及各个网格的淹没水深过程和流量过程等。

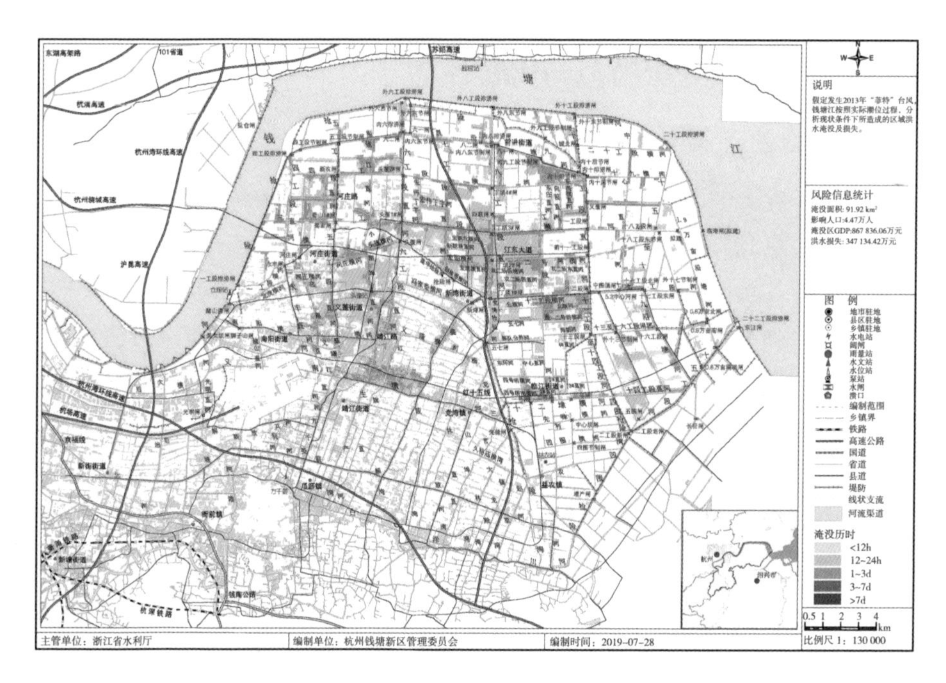

图 5-21　2013 年“菲特”台风历史洪水淹没历时图

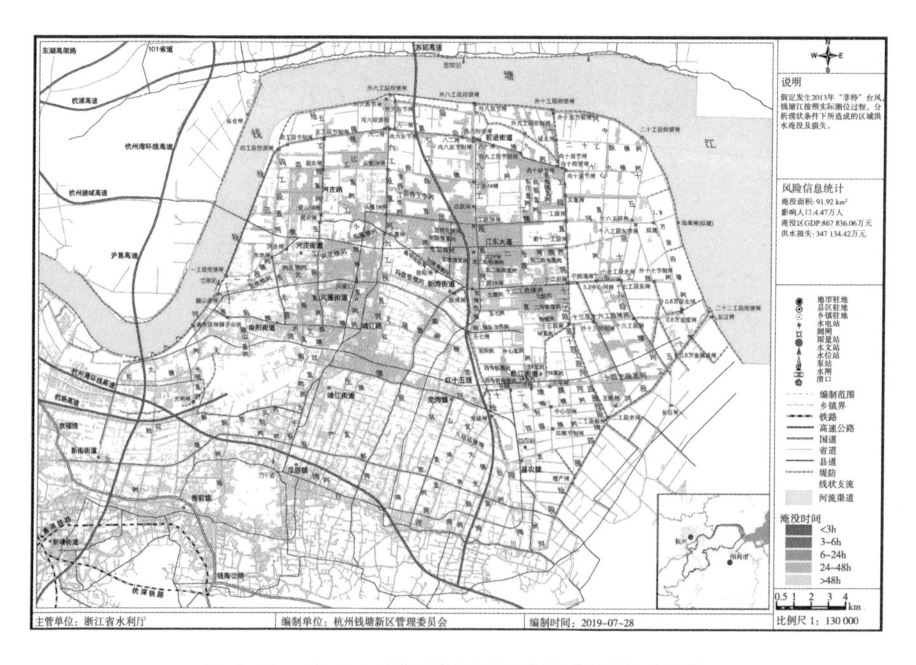

图 5-22　2013 年“菲特”台风历史洪水到达时间图

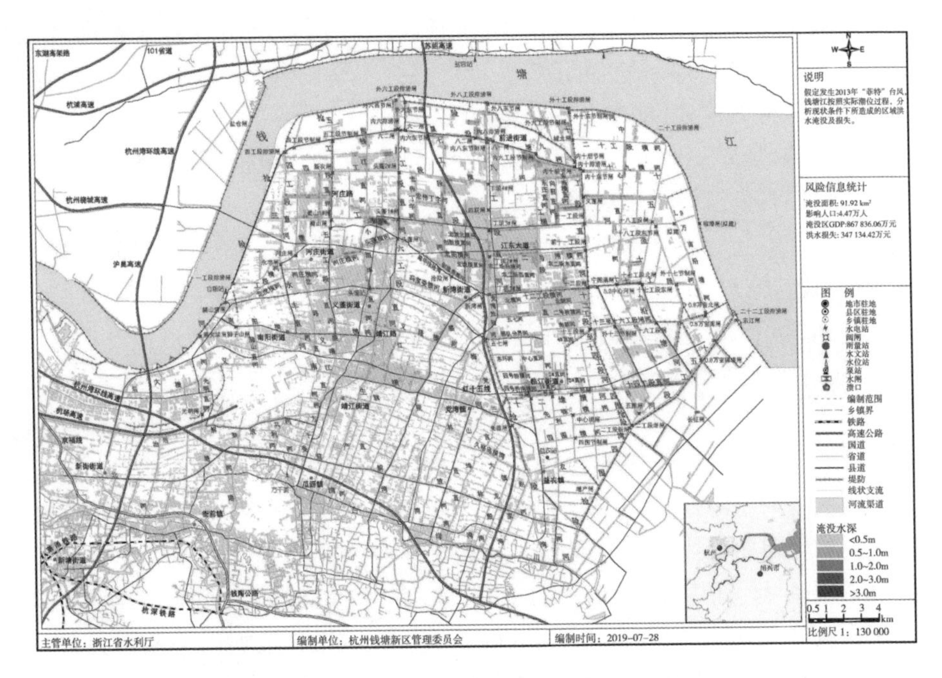

图 5-23　2013 年“菲特”台风历史洪水淹没水深图

5.5.3　方案成果合理性分析

针对钱塘区江东片 5 年、10 年、20 年、50 年、100 年、200 年一遇设计暴雨方案，分析统计各方案淹没范围和淹没水深，横向比较(图 5-24)。

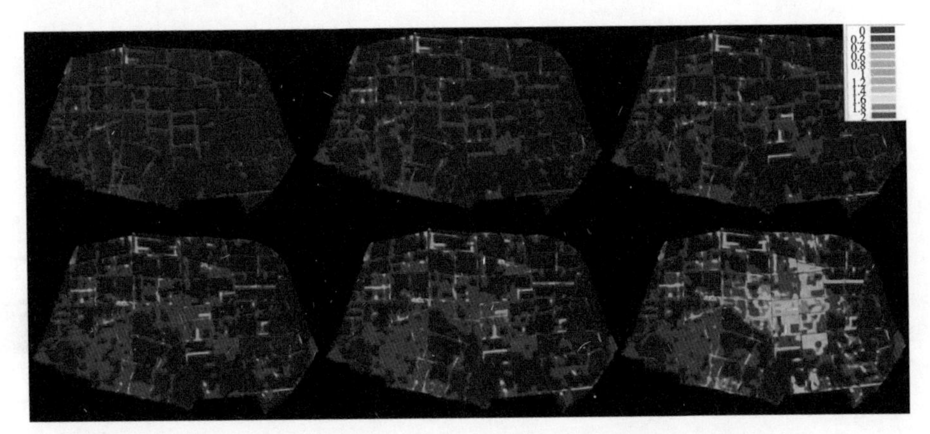

图 5-24　研究范围 200 年(左上)、100 年(中上)、50 年(右上)、20 年(左下)、10 年(中下)、5 年(右下)一遇设计暴雨淹没情况

从模拟结果看，本区域遭遇 5 年一遇、10 年一遇设计暴雨，起始水位在 3.9 m，防汛形势基本平稳，可以安全抵御该频率暴雨洪水。除区域内个别低洼处和沿河道低洼处，基本没有发生淹没情况。

当遭遇 20 年一遇以上洪水时，平原河网水位进一步抬高，新湾、党湾、河庄、义蓬、临江街道等地出现受淹情况。

遭遇 100 年一遇洪水时，研究区域大部分河道出现受淹情况，研究区域出现部分淹没，淹没水深约 0.5 m，局部低洼地区淹没水深达到 1 m。

遭遇 200 年一遇洪水时，研究区域出现大范围淹没，新湾街道淹没水深超过 1 m，局部达到 1.5 m。

因研究区域内水位观测站点较少，缺乏历史洪水位资料比对验证，建议将本模型计算的各设计工况水位值与之前规划设计水位值进行比对。因此在研究范围内一维河道选取三工段横河青西一路处(断面号：SGDHH9)、河庄横河与城隍庙直河交叉口(断面号：概化断面 65)、头蓬直湾与义盛横湾交叉口(断面号：LGDZH29)、六工段直河与冯楼湾交叉口(断面号：LGDZH40)、新湾镇(断面号：BGDZH38)等所在断面，根据以上断面各设计工况下规划设计水位与本次计算水位进行对比(表 5-15)。

表 5-15　区域内典型位置各工况设计暴雨水位

典型位置	模型断面	地面高程(m)	最高洪水位(m)							
			50 年一遇		20 年一遇		10 年一遇		5 年一遇	
			规划	模拟	规划	模拟	规划	模拟	规划	模拟
三工段横河(青西一路处)	SGDHH9	5.3	5.45	5.74	5.25	5.5	5.04	5.26	4.8	4.9
河庄横河与城隍庙直河交叉口	概化断面 65	5	5.5	5.8	5.29	5.45	5.07	5.3	4.83	5.05
头蓬直湾与义盛横湾交叉口	LGDZH29	5	5.62	5.8	5.42	5.39	5.2	5.3	4.95	4.93
六工段直河与冯楼湾交叉口	LGDZH40	5	5.46	5.7	5.26	5.3	5.05	5.1	4.81	4.9
新湾镇	BGDZH38	5.4	5.48	5.7	5.26	5.2	5.03	5.03	4.78	4.88

5.5.4 洪水损失评估

使用相应的损失评估软件并结合 GIS 平台将行政区界、道路、人口图层分别与淹没范围面图层进行求交计算后，以乡镇为统计单元得到受淹面积、受影响 GDP 等情况(表 5-16)。

表 5-16 各方案洪水影响分析统计表

序号	类别	方案	标准(重现期)	淹没面积(km^2)	影响人口(万人)	淹没区 GDP(万元)	洪水损失(万元)
1	设计洪水	设计暴雨	5	9.93	0.46	62 265.37	24 906.15
2			10	27.31	1.21	224 988.15	89 995.26
3			20	41.54	1.92	348 164.63	139 265.85
4			50	60.68	2.85	551 493.52	220 597.41
5			100	81.88	3.93	767 875.43	307 150.17
6			200	103.39	4.95	948 787.69	379 515.07
7	历史洪水	2007 年“罗莎”台风	—	24.41	1.11	195 097.41	78 038.96
8		2013 年“菲特”台风	—	91.92	4.47	867 836.06	347 134.42

5.6 钱塘区江东片洪水风险图管理与应用系统

钱塘区江东片洪水风险图管理与应用系统主要考虑区域暴雨作为洪水风险致灾因子，结合 GIS 平台和数据库技术建立研究区的空间及空间属性数据库，模拟暴雨洪水淹没过程，包括多种洪水淹没要素的计算——淹没水深、淹没范围、淹没面积、淹没流速等，结合社会经济情况进行受灾淹没损失分析。

系统主要功能包括：(1)动态设定致灾因子；(2)实时洪水淹没分析；(3)洪水灾情统计；(4)洪水方案管理。系统通过电子地图将区域内的空间数据进行表达，集成了空间分析、信息管理、实时洪水演进分析、风险分析等专业模型，可以辅助管理人员进行钱塘区江东片的洪水风险分析工作。

5.6.1 动态设定致灾因子

对于边界，主要有三种形式：

(1) 给定区域雨量过程；

(2) 给定沿江排涝闸门处钱塘江水位过程；

(3) 给定排涝闸门及泵站的开启关闭状态。

模型边界条件设置如图 5-25 所示。

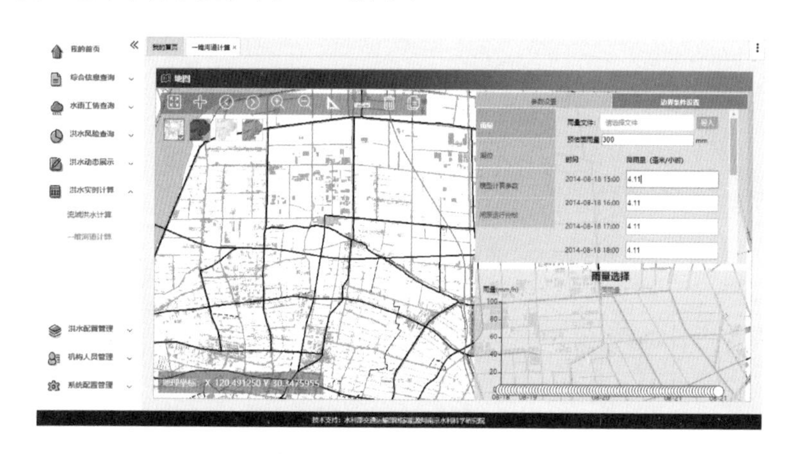

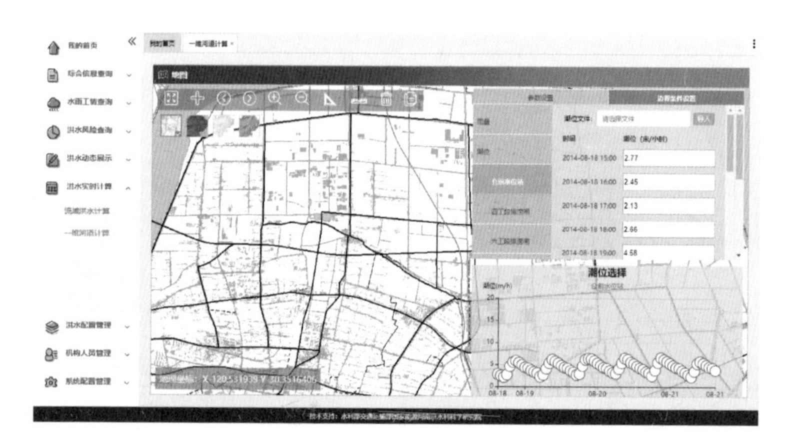

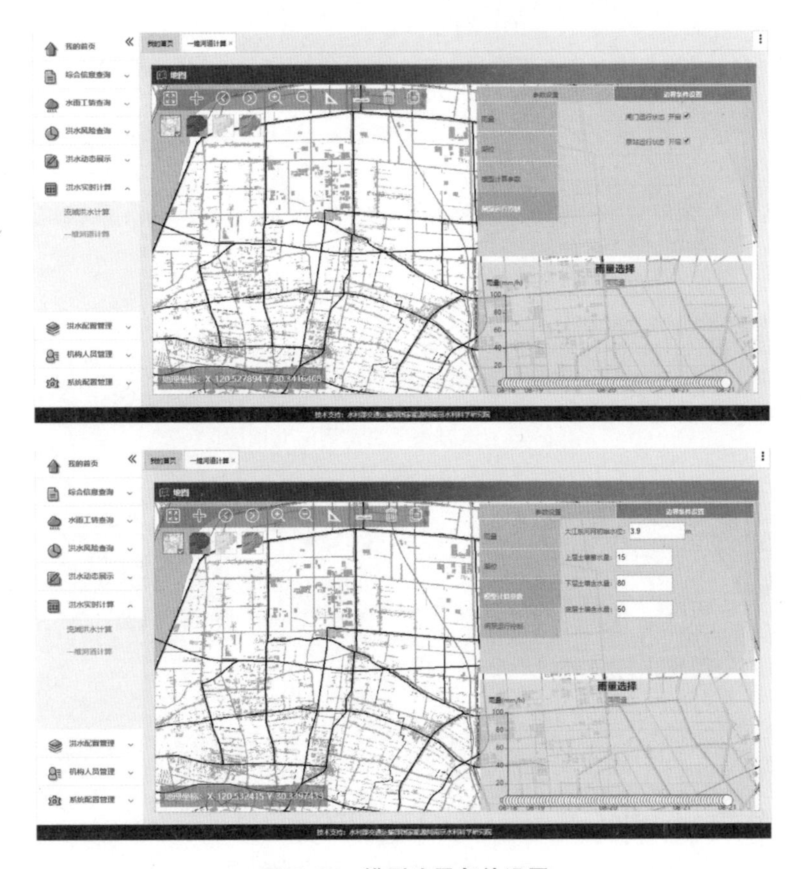

图 5-25　模型边界条件设置

5.6.2　实时洪水淹没分析

实时洪水淹没分析示意图如图 5-26 至图 5-29 所示。

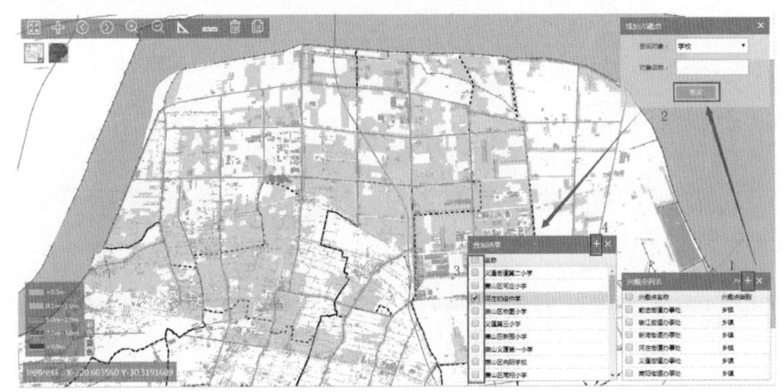

图 5-26　某方案下洪水最大淹没水深图

图 5-27　某方案下洪水到达时间图

图 5-28　某方案下洪水淹没历时图

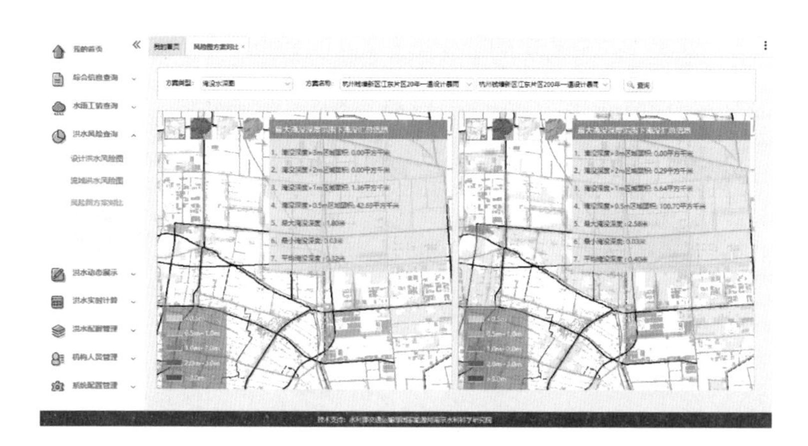

图 5-29　洪水方案比对

5.6.3 洪水灾情统计

洪水灾情统计是防洪决策的重要组成部分。通过模型计算得出洪水淹没图层,确定洪水淹没范围及等级,然后再对淹没区的淹没深度进行分级统计(图 5-30)。

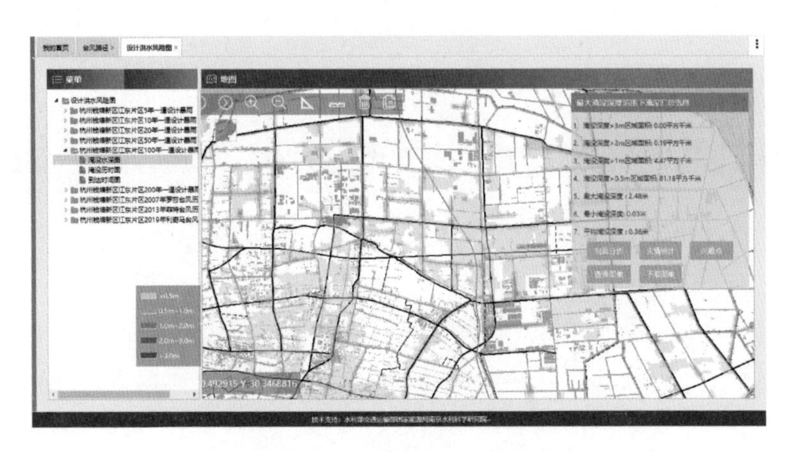

图 5-30 淹没信息统计及展示

6

青田县山区河流洪水分析模拟及风险评估

青田县位于浙江省瓯江流域中下游，城镇和乡村分布在瓯江沿岸狭长地带，是典型的山区河谷区。受亚热带季风气候和河谷地势影响，青田县历史上洪灾泛滥，严重影响沿河居民生命财产安全。本章以青田县为研究区域，利用一、二维水动力模型对瓯江流域青田段进行洪水模拟，基于不同重现期设计洪水、溃堤洪水、典型历史洪水设定模拟情景，分析各类工况下的淹没结果和洪灾损失分析，并构建青田县洪水风险图管理与应用系统。

6.1 研究区域概况

6.1.1 自然地理条件

瓯江自西向东贯穿整个浙南山区，属典型的山溪性河流，支流呈树枝状分布，大多与山脉走向平行，河谷两岸地形陡峻，河道纵向底坡较大。河床覆盖有较厚的卵石、大块石。河道及河谷宽窄不均，深潭与浅滩相间，河流基本上是在山谷中穿行，受两岸山谷约束，水流湍急。大港段河面较宽，水流比较平稳。小溪全部流经山区峡谷，河流曲折，两岸山坡陡峭。瓯江干流自温溪以下，河面开阔，为潮汐河道。流域地形图如图 6-1 所示。

青田县位于瓯江流域中下游，地势由西北、西南向东倾斜，以丘陵低山为主，属仙霞岭、洞宫山脉延伸的括苍山脉。全县四面环山，山峦重叠，山外有山，小盆地多(图 6-2)。大小溪河流切割强烈。沿溪第四纪地层作带状分布，形成河谷地带，境内千米以上的山峰有八面湖 1 389 m，金鸡山 1 320.7 m，山炮岭1 318.6 m，大风坳 1 316 m，东坑湖 1 304 m 等共 217 座，最低是温溪镇洼地

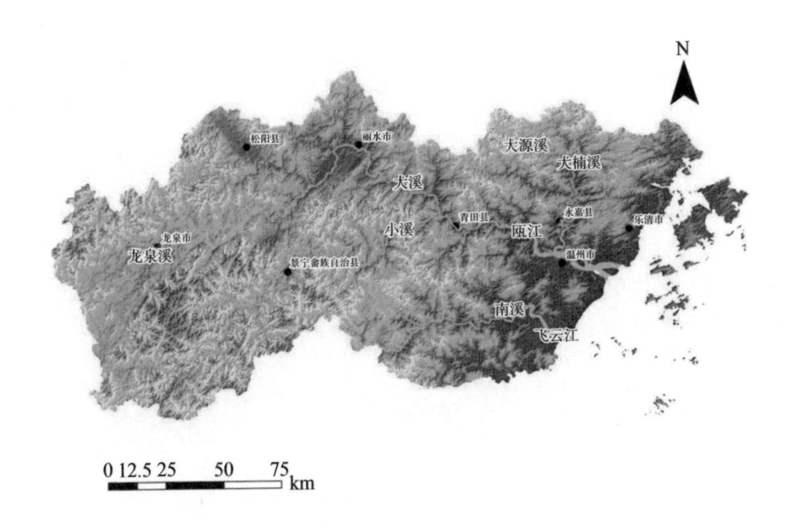

图 6-1 瓯江流域地形图

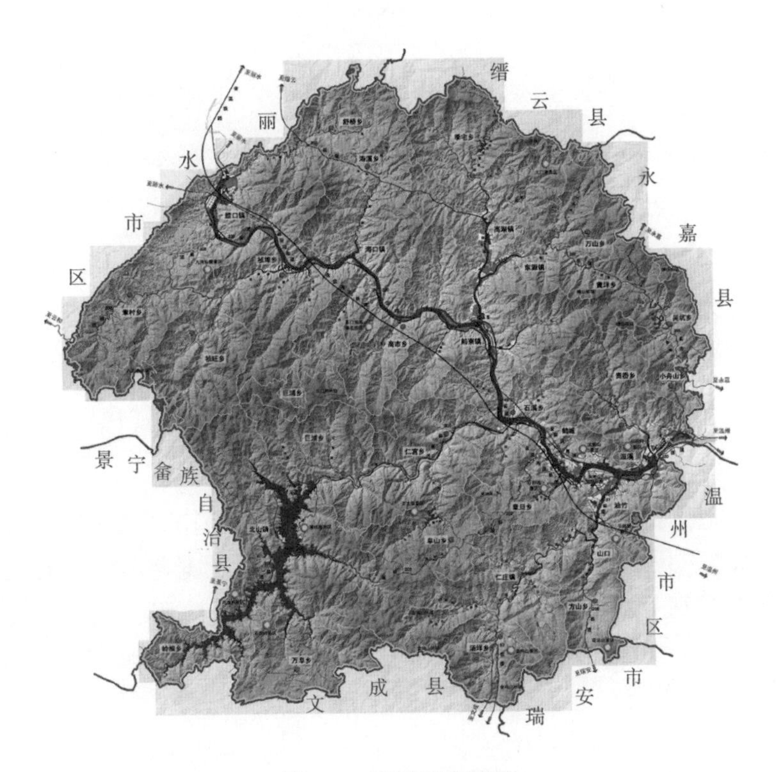

图 6-2 青田县地形图

海拔高程仅 7 m。全县总面积 2 484 km²* ，丘陵低山有 2 228 km²，占89.7%，河溪、塘、库 124 km²，占 5%，平地 132 km²，占 5.3%，故有“九山半水半分田”之称。

6.1.2 河流水系

青田县内河流属瓯江水系，主要有瓯江、大溪（瓯江干流一段）及支流小溪。瓯江上游龙泉溪发源于庆元龙泉两县交界的锅帽尖北麓，经龙泉、云和至丽水市大港头西纳松阴溪后称大溪，在青田湖边与小溪汇合后至温溪下花门出境，过温州入东海。全长 388 km，总落差 1 080 m，流域总面积为 17 958 km²。河流水系图见图 6-3。

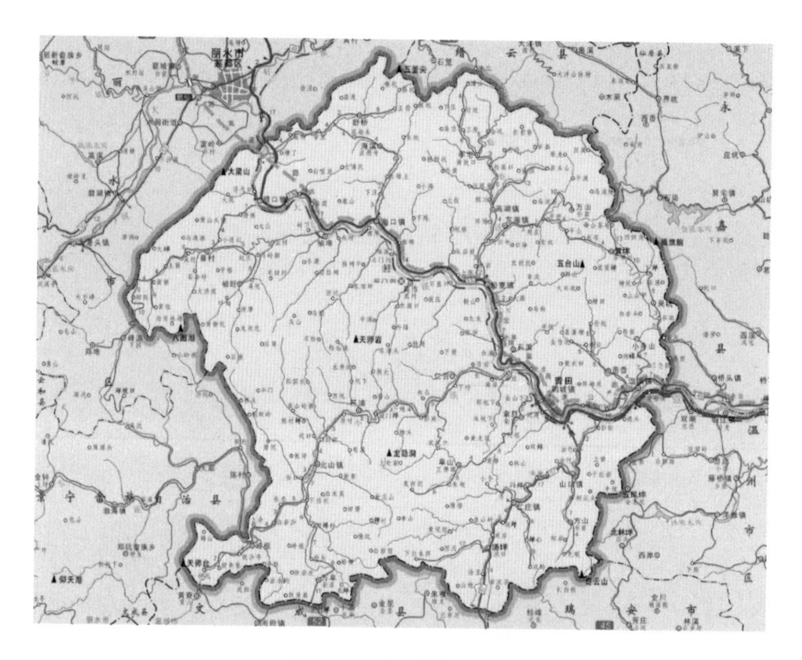

图 6-3 河流水系图

(1) 大溪

大溪是瓯江中游河段，上起龙泉溪与支流松阴溪汇合处（丽水市大港头），自丽水风化村入县境，经腊口、祯埠、海口、高市、船寮、石溪等乡镇与小溪汇合（汇合口在青田县湖边）。县境段长 56.4 km，落差 30.1 m，河宽 200～400 m，流域面积 510 km²，平均径流量 316.55 m³/s，平均年径流总量80 亿 m³。

大溪在县境内有 12 条支流。

---

* 青田县面积采用 2002 年统计数据。

① 官庄源又名十七都港，源出舒桥乡凉亭前，西南流经蔡坑、王岙、叶店、叶村，入舒桥，至朱林前入管庄水库(库容 100 万 m^3)，复出管庄过瑶均、武溪至汪里入大溪。全长 23.8 km，流域面积 97.58 km^2。

② 腊溪源源出浮弋乡三星罗，东流经凉坑、腊溪，至坑口入大溪。

③ 祯埠港上源分两支：一支章村源，源出八面湖主峰西麓，北流至坑根，复折向东北流至王村，与祯旺源汇合，长 28.75 km，流域面积 105.87 km^2；一支祯旺源，发源于八面湖林场北部，北东流至王村，与章村源汇合，流长 17.7 km，流域面积 85.9 km^2。两源汇合后称祯埠港，东流至祯埠入大溪，流长 5.9 km，流域面积 12.48 km^2。

④ 官坑源源出平风山，北流经坑根、兆庄、大叫，至官坑入大溪。流长 16.2 km，流域面积 35.7 km^2。

⑤ 海口源源出龙须洞山东麓，横贯海溪乡中部，经正教寺、西园，至黄花垟附近与发源于王岙东北的北坑汇合，过东江乡西部，经东江、乌处、海口入大溪。流长 15.6 km，流域面积 79.1 km^2。

⑥ 雄溪源源出石门洞林场西南部水岭岙，经田铺、瓦窑坪、庵前，至雄溪入大溪。流长 16.9 km，流域面积 65.8 km^2。

⑦ 高市源上分东西两源，东源起自东源头，北流至西源口和发源于陈宫岭西北面经上铺、中铺、外铺的西源汇合，复东流过高市底村至外村东面入大溪。流长 12 km，流域面积 32.9 km^2。

⑧ 芝溪源源出上枝，经上田本、垟肚、芝溪入大溪。流长 9.5 km。流域面积 24.8 km^2。

⑨ 石盖源发源于仁宫乡高岱，经乌坦、石盖，至石盖口入大溪。流长 9 km，流域面积 29.8 km^2。

⑩ 船寮港发源于缙云县大洋山西麓，南流过黄放口、松渠口、良川、桐溪、高湖至红光和十一都源汇合，复过舒庄、徐岙，至船寮入大溪。从季宅乡的林老至船寮，长 38.1 km，流域面积 215 km^2。小支流有季宅坑、内冯坑、外黄坑、桐川坑。东支十一都源，发源于平桥乡的驮寮，经平溪、平桥与石平川来水相汇，过周庄、上叶、东源、上项、红光入船寮港，流长 24 km，流域面积 72 km^2。

⑪ 大路源发源于黄垟乡白刀岭潭，过圩头西行，经小金、叶庄、大路，至大垟入大溪，流长 10.8 km，流域面积 29 km^2。

⑫ 石溪源源出东山和考坑 2 处，至国垟汇合，经林村、后垟，至石溪口入大溪。

(2) 小溪

小溪是瓯江的最大支流，源出洞宫山脉大毛峰(庆元县境内)，东北流过景宁畲族自治县后入县境，经岭根、北山、巨浦、仁宫等乡镇入瓯江，全长 223 km，流域面积 3 556 km^2，其中县境段长 47.3 km，流域面积 361.6 km^2，平均径流量 132.9 m^3/s。平均年径流总量 36 亿 m^3。

小溪在县境内有 9 条支流。

① 岭根坑又名小吾源，源出文成县上坦坑，经林坑村、七方坑、铁沙济，在岭根西南入小溪。流长 19.15 km。县内流域面积 10.1 km^2。

② 阜口源发源于万阜乡西南底垟村，北流至滩坑入小溪。流长 15 km，流域面积 55 km^2。

③ 万阜坑南支发源于寮天岗，东支发源于白岩尖，两支在吴仲圩汇合，过车垟，至阜口入小溪。

④ 七源坑即张口源，发源于坑底郑坑。经李坑入张口，过鲍源、茶园、底垟、张口入小溪。长 21.4 km，流域面积 25 km^2。

⑤ 仁村源发源于双垟乡垟坑，经仁村至底凉亭，汇后垟水库（库容 108 万 m^3）来水，西流过黄库至北山西南入小溪，流长 16.1 km，流域面积 15 km^2。

⑥ 三源坑又名坑底源，发源于祯旺乡外村，经樟树湾、陈村垟叶段、坑口入小溪。流长 8 km，流域面积 20 km^2。

⑦ 郎回坑源于石门洞林场南麓，至小西坑，汇西坑来水，至巨浦入小溪。流长 9.7 km，流域面积 32 km^2。

⑧ 大奕源发源于双垟乡坑头垟，流长 18.6 km，流域面积 67 km^2。

⑨ 仁宫坑源于石门洞林场东南，东流过仁宫入小溪。

(3) 瓯江

大溪与小溪在湖边汇合始称瓯江，经鹤城街道，在石郭汇与平演之间成直角迂回向东北，过前仓、港头、东岸、温溪，至下花门入永嘉，经温州市，在灵昆岛分流入温州湾。县境段长 26.2 km，流域面积 135 km^2，平均径流量 469.54 m^3/s，平均年径流总量 140 亿 m^3。

瓯江的支流有 7 条。

① 湖边源发源于章旦乡西面的小坑，注入坑口水库（库容 230 万 m^3），流经章旦乡郑坑下、鹤城街道的姜处，至下司岙东北入瓯江，流长 14.76 km，流域面积 33.34 km^2。

② 水碓坑发源于顶公尖下，纵贯金田村，至鹤城街道西门外入瓯江。坑畔原有水碓 11 座，故名。

③ 石郭源章旦七星堂、金坑之水，东北流注入石郭水库（库容 323 万 m^3，1965 年 5 月建成发电），过电站出石郭入瓯江，全长 8.02 km，流域面积

23.92 km^2。

④ 四都港又名顾溪。全长 40.8 km,流域面积 289 km^2,流量 13.85 m^3/s。四都港的小支流有汤垟溪、垟心溪、孙山溪、方山溪、半坑等 5 条。

⑤ 港头坑发源于凌云山脚,至垟心、寺下汇东西诸小水,至港头入瓯江。

⑥ 贵岙源发源于尖刀山,汇东西诸小水流,经孙坑入贵岙水库和金竹坑来水汇合,东南流过占岙、贵岙、林岙,至洲头入瓯江。长 20.04 km,流域面积 82.4 km^2。

⑦ 石洞源发源于石平川附近,经塘坑、石洞入永嘉县,过红星、桥头,于朱涂入瓯江。长 15.5 km,流域面积 80.2 km^2。

6.1.3 水文气象

青田县靠近东南沿海,属亚热带季风气候区,全年季节变化明显,以温和、湿润、多雨为主要气候特征。冬季多晴朗寒冷天气,春季南北气流交替加剧,低气压及锋面活动频繁,天气阴晴不定,常有沥涟春雨,初夏北方冷空气与南来的温暖气流相遇交汇,锋面往往在浙江省滞留,形成连绵不断的大面积"梅雨"天气,常发生流域性大洪水。盛夏时,在副热带高压控制下,天气晴热少雨,降雨以雷阵雨为主,若遭遇热带风暴或台风的侵袭,形成较大暴雨和洪水。据历年水文资料统计,全县历年平均降雨量 1 743.7 mm,年最大洪水出现在梅雨季节占 65%,出现在台风季节占 35%,台风季节大洪水来势凶猛,危害大,特别是近些年台风的强度大,影响范围广,台风带来的暴雨使青田县小流域内的河道水位暴涨暴落,严重威胁两岸居民的生命财产安全。

6.1.4 防洪标准

根据《防洪标准》(GB 50201—2014)、《瓯江流域防洪规划》,结合瓯江流域的实际情况,瓯江流域防洪设计标准如下。

(1) 县(市)政府驻地城区防洪标准为 20～50 年一遇;

(2) 重要建制镇为 10～20 年一遇;

(3) 农村防洪标准为 5～10 年一遇。

现阶段,青田县县城现状防洪能力约为 20 年一遇。沿江乡镇现状防洪能力约为 5～20 年一遇。

6.1.5 社会经济

青田县位于丽水市区的东南,东邻瓯海、永嘉,南连瑞安、文成,西接景宁，西北与丽水交接，北靠缙云。青田历史悠久，有“石雕之乡、华侨之乡、名人之乡”的美誉。2013 年，青田深入实施“深化辐射温州，打造世界青田，建设幸福侨乡”发展战略，紧密结合实际绘就侨乡“富饶秀美、和谐安康”壮丽新景。青田县在工业经济上扩量提质，出台生态工业、生态旅游、农村“新三宝”等系列扶持政策，全面落实降成本、促转型等惠企举措；农业经济稳产增效；服务业加快发展，建成侨乡进口商品城一期三个市场，搭建起华侨回乡创业发展的广阔平台。

青田县全县总面积 2 493 km^2，全县有 32 个乡镇(街道)，其中 20 个乡、9 个镇、3 个街道，414 个行政村(2016 年数据)。研究区域涉及各区(县、市)的街道、乡镇如下。

街道：鹤城街道、瓯南街道、油竹街道。

乡镇：温溪镇、船寮镇、海口镇、腊口镇、北山镇、山口镇、高市乡、祯埠乡、巨浦乡、贵岙乡、高湖镇、仁宫乡、石溪乡。

6.1.6 历史洪水及洪水灾害

2014 年 8 月 13 日至 18 日，大溪流域连续降雨，雨量较大，土壤水分已饱和，各河流出现小洪水，19 日的全流域强降雨，紧水滩水库至开潭电站区间降雨量大，开潭电站上游各支流洪峰基本上同步到达开潭电站，大溪开潭电站至湖边发生了 1971 年以来的最大洪水。20 日 8 时，瓯江主要干支流重要水位站大部分已超警戒水位，丽水主城区大水门站水位 51.91 m，流量已达 50 年一遇洪水标准。20 日 21 时青田县祯埠站水位 34.88 m，鹤城站水位 12.26 m，鹤城站流量 10 140 m^3/s。大溪沿线的石帆、腊口、祯埠小群、海口、高市、石盖、船寮等区域受淹严重。

2016 年 9 月 27 日至 29 日受 17 号“鲇鱼”台风的外围环流影响，瓯江流域西北部普降大到暴雨，东南部的青田、景宁、云和普降特大暴雨。滩坑水库泄洪、梯级水库开潭电站泄洪，上游洪水和青田区间特大暴雨小流域洪水的叠加，导致瓯江的洪峰流量为 2005 年以来的最大洪峰流量，大溪沿线、海口、高市、石盖口、新开垟、尹山头、小峙等乡村受淹严重。四都港干流的洪口、吴岸、冯垟、雅陈、大安等乡村受冲受淹很严重。滩坑水库在科学的拦蓄调度情况下，错开瓯江洪峰，最大泄洪量为 3 000 m^3/s。青田县城鹤城站最高水位达 14.20 m。

2019 年 7 月 9 日至 10 日，浙江省瓯江流域发生暴雨洪水，受上游大溪洪水影响，开潭电站最大入库流量 7 400 m^3/s。小溪滩坑水库在本次洪水拦蓄了大部分洪水，按照 200 m^3/s 错峰下泄。青田县境内大溪沿岸部分乡镇受淹严重。海口镇镇政府淹没水深约 2 m,海口镇临江路路口水深 1 m,临江路 7 号民居淹没水深 0.4 m。坑口村淹没水深约 3 m,村里临江民居一楼被淹没。

图 6-4　海口镇 2019 年 7 月 10 日淹没情况

6.1.7　洪水来源分析

青田县洪水来源主要是瓯江流域洪水,由梅雨期暴雨或台风雨造成。具体洪水来源为:大溪上游洪水(上游开潭电站下泄洪水)、瓯江支流小溪洪水(滩坑水库下泄洪水)、区间暴雨洪水、瓯江河口(瓯江温州站)高潮位顶托。

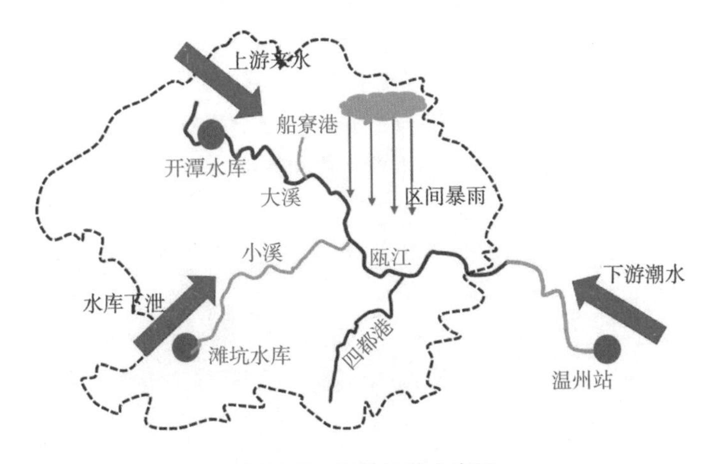

图 6-5　青田县洪水来源

(1) 大溪上游洪水的影响

瓯江青田段山高谷窄,坡陡流急,河宽 50～200 m,沿江村镇多在河滩低洼地处，易受洪水威胁。

瓯江流域防洪起关键作用的是紧水滩（位于大溪上游）、滩坑（位于小溪上）两座水库。洪水主要是大溪上游水库泄洪及区间暴雨汇流。

青田境内瓯江干流上的径流式电站在洪水期拦蓄洪水、削减洪峰作用有限。

（2）小溪水库洪水的影响

小溪上游建有大（1）型水库——滩坑（总库容 41.9 亿 m^3），需考虑滩坑水库下泄洪水以及滩坑至三溪口区间的暴雨洪水。

（3）区间暴雨洪水的影响

瓯江青田段区间集雨面积约为 5 300 km^2，扣除滩坑水库集雨面积 3 300 km^2后，约为 2 000 km^2。

青田区间暴雨产汇流通过沿江支流等形成汇入瓯江的洪水，具体计算使用单位线、产汇流模型等方法。按照设计暴雨推求设计洪水的方法，计算各频率下设计暴雨下的沿大溪、小溪和瓯江支流的设计洪水过程，具体支流为四都港（上边界为秋芦断面）、船寮港（上边界为红光断面）；其余官庄源、腊溪源、祯埠港、官坑源、海口源、雄溪源、高市源、芝溪源、石盖源、大路源、石溪源等 11 个汇入大溪的支流，湖边源、水碓坑、石郭源、港头坑、贵岙源、石洞源等 6 个汇入瓯江的支流均作为支流边界，其洪水过程直接汇入瓯江干流。

青田县沿江多陡峭山壁，仅稍微平坦处的村镇建有堤防用以抵御洪水，从地形地势及实际情况来看，暴雨内涝情况并不凸显。

（4）瓯江河口高潮位顶托的影响

瓯江干流上中游水位主要受径流控制，下游河口潮流段，主要受潮汐控制。河口属于山溪性强潮河口，潮汐为非正规浅海半日潮。

瓯江河口温州站潮位受径流与潮汐共同影响，据实测资料分析，潮汐影响要大于径流。瓯江年最大洪峰流量与温州站年最高潮位的相关系数仅为 0.13，而下游河口龙湾站与温州站年最高潮位的相关系数则为 0.85。温州站多年平均高潮位为 2.66 m，最近二十年平均高潮位为 2.71 m，而最近十年平均高潮位为 2.74 m。资料统计表明，温州站近期潮位有所抬高与沿海其他测站的变化情况是一致的。温州站作为水利计算的下边界，已具有较好的代表性。

6.2 技术方案

技术方案分为四个部分：数据收集与分析、洪水模型构建与检验、洪水风险情景模拟、洪水风险管理。

(1) 数据收集与分析:收集所需要的基础地理信息、水文气象、构筑物及工程调度、社会经济、历史洪涝灾害等数据。

(2) 洪水模型构建与检验:对瓯江流域进行水文分析计算,得到不同频率设计洪水过程,并对小溪上游的滩坑水库进行调洪演算得到水库下泄流量过程。以水库下泄流量过程、支流设计洪水过程作为一维水动力模型边界输入,下游温州站设计潮位过程作为下边界,建立瓯江青田段、小溪、船寮港、四都港一维河网模型,模拟洪水演进过程。构建沿江区域高精度二维水动力模型,范围包含沿江所有可能受洪水影响的乡镇、行政村,采用侧向连接方法进行一维、二维水动力模型耦合。将 2014 年等历史洪水用于参数选取与率定。

(3) 洪水风险情景模拟:以不同设计洪水、设计潮位、溃堤、历史洪水方案下瓯江流域的洪水演进模拟计算结果为依据,通过淹没水深、淹没范围等指标对青田县防洪能力进行分析。根据洪水分析得到的淹没范围、淹没水深、淹没历时等要素,结合淹没区各街道、乡镇社会经济情况,综合分析评估洪水影响程度,评估洪水损失。

(4) 洪水风险管理:构建青田县洪水风险图管理与应用系统,实现区域洪水风险快速判断和分析。

具体的技术路线如图 6-6 所示。

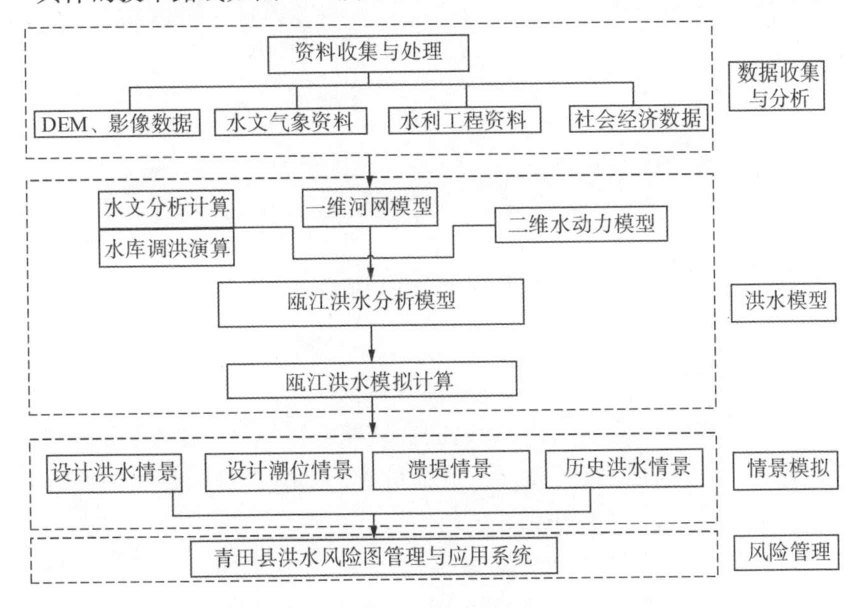

图 6-6 技术路线

6.3 数据收集

6.3.1 基础地理资料

收集青田县沿江区域 1∶10 000 地形图资料。收集青田县研究范围内最新的 DEM 等。包括：等高线、高程点、河道断面、行政区划、居民点、道路交通、河流水系、水利工程、线状构筑物（公路、铁路、堤防）等。

考虑到青田县行政区划、河流水系及可能的最大洪水淹没范围，地形图以沿江地势为依据。具体范围如图 6-7 所示。

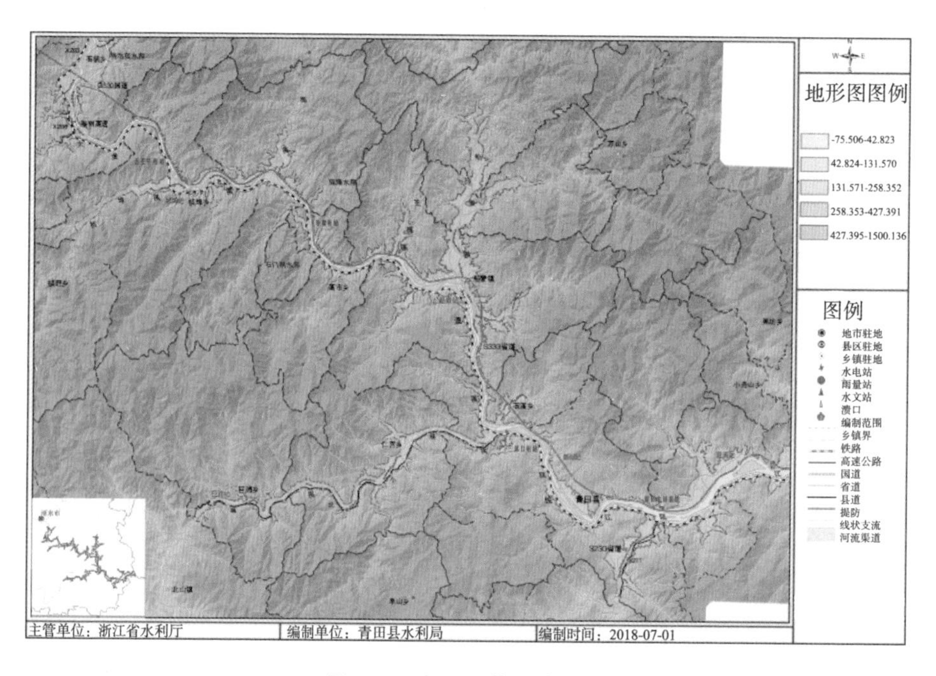

图 6-7　青田县范围地形图

6.3.2 河道断面资料

收集了最新的大溪、瓯江、小溪、四都港、船寮溪等将近 150 km 的河道水下地形资料（河道断面测量资料）。范围包括：大溪（开潭水库—三溪口），瓯江（三溪口—温州站），支流小溪（滩坑水库—三溪口）、四都港（秋芦断面—四都港河口）、船寮港（红光断面—船寮港河口）。所收集的河道断面测量资料已进一步加工处理，统一坐标系、高程系；同时将断面测量资料与基础地理资料融合、配准,做到一张图中。按照一、二维水动力模型要求,对断面测量资料进行数据标准化处理,使之满足模型建模需要。

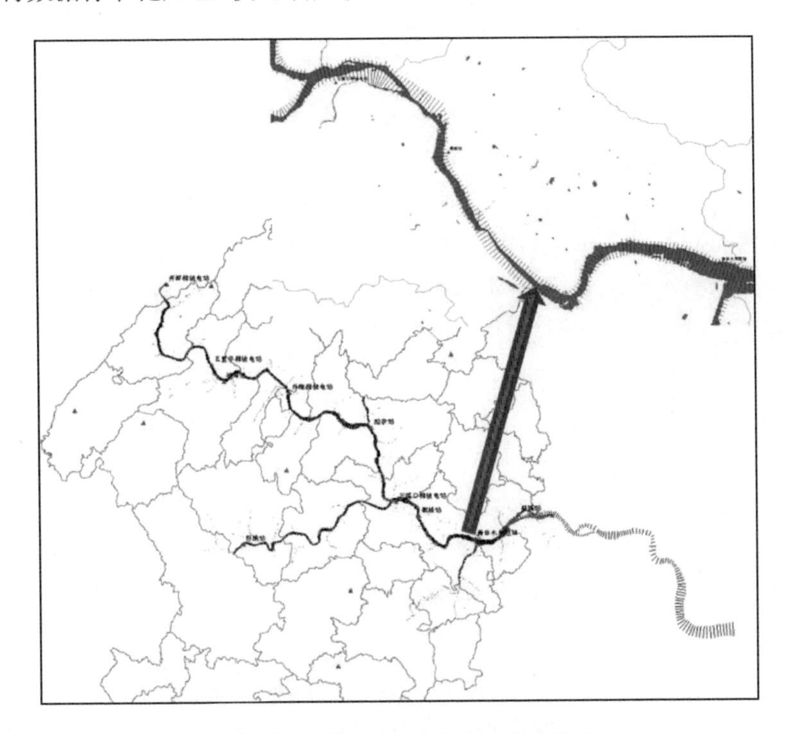

图 6-8　瓯江青田段河道断面测量资料处理

6.3.3　相关规划和水文成果资料

收集到《瓯江流域防洪规划》、《青田水利枢纽初步设计报告》及《温州市三江河口区风暴潮预报研究报告》等,上述报告均已经通过水利主管部门审查,设计洪水、设计潮位成果以及历史洪水调查成果可以参考采用。

(1) 设计洪水(暴雨)

上述收集到的规划设计报告中,大溪、小溪设计洪水以流量资料推求(流量法)为主,区间支流设计洪水用暴雨资料推求(雨量法)。

用流量资料推求的设计洪水过程线,选用典型洪水过程线按峰量同频率控制放大。针对梅雨型洪水,典型洪水选用 1994 年 6 月 16 日—6 月 19 日实测梅雨洪水过程;针对下游台风型洪水,典型洪水选用 1992 年 8 月 30 日—9 月 2 日的实测台风暴雨洪水过程。

(2) 设计潮位

选用花岩头、温州等站年最高水(潮)位作了频率分析，经 P-Ⅲ 型理论曲线适线，求得各站年最高设计潮位成果。

近十年来，瓯江下游河段挖砂较多，青田附近河道断面变化较大，相应水位有所降低。但温州站潮位并未受此影响。温州站多年平均高潮位为 2.66 m，最近二十年平均高潮位为 2.71 m，而最近十年平均高潮位为 2.74 m。资料统计表明，温州站近期潮位有所抬高与沿海其他测站的变化情况是一致的。温州站作为水利计算的下边界，已具有较好的代表性。

设计潮型选用 1992 年 8 月 30 日—9 月 2 日实测潮位过程，按设计高潮位控制缩放得到。

(3) 洪潮组合

瓯江流域下游洪水宣泄速度与洪潮遭遇情况相关密切。若大洪水遇上大潮，洪水受大潮顶托，河道水位会明显抬高。本地区年最大洪水与年最高潮位相遇的年份有：1971 年、1987 年、1990 年、1992 年、1996 年等。经水文(潮位)站资料分析，瓯江青田段洪水有可能受大潮的顶托。因此在选取洪潮组合的时候，建议在设计洪水方案中，选取 5 年一遇高潮位；在设计潮位方案中，选取 5 年一遇设计洪水。

综上所述，相关报告中均列出了设计洪峰流量成果(洪水量级为 5 年、10 年、20 年、50 年、100 年一遇)，设计潮位过程(潮位量级为 5 年、10 年、20 年、50 年、100 年一遇)，而本研究目的主要是反映河道洪水漫溢的洪水淹没过程，因此洪水分析边界条件均应采用流量、潮位过程线。

6.3.4 构筑物及工程调度

6.3.4.1 防洪堤

表 6-1 瓯江主要堤防信息表

保护区级别	保护区	保护区概况		保护区防御概况		
		面积(km^2)	人口(万人)	堤防长度(m)	现状防洪标准	规划防洪标准
Ⅰ级防洪保护区	青田城区	1.72	8.20	原老堤防左岸 3 863，右岸 4 355	近 20 年一遇	20 年一遇
Ⅱ级防洪保护区						

续表

保护区级别	保护区		保护区概况		保护区防御概况		
			面积（km²）	人口（万人）	堤防长度（m）	现状防洪标准	规划防洪标准
Ⅲ级防洪保护区	江心洲	红圩	0.62	0.12	500	不足5年一遇	5年一遇
	其他沿江地势低洼处	腊口	2.35	0.47	镇区新建堤防左岸1 500	10年一遇	10年一遇
		海口	1.63	0.43	镇区原老堤防左岸1 435	5年一遇	10年一遇
		船寮	3.45	1.65	镇区原老堤防左岸1 150	5年一遇	10年一遇
		温溪	4.60	7.70	镇区新建堤防左岸4 352，右岸4 686	20年一遇	20年一遇

6.3.4.2 水库工程及调度规则

中华人民共和国成立以后，瓯江流域丽水境内已建成小（1）型以上水库90座，总库容63.38亿m³。其中：大型水库2座，总库容55.83亿m³（紧水滩13.93亿m³、滩坑41.9亿m³）；中型水库28座，总库容6.02亿m³；小（1）型水库60座，总库容1.53亿m³，具体见表6-2。这些水库虽然大多以发电和灌溉为主，但实践表明，只要控制调度得当，对减轻下游洪涝灾害也能起到较好的作用。特别是紧水滩水库，对下游沿岸乡镇、丽水城区防洪起到显著作用；滩坑水库已建成，对青田县城的防洪发挥了很大的作用；瓯江干流上开潭、五里亭及外雄水库也已建成并相继投入试运行。瓯江流域部分梯级水库下泄流量见表6-3。

（一）流域梯级水库概况

表6-2　瓯江青田以上流域部分大中型水库基本情况

水库名称	河流名称	集水面积（km²）	总库容（万m³）	正常库容（万m³）	防洪库容（万m³）	正常水位（m）	汛限水位（m）	坝顶高程（m）	装机（万kW）	单机流量（m³/s）
紧水滩	龙泉溪	2 761	139 300	104 000	14 600	184	184	194	30	84.5
石　塘	龙泉溪	3 234	8 271	7 405		102.5	102.5	104.9	7.8	140.0
玉　溪	龙泉溪	3 407	1 453	—		79.1	79.1	81.5	4	212.9
开　潭	大　溪	8 544		2 836		47.5	47.5	54.0	3×1.6	201.5
雅　溪	太平港（小安溪）	184	2 900	2 240		242	242	249	0.845	2.6

续表

水库名称	河流名称	集水面积(km^2)	总库容(万 m^3)	正常库容(万 m^3)	防洪库容(万 m^3)	正常水位(m)	汛限水位(m)	坝顶高程(m)	装机(万 kW)	单机流量(m^3/s)
成屏一级	松荫溪	185	5 230	4 670		347.4	345.5	352.1	1.3	9.69/4.135
成屏二级	松荫溪	215	1 345	920		263	258	269.3	0.75	2.81/3.58/3.69/7.25
五里亭	大　溪	8 872	4 575	2 424		36.5	36.5	42.4	3×1.4	225.4
外　雄	大　溪	9 262		1 717		28.0	28.0	34.5	2×2.4	332
金坑	船寮港	108	2 420	2 050		210	210	218.6	0.96	3.53
滩坑	小溪	3 330	419 000	352 000	35 000	160	156.5	171.0	60	
上标	小溪	25.7	2 159	1 763		987	987	991.7	1.6	2.218
英川	小溪	214.6	3 731	3 038		555		561	4	12.7

表 6-3　流域部分梯级水库特征下泄流量

水库	特征下泄流量(m^3/s)				
	20%	10%	5%	2%	1%
紧水滩	2 000	—	2 700	5 870	5 870
石塘	2 950	—	3 920	6 725	6 930
玉溪	3 453	3 461	4 274	7 168	7 429
开潭	8 380	9 900	11 370	13 857	—
五里亭	7 670	9 270	10 800	13 300	15 500
外雄	8 010	9 680	11 300	13 900	16 100
滩坑	4 176	4 867	6 361	8 633(台汛)	9 270(台汛)
				6 719(梅汛)	7 704(梅汛)

（二）水库调度现状

瓯江干流的防洪调度，主要通过调控紧水滩、滩坑两座大型水库的洪水蓄泄，协调石塘、玉溪、开潭、五里亭和外雄等几座中型梯级水库的泄洪，有效削减洪峰，缓解瓯江干流防洪压力，保护丽水城区、碧湖平原及中下游青田城区等重要保护区的防洪安全。

6.3.5 社会经济资料

《青田县统计年鉴(2016 年)》收录了 2016 年青田县经济和社会各方面大量的统计数据。统计年鉴中与本研究相关内容包括:行政区划、生产总值、人口、农业产值及耕地面积详情、工业产值及单位产值详情、服务业产值、街道镇乡详情等。

瓯江青田段沿岸情况较为特殊,主要沿江行政村聚集区作为防洪关注重点,在分析时重点考虑沿江行政村,进行经济、人口等的损失评估。

以行政村为统计单位,采用居民地法对人口数据进行空间分析,认为人口是均匀分布在该行政村的居民地范围内的。行政村人口采用的 2015 年人口数据。

6.3.6 防洪重要保护对象

防洪重要保护对象主要包括物资仓库、避灾场所、危化企业、医院、学校等场所以及通信、电力、供水、道路系统等重要设施。备汛资料包括防汛物资仓库位置及储备情况、避灾点位置及数量、抢险队伍等。

6.4 洪水模拟分析

6.4.1 建模思路

青田县主要洪水来源为上游干流洪水(大溪、小溪)和区间暴雨导致的支流洪水,为了能够模拟河道洪水、溃堤洪水,建立一维、二维水动力学模型。河道洪水采用一维水力学法分析,漫溢洪水采用二维水力学法分析,并对一维和二维模型进行耦合计算,保障洪水分析的准确性。二维模型以 DEM 数字高程模型为依据,充分考虑线性工程(公路、铁路、堤防等线状物)的阻水及导水影响。溃口位置根据堤防调查成果设定,溃口的宽度以及过程根据堤防溃口经验公式确定。

6.4.2 水文分析计算

6.4.2.1 水文站点

青田县位于浙江省第二大江瓯江流域的中下游,县域面积 2 493 km^2。温溪镇以上流域集水面积 13 955 km^2,占瓯江流域总面积的77.1%。青田主要水文站如下。

鹤城站：原圩仁站位于瓯江干流，于1932年6月设立，集水面积13 500 km²，受河道采砂及高速公路影响，2003年1月迁到上游8 km设立鹤城水文站，集水面积13 445 km²。

巨浦站：原白岩站位于瓯江支流小溪，设立于1951年5月，集水面积3 255 km²。受滩坑水电站建设影响，2006年1月迁移到下游9 km设立巨浦水文站，集水面积3 336 km²。

祯埠站：原五里亭站位于瓯江干流大溪，设立于1954年12月，集水面积8 870 km²，受五里亭水电站及高速公路影响，2007年1月迁移到下游2.4 km处设立祯埠水文站，集水面积9 090 km²。

青田县目前建有简易雨量站68个，简易水位站60个，河道站16个，水库站22个和雨量站37个。

青田县水文雨量站情况见图6-9。

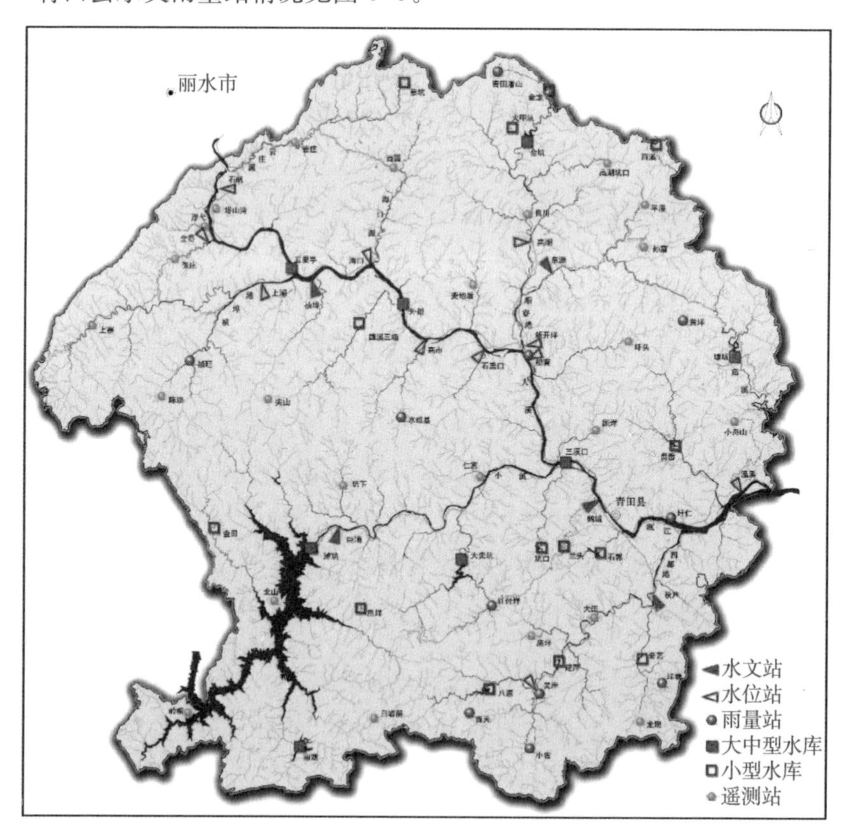

图6-9　青田县水文雨量站网图

表 6-4　部分雨量站点分布情况

序号	乡镇	站点
1	舒桥乡	蔡坑
2	海溪乡	西园
3	章村乡	上寮
4	腊口镇	浮弋
5	船寮镇	圩头
6	黄垟乡	黄垟
7	北山镇	金田
8	巨浦乡	坑下
9	仁庄镇	吴岸
10	汤垟乡	小佐
11	山口镇	大田
12	方山乡	垟塘
13	山口镇	秋芦
14	季宅乡	青田潘山
15	祯旺乡	祯旺
16	腊口镇	管庄
17	高市乡	水碓基
18	船寮镇	麦地后
19	阜山乡	红付垟
20	汤垟乡	西天
21	万山乡	孙窟
22	石溪乡	国垟
23	腊口镇	塔山湾
24	东源镇	平溪
25	祯埠乡	尖山
26	高湖镇	高湖坑口
27	祯旺乡	陈须
28	方山乡	龙现
29	万阜乡	白岩前
30	北山镇	岭根

续表

序号	乡镇	站点
31	仁庄镇	底垟
32	腊口镇	赵庄
33	高湖镇	良川
34	北山镇	北山
35	仁宫乡	仁宫
36	小舟山乡	小舟山

表 6-5　部分水位站点分布情况

序号	站点	乡镇
1	外雄	高市乡
2	五里亭电站	祯埠乡
3	开潭	莲都区
4	三溪口	鹤城街道
5	建萍	仁庄镇
6	船寮	船寮镇
7	祯埠	祯埠乡
8	兰头	章旦乡
9	雄溪三级	海口镇
10	巨浦	巨浦乡
11	温溪	温溪镇
12	奇艺	方山乡
13	滩坑	北山镇
14	鹤城	鹤城街道
15	大奕坑	阜山乡
16	火甲坑	季宅乡
17	西溪	东源镇
18	石郭	鹤城街道
19	金龙	季宅乡
20	八源	仁庄镇
21	贵岙	贵岙乡
22	金田水库	北山镇

续表

序号	站点	乡镇
23	后垟	北山镇
24	坑口水库	章旦乡
25	塘坑	吴坑乡
26	金坑	季宅乡
27	万阜	万阜乡
28	上湖	祯埠乡
29	高湖	高湖镇
30	石盖口	船寮镇
31	新开垟	船寮镇
32	吴岸	仁庄镇
33	金岙	腊口镇
34	石帆	腊口镇
35	东源	东源镇
36	海口	海口镇
37	高岗	温溪镇
38	高市	高市乡

依据相关的规划设计报告，大溪、小溪设计洪水以流量资料推求(流量法)为主，滩坑至三溪口区间及其他十九个支流设计洪水用暴雨资料推求(雨量法)。

6.4.2.2 大溪、小溪设计洪水计算

(一) 大溪开潭电站设计洪水

河道一维模型上边界为开潭水库下泄流量，由于开潭水库集雨面积为 8 544 km^2，而五里亭水文站的集雨面积为 8 870 km^2，面积比为 0.96。因此移用五里亭水电站相关频率下的设计流量作为大溪开潭水库的设计洪水，采用面积比 0.96 的 0.8 次方作修正。

参考《青田水利枢纽工程初步设计报告》中已有的设计成果，典型洪水选择 1992 年 8 月 31 日历史洪水过程。

表 6-6 五里亭水文站最大洪水统计参数汇总表

河名	站名	集水面积(km^2)	洪峰流量均值 Q(m^3/s)	Cv	Cs/Cv	三日洪量均值 $W_{三日}$(亿 m^3)	Cv	Cs/Cv
大溪	五里亭	8 870	6 680	0.5	3	8.74	0.5	2

表 6-7 五里亭水文站设计洪峰流量

站名	集水面积（km²）	各频率洪峰流量(m³/s)					
		1%	2%	3.3%	5%	10%	20%
五里亭	8 870	17 800	15 800	14 400	13 200	11 100	8 990

表 6-8 五里亭水文站设计最大三日洪量

站名	集水面积（km²）	各频率三日洪量(亿 m³)					
		1%	2%	3.3%	5%	10%	20%
五里亭	8 870	21.9	19.8	18.3	16.9	14.6	12.1

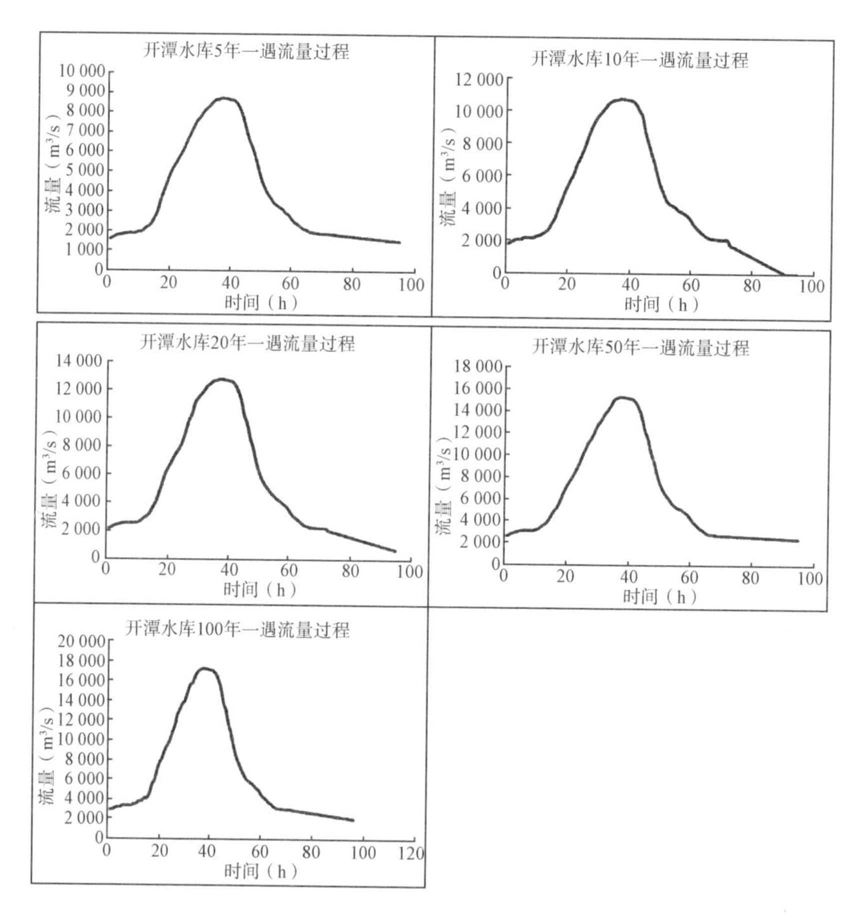

图 6-10 开潭电站设计洪水成果

（二）小溪滩坑水库设计洪水

由于小溪上建有滩坑水库，因此支流小溪的设计洪水分为两部分计算：滩坑水库设计下泄流量以及滩坑至三溪口区间设计洪水。按照最不利原则，将二者进行线性叠加至滩坑坝址作为小溪的计算边界。

1. 入库洪水

根据历史实测流量进行排频计算，采用P－Ⅲ适线法确定相关参数，根据《浙江省瓯江滩坑水电站设计运行报告》，以资料较为可靠、代表性好，对防洪运用较不利为原则，选取峰高量大、主峰在后、各时段洪量分配接近同频率的1960年8月洪水为典型，以分时段同频率控制放大各频率设计洪水过程线。见图6-11。

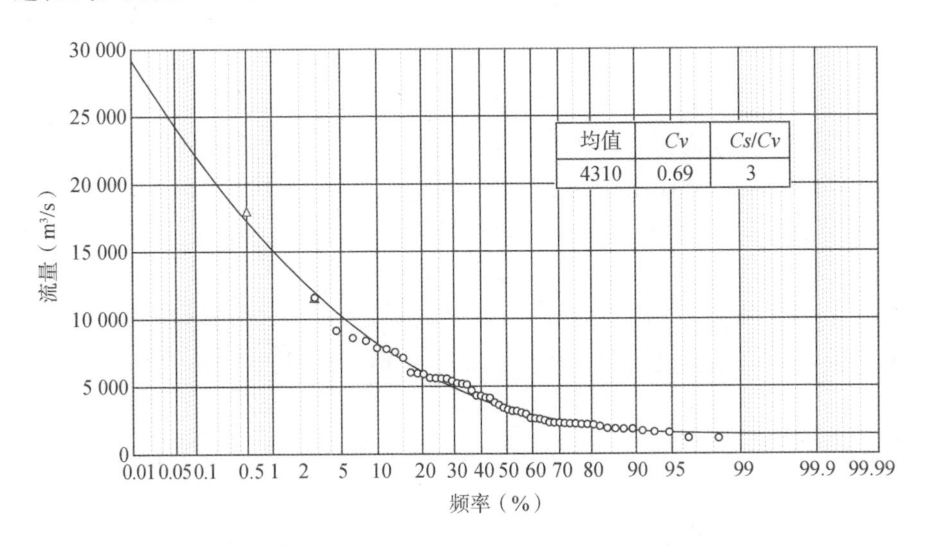

图6-11 滩坑年最大洪峰流量频率曲线图

2. 滩坑水库洪水调度原则

根据防洪要求、水库的防洪库容、特征水位、洪水标准和洪水特性等，拟定滩坑水库洪水调度原则。洪水调度原则如下。

（1）水库在台汛期（7—10月）起调水位为156.5 m，梅汛期起调水位为160.0 m。

（2）水库水位在台汛期限制水位156.5 m和$P=5\%$防洪高水位161.5 m之间，即156.5 m$<Z\leqslant$161.5 m，按补偿凑泄方式调度。

根据下游青田县城的防洪标准，水库水位在防洪高水位（$P=5\%$）161.5 m以下时，控制滩坑水库下泄流量，并考虑下泄流量传播至圩仁站的时间，可使不同洪水组合情况下，滩坑水库下泄流量与滩坑—圩仁站区间流量之和（包括大溪干流洪水流量）不超过 14 000 m^3/s。滩坑坝址洪水传播至圩仁站的时间按 5.0 h 考虑。

即滩坑水库的下泄流量按下式确定：

$$Q_{泄} = Q_{安全} - DQ_1$$

式中：$Q_{安全}$ 为下游圩仁站断面处的安全泄量（m^3/s）；DQ_1 为考虑洪水传播时间后的滩坑—圩仁站区间流量（包括大溪干流洪水流量）（m^3/s）；$Q_{泄}$ 为滩坑水库下泄流量（m^3/s）。

机组发电流量包含于水库下泄流量之中，调洪计算时机组发电流量按 400 m^3/s 计，同时滩坑—圩仁站区间洪水流量的预报误差考虑为 6% 左右。

（3）由于水库水位在 $P=5\%$ 防洪高水位 161.5 m 及以下时，采用补偿凑泄方式调度，实际调度时的最小下泄流量为机组发电流量。为了避免瞬间加大溢洪道下泄流量对下游产生过大的冲击，当水库水位大于 $P=5\%$ 防洪高水位 161.5 m，且不超过 161.7 m，即 161.5 m $< Z \leqslant$ 161.7 m 时，水库按 6 000 m^3/s 控制流量下泄洪水，即 $Q_{泄}=6\ 000\ m^3/s$。

（4）当水库水位超过 161.7 m，即 $Z>161.7$ m 时，则溢洪道闸门全部打开下泄洪水，电站机组也参与泄洪，即 $Q_{泄} = Q_{溢} + Q_{机}$。

（5）当水库水位大于 $P=0.2\%$ 洪水位 165.27 m（即 $Z>165.27$ m）时，溢洪道闸门全部打开下泄洪水，并且开启泄洪洞参与泄洪，发电暂停，即 $Q_{泄} = Q_{溢} + Q_{洞}$。

3. 设计洪水成果

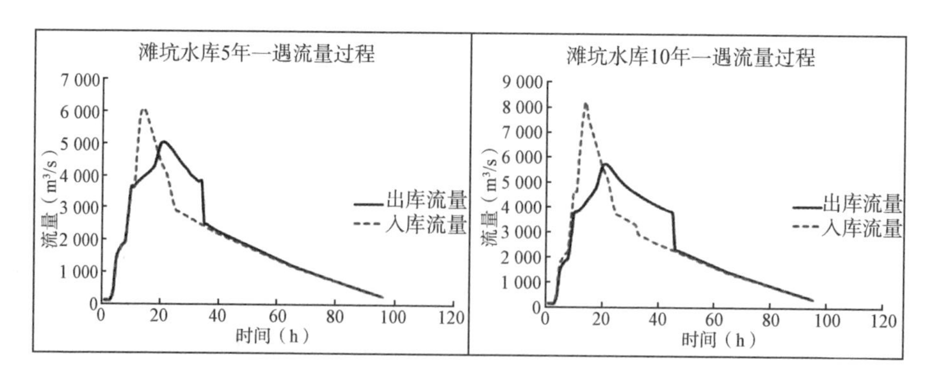

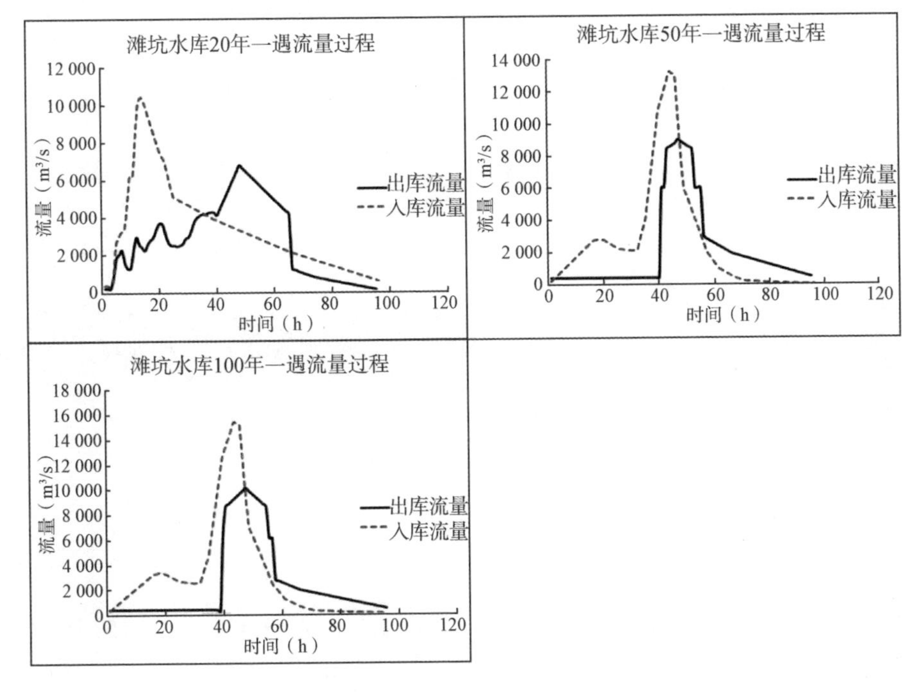

图 6-12　滩坑水库设计洪水成果

6.4.2.3　区间支流设计洪水计算

滩坑至三溪口区间及其他十九个支流设计洪水用暴雨资料推求，即首先计算最大 24 小时设计暴雨，而后通过瞬时单位线推求得到设计洪水过程。

表 6-9　支流河道信息表

序号	河流名称	汇入河流	集雨面积(km)	河长(km)	河流比降(‰)
1	官庄源	大溪	97.58	23.8	33.02
2	腊溪源	大溪	25.35	9	65.4
3	祯埠港	大溪	226	37	22.97
4	官坑源	大溪	35.7	16.2	67.3
5	海口源	大溪	79.1	15.6	46.01
6	雄溪源	大溪	65.8	16.9	56.94
7	高市源	大溪	32.9	12	103.59
8	芝溪源	大溪	24.8	9.5	53.98
9	石盖源	大溪	29.8	9	89.49

续表

序号	河流名称	汇入河流	集雨面积(km)	河长(km)	河流比降(‰)
10	船寮港	大溪	359	42	9.41
11	大路源	大溪	29	10.8	81.46
12	石溪源	大溪	27.12	11.21	82.56
13	湖边源	瓯江	33.34	14.76	70.94
14	水碓坑	瓯江	4.44	7.1	66.8
15	石郭源	瓯江	23.92	8.02	66.67
16	四都港	瓯江	296.92	40.92	21.82
17	港头坑	瓯江	15.5	8.7	55.7
18	贵岙源	瓯江	82.4	20.04	44.72
19	石洞源	瓯江	80.2	15.5	42.63

（一）设计暴雨

暴雨取样采用年最大值法，取最大 24 小时雨量。面雨量计算采用面积加权平均法。暴雨系列选用 1953—2011 年共 59 年。暴雨频率分析采用 P－Ⅲ曲线拟合适线法，求得流域设计暴雨成果。

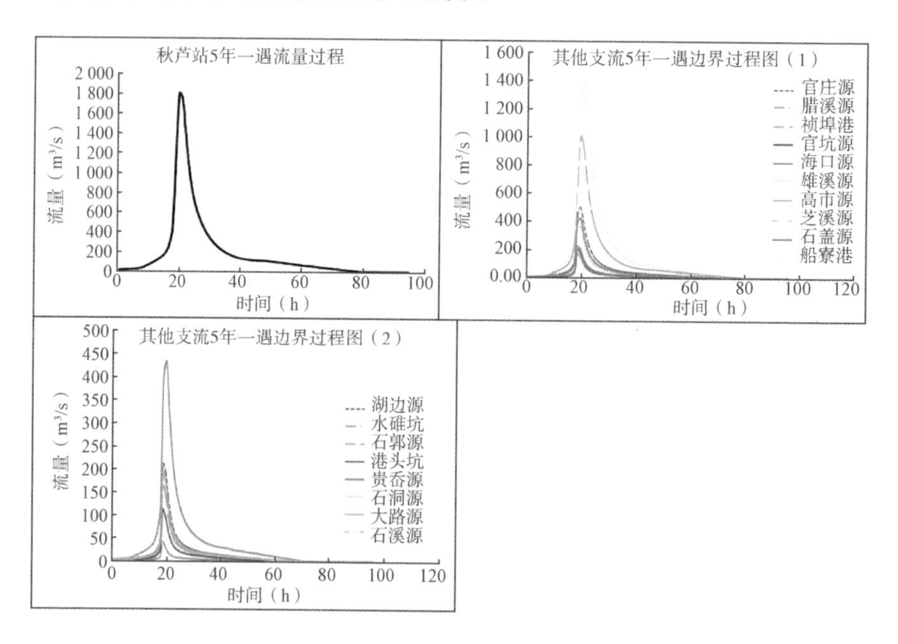

图 6-13　区间支流 5 年一遇设计洪水

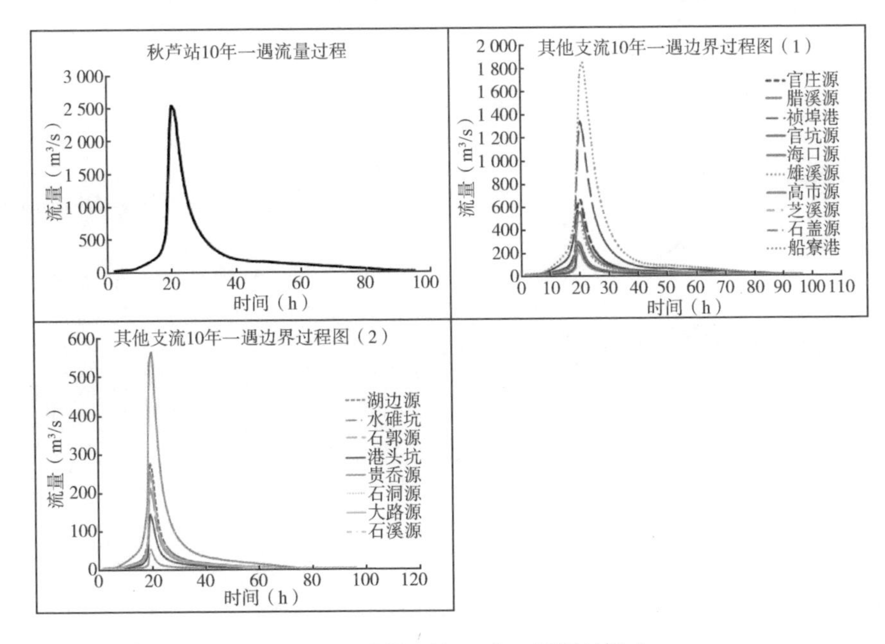

图 6-14　区间支流 10 年一遇设计洪水

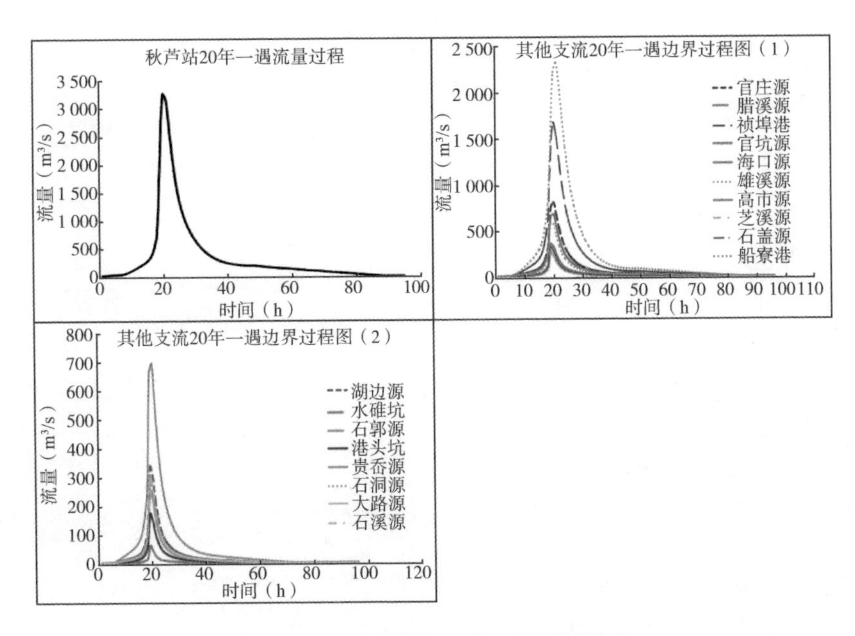

图 6-15　区间支流 20 年一遇设计洪水

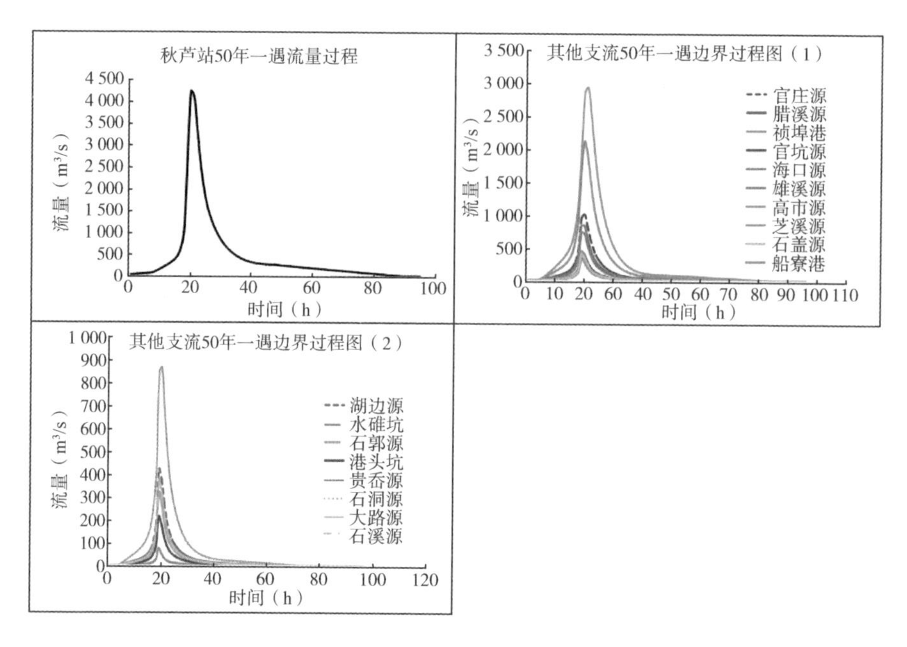

图 6-16　区间支流 50 年一遇设计洪水

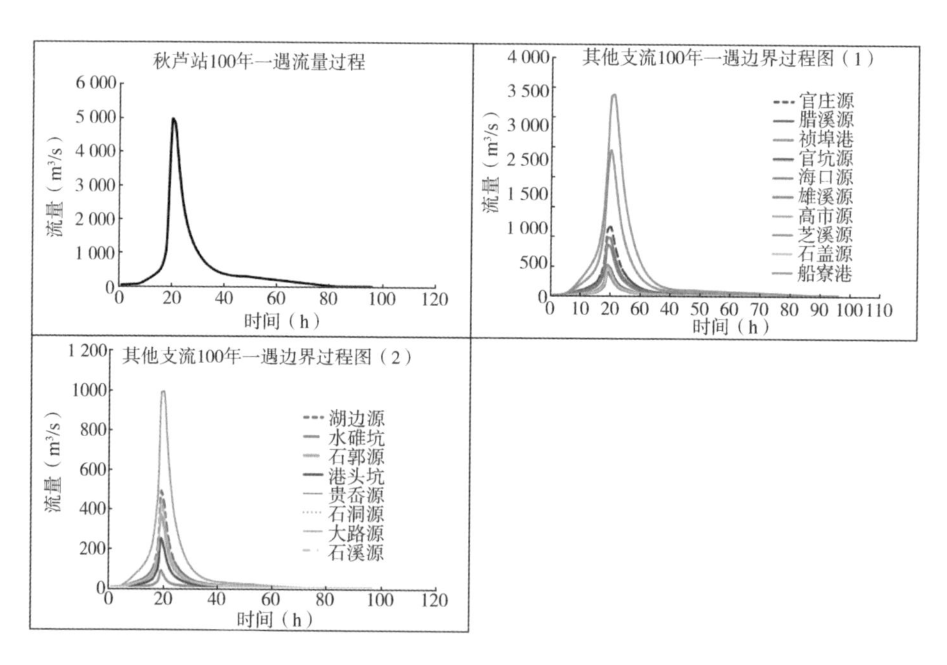

图 6-17　区间支流 100 年一遇设计洪水

（二）设计洪水

设计洪水的计算方法主要有两种：一是根据实测资料推求设计洪水，采用典型洪水放大；二是通过设计暴雨推求设计洪水，可采用瞬时单位线或推理公式法。

官庄源、腊溪源、祯埠港、官坑源、海口源、雄溪源、高市源、芝溪源、石盖源、船寮港、大路源、石溪坑等12条汇入大溪的支流，湖边源、水碓坑、石郭源、四都港、港头坑、贵岙源、石洞源等7条汇入瓯江的支流均作为支流边界，采用洪水流量过程线。本次通过设计暴雨推求设计洪水，50 km^2 以下采用浙江省推理公式法，50 km^2 以上采用浙江省瞬时单位线推求。

6.4.2.4 设计潮位

瓯江河口属于山溪性强潮河口，潮汐为非正规浅海半日潮。干流上中游水位主要受径流控制，下游河口潮流段，主要受潮汐控制。选用花岩头、温州等站年最高水(潮)位做了频率分析，经P－Ⅲ型理论曲线适线，求得各站年最高设计潮位成果。

近十年来，瓯江下游河段挖砂较多，青田附近河道断面变化较大，相应水位有所降低。但温州站潮位并未受此影响。温州站多年平均高潮位为2.66 m，最近二十年平均高潮位为2.71 m，而最近十年平均高潮位为2.74 m。资料统计表明，温州站近期潮位有所抬高与沿海其他测站的变化情况是一致的。温州站作为水利计算的下边界，已具有较好的代表性。

表6-10　温州站设计潮位成果表

项　目	各频率设计潮位(m)						
	0.5%	1%	2%	5%	10%	20%	50%
最高潮位	6.05	5.79	5.52	5.16	4.88	4.57	4.10
最低潮位		−3.06	−2.90	−2.67	−2.49	−2.31	

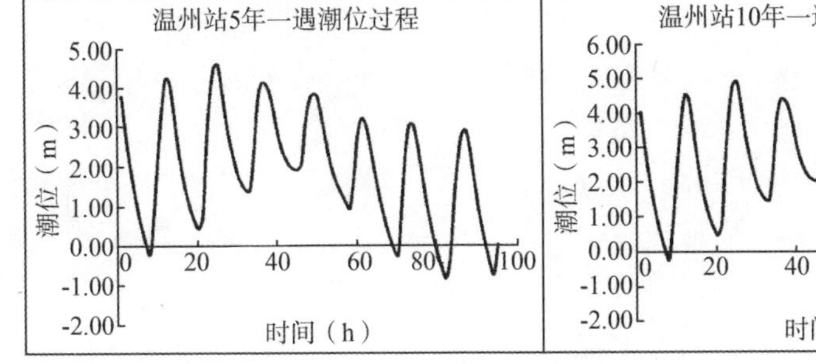

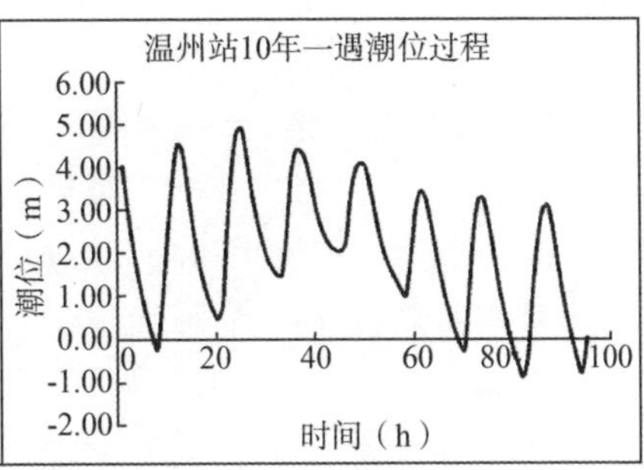

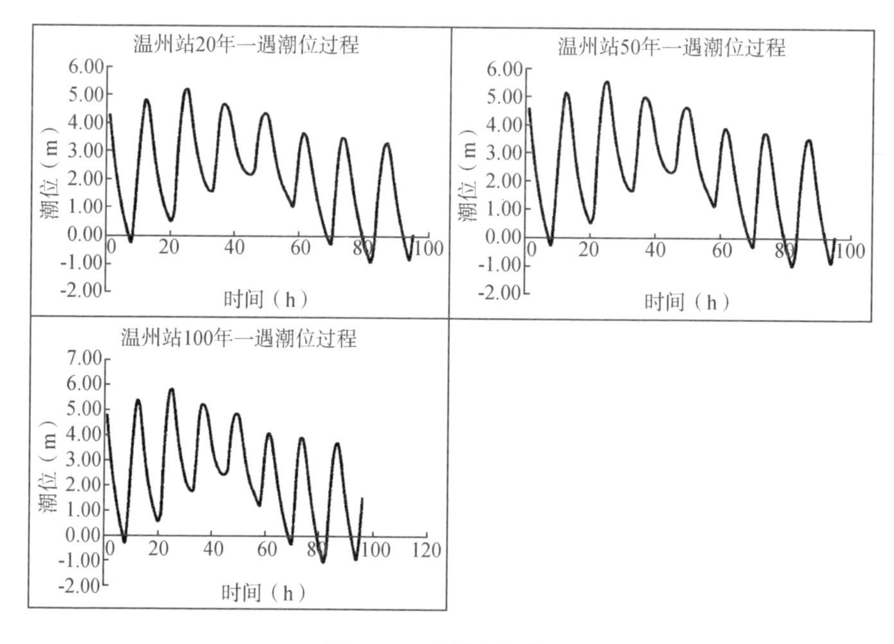

图 6-18 设计潮位成果

6.4.2.5 历史洪水调查

瓯江洪涝频繁，历史洪水调查的目的在于分析流域实际洪水过程，直观反映流域防洪能力，并对防汛调度工作具有重要参考价值。基于历史洪水调查成果，设置历史洪水方案，主要目的在于分析在现状工况下如发生历史洪水，流域淹没情况。依据实际资料情况，具体选取 2014 年 8 月 20 日洪水作为历史洪水方案。

2014 年 8 月 13 日至 18 日，大溪流域连续降雨，雨量较大，土壤水分已饱和，各河流已出现小洪水，19 日的全流域强降雨，紧水滩水库至开潭电站区间降雨量大，开潭电站上游各支流洪峰基本上同步到达开潭电站大坝，大溪开潭电站至湖边发生了 1971 年以来的最大洪水，当河流流量达到 4 000 m^3/s，五里亭电站、外雄电站、三溪口电站的闸门都全部开闸泄洪，大溪沿线的石帆、腊口、祯埠小群、海口、高市、石盖、船寮等区域受淹严重。

“20140820”历史洪水祯埠（大溪）、巨浦（小溪）、鹤城（瓯江）水文站流量资料和温州潮位站资料摘自《浙闽台河流水文资料》2014 年第 7 卷第 3 册，秋芦站（四都港）流量根据实测雨量资料通过单位线推流得到。

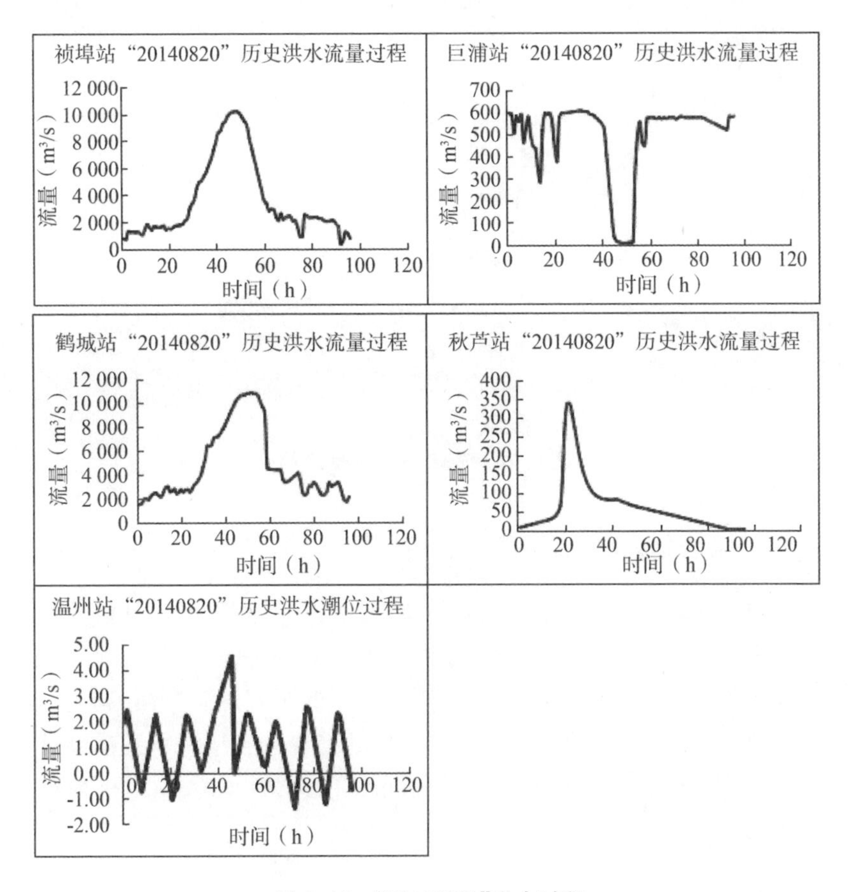

图 6-19 “20140820”洪水过程

6.4.3 一维水动力模型构建

6.4.3.1 建模范围

依据《瓯江流域综合规划》(2015)、《瓯江流域防洪规划》、《青田县防汛手册》(2017)、《青田水利枢纽初步设计报告》(2013)、《瓯江干流(丽水段)防御洪水方案》、《瓯江干流洪水调度方案》等,建模范围为:大溪(开潭水库—三溪口),瓯江(三溪口—温州站),支流小溪(滩坑水库—三溪口)、四都港(秋芦断面—四都港河口)、船寮港(红光断面—船寮溪河口);其他支流直接作为集中入流流量边界,基本上反映出瓯江青田段洪水可能影响范围(图 6-20)。

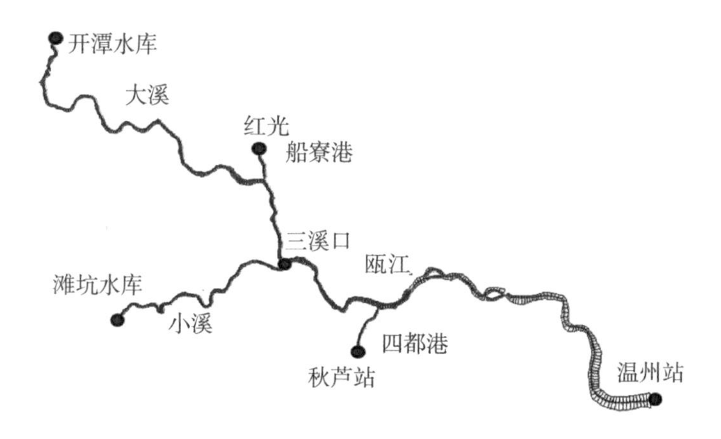

图 6-20　青田一维建模范围

6.4.3.2　模型概化

河道分为瓯江干流(大溪)、支流小溪、四都港、船寮港等。针对涉及的保护区,统一建立一维河道模型进行洪水演进计算,河网模型采用的河道地形资料采用近期更新的资料。收集到瓯江干支流的主要控制断面的测量数据。断面是模型计算的最基本的单元,断面数据的准确性直接影响到模型计算结果的精确程度。模型构建时候河道断面间距不超过 1 000 m,以确保洪水模拟精度。

图 6-21　河道断面概化

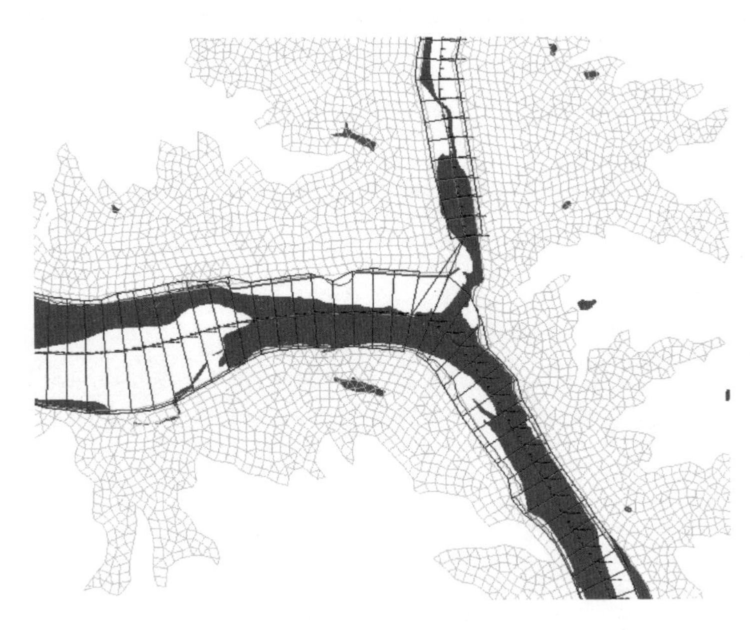

图 6-22 船寮港交叉口断面示意图

6.4.3.3 边界条件

河道一维模型搭建范围上游为大溪开潭水库、下游为瓯江温州站潮位站。在洪水分析模拟方案计算中，上游大溪开潭水库坝址作为一维河道模型上边界，不同重现期设计洪水移用大溪五里亭水文站不同重现期的设计洪水过程，依据开潭水库坝址断面和五里亭水文站断面集雨面积进行设计洪水过程修正。下游瓯江温州站潮位站作为模型下边界，不同重现期设计潮位过程采用温州站不同重现期潮位过程。

小溪是瓯江的最大支流，作为支流边界，采用洪水流量过程线。按照同频原则，即干流发生某一设计频率洪水、支流发生相应频率设计洪水这种组合。考虑到小溪上游滩坑水库的调蓄作用，小溪各频率下的设计洪水流量过程应该是各频率下设计入库洪水流量过程经滩坑水库调蓄后的下泄流量过程叠加滩坑坝址至三溪口断面的区间设计洪水流量过程。

支流四都港河道一维模型上边界为秋芦桥断面，不同重现期设计洪水过程移用秋芦站不同重现期设计洪水过程，并根据集雨面积进行设计流量过程修正。

官庄源、腊溪源、祯埠港、官坑源、海口源、雄溪源、高市源、芝溪源、石盖源、船寮港、大路源、石溪源等12个汇入大溪的支流,湖边源、水碓坑、石郭源、港头坑、贵岙源、石洞源等6个汇入瓯江的支流均作为支流边界,采用洪水流量过程线。按照同频原则,即干流发生某一设计频率洪水、支流发生相应频率设计洪水这种组合。

因此,模型水文边界条件共有:

干流上边界1个,大溪开潭水库,为流量边界;

支流小溪上边界1个,小溪滩坑水库,为流量边界;

支流边界19个,为四都港、官庄源、腊溪源、祯埠港、官坑源、海口源、雄溪源、高市源、芝溪源、石盖源、船寮港、大路源、石溪源、湖边源、水碓坑、石郭源、港头坑、贵岙源、石洞源等,均为流量边界;由区间设计暴雨推求设计洪水得到;

下边界1个,温州潮位站,为水位边界。

6.4.3.4 模型参数选取与率定

(1) 率定水文条件

考虑地形及水文资料的实际条件,选取"20140820"洪水对青田县一维水动力数学模型进行率定。

"20140820"洪水:2014年8月18日以来,丽水市连日来遭暴雨袭击,瓯江干流水位居高不下。丽水城区、部分乡镇及道路受淹,青田县腊口、碧湖平原吴村圩等地群众受洪水围困。20日8时,丽水主要干支流重要水位站大部分已超警戒水位。瓯江干流持续高水位并不断增高(至1998年以来最高洪水位),丽水主城区大水门站水位51.91 m,超48 m亲水平台3.91 m,流量已达50年一遇洪水标准。20日21时青田县祯埠站水位34.88 m,鹤城站水位12.06 m,鹤城站流量10 140 m^3/s。

(2) 率定站点

选择沿江水文站断面,取实测的水位、流量过程与模型计算的水位、流量过程进行比较分析。本次我们选取模型范围内的鹤城水文站、祯埠水文站的实测水位、流量过程进行率定。

同时,沿一维河道选取多个具有实测最高水位的断面,进行水位最高值的比对分析。沿江断面分布范围在大溪、瓯江,包括五里亭坝址、祯埠水文站、鹤城水文站、圩仁水文站在内的12个断面。

(3) 率定结果

图6-23—图6-24为"20140820"洪水条件下鹤城站模型计算结果与实测

数据的比较，从计算结果来看，模型能够较好地模拟瓯江流域在洪水及下游潮位顶托共同作用下的水动力分布特性。各站水位及流量计算值与实测值吻合良好，能基本满足模型验证要求，表明模型能正确反映河道水位及流量的空间分布特性。同时计算的长历时潮位及流量相位关系与实测同步性也很好，再现了各站水位流量时间上的变化特征。

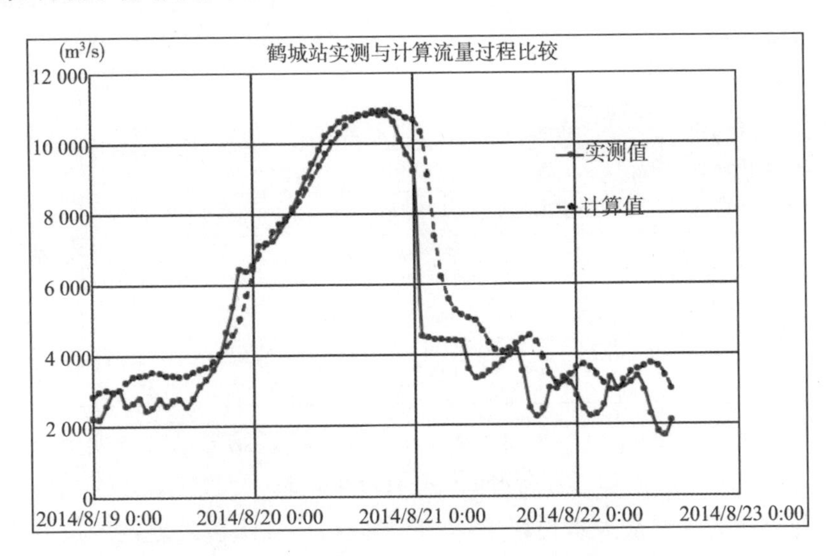

图 6-23　鹤城站实测与计算流量过程对比图

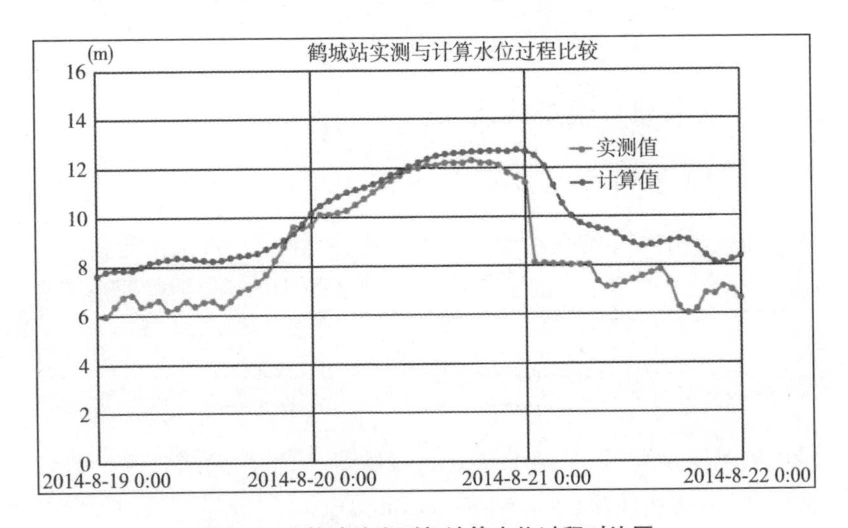

图 6-24　鹤城站实测与计算水位过程对比图

表 6-11　模型计算结果比较表

序号	断面位置	2014.8.20 实测最大水位值(m)	模型断面	模型计算最大水位值(m)	绝对误差(m)
1	石帆渡口	46.53	Daxi_2.49	46.62	−0.09
2	腊口大桥上	45.10	Daxi_6.69	44.94	0.16
3	五里亭坝址	37.44	Daxi_16.1	37.36	0.08
4	祯埠水文站	36.57	Daxi_18.2	36.5	0.07
5	海口南岸桥头	33.27	Daxi 24.4	33.33	−0.06
6	外雄坝址	30.04	Daxi_28.6	29.96	0.08
7	高市渡口	27.39	Daxi_31.3	27.25	0.14
8	船寮渡口	21.81	Daxi_41.7	22.10	−0.29
9	三溪口电站	17.21	oujiangMain_0.0	16.91	0.3
10	鹤城水文站	12.26	oujiangMain_5.49	12.51	−0.25
11	圩仁水文站	8.42	oujiangMain_13.08	8.34	0.08
12	温溪渡口	6.92	oujiangHuayantou_1.47	6.76	0.16

从水文站实测水位、流量过程看，基本模型模拟结果基本和实测过程吻合；经沿江 12 个断面实测最高水位值与计算值比较，大部分都满足要求：验证结果与实际洪水的最大水位误差（实测水位与计算水位之差绝对值的最大值）≤ 20 cm。

综上分析，所建立的一、二维耦合水动力模型基本符合瓯江青田段的洪水分析要求。

6.4.4　二维水动力模型构建

6.4.4.1　计算范围

根据瓯江洪水可能淹没的青田县最大范围，划定二维地形建模范围。大溪、小溪按照 75 m 等高线、瓯江按照 45 m 等高线划分，二维建模范围实际为 104 km^2。

6.4.4.2　模型建模

考虑到瓯江洪水、小溪洪水及流域内暴雨、滩坑水库泄洪等，大溪、小溪沿岸按照 75 m 等高线、瓯江沿岸按照 45 m 等高线划分建模范围。根据面积大小，确定最大网格面积和最小角度；在经济与人口分布密集区段，进行适当网格加密。

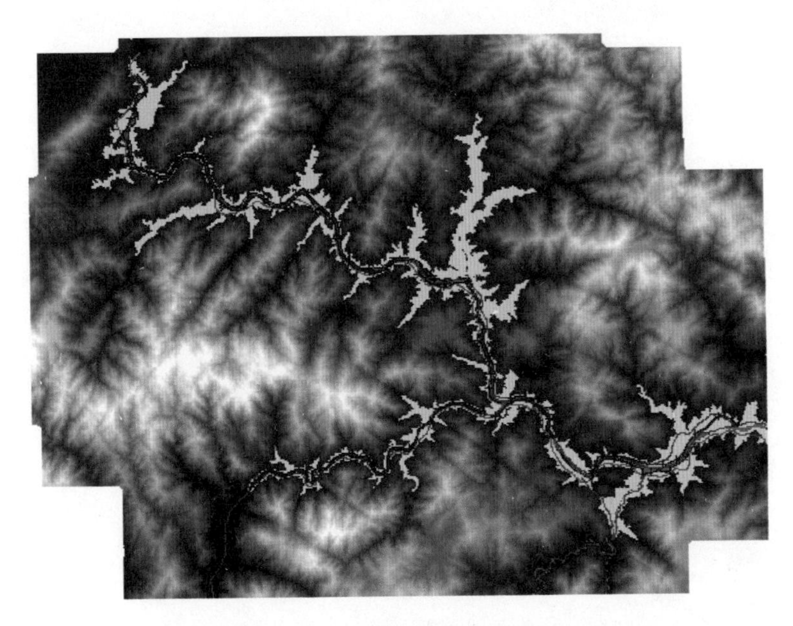

图 6-25　二维建模范围(黄色部分)

此外,通过试算,将计算区域内水流不可能到达的地区单独设定,使其不生成网格,节省计算时间。最终计算方案网格数量 66 342 个,网格平均面积 1 600 m^2,网格平均边长 46 m,是比较合理的网格划分结果。不但考虑了计算精度,而且考虑了计算效率。(注:技术要求规定,采用规则网格或不规则网格,对于规则网格,边长一般不超过 300 m,对于不规则网格,最大网格面积一般不超过 0.1 km^2,重要地区、地形变化较大部分的计算网格要适当加密。城镇范围内计算网格控制在 0.05 km^2 以下。)网格划分过程中考虑了重要阻水建筑物的作用,以重要道路和堤防作为控制边界进行划分。网格划分完成后,利用数字高程模型、土地利用情况和高分辨率遥感图像为网格附上相应的属性值,并且试算进行优化调整,确定最终的网格模型。

表 6-12　网格相关参数表

网格个数	66 342
最小边长(m)	13
平均边长(m)	46
建模范围(km^2)	104
单元平均面积(m^2)	1 600

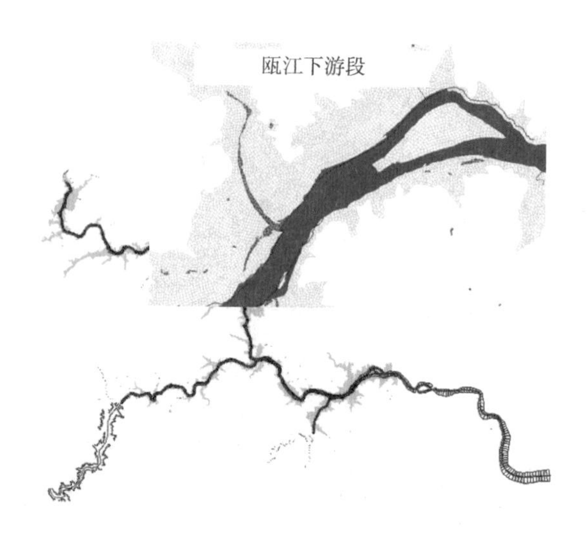

图 6-26　二维模型网格剖分

6.4.4.3　计算网络

在创建了断面、2D 多边形、溢流单元这些单一对象之后，就可以使用特定的对象将这些单一对象连接起来：离散的断面使用连接相连；断面和溢流单元之间使用溢流连接相连；干支流交汇处则使用交叉点进行连接。之后，就可以使用计算模型自带的模型工具对断面的方向、角度以及左右岸标记进行修正。这样，就完成了青田县洪水模拟计算网络。

计算网络的构建遵循由简到繁、由点到线的原则，从对单一网络对象进行设定开始，逐步构建成一个完整真实的网络。通过上述过程可以完成青田县洪水模拟模型构建。

6.5　洪水情景分析模拟与风险评估

6.5.1　情景方案设置

方案中包括了分析对象主要来源洪水的量级、其他来源洪水的量级等。根据瓯江流域洪水实际，提出四大类，共计 12 组子工况的洪水分析方案。见表 6-13。

第一类，设计洪水工况。按照 5～100 年洪水等级依次递增的方式，模拟分析当前瓯江青田段防洪体系，遭遇不同频率洪水，可能出现洪水风险和事故地点，为摸清青田现状防洪能力和评估相应频率洪水的风险作出贡献。

第二类，20 年一遇，现状青田县城堤防假定溃口后果分析。青田县城整体防洪现状约为 20 年一遇，遭遇 5～10 年一遇洪水时，依靠上游多个大中型水库联合拦洪调度，可基本确保流域不出大的险情。

第三类，设计潮位工况。按照 10～100 年一遇潮位等级依次递增的方式，模拟分析当前瓯江青田段防洪体系，在不同频率潮位的情景下，可能出现洪水风险和事故地点，为摸清青田现状防洪能力和评估相应频率洪水的风险作出贡献。

第四类，历史洪水。瓯江洪涝频繁，历史洪水工况主要分析流域实际洪水过程，用于直观反映流域防洪能力，并对防汛调度工作具有重要参考价值。主要选取 2014 年洪水作为历史洪水方案。

表 6-13 青田县洪水情景模拟方案设置表

序号	类别	方案	标准（重现期）	备注
1	设计洪水	设计洪水	5	瓯江流域 5 年一遇设计洪水，遭遇温州站 5 年一遇高潮位过程
2			10	瓯江流域 10 年一遇设计洪水，遭遇温州站 5 年一遇高潮位过程
3			20	瓯江流域 20 年一遇设计洪水，遭遇温州站 5 年一遇高潮位过程
4			50	瓯江流域 50 年一遇设计洪水，遭遇温州站 5 年一遇高潮位过程
5			100	瓯江流域 100 年一遇设计洪水，遭遇温州站 5 年一遇高潮位过程
6	溃堤分析	青田县城段右岸堤防溃口	20	瓯江流域 20 年一遇设计洪水，遭遇温州站 5 年一遇高潮位过程。青田县城段右岸堤防在外江水位达到 12 m 时发生溃决，溃口宽度约为 50 m，溃决方式为瞬间全溃，溃口底高程为 11 m
7		青田温溪镇堤防溃口		瓯江流域 20 年一遇设计洪水，遭遇温州站 5 年一遇高潮位过程。青田县温溪镇段堤防在外江水位达到 9.5 m 时发生溃决，溃口宽度约为 40 m，溃决方式为瞬间全溃，溃口底高程为 8.5 m
8	设计潮位	设计潮位	10	温州站 10 年一遇设计潮位过程，遭遇瓯江流域 5 年一遇设计洪水
9			20	温州站 20 年一遇设计潮位过程，遭遇瓯江流域 5 年一遇设计洪水
10			50	温州站 50 年一遇设计潮位过程，遭遇瓯江流域 5 年一遇设计洪水
11			100	温州站 100 年一遇设计潮位过程，遭遇瓯江流域 5 年一遇设计洪水
12	历史洪水	“20140820”洪水	/	根据历史洪水设置方案

6.5.2 洪水方案模拟

洪水情景模拟计算主要成果为基于 12 个洪水计算方案绘制的洪水风险图,包含到达时间图、淹没历时图和淹没水深图。

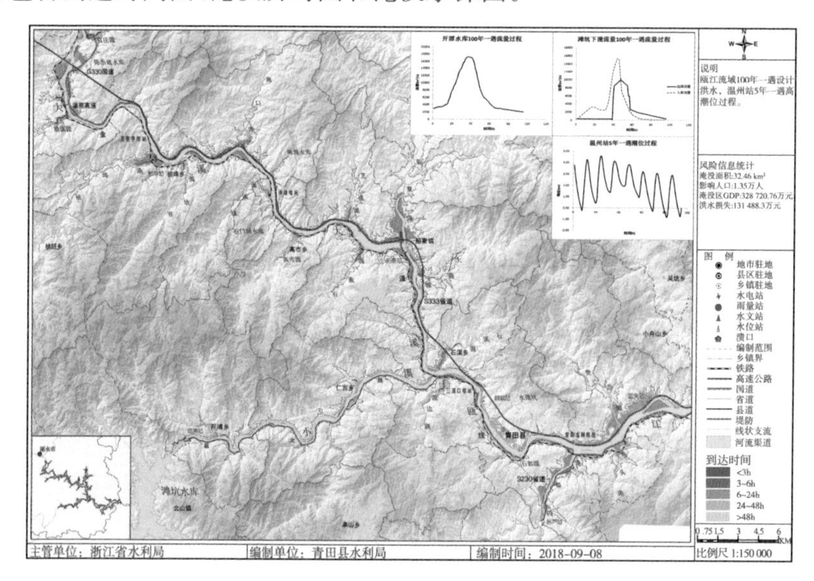

图 6-27 瓯江流域 100 年一遇设计洪水到达时间图

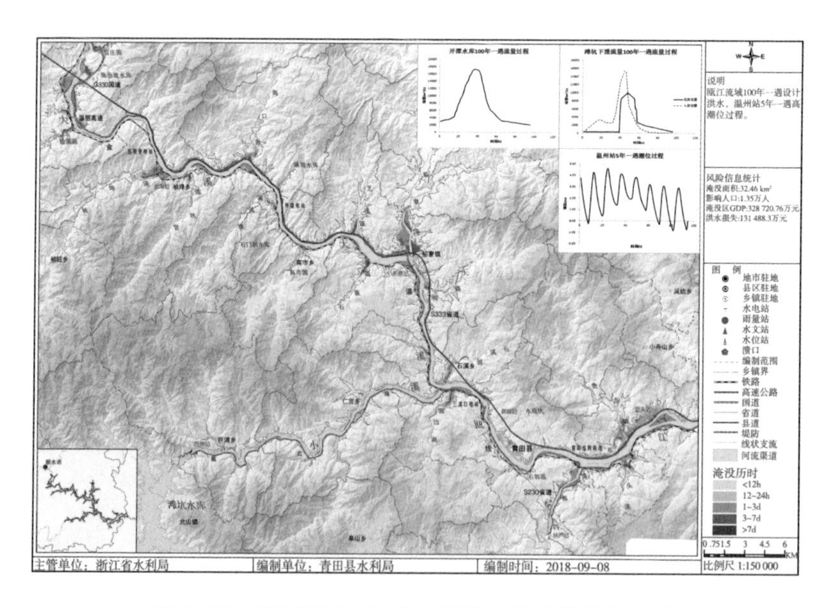

图 6-28 瓯江流域 100 年一遇设计洪水淹没历时图

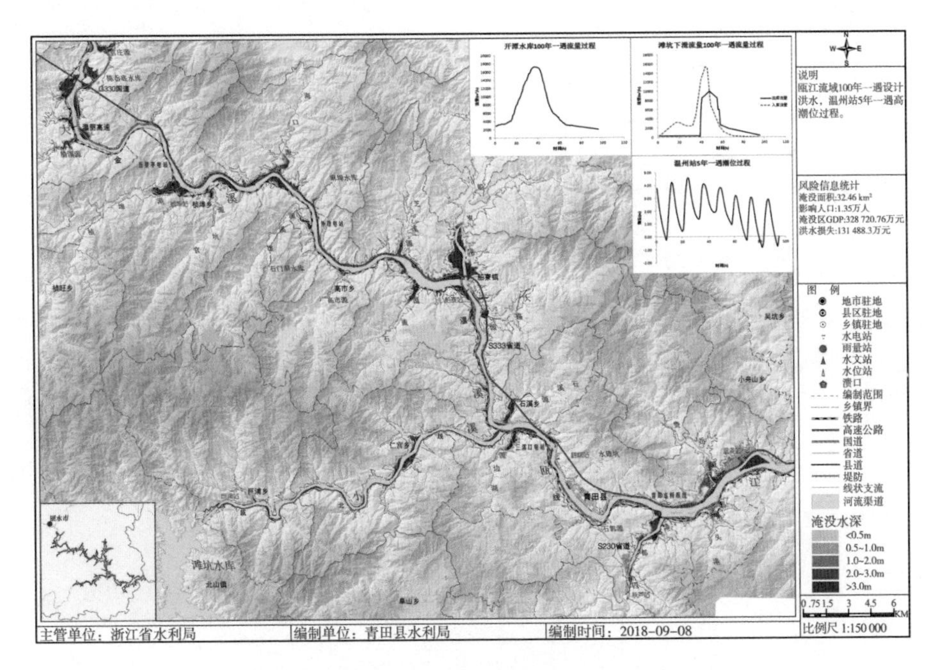

图 6-29　瓯江流域 100 年一遇设计洪水淹没水深图

6.5.3　洪水计算成果的合理性分析

6.5.3.1　各方案对比分析

针对瓯江青田段 5 年、10 年、20 年、50 年、100 年一遇设计洪水方案，分析统计各方案淹没水深及淹没范围，横向比较(图 6-30)。

注：5 年一遇的淹没范围为浅蓝色、10 年一遇的淹没范围为深蓝色、20 年一遇的淹没范围为黄色、50 年一遇的淹没范围为橙色、100 年一遇的淹没范围为红色。

6.5.3.2　洪水演进分析

以瓯江青田段 100 年一遇设计洪水方案为例，重点展示大溪范围在该方案下的洪水演进情况。

图 6-31 为重点防洪区域大溪沿江，在相对时刻 9 小时、15 小时、21 小时、27 小时、45 小时、57 小时的淹没情况及相对淹没水深情况。

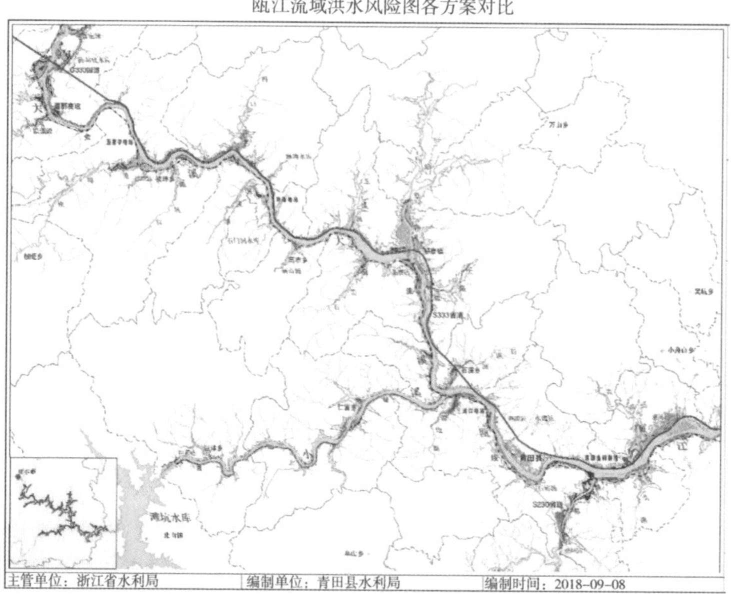

图 6-30　瓯江青田段各设计方案洪水淹没范围对比

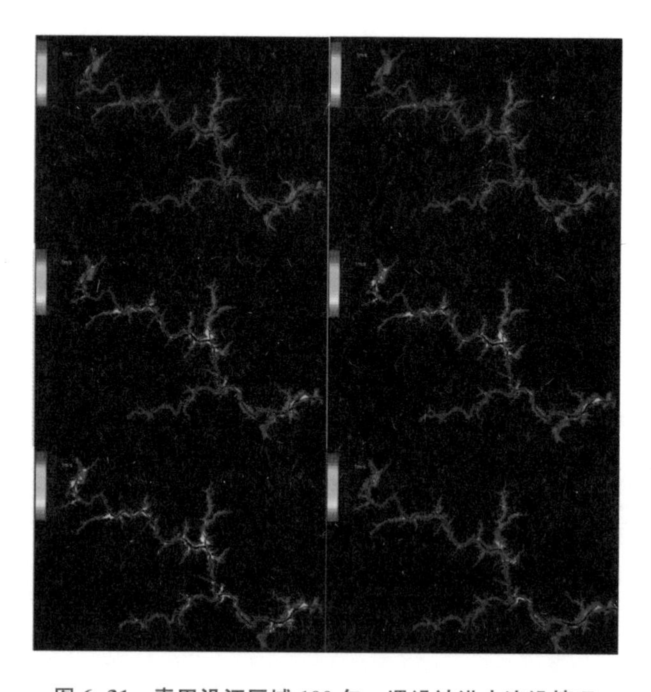

图 6-31　青田沿江区域 100 年一遇设计洪水淹没情况

6.5.3.3 淹没区域分析

重点针对祯埠、海口、船寮等曾经受灾严重区域，分析 100 年一遇设计洪水情境下的区域淹没情况。

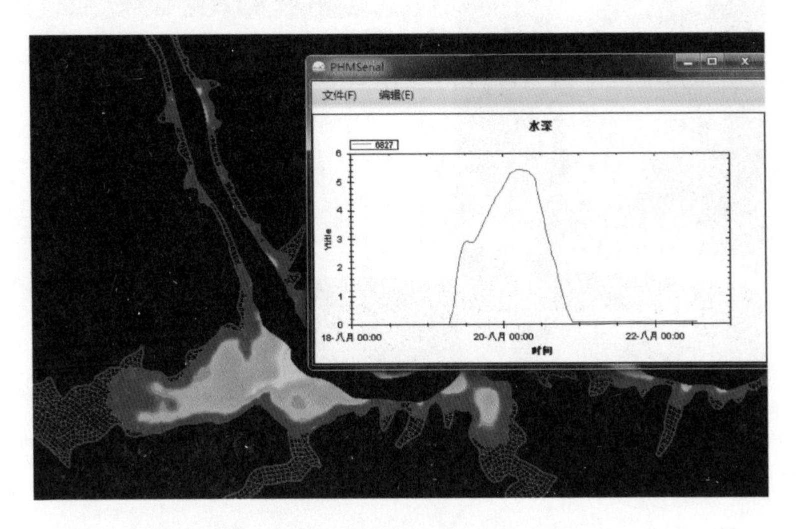

图 6-32 祯埠淹没范围及淹没水深

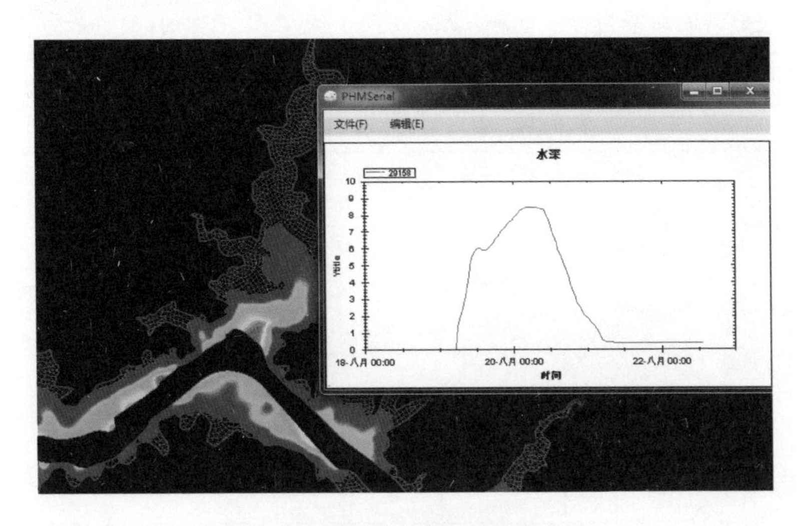

图 6-33 海口淹没范围及淹没水深

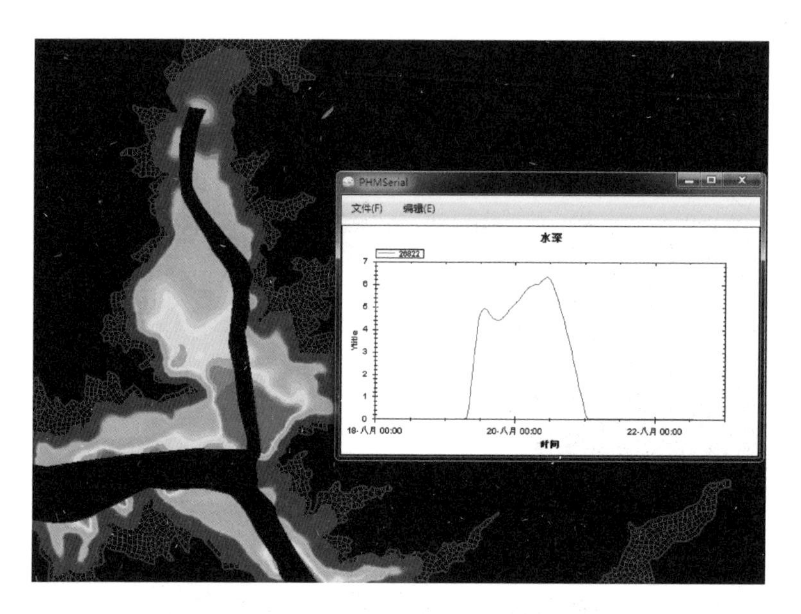

图 6-34　船寮淹没范围及淹没水深

6.5.4　洪灾风险评估

洪水风险评估主要包括淹没范围和各级淹没水深区域内社会经济指标的统计分析、洪灾损失评估等。洪水社会影响通过受影响人口的统计值反映;洪水经济影响通过受淹面积、受淹交通干线里程、受影响重点单位数量和受影响 GDP 等统计值反映。如表 6-14 所示。

表 6-14　各方案洪水影响分析统计表

方案编号	类别	标准（重现期）	淹没面积（km^2）	影响人口（万人）	淹没区 GDP（万元）	洪水损失（万元）
1	设计洪水情景	5 年	14.23	0.47	103 691.09	41 476.44
2		10 年	18.45	0.64	133 023.13	53 209.25
3		20 年	23.75	0.92	235 224.23	94 089.69
4		50 年	29.27	1.2	296 101.97	118 440.79
5		100 年	32.46	1.35	328 720.76	131 488.30
6	溃堤情景	20 年	0.23	0.02	1 399.59	559.83
7			2.31	0.19	108 885.29	43 554.12

续表

方案编号	类别	标准(重现期)	淹没面积(km^2)	影响人口(万人)	淹没区 GDP(万元)	洪水损失(万元)
8	设计潮位情景	10	13.24	0.42	84 813.98	33 925.59
9		20	13.25	0.42	85 139.33	34 055.73
10		50	13.28	0.42	86 078.05	34 431.22
11		100	13.32	0.42	87 757.44	35 102.98
12	历史洪水重演情景	/	13.4	0.41	78 001.54	31 200.62

6.6 青田县洪水风险图管理与应用系统

青田县洪水风险图管理与应用系统集各类洪水风险图自动绘制、信息查询、灾情统计、损失评估以及风险预警等功能于一体。

系统主要考虑上游大溪、小溪洪水及堤防突发溃口，将此作为洪水致灾因子，结合 GIS 平台和数据库技术，模拟洪水淹没过程，包括多种洪水淹没要素的计算，淹没水深、淹没范围等，结合社会人口经济情况进行受灾淹没损失分析。

系统通过电子地图将区域内的空间数据进行表达，集成了空间分析、信息管理、实时洪水演进分析、风险分析等专业模型，可以辅助管理人员进行青田县洪水风险分析工作。

系统主要功能包括：(1)实时动态边界条件设置；(2)实时洪水演进模型计算；(3)实时洪水灾情分析；(4)实时洪水风险图绘制；(5)河道水位预警；(6)重要断面洪水预报预警。

6.6.1 实时动态边界条件设置

将致灾因子设置为模型的计算边界条件，根据边界条件进行洪水演进模拟计算。

因为部分水文边界缺少实时流量数据，但具有实时水位数据，需要在模型边界条件设置时，可以灵活选择水位或流量作为输入条件。因此设置边界条件转换功能，可以对例如水库坝址附近，选择流量边界或水位边界。

6.6.2 实时洪水演进模型计算

如图 6-35 所示。

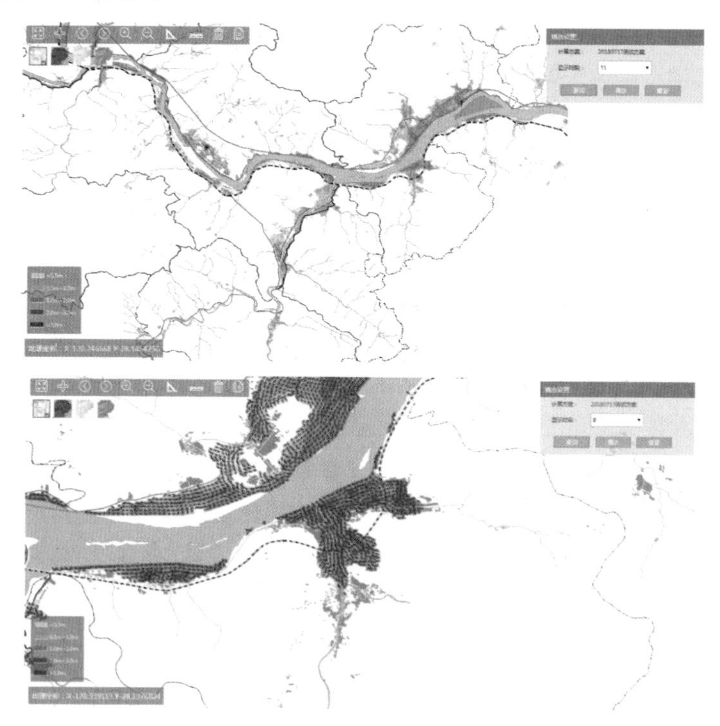

图 6-35 青田县瓯江洪水演进动态展示

6.6.3 实时洪水灾情分析

实时洪水灾情分析包括实时洪水淹没分析和洪灾损失评估(图 6-36)。

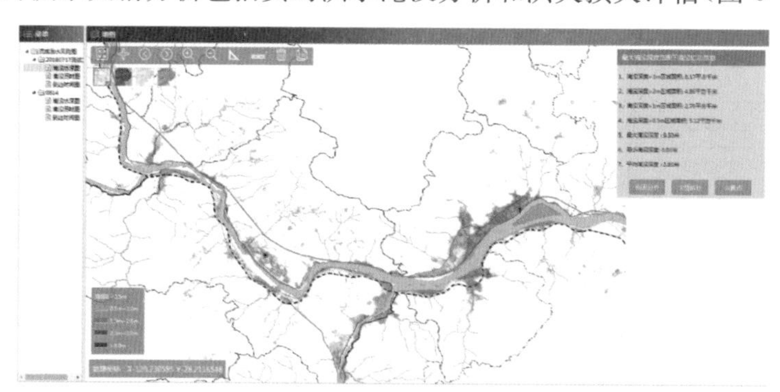

图 6-36 青田县瓯江实时洪水灾情分析

对医院、学校、政府驻地、供电站、立交桥等重点地区提供洪水到达时刻、洪水淹没过程等查询功能(图 6-37)。

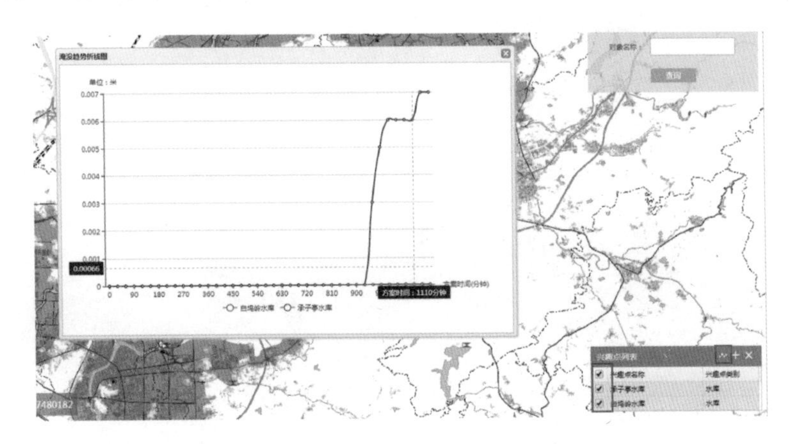

图 6-37　某方案下淹没区中兴趣点查询

6.6.4　实时洪水风险图绘制

如图 6-38 至图 6-40 所示。

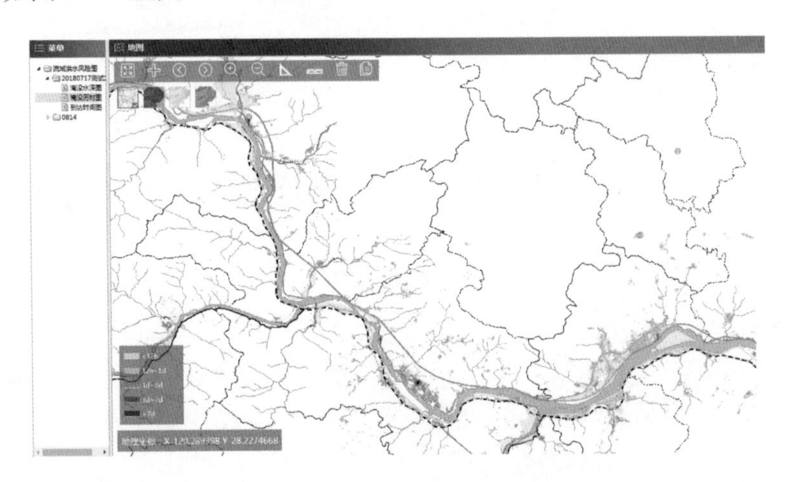

图 6-38　某方案下淹没历时图

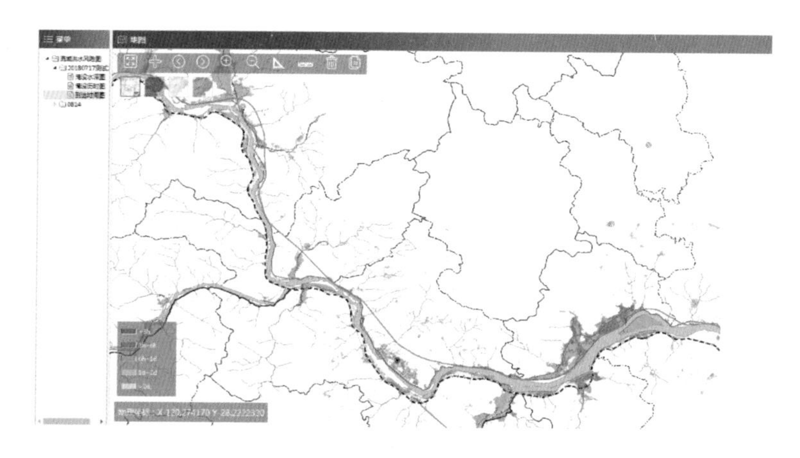

图 6-39　某方案下到达时间图

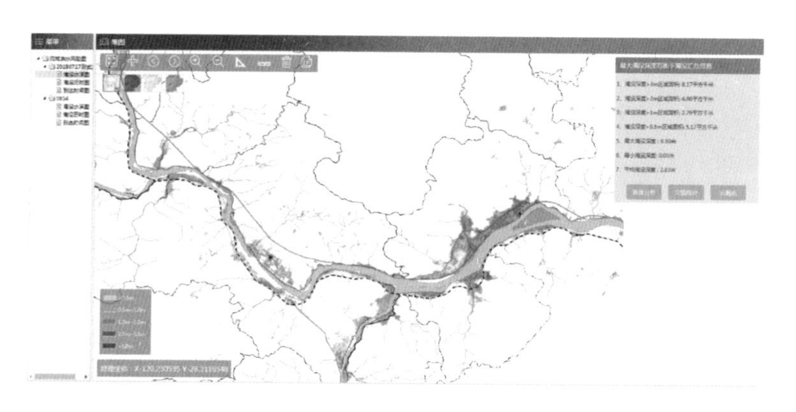

图 6-40　某方案下淹没水深图

6.6.5　河道水位预警

青田县为典型山区河谷形地貌，大溪、小溪、瓯江沿江水位对流域和区域防洪至关重要。受监测站点及监测手段等限制，无法做到每个居民聚集区附近断面都能实时监测水位状态，更无法做到相关断面的洪水位预报。因此采用一维河道水动力学模型，通过模型的计算，模拟分析沿江水位变化，并提供展示功能，以满足日益迫切的防洪管理需要。

一维河道展示包括河道水位变化、水位流量过程线(图 6-41，图 6-42)。

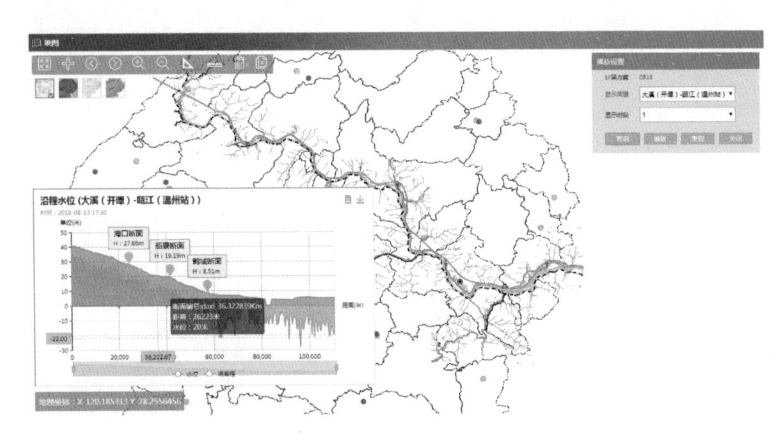

图 6-41　沿江河道水位动态变化展示及预警

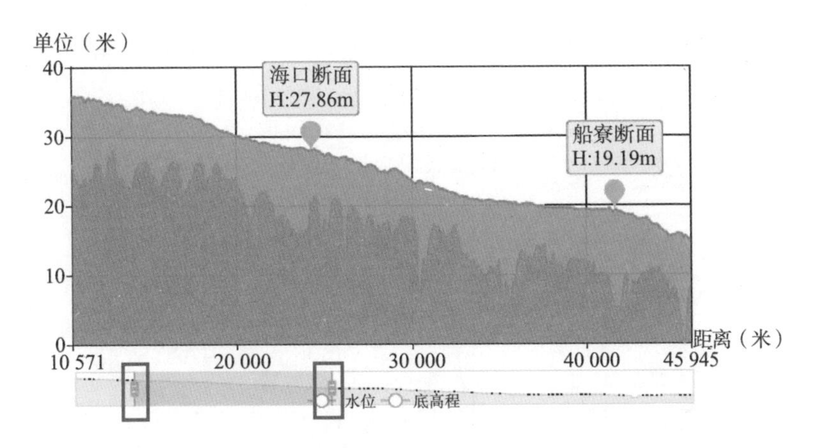

图 6-42　沿江河道及重要断面水位动态变化展示及预警

6.6.6　“20190710”洪水应用

2019 年 7 月 9 日至 10 日，浙江省瓯江流域发生暴雨洪水，受上游洪水影响，青田县境内大溪沿岸部分乡镇受淹严重。海口镇镇政府淹没水深约 2 m，海口镇临江路路口水深 1 m，临江路 7 号民居淹没水深 0.4 m。

6.6.6.1　边界条件

（1）上游开潭电站没有流量数据，入库洪水流量估计根据小白岩站流量、秋塘站流量线性叠加，并考虑洪水传播时间。小白岩站至开潭电站距离约 15 km，洪水传播时间约 1 小时；秋塘站至开潭电站距离约 12.5 km，传播时间

0.8 小时；因此近似认为洪水传播时间为 1 小时。

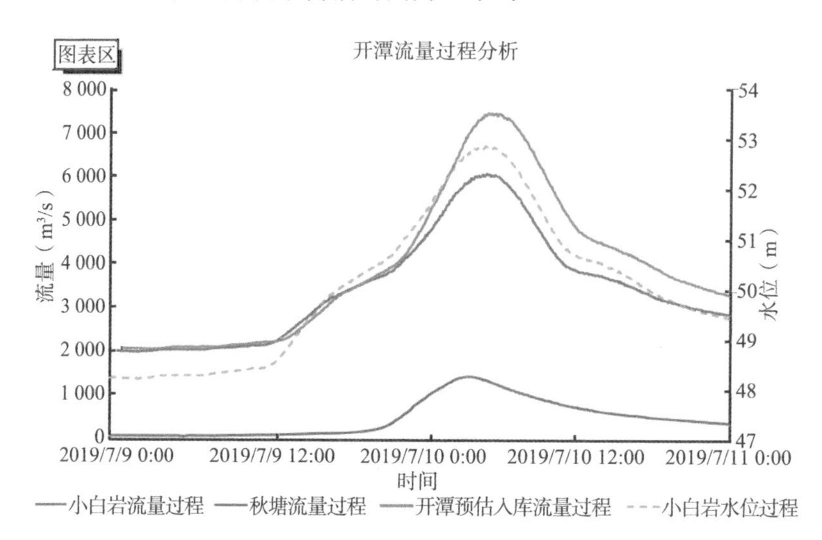

图 6-43　青田上游开潭电站入库洪水(预估)

(2) 下游温州潮位站(江心屿)潮位过程如图 6-44 所示。

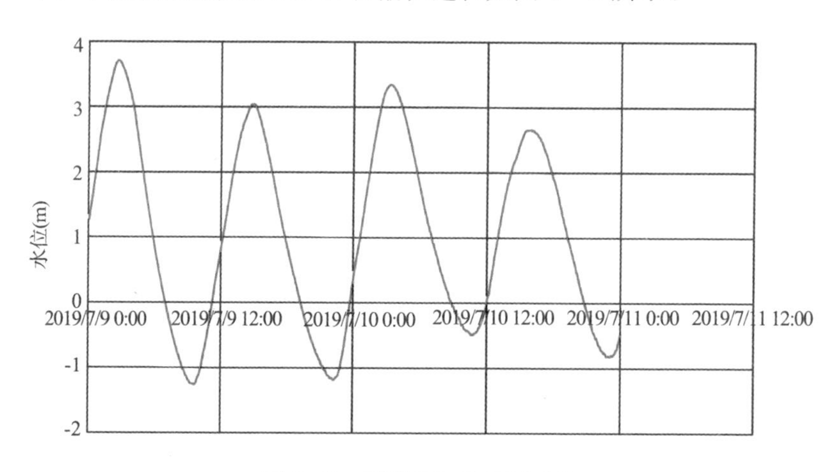

图 6-44　温州潮位站(江心屿)

(3) 小溪滩坑水库在本次洪水拦蓄了小溪集雨面积上的洪水，基本按照 200 m³/s 出流。

(4) 本次洪水期间，青田县境内有降雨，降雨导致大溪及瓯江沿岸小支流(祯埠港\船寮港等)有一定流量汇入。

6.6.6.2 实时洪水计算

依据本次收集到的相关信息，利用洪水风险图系统针对本次洪水开展分析计算。瓯江沿岸祯埠、海口、高市、鹤城断面计算结果如图 6-45 至图 6-49 所示。

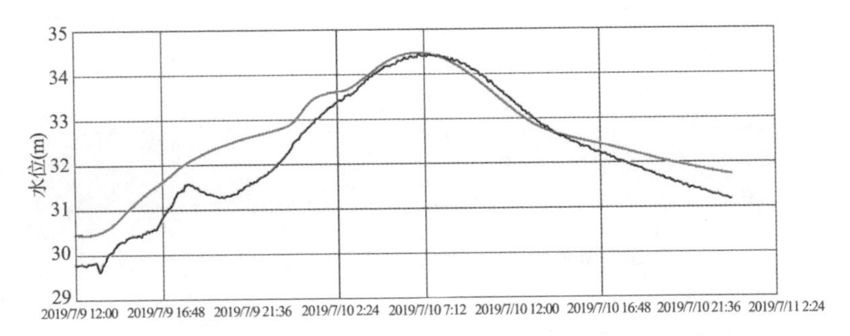

图 6-45　祯埠断面水位比对(橙色为计算值,蓝色为水位计实测值)

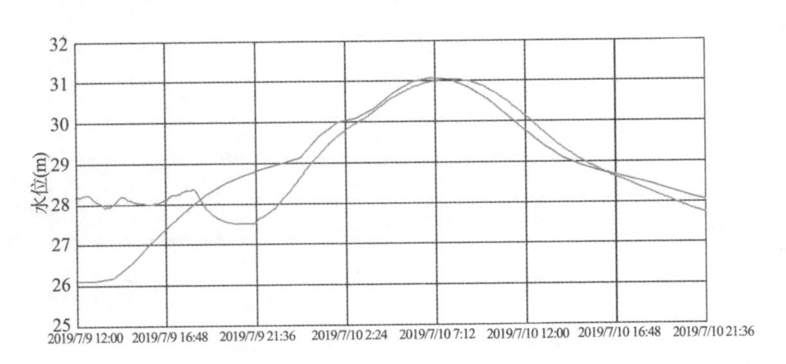

图 6-46　海口断面水位比对(橙色为计算值,蓝色为水位计实测值)

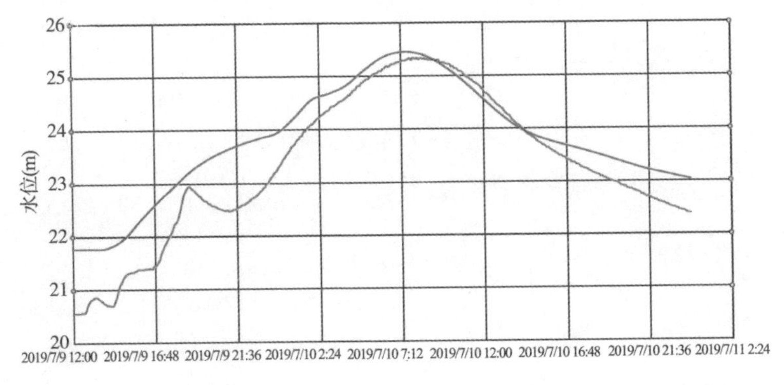

图 6-47　高市断面水位比对(橙色为计算值,蓝色为水位计实测值)

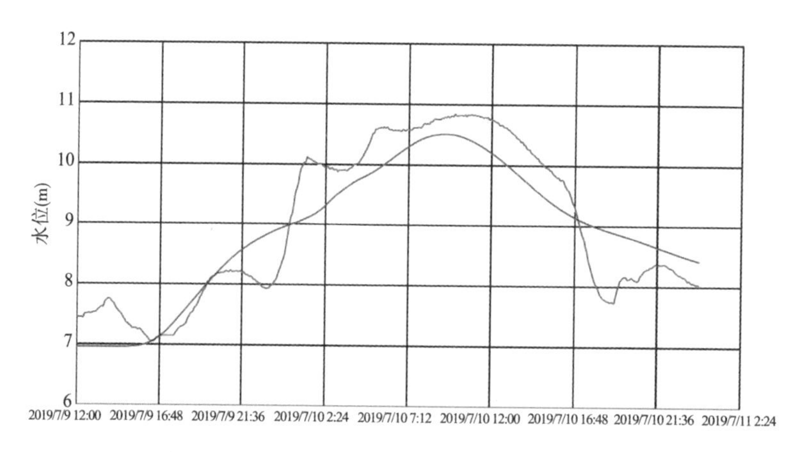

图 6-48 鹤城断面水位比对(橙色为计算值,蓝色为水位计实测值)

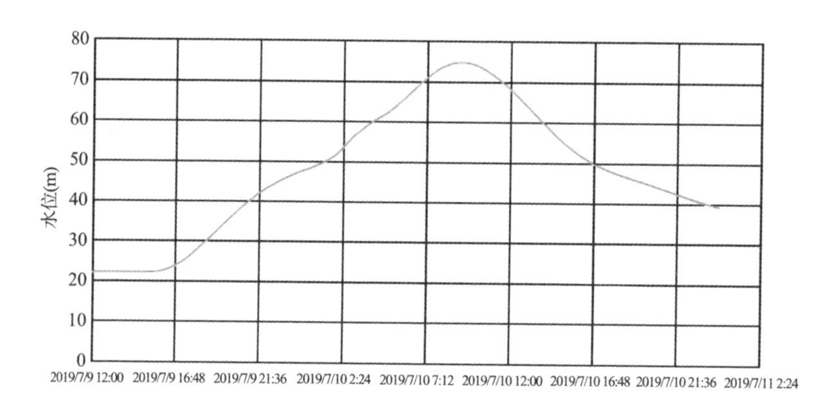

图 6-49 鹤城断面计算流量过程

通过计算结果与实测水位分析比对可知,基于青田上游来水信息及下游潮位实测信息的计入,通过一维河道和一、二维耦合计算,能够增强洪水信息掌握程度,提高应急抢险能力。

7

台州黄岩区防洪工程影响下洪水分析模拟及风险评估

永宁江上游地区为山丘区，即浙东地区暴雨中心之一，中、下游地区系温黄平原的一部分。该区域山区面积大，来水集中，遇暴雨、台风强降雨，永宁江内河水位上涨迅速，给永宁江西江平原的防洪安全带来了巨大的威胁。永宁江上游有长潭水库防洪拦蓄，下游建设有永宁江大闸应对外江高潮位，台州市黄岩区属于受防洪工程保护及防洪调度影响的区域。本章以台州市黄岩区为研究区域，利用一、二维水动力模型对永宁江流域进行洪水模拟，基于上游水库不同调度工况设定模拟情景，分析水库不同调度方案下的淹没结果和洪灾损失，并构建黄岩区洪水风险图管理与应用系统。

7.1 研究区域概况

7.1.1 自然地理条件

浙江台州黄岩区地处浙江省中部近海，总面积 988 km^2，其中 90％属于椒江流域的Ⅰ级支流永宁江水系。

7.1.2 河流水系

黄岩区水系主要由椒江的Ⅰ级支流永宁江水系、楠溪江和金清水系组成。其中，永宁江流域占黄岩区总面积的 90.1％，楠溪江流域占 5.4％，金清流域占 4.5％。

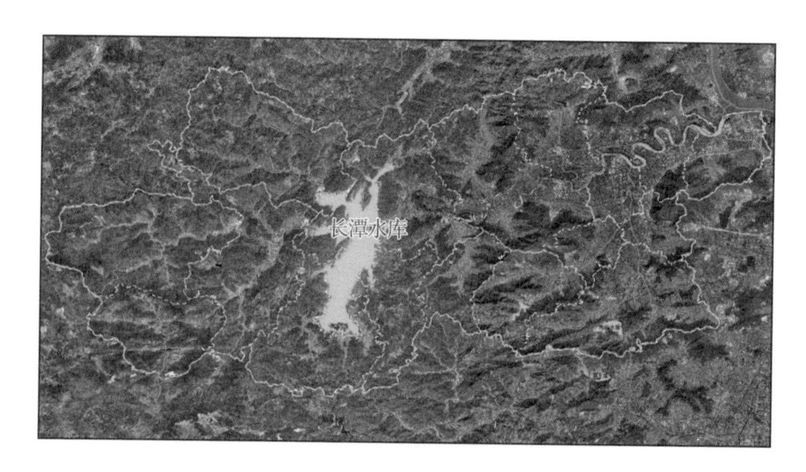

图 7-1 研究区地形图

永宁江是椒江的主要支流，也是浙江省东部温黄平原的主要水系之一。永宁江发源于黄岩西部的大寺基，至三江口入椒江，全长 71 km，流域面积 889.8 km^2。其中长潭水库（总库容：7.32 亿 m^3）大坝以上干流长 34 km，流域面积 441.3 km^2；长潭水库大坝以下干流长37 km，流域面积 448.5 km^2。永宁江南北两岸，有长潭水库江南、江北两条渠道，其间主要有九溪、元同溪、新江浦、龚屿浦及西江五个支流汇入，各支流均建有挡潮排涝闸。其中，西江支流，流域面积最大，位于永宁江下游南岸，发源于本区南部与温岭交界的太湖山，干流长 22 km，流域面积 203 km^2，主要支流有西建河、东南中泾河、西南中泾河、中干渠、南官河、东官河及西官河等，建有西江闸、城西河闸、双龙闸、桥头王闸等与永宁江相连，通过太湖闸、坝头闸、山头泾闸、黄沙闸等与金清水系相接，是黄岩主城区所在。永宁江水系分布图如图 7-2 所示。

流域内包括省级河道 1 条为永宁江，长 42.8 km；市级河道 6 条，总长 66.21 km；区级河道 12 条，总长 86.23 km。

表 7-1 流域内现状河道情况表

序号	河道名称	河道等级	河道起点	河道止点	河道长度(m)	现状河面宽(m)	现状底高程(m)
1	永宁江	省级	长潭水库	椒江	42 800	70～165	−4～2.5
2	东官河	市级	三叉口	椒江界	11 155	12～16	−0.8～0
3	南官河	市级	西江	坝头闸	8 535	23～25	−1.3～−0.8
4	西江河	市级	东南中泾	西江闸	5 050	20～38	−0.5～−3.5

续表

序号	河道名称	河道等级	河道起点	河道止点	河道长度(m)	现状河面宽(m)	现状底高程(m)
5	东南中泾	市级	西江	黄沙闸	7 117	15～35	−1.3～−0.1
6	山水泾	市级	太湖闸	路桥界	5 390	12～40	−1.0～0.3
7	江北渠道	市级	潮济分水闸	临海界	28 963	10～16	−0.9～3.1
8	江南渠道	区级	长潭水库	山头舟闸	15 200	15～26	1～3.5
9	中干渠	区级	山头舟闸	西江	8 925	22～36	−1.5～1.5
10	西官河	区级	中干渠	西江	5 414	10～17	−0.4～0.7
11	西建河	区级	西建河源头	西江	8 320	7～20	−0.5～2.3
12	永丰河	区级	沙埠溪	西江	6 420	24～26	−1.7～−0.6
13	沙埠溪	区级	北岙溪	永丰河	2 120	14～40	大于−1.3
14	西南中泾	区级	秀岭溪	东南中泾	8 380	10～25	0.0～1.4
15	复兴河	区级	山水泾	路桥界	4 354	20～24	−0.4～0.4
16	龚屿浦	区级	东排渠	江北渠道	2 853	8～15	1.4
17	九溪	区级	茅畲镇	永宁江	10 520	15～30	大于−0.7
18	元同溪	区级	下西山坑	永宁江	9 310	11～44	大于−0.6
19	新江浦	区级	江北渠道	永宁江	4 410	18～28	−1.5～−0.5

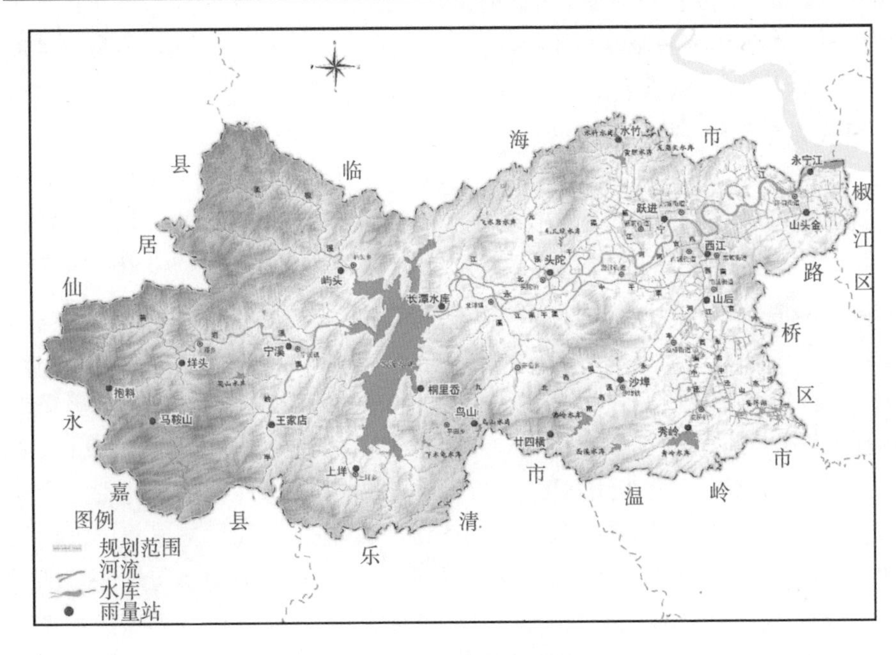

图 7-2　研究区水系图

7.1.3　水文气象

永宁江流域气候温和湿润，雨量充沛，光照适宜四季分明，属亚热带海洋性季风气候。永宁江流域一般山区降水量大于平原，西部山区一般多年平均降雨量在 1 800 mm 以上。其中 3 至 9 月七个月的降水量占全年的70%～80%，其余 5 个月约占 20%～30%。据西江闸气象站实测资料统计，多年平均年降水量 1 800 mm，多年平均年蒸发量 1 340.8 mm。

本地区的洪水由暴雨形成。其中，主要暴雨为台风暴雨及锋面暴雨。大洪水 60%以上发生在台汛期。由台风暴雨形成的洪涝灾害是本地区最严重的自然灾害之一。主要河流的中上游河道及其支流均属山溪性河流，洪水暴涨暴落。而流域下游的平原河道，坡降平缓，常受潮汐涨落的影响，洪水下泄速度较慢。

7.1.4　防洪排涝形势及工程

7.1.4.1　防洪排涝形势

永宁江是黄岩区境内独流入海的河道，主要承泄长潭水库下泄流量和沿线支流九溪、元同溪、城西河、西江的洪水。永宁江两岸含西江和江北二子水系。由于永宁江干流经过近几年的治理后，上游北洋镇、头陀镇、茅畲乡等原受淹区的洪水，快速承泄至永宁江中下游，造成位于永宁江中下游的黄岩城区和沿线各街道(乡镇)易涝易淹。

黄岩区多年平均降雨量 1 800 mm，降水量大且相对集中，在时空分布上极其不均，其中 7—9 月台汛期是台风暴雨多发的季节，平均每年受 2～3 次台风影响。当遭遇梅雨天气时，降水历时长，雨量多，排涝频率高，累计下泄流量大。如遇台风型气候，短历时降雨强度大，造成永宁江水位上涨迅速，已建的永宁江闸排涝任务艰巨，单次排涝历时长，下泄流量大，往往满负荷运行，仍无法解决黄岩城区和位于黄岩城区南面的院桥街道、高桥街道、沙埠镇的洪涝灾害问题。

同时，受潮汐顶托作用，造成永宁江闸不能及时向外排水。特别是台风型气候时，流域暴雨、风暴潮碰头，永宁江的出口椒江海潮位高于永宁江内河的水位，造成潮水顶托而无法排涝泄洪。而且长潭水库因防洪保坝安全的需要，常通过发电、溢洪道泄洪等途径泄水，也给下游永宁江闸排涝泄洪带来巨大的压力。

造成黄岩区易涝的原因主要有以下几个方面：一是平原河网排涝标准未达标；二是长潭水库发挥拦蓄洪水作用受限；三是永宁江闸排涝受潮水涨落影响；四是部分永宁江河段未裁弯取直。

特殊的地理位置和自然条件，加上工程调度能力的限制，以及下垫面的变化，决定了黄岩区是一个台风灾害及由其引发的平原洪涝灾害极易发生并且严重的地区，防汛防台任务日益艰巨，区域防洪形势严峻。

7.1.4.2 防洪工程

(1) 水库工程

永宁江流域内现有水库 16 座，对防洪起主要作用的是长潭水库，总库容 7.3 亿 m^3；另外还有中型水库 2 座，为佛岭水库、秀岭水库，总库容分别为 1 728 万 m^3、1 767 万 m^3；其他小(1)型水库 6 座，小(2)型水库 7 座；水库总库容约 7.8 亿 m^3。

(2) 河道堤防

黄岩区永宁江堤防工程主要包括永宁江城区段左右岸堤防、王林洋堤、山头戴堤，堤防总长度为 74.52 km。其中永宁江两岸防洪堤目前已基本完成整治工程，该工程为永宁江二期治理工程的重要组成部分，保护着永宁江两岸防洪安全，其中城区段右岸堤防(北洋镇—西城街道)设计标准为 50 年一遇，平均堤顶高程 7.39 m，城区段左岸堤防(北城街道—新前街道)设计标准为 50 年一遇，平均堤顶高程 6.53 m。永宁江治理工程是长潭水库的配套工程之一，包括大闸水利枢纽与永宁江河道整治两大项目。永宁江治理一期工程已完成，永宁江大闸于 1998 年建成投入运行，闸孔总净宽 80 m，单孔净宽 8m，闸底高程 −3.0 m。永宁江治理二期工程包括长潭泄洪渠至江口约36 km的江道整治及沿线堤防、沿线 3 处裁弯取直河段整治、九溪闸等 4 处中型水闸及其他众多小型涵闸、潮济跨江倒虹吸、前蒋跌水、跨河桥梁等工程。

7.1.4.3 排涝工程

黄岩区水闸众多，大型排涝挡潮闸——永宁江闸为控制枢纽，其他内河排涝闸包括西江闸、九溪闸、元同溪闸、跃进闸、城西河闸、永裕新闸、双龙闸等；内河节制闸包括永宁江水系与金清水系分界闸山头泾闸、坝头闸、黄沙闸、太湖闸，灌渠节制闸山头舟控制闸、岩头节制闸等。

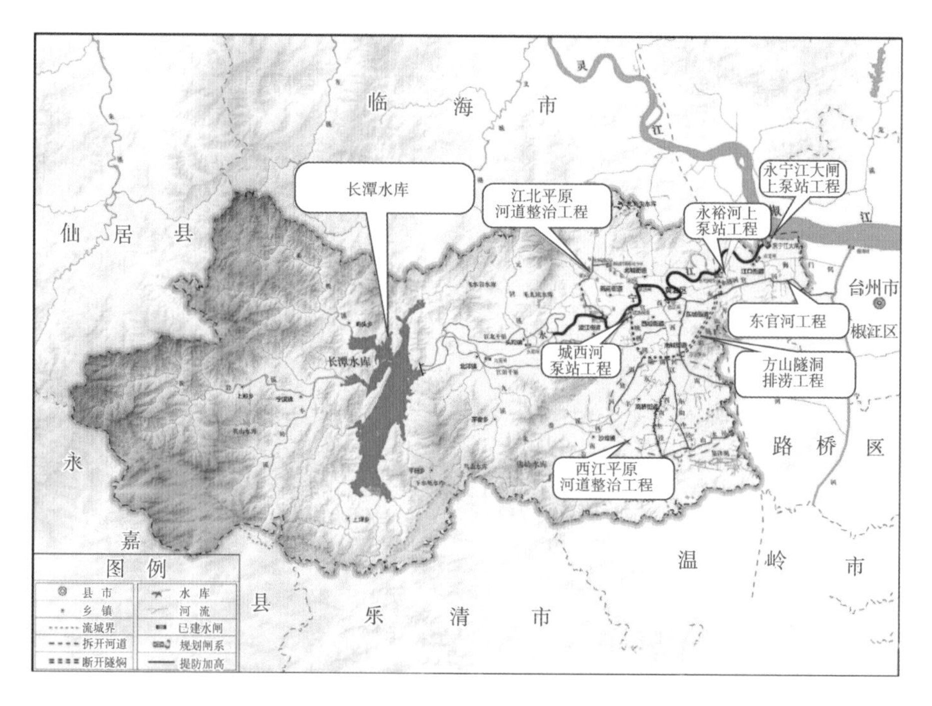

图 7-3　永宁江流域防洪排涝规划工程布局图

7.1.5　社会经济

黄岩区隶属于台州市，下辖 8 个街道、5 个镇和 6 个乡，分别为东城街道、南城街道、西城街道、北城街道、澄江街道、新前街道、江口街道、高桥街道、宁溪镇、北洋镇、头陀镇、院桥镇、沙埠镇、屿头乡、上郑乡、富山乡、茅畲乡、上垟乡、平田乡，共 27 个社区委员会，475 个村(居、社区)委员会。黄岩区城镇分布见图 7-4。

7.1.6　历史洪水及洪水灾害

黄岩区位于浙东沿海，每年 5—10 月份都可能受台风影响，以 8—9 月为最多，台风是黄岩区的主要自然灾害之一。中华人民共和国成立以来，平均每年影响台州的台风有 2.7 个，最多一年有 6 个；其中登陆台州的台风有 17 个，平均 3.6 年一个，登陆的台风占登陆浙江的台风近一半。2000 年以来主要台风统计见表 7-2。

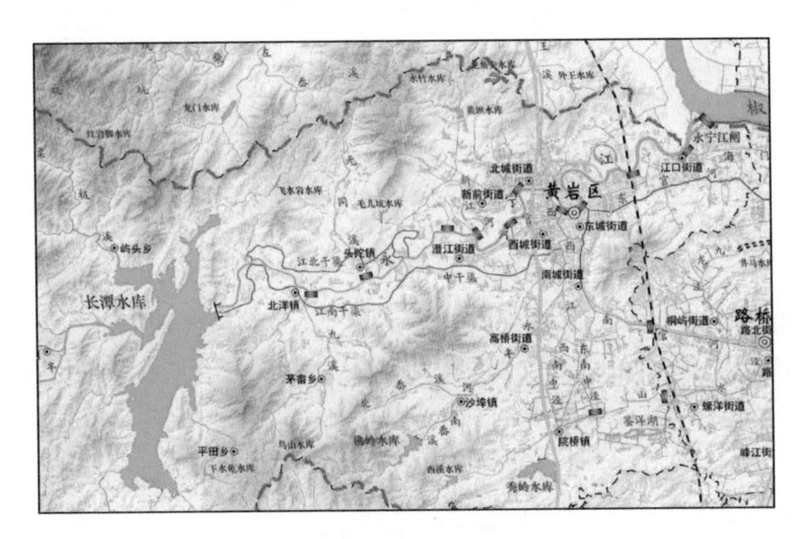

图 7-4 黄岩区城镇分布

表 7-2 2000 年至今黄岩区主要台风情况统计表

台风名称	一日雨量(mm)	一日雨量级别	三日雨量(mm)	三日雨量级别	主要经济损失(亿元)
2004“云娜”台风	385.6	50	457.7	>20	38
2005“海棠”台风	261.9	≈10	406.3	>10	3.6
2007“韦帕”台风	311.2	>20	365.9	10	
2009“莫拉克”台风	176.4	<5	318.7	<10	
2013“菲特”台风	248.6	10	348	>10	3.51
2015“苏迪罗”台风	220	<10	334.1	10	8.2
2019 年“利齐马”台风	—	—	367.3	10	20

7.1.7 洪水来源分析

永宁江流域洪水来源主要为台风暴雨，当台风暴雨遭遇下游高潮位则加剧洪水灾害。

(1) 上游长潭水库泄洪

考虑水库防洪作用后，上游洪水来源主要为上游长潭水库削峰后的下泄过程与区间洪水(水库至干支流汇合口)叠加影响。

(2) 永宁江支流河道洪水

支流河道洪水主要来源为九溪、元同溪、新江河、龚屿浦、佛岭水库下的永丰河等支流,及西溪水库、秀岭水库。

流域整治有效减少了永宁江区间洪水灾情,但在永宁江高水位期间,永宁江河道容量有限,行洪能力相对不足,区间洪水,仍是永宁江干流的防洪重点。

(3) 暴雨与下游高潮位遭遇

永宁江自永宁江大闸注入椒江,受椒江河口潮位和灵江干流上游洪水的共同影响。根据流域地理位置和水文形势演变的特点,永宁江中下游水位易受椒江洪水或椒江潮位顶托影响。

7.2 技术方案

研究工作主要分为四个部分:数据收集与分析、洪水模型构建与检验、洪水风险情景模拟、洪水风险管理。

(1) 数据收集与分析:收集所需要的基础地理信息、水文气象、构筑物及工程调度、社会经济、历史洪涝灾害等数据。

(2) 洪水模型构建与检验:对永宁江流域进行水文分析计算,得到不同频率设计洪水过程,并对长潭水库进行调洪演算得到水库下泄流量过程,结合支流设计洪水过程作为一维水动力模型边界输入。将下游永宁江闸外的多年平均偏不利潮位作为下边界。建立永宁江一维河网模型,模拟洪水演进过程。构建沿江区域高精度二维水动力模型,范围包含沿江所有可能受洪水影响的乡镇、行政村,采用侧向连接方法进行一维、二维水动力模型耦合。以2013年“菲特”台风、2015年“苏迪罗”台风洪水用于参数率定,2019年“利奇马”台风洪水用于验证。

(3) 洪水风险情景模拟:以不同设计洪水方案和“利奇马”台风洪水下长潭水库参与调度/不参与调度的洪水演进模拟计算结果为依据,通过淹没水深、淹没范围等指标对长潭水库防洪能力进行分析。根据洪水分析得到的淹没范围、淹没水深、淹没历时等要素,结合淹没区各街道、乡镇社会经济情况,综合分析评估洪水影响程度,包括淹没范围内、不同淹没水深区域内的人口、资产统计分析等,并评估洪水损失。

(4) 洪水风险管理:构建黄岩区洪水风险图管理与应用系统,实现区域洪水风险快速判断和分析。

具体的技术路线如图 7-5 所示。

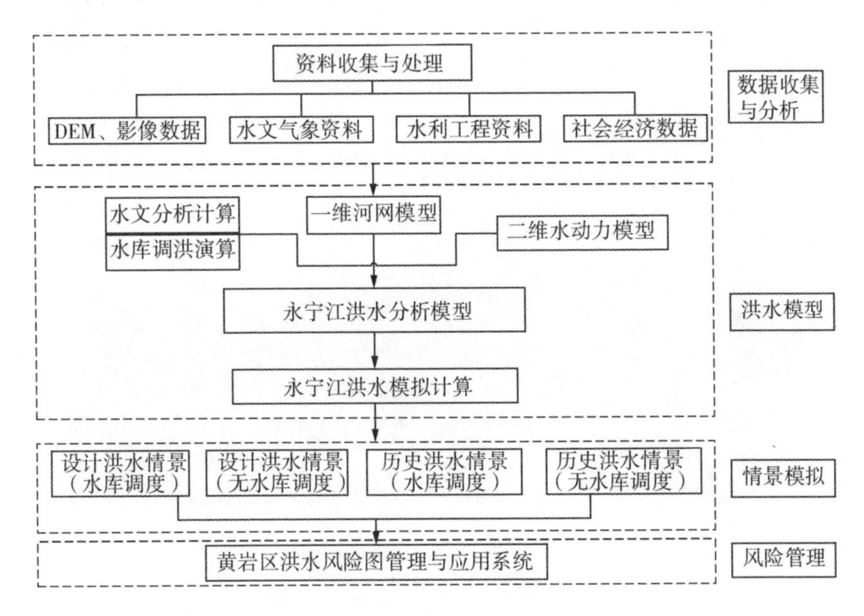

图 7-5　技术路线

7.3　数据收集

7.3.1　基础地理信息

收集到研究范围内最新的 1∶10 000 DLG 电子地图、DEM 及遥感影像图等，包括：等高线、高程点、河道断面、行政区划、居民点、道路交通、土地利用、河流水系、水利工程、线状构筑物（公路、铁路、堤防）等（图 7-6）。

7.3.2　河道断面测量数据

收集黄岩区研究范围内的河网水下地形（河道断面测量）数据。黄岩区永宁江及西江流域共测量断面 302 个，其中包含长潭水库坝址以下永宁江干流断面 56 个（图 7-7）。除此之外，还涉及江北干渠、江南干渠、元同溪、新江河、龚屿浦、西官河、南官河、东官河、永丰河、西江等河道。

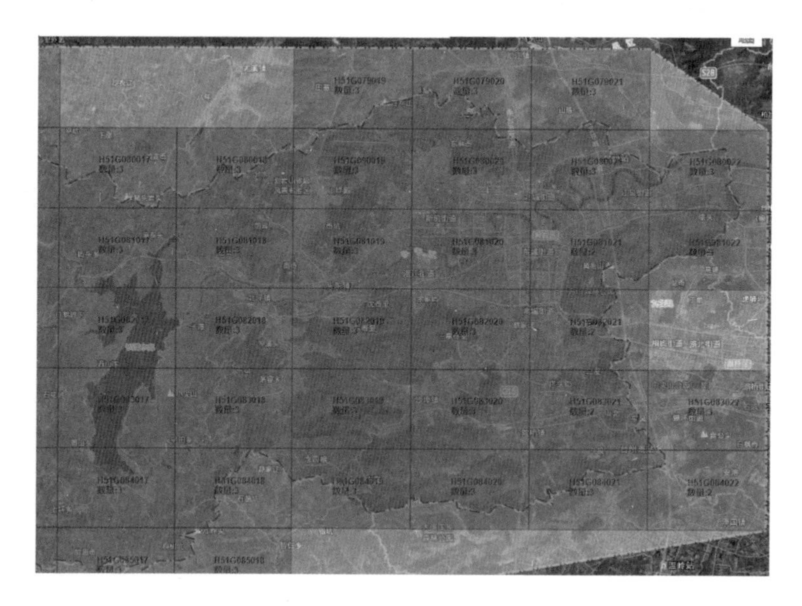

图 7-6　黄岩区基础地理地图图幅(部分)

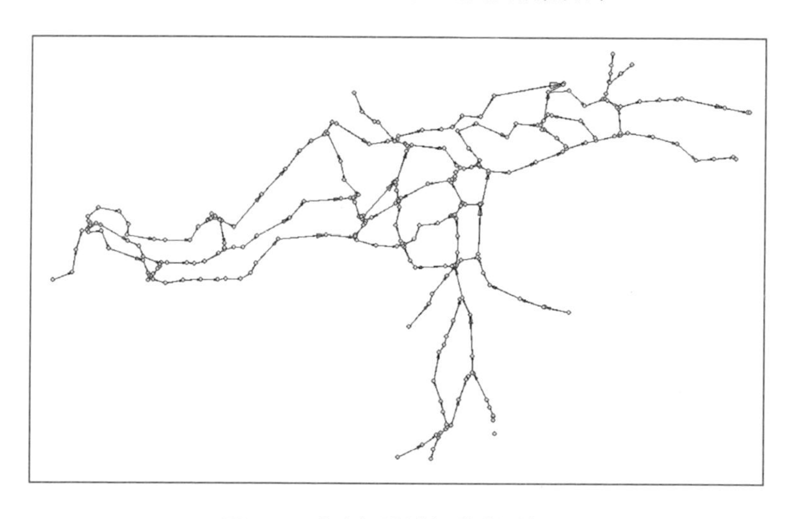

图 7-7　永宁江流域河道实测断面

7.3.3　相关规划和水文资料成果

收集相关雨量站、水文站实测数据，并收集区域相关水利规划和设计报告。参考采用规划设计报告中的设计洪水成果以及历史洪水调查成果。

(1)《永宁江流域防洪排涝规划》《椒(灵)江流域洪水调度方案研究》中的水文章节，给出了设计暴雨、设计雨型和设计洪水成果；并相应给出了永宁江设计潮位、洪潮遭遇的分析成果；基础资料章节给出了水文测站分布情况、水文设计成果、区域洪水位控制目标、历史洪水调查情况、社会经济数据、水利工程信息等统计情况。

(2)《长潭水库除险加固工程初步设计报告》给出了长潭水库上游的设计暴雨、设计洪水成果；并给出了长潭水库调度规程及经过调洪演算后的下泄洪水的设计成果等。

(3) 已有水文成果可用性分析

上述收集到的规划设计报告中，列出了设计暴雨(设计净雨)5 年、10 年、20 年、50 年、100 年一遇设计值，相应给出了 20 年一遇、50 年一遇设计净雨过程等。

7.3.4 构筑物及工程调度信息

收集台州市黄岩区水库、河道堤防、水闸泵站相关资料，包括工程布置及特性、建筑物、控制运用情况、逐年运用情况、历年水文情况、淹没损失调查等。

表 7-3 流域内水库基本情况表

序号	水库名称	乡(镇)	规模	集雨面积(km^2)	总库容(万 m^3)	水库功能
1	长潭水库	北洋镇	大型	441.3	73 242	防洪、灌溉、供水、发电
2	佛岭水库	沙埠镇	中型	18.26	1 728	防洪、灌溉、发电
3	秀岭水库	院桥镇	中型	13.90	1 767	防洪、供水、灌溉
4	黄坦水库	新前街道	小(1)	9.00	418	防洪、灌溉、发电
5	猫儿坑水库	头陀镇	小(1)	1.30	115	防洪、灌溉、发电
6	鸟山水库	茅畲乡	小(1)	2.37	182	防洪、灌溉、发电
7	十二坑水库	头陀镇	小(1)	2.95	103	防洪、灌溉、发电
8	水竹水库	新前街道	小(1)	2.05	106	防洪、发电
9	西溪水库	院桥镇	小(1)	5.76	375	防洪、灌溉、发电
10	蔡龙水库	头陀镇	小(2)	0.31	25	防洪
11	飞水岩水库	北洋镇	小(2)	3.17	92	灌溉
12	共青号水库	院桥镇	小(2)	0.81	18	供水
13	凌云水库	沙埠镇	小(2)	0.73	14	灌溉
14	灵岩水库	北城街道	小(2)	0.37	11	供水
15	三块岩水库	院桥镇	小(2)	0.47	23	供水
16	下抱水库	新前街道	小(2)	0.85	37	灌溉、发电

黄岩区永宁江现状堤防特性见表 7-4。

表 7-4　黄岩区永宁江现状堤防特性表

编号	名称	堤身长度(km)	起点乡镇	终点乡镇	设计防洪标准(重现期/年)	现状防洪标准(重现期/年)	平均堤顶高程(m)	最小堤顶高程(m)	最大堤顶高程(m)
1	永宁江城区段堤防右岸	27.45	北洋镇	西城街道	50	50	7.39	2.62	14.60
2	永宁江城区段堤防左岸	32.38	北城街道	新城街道	50	50	6.53	1.49	20.27
3	王林洋堤	0.69	北城街道	东城街道	—	20	5.36	2.42	7.16
4	山头戴堤	6.89	北城街道	沿江镇	—	20	4.85	1.58	7.23

黄岩区永宁江流域各大中型水闸情况见表 7-5。

7.3.5　社会经济数据

收集台州市统计局《台州市统计年鉴(2017)》相关内容，包括：行政区划、生产总值及发展指数详情、人口及变动详情、单位人员数据、农业产值及耕地面积详情、工业产值及单位产值详情、街道镇乡资料等(表 7-6)。

2017 年黄岩区实现生产总值(GDP)450.12 亿元，按可比价格计算，比上年增长 9.9%，增速居全市第二位。其中第一产业 17.73 亿元，增长4.4%；第二产业 217.04 亿元，增长 10.9%；第三产业 215.35 亿元，增长 9.5%。三大产业分别拉动 GDP 增长 0.2 个百分点、5.3 个百分点和 4.4 个百分点。三次产业结构由上年的 4.5∶48.1∶47.5 调整为3.9∶48.2∶47.8，第三产业占 GDP 的比重提高了 0.3 个百分点。

表 7-5　黄岩区永宁江流域各大中型水闸基本情况表

水闸名称	闸址		建成年月		标准(重现期年)		闸孔		启闭设备		最大下泄流量(m^3/s)
	乡(镇)	村	年	月	设计	校核	孔数	总净宽(m)	型式	启闭力(t)	
永宁江	江口		1997	10	20	50	10	80	液压	63	1 500
西江	西城		1933	6	5		8	20	电动螺旋	25	141
九溪	北洋	小里桥	2004	12	20	50	3	15	电动钢索	25	340
元同溪	头陀	下灰洋	2005	5	20	50	3	15	电动钢索	25	227
城西河	西城	大树下	2008	10	20	50	3	15	电动钢索	25	280
永裕闸	东城	双浦	2011	12	20	50	3	18	电动钢索	25	150
跃进闸	北城	塔水桥	2012	9	20	50	3	15	电动钢索	25	303

表 7-6 行政单元社会经济数据(2017 年)

名称	面积(km²)	地理位置	人口(人)	工业总产值(亿元)
东城街道	16	城区东部	62 083	72.26
南城街道	17	黄岩城区南郊	22 984	27.24
西城街道	25.5	黄岩城区西郊	62 788	35.92
北城街道	32	黄岩城区北大门	31 000	48.80
澄江街道	35.43	黄岩城区以西	31 464	11.29
新前街道	46.56	黄岩城区西北	39 000	44.62
江口街道	31	黄岩城区东部	31 000	29.71
高桥街道	16.23	黄岩城区东南部	22 000	15.55
宁溪镇	88.54	黄岩西部山区	35 000	9.02
北洋镇	67.99	黄岩西部山区	33 600	9.90
头陀镇	58.5	黄岩中部	36 000	20.60
院桥镇	80.4	台州市区南部	72 110	50.90
沙埠镇	44.03	黄岩区东部西南	23 000	9.94
屿头乡	98.22	黄岩区西北部	14 000	0.05
上郑乡	93.3	黄岩区西部	13 395	1.04
富山乡	54.11	黄岩区最西部	12 000	2.48
茅畲乡	29.61	黄岩区西南部	13 669	4.60
上垟乡	67.58	黄岩区西南部	17 561	10.50
平田乡	40.26	黄岩区西南部	9 863	0.01

7.3.6 历史洪水及洪水灾害数据

收集典型洪涝灾害统计资料，特征参数包括了受灾范围、农作物受灾面积、受灾人口、转移人口、倒塌房屋、直接经济总损失。

对历史洪水灾害资料的处理，主要包括历史洪水淹没分布的数字化提取，属性与空间位置的关联、灾情资料的整理等，以满足洪水分析模型率定、验证以及灾情统计和损失评估计算的需要。

7.3.7 防洪重要保护对象

防洪重要保护对象主要包括物资仓库、避灾场所、危化企业、医院、学校等场所，以及通信、电力、供水、道路系统等重要设施。备汛资料包括防汛物资仓库位置及储备情况、避灾点位置及数量、抢险队伍等。

这部分主要依靠收集的全要素 DLG 数据(地形图中包含了物资仓库、避灾场所、危化企业、供水、医院、学校、道路等相关图层及数据)及民政部门提供的避灾点位置及数量等信息(图 7-8 和图 7-9)。

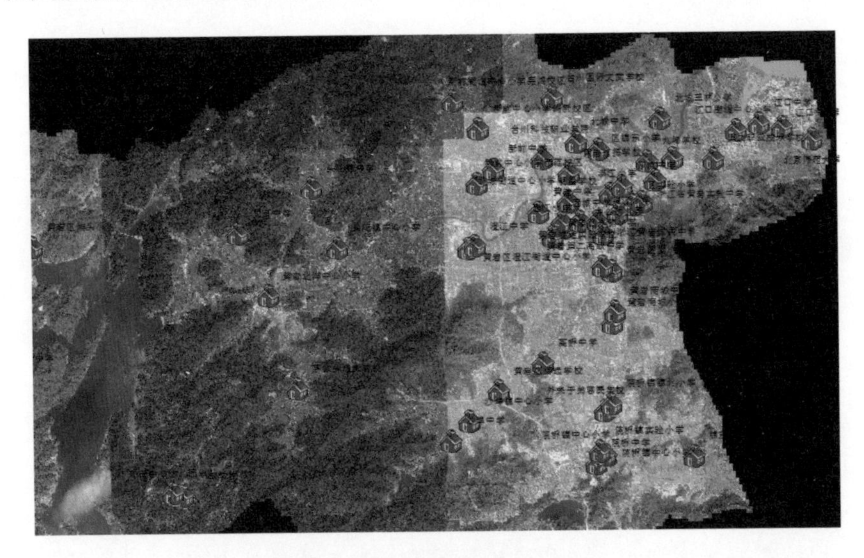

图 7-8　黄岩区研究范围内学校

图 7-9　黄岩区研究范围内医院

7.4 洪水分析建模

7.4.1 建模思路

台州市黄岩区主要洪水来源为上游干流洪水(长潭水库泄洪)和区间暴雨导致的支流洪水,为了能够模拟河道洪水、溃堤洪水,建立一、二维水动力学模型。

(1) 一维建模范围及边界

从现场调研实际了解到的洪水来源情况,建议一维模型建模按照《永宁江流域防洪排涝规划》相关报告等的建模范围,模型覆盖永宁江流域长潭水库—永宁江闸之间 445 km^2 流域面积的河网。

一维模型概化了永宁江干流、江北干渠、江南干渠、元同溪、新江河、龚屿浦、西官河、南官河、东官河、永丰河、西江等河道。

模型合理的水文边界有助于提高洪水分析的可靠性。一维模型主要水文边界条件如下:模型上边界取长潭水库、佛岭、秀岭水库坝下及元同溪、九溪等重要山溪的流量过程;下边界取永宁江闸、坝头闸、黄沙闸等水位过程。

根据黄岩区现状水利工程防洪标准和历史洪水分析,选择 50 年一遇设计洪水、100 年一遇设计洪水、2019 年“利奇马”台风历史洪水等作为典型的边界条件进行洪水演进模拟。

(2) 二维地表模型范围

二维模型以研究范围内地形(DEM 数字高程模型)、地貌为依据,充分考虑线性工程(公路、铁路、堤防等线状物)的阻水及导水影响。二维建模的范围按照洪水可能影响的范围进行划分,建模面积为 222 km^2。

7.4.2 水文分析计算

7.4.2.1 站网分布情况

永宁江流域内及周边区域的站网分布较为均匀,建站年份较久,本章计算用到的雨量、水位等水文资料来自浙江省水文勘测局,资料合理可靠。

水(潮)位、水文测站主要有长潭水库(坝上)等 12 处水文站以及海门、西江闸、黄沙闸(上)等多处水(潮)位站,主要水文站、水位站概况见表 7-7。雨量站包括黄岩、长潭水库等多处雨量站,设站时间自二十世纪三十年代至八十年代不一,平均资料系列较长,能够满足计算需要,主要雨量站情况见表 7-8。主要水文站、水位站、雨量站分布见图 7-10。

表 7-7　主要水文、水位站一览表

站名	集水面积(km²)	起始年份	资料年数	站别
长潭水库(坝上)	441.3	1972	29	水库水文
海门	6 750	1932	56	潮位
西江闸	—	1960	46	水位
黄沙闸(上)	—	1984	22	水位
坝头闸(上)	—	1961	45	水位
坝头闸(下)	—	1960	46	水位
黄沙闸(下)	—	1984	22	水位

表 7-8　主要雨量站一览表

站名	设站年份	站名	设站年份
黄岩	1933	白石垟	1962
西江闸	1943	坝头闸	1962
宁溪	1951	上垟	1962
长潭水库	1956	垟头	1968
秀岭	1960	沙埠	1971

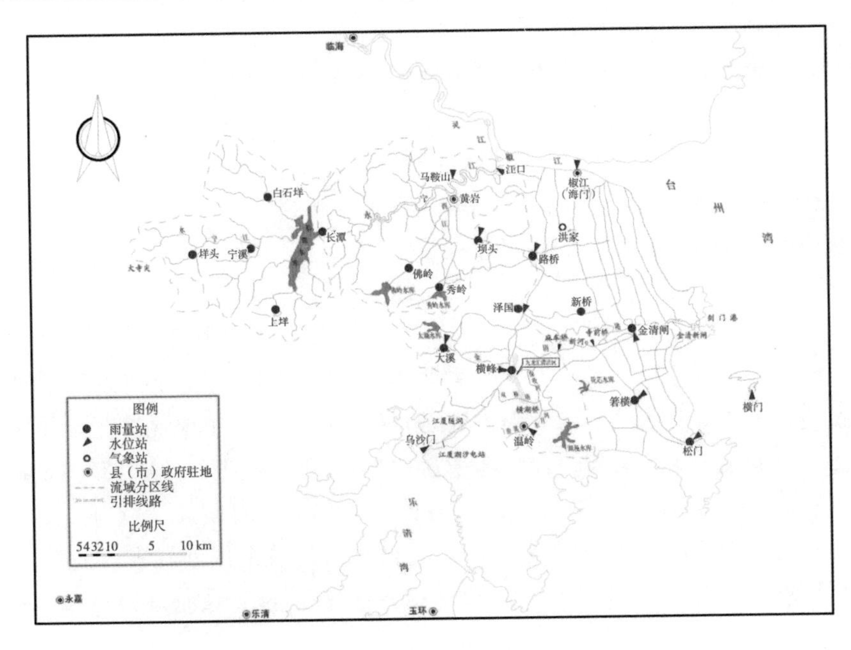

图 7-10　永宁江流域水文站、水位站、雨量站分布图

7.4.2.2 设计暴雨计算

考虑现有资料条件，台州市黄岩区设计洪水由暴雨资料计算得到。暴雨取样采用年最大值法，取最大24小时雨量。通过面积加权平均法计算流域面雨量值。暴雨系列为1952—2014年，永宁江流域片雨量站取用垟头、宁溪等站，基于泰森多边形法计算永宁江流域面雨量。基于P-Ⅲ型曲线拟合适线以分析暴雨频率，从而求得不同设计频率下的流域暴雨成果。研究区设计暴雨参数见表7-9。

表7-9 设计暴雨参数表

时段	均值(mm)	Cv	Cs/Cv	各频率设计值(mm)	
				1%	2%
$H_{一日}$	147	0.52	3.5	415	365
H_{24}	$H_{24}=1.13\times H_{一日}$			469	412
$H_{三日}$	217	0.5	3.5	594	524

本次计算使用的24小时概化雨型是基于浙江省暴雨特性以及降雨时空分布规律得到的，其具体规则为：

(1) 最大项的时段雨量末时刻排列在18至21时时段内；

(2) 老二项时刻雨量，排在最大项的左边；

(3) 剩余时段降雨值，首先按照数值大小进行排序，奇数项时段雨量排布于左侧，偶数项时段雨量排布于右侧，当右侧排满至24时时刻后，剩下数值项依据大小全部列于左侧。面雨量过程见图7-11。

7.4.2.3 设计洪水计算

考虑永宁江流域上游长潭水库和防洪控制断面位置、支流河流分布情况以及设计洪水计算需求等多方面因素，划分流域为13个子单元进行设计洪水计算。上游长潭水库入库流量作为上游边界，九溪、元同溪等共12个支流作为支流边界，采用洪水流量过程线。设计洪水根据设计暴雨来推求，其中设计暴雨通过面积加权平均法进行计算，设计洪水计算采用浙江省瞬时单位线进行推求。最终计算得到永宁江干支流各频率下的洪峰流量设计值，如表7-10。

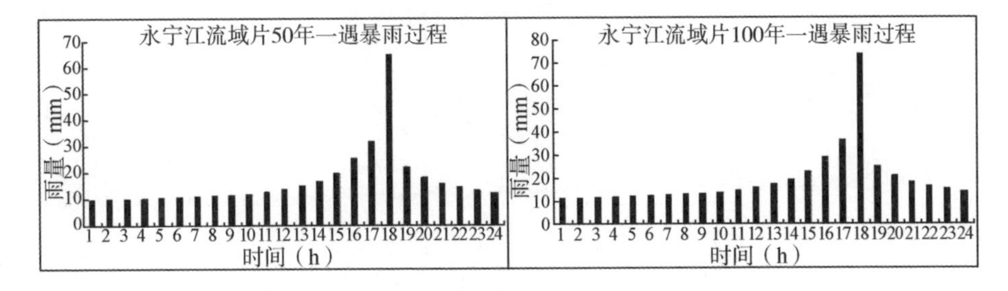

图 7-11　永宁江流域不同频率下面雨量过程

表 7-10　永宁江干支流各频率下的洪峰流量设计值

分区	集水面积(km²)	参数	流域各频率的设计值(m³/s)	
			1%	2%
长潭水库	441.3	入库洪流量	6 223	5 610
元同溪	38.04	洪峰	642.4	567.1
		洪模	16.9	14.9
九溪	50.86	洪峰	763.4	673.7
		洪模	15	13.2
下抱水库	6.37	洪峰	206.1	187.8
		洪模	32.4	29.5
北岙溪	11.91	洪峰	353.9	321.6
		洪模	29.7	27
佛岭水库	18.3	洪峰	503.6	457.1
		洪模	27.5	25
西溪水库	12.92	洪峰	380.1	345.4
		洪模	29.4	26.7
秀岭水库	13.9	洪峰	401	364
		洪模	28.8	26.2
官岙坑	4.15	洪峰	146	133
		洪模	35.2	32.1
灵岩坑	2.16	洪峰	86.8	79.1
		洪模	40.2	36.6
黄坦片区	25.43	洪峰	499	442
		洪模	19.6	17.4

续表

分区	集水面积(km²)	参数	流域各频率的设计值(m³/s)	
			1%	2%
药山滩河	5.53	洪峰	184	168
		洪模	33.3	30.3
东岙湾坑	10.64	洪峰	324.6	295.2
		洪模	30.5	27.7

注：洪模＝洪峰流量/流域集水面积。

各个边界流量过程见图 7-12。

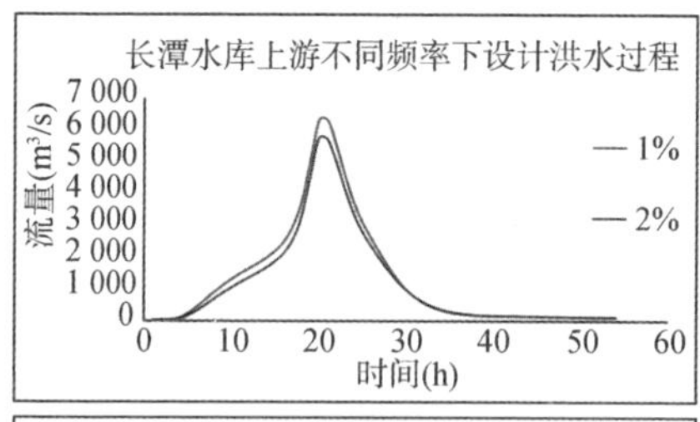

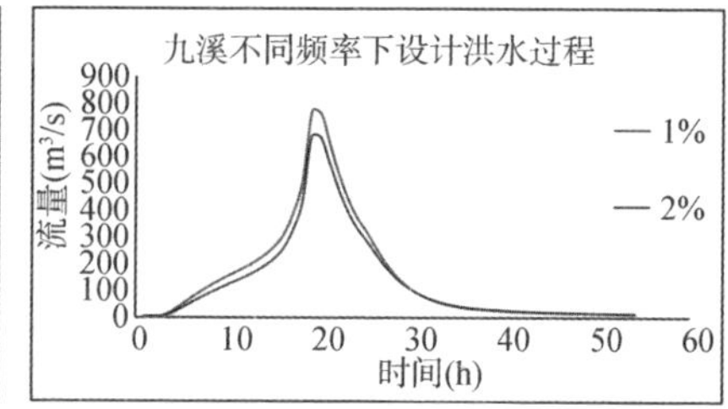

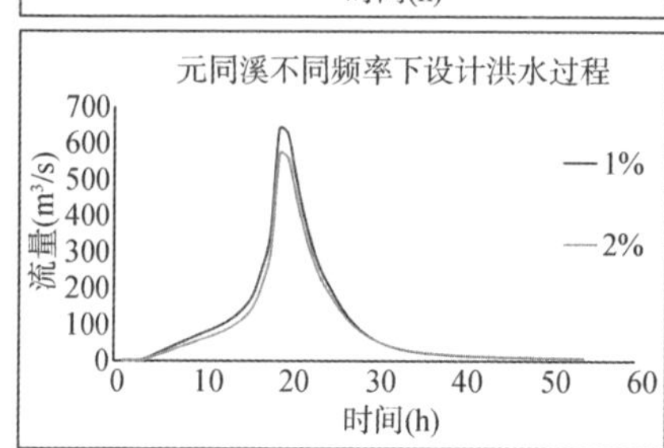

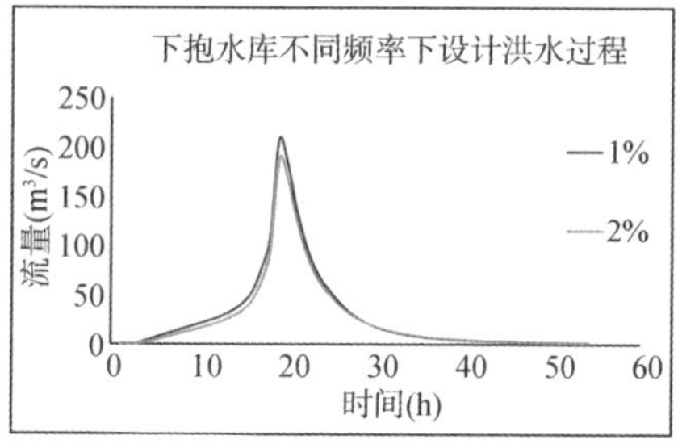

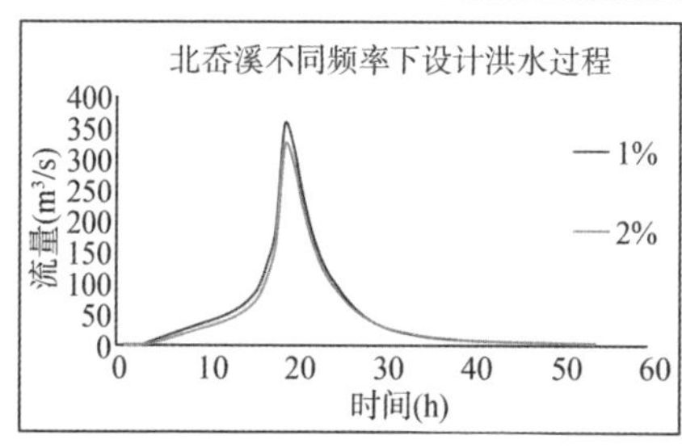

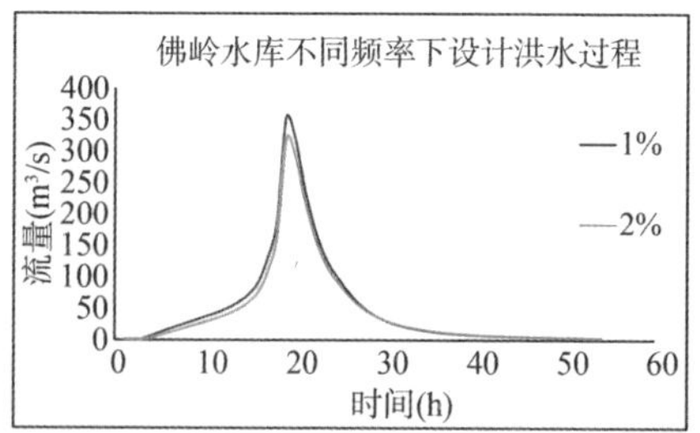

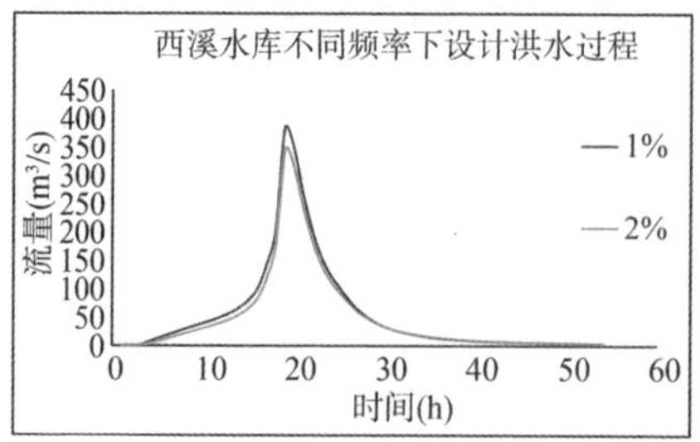

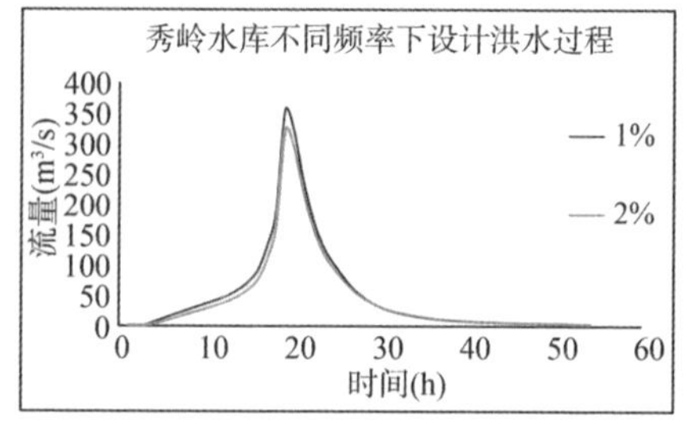

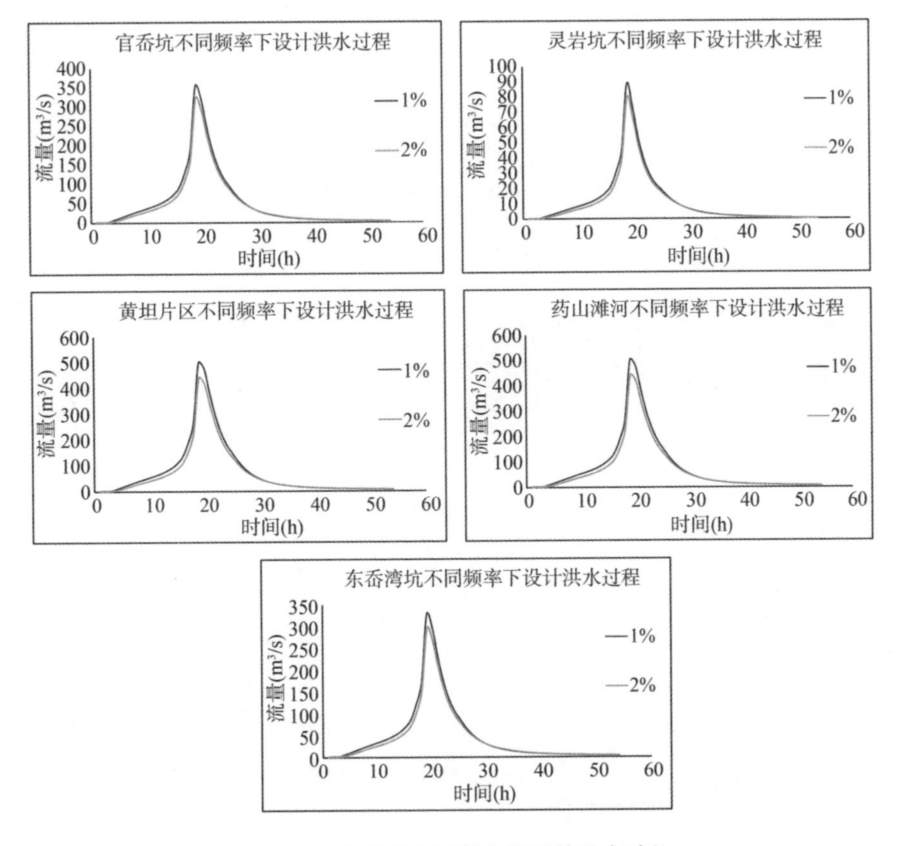

图 7-12 各片区不同频率下设计洪水过程

7.4.2.4 偏不利潮型确定

永宁江流域同时受到上游暴雨洪水影响及下游潮位的顶托，所以在设计模型方案时要考虑洪潮遭遇情景。本章永宁江下游偏不利潮位过程采用的是对海门站与马鞍山站进行插补得到的潮位过程。其最高潮位为 3.96 m，约为 10 年一遇高潮位，潮位过程见图 7-13。历史上流域大洪水一般遭遇的潮位多为 5 年一遇，2013 年 10 月 6 日“菲特”台风期间海门站测得的潮水位最高达到 3.95 m，超过警戒水位 0.25 m，与本章采用的 3.96 m 高潮位相当。因此，在计算本章流域设计洪水方案时，可以采用此偏不利潮型作为模型下边界。

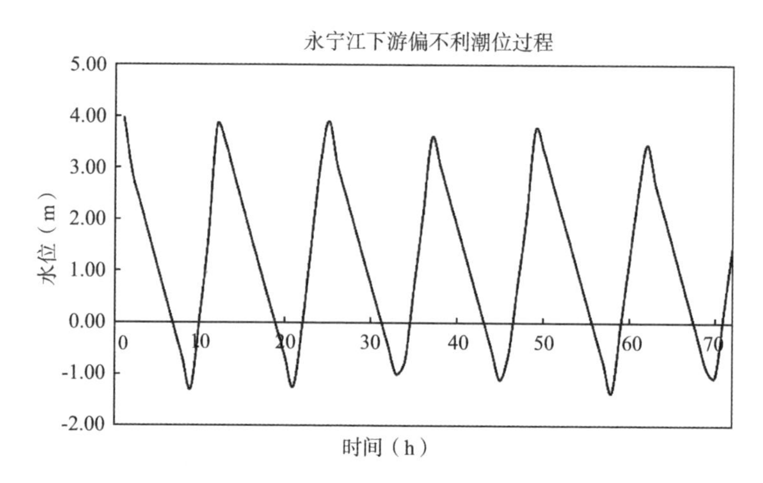

图 7-13　永宁江下游偏不利潮位过程图

7.4.3　水库调洪演算

7.4.3.1　长潭水库调度规则

长潭水库除险加固后大坝设计洪水标准达到 100 年一遇，校核洪水标准达到 10 000 年一遇。根据除险加固工况调洪计算原则，长潭水库除险加固后的主汛期洪水调度规则如下：

当坝前水位低于 35 m，即台汛期限制水位时，水库拦蓄洪水，不进行开闸泄洪；

当坝前水位高于 35 m 且低于 37.99 m，即 20 年一遇洪水位时，开启五孔闸门下泄洪水，同时考虑下游河道防洪安全，控制最大下泄流量不大于 756 m^3/s；

当坝前水位高于 37.99 m 且低于 38.86 m，即 50 年一遇洪水位时，开启五孔闸门下泄洪水，同时考虑下游河道防洪安全，控制最大下泄流量不大于 1 022 m^3/s；

当坝前水位高于 38.86 m 时，五孔闸门全开，全力泄洪，保障大坝安全。

7.4.3.2　泄洪设施及泄流能力

长潭水库泄洪设施包括溢洪道及泄洪洞，在实际调洪演算过程中库水位对应的泄流量为两者泄量的叠加。

(1) 溢洪道

现状溢洪道位于永宁江左岸的伏虎山北部山脚处，为开敞式设计，其堰顶高为 36 m，底宽为 60 m，溢洪道水位与泄流量关系见表 7-11。

表 7-11　水库水位-溢洪道泄流量关系表

库水位(m)	36	37	38	39	40	41	42	42.5
泄流量(m^3/s)	0	75	260	550	880	1 275	1 700	1 910

(2) 泄洪洞

泄洪洞底高程 25 m，内径 5.5 m，洞身长 277 m。其水位与泄流量关系见表 7-12。

表 7-12　水库水位-泄洪洞泄流量关系

库水位(m)	泄流量(m^3/s)	库水位(m)	泄流量(m^3/s)	库水位(m)	泄流量(m^3/s)
25.0	0	31.0	175	37.0	249
25.5	31	31.5	184	37.5	254
26.0	40	32.0	191	38.0	259
26.5	51	32.5	198	38.5	264
27.0	62	33.0	204	39.0	268
27.5	74	33.5	210	39.5	273
28.0	86	34.0	216	40.0	277
28.5	99	34.5	222	40.5	282
29.0	113	35.0	228	41.0	286
29.5	129	35.5	233	41.5	291
30.0	144	36.0	238	42.0	295
30.5	160	36.5	244	42.5	299

7.4.3.3　水库水位容积曲线

水库水位容积曲线 $V=f(Z)$ 通过查 1962 年长潭水库初步设计时所用成果得到，其水位容积关系见表 7-13。

表 7-13　水库水位-容积关系表

水位(m)	容积(万 m^3)	水位(m)	容积(万 m^3)	水位(m)	容积(万 m^3)
11	100	22	8 600	33	35 700
12	200	23	10 400	34	38 950

续表

水位(m)	容积(万 m^3)	水位(m)	容积(万 m^3)	水位(m)	容积(万 m^3)
13	300	24	12400	35	42 300
14	650	25	14 400	36	45700
15	1 200	26	16 400	37	49 100
16	1 890	27	18 800	38	52 800
17	2 700	28	21 300	39	56 800
18	3 590	29	24 000	40	60 800
19	4 500	30	26 700	41	64 900
20	5 800	31	29 600	42	69 100
21	7 200	32	32 600	42.5	71 200

7.4.3.4　调洪演算结果

对长潭水库进行调洪演算，计算结果见表 7-14，流量过程见图 7-14。

表 7-14　长潭水库调洪成果

频率 P (%)	洪峰流量 (m^3/s)	最高水位 (m)	最大库容 (万 m^3)	最大泄量 (m^3/s)
1	6 300	38.94	56 567	1 427
2	5 730	38.36	54 257	1 022

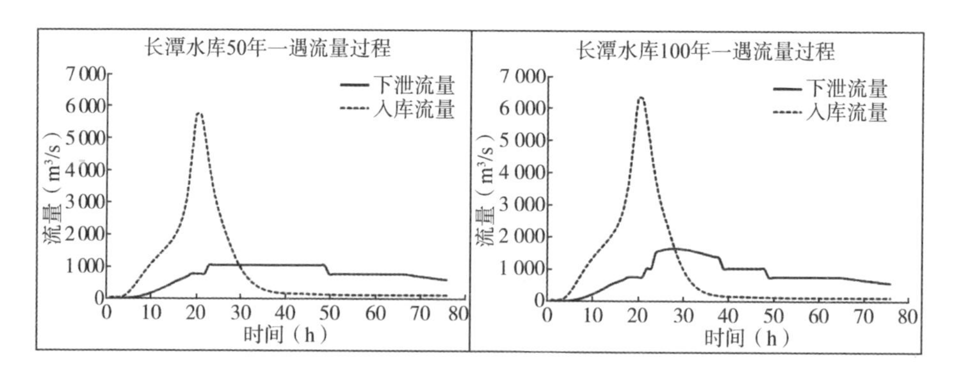

图 7-14　长潭水库调洪演算结果

7.4.4 一维水动力模型构建

7.4.4.1 河网概化

河网文件主要包括河道名称、河道方向以及河流相连等信息，同时在河网文件中写入研究区水工建筑物的参数以及汇流点坐标等信息，以准确描述河网模型的基础信息。

研究区河网包括永宁江干流及九溪、元同溪、新江河、龚屿浦等支流。本次研究采用台州市黄岩区电子地图作为河网文件底图，同时对支流河道进行概化处理，处理后的河网包括永宁江上游长潭水库以下至永宁江闸之间的全部区域，共计 445 km^2，概化图见图 7-15。

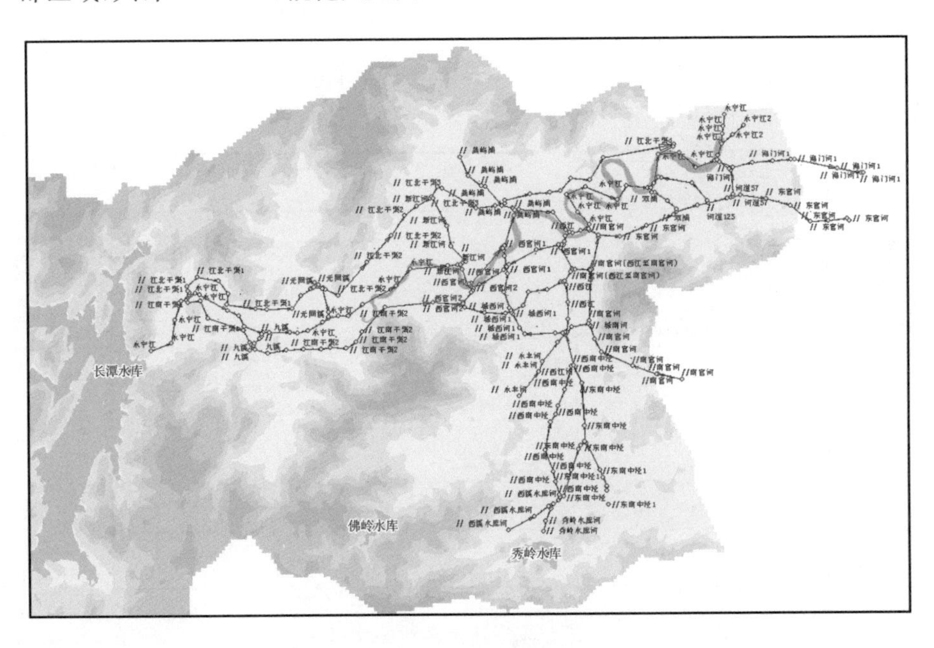

图 7-15 一维河网概化图

一维水动力模型的最小单元即是河道断面，准确的断面数据能够大大提高模型计算的准确度。对于河面宽度不足 500 m 的河道，为了保证模型计算的精度，一般将其断面间距设为小于 500 m。断面文件基于实测断面数据，将其转换为断面起点距 X 及河床高程 Z 坐标数据。断面即河流的纵向剖面，每个断面由所在河道名称、断面坐标以及相邻断面间距离确定。

在综合考虑了流域地形、河道走势、河网分布以及上游长潭水库的影响的基础上，模型共概化302个断面，其中包含长潭水库坝址以下永宁江干流断面56个见图7-16，永宁江上游断面示意图见图7-17。除此之外，还涉及元同溪、新江河等河道。

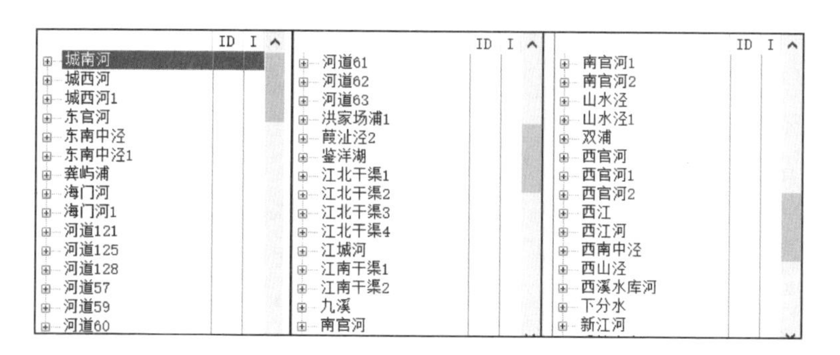

图7-16　河道断面资料(部分)

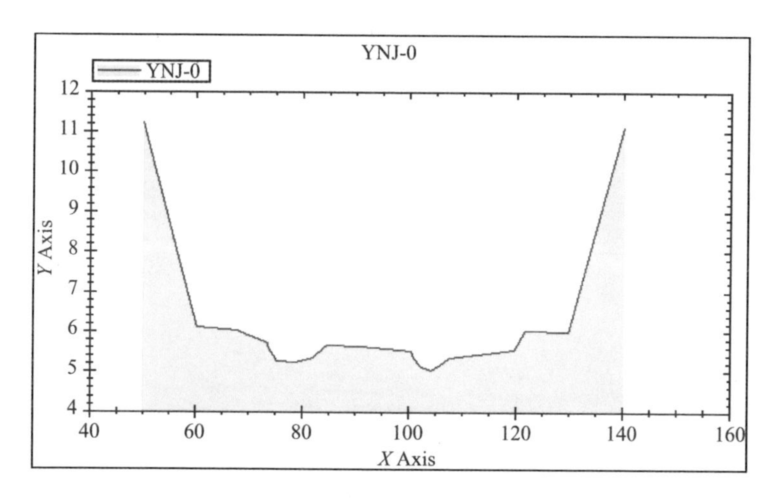

图7-17　永宁江上游断面示意图

7.4.4.2　边界条件

边界条件储存于时间序列文件中，时间序列文件指的是建模过程中随时间变化的文件，如流量过程线、水位过程线。

模型边界条件主要包括外边界条件与内边界条件。外边界条件为存在于模型中但与其他河段不连接的点，位于河段的上游或下游的端点，存在着水流的流入与流出。内边界条件指的是与河流上下游相互连接并作用的点，比如降雨径流流入点、工厂排水点等。本研究中设定的边界条件均为外边界条件。

对于外边界条件，一维模型的上边界条件一般为研究区内所在河流上游断面的洪水流量过程线，当上游存在防洪工程时，则选择其下泄流量过程线。一维模型的下边界则一般为下游控制断面的水位流量关系线或者是湖泊、海洋的水位或潮位过程线。本研究区的上边界为长潭水库下泄流量，下边界为永宁江大闸潮位过程。上边界条件的流量过程线分别通过产汇流计算或长潭水库调洪演算求得，下边界的流量过程线则为插补得到的永宁江闸偏不利潮位过程线。

模型的水文边界的准确控制是提高洪水风险分析精度的必要条件，为确定合理的边界条件，必须充分考虑河道的连续性与整体性。一维模型主要水文边界条件如下：

模型上边界取长潭水库、佛岭、秀岭水库坝下及元同溪、九溪等重要山溪的流量过程；下边界取永宁江闸、坝头闸、黄沙闸等水位过程；在综合考虑了流域地形、河道走势、河网分布以及上游长潭水库的影响的基础上，一维模型概化了永宁江干流、九溪、元同溪、新江河等河道，最终模型共概化 302 个断面，17 个边界，其中流量边界 12 个，水位边界 5 个，见表 7-15 和图 7-18。

表 7-15　一维模型边界情况

序号	边界位置	边界条件	边界类型	集水面积(km^2)
1	长潭水库	干流上边界	流量过程	441.3
2	下抱水库	支流上边界	流量过程	6.37
3	佛岭水库	支流上边界	流量过程	30.21
4	西溪水库	支流上边界	流量过程	12.92
5	秀岭水库	支流上边界	流量过程	13.9
6	九溪	支流上边界	流量过程	50.86
7	元同溪	支流上边界	流量过程	38.04
8	官岙坑	点源边界	流量过程	4.15
9	灵岩坑	点源边界	流量过程	2.16
10	黄坦片区	点源边界	流量过程	25.43

续表

序号	边界位置	边界条件	边界类型	集水面积(km^2)
11	药山滩河	点源边界	流量过程	5.53
12	东岙湾坑	点源边界	流量过程	10.64
13	永宁江闸	下边界	潮位过程	/
14	坝头闸	下边界	水位过程	/
15	黄沙闸	下边界	水位过程	/
16	海门河闸	下边界	水位过程	/
17	东关河闸	下边界	水位过程	/

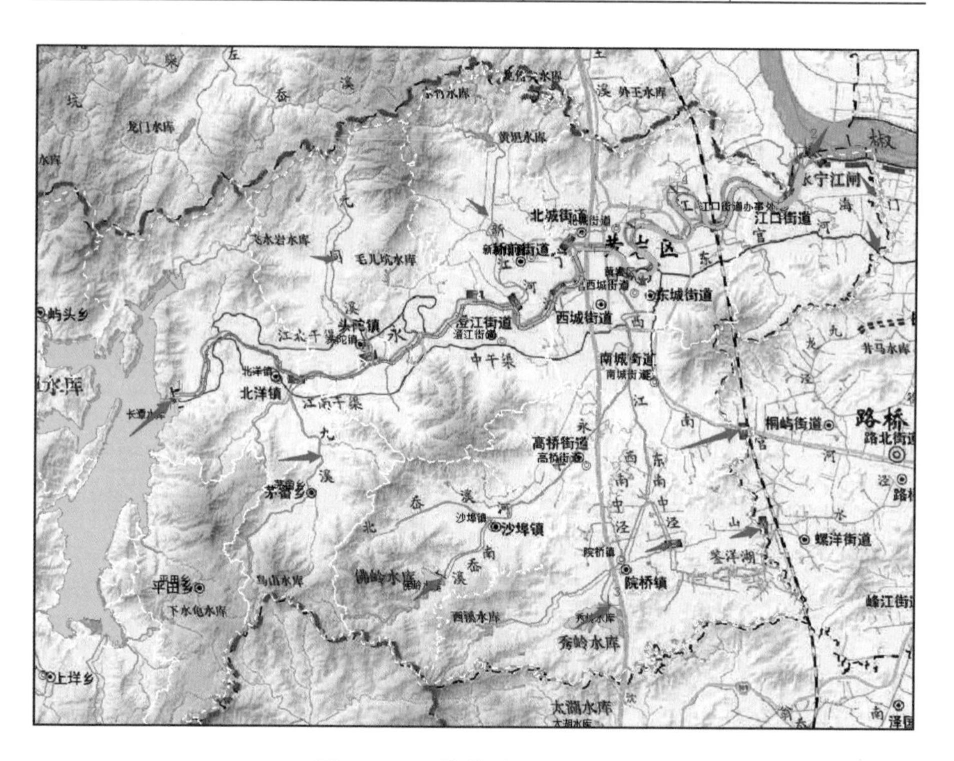

图 7-18　一维模型边界分布图

7.4.4.3　参数率定与验证

对河道一维水动力数值模型来说，参数率定主要指的是率定糙率系数。不同河段地形的糙率系数数值不同，需要分级率定，最终率定数值一般为某一区间，并非统一值。构建的一维水动力模型糙率系数对于河道断面变化十分敏感，为避免下垫面变化对模型参数准确性的影响，在率定验证中选用近年发生的 3 场历史大洪水进行参数的率定和验证，其中 2013 年“菲特”台风、2015 年“苏迪罗”台风洪水用于参数率定，2019 年“利奇马”台风洪水用于验证。

在分析防洪工程对下游城区的洪水淹没过程中，水位是最重要的分析指标。对永宁江重要控制断面佛岭站的水位进行分析，通过比对模型计算值与历史实测值最终确定模型的糙率系数(表 7-16)。

表 7-16　最终参数率定结果表

序号	河流分段	糙率系数
1	永宁江—西江闸	0.028
2	元同溪支流	0.035
3	九江支流	0.035
4	西江河网片支流	0.025

表 7-17　一维水动力模型率定验证结果

类型	洪水场次	佛岭站水位峰值(m)	佛岭站调查值(m)	洪峰水位误差值(m)
率定	2013 年“菲特”台风洪水	67.21	67.10	0.11
	2015 年“苏迪罗”台风洪水	66.02	65.83	0.19
验证	2019 年“利奇马”台风洪水	66.52	66.39	0.13

注：洪峰水位误差值=计算值—实测值或调查值

从模拟结果可知(表 7-17，图 7-19)：以佛岭站水位为例，水文水动力组合计算模型通过 2013 年“菲特”、2015 年“苏迪罗”台风历史洪水率定糙率系数，在模拟计算 2019 年“利奇马”台风历史洪水中水位最大误差不超过 20 cm，能够较为精准地模拟出洪水涨落的过程，计算精度较好。永宁江流域洪水淹没影响分析的重点在于水位的模拟，因此建立的永宁江一、二维耦合水动力计算模型可用于实际洪水模拟。

7.4.5　二维水动力模型构建

建模前收集所有相关资料，然后搭建模型，模拟并分析数据过程。二维

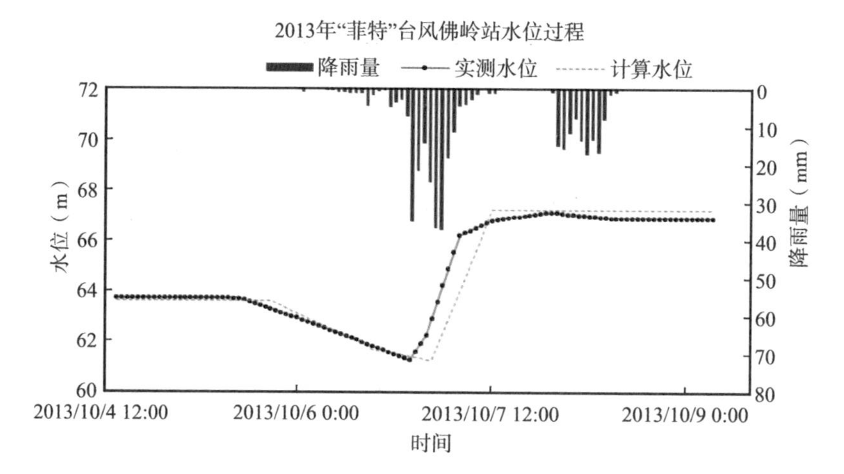

图 7-19 "菲特"台风率定计算结果

模型的构建由地形文件制作、一二维模型边界连接、设定二维模型参数几部分组成。二维水动力模型的构建过程见图 7-20。

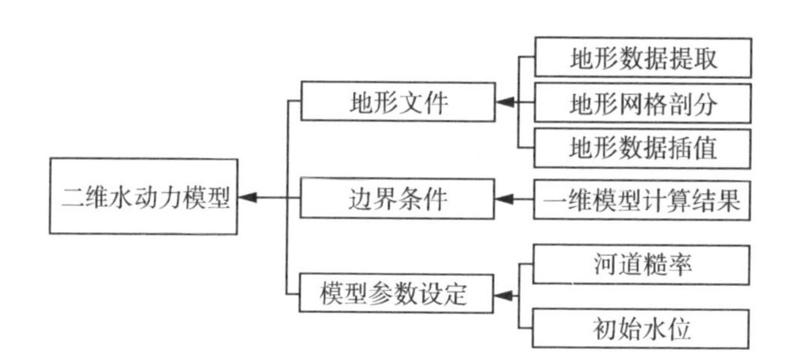

图 7-20 二维水动力模型构建思路

7.4.5.1 二维模型范围

二维建模将永宁江沿江两侧等高线作为二维建模计算范围边界，建模面积为 222 km^2，建模范围见图 7-21。

7.4.5.2 模型构建步骤

(1) 模型网格剖分

本次二维模型建模范围划分以研究区内地形、地貌为依据，并充分考虑永宁江洪水及流域内暴雨、长潭水库泄洪等影响，以永宁江沿江两侧等高线为依据划定二维建模计算范围，并根据地形地势及居民聚集情况适当微调。二维网

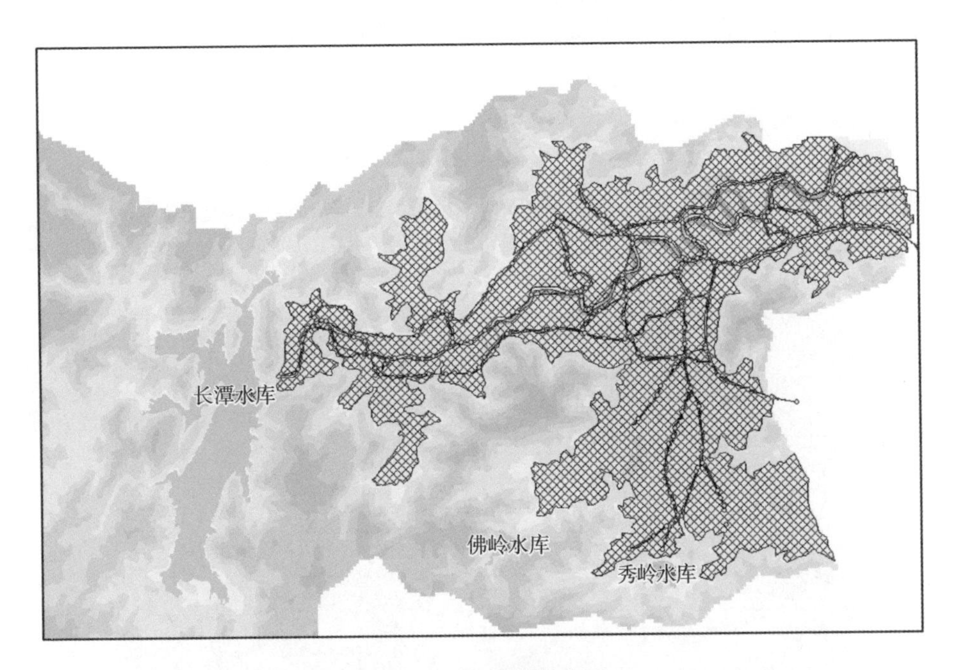

图 7-21 二维建模范围

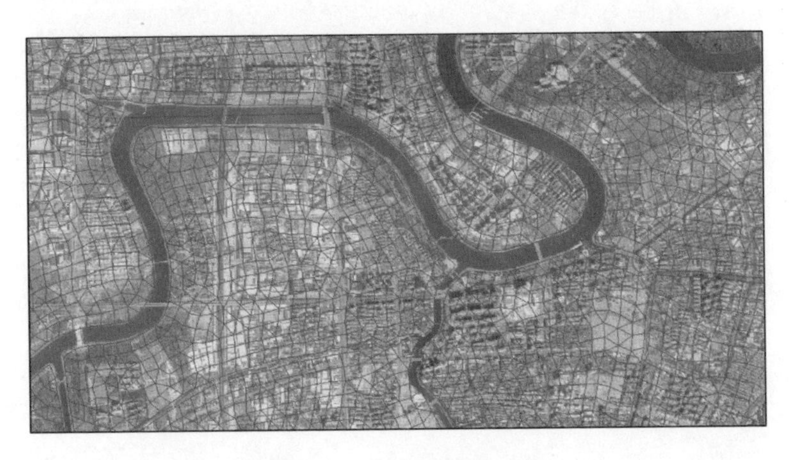

图 7-22 二维建模网格剖分

格模型最终剖分的网格数为 25 714 个，平均网格面积为 8 634 m²，平均网格边长为 107 m，网格划分结果比较合理，同时兼顾了计算的准确性与高效性。

(2) 网格计算

二维水动力模型中网格构建过程遵循由简到繁、由整体到局部的原则，从整个流域范围的拟定，到地表网格的整体剖分，再对局部区域的精细调整，最终构建出了合理真实的地表网络。通过以上步骤最终可以完成台州市黄岩区洪水模拟二维水动力模型构建。

(3) 网格高程插值

基于DEM数字高程模型及高分辨率的影像资料对剖分后的网格进行高程插值,并对局部区域进行相应调整,见图7-23。最终构建出永宁江流域二维网格模型,见图7-24。

图7-23 研究区数字高程数据

7.4.5.3 模型参数分析

模型的糙率应依据研究区的土地使用状况进行确定。台州市黄岩区属于城区,建筑密集,同时考虑历史洪水的淹没情况,最终根据经验值确定模型糙率为0.07。

7.5 洪水情景分析模拟及风险评估

7.5.1 情景方案设置

为摸清永宁江流域现状防洪能力并评估遭遇不同量级洪水下游城区的淹没情况,模拟分析当前永宁江防洪体系,分别设定50年、100年一遇下的

图 7-24　二维模型网格剖分

设计洪水方案。为对比分析长潭水库防洪工程拦蓄洪水对下游防洪能力的提升，在不同重现期下设置无水库调度的天然情景方案，与水库调度情景下的洪水模拟方案进行对比。为进一步明确长潭水库的防洪作用，设置历史大洪水方案，针对 2019 年“利奇马”台风进行模拟，对比分析长潭水库在近年实际防洪工作中发挥的作用。不同模型计算方案设计见表 7-18。

表 7-18　模型计算方案

序号	类别	标准(重现期)	长潭水库运行设置
1	设计洪水方案	50	天然情景
2			水库调度
3		100	天然情景
4			水库调度
5	历史洪水“利奇马”台风洪水方案	/	天然情景
6		/	水库调度

7.5.2　洪水方案模拟

为了探究黄岩区城区目前的防洪能力，在长潭水库正常运行的情况下，分别对永宁江流域 50 年一遇和 100 年一遇两种设计洪水方案进行比较，统计分析各方案下淹没范围及淹没水深情况，进行横向比较，不同方案下淹没水深图见图 7-25，淹没情况对比见表 7-19。

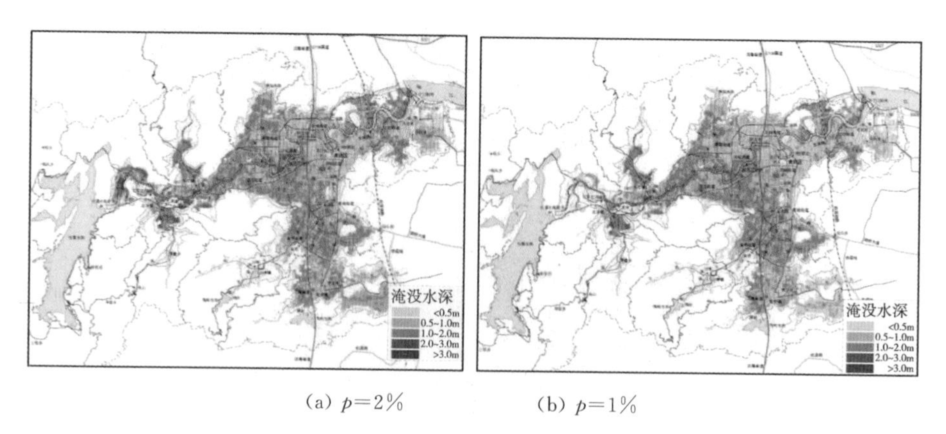

(a) $p=2\%$　　(b) $p=1\%$

图 7-25　不同方案下淹没水深图

表 7-19　不同方案下淹没情况对比表

分析方案	淹没面积(km^2)	最大淹没深度(m)	平均淹没深度(m)
50 年一遇设计洪水	145.21	3.71	0.93
100 年一遇设计洪水	156	4.15	1.15

由淹没水深图可以看出，当永宁江流域遭遇 100 年一遇设计洪水时，城区内街道已全部受淹，平均淹没深度达到 1.15 m，防洪压力极大。

由此可见，黄岩区城区防洪问题非常突出，这既由流域河道自身的特点决定，又有防洪工程建设方面的问题。

一方面，受到流域、河道自然条件的影响，永宁江流域洪涝灾害频发。由于地处东南沿海，流域内受台风暴雨影响严重，导致洪涝灾害频繁发生。同时流域形状对防洪不利。永宁江流域上游山坡陡峭，河道坡降较大，下游西江处于地形洼地，平原坡降小，过流不足，且受到潮水顶托，不利于防洪排涝。因此，遭遇下游偏不利潮型时，城区防洪压力很大。加之流域内下游为入海河道，受潮水顶托影响。当上游洪峰与下游高潮位相碰时，洪水由于受到潮水顶托，排泄受阻，形成更加严重的洪涝灾害。

另一方面，研究区防洪问题也与当地水利工程建设不足有关。沿江沿河城镇发展迅速，水利设施投入不足，流域规划治理、江河堤防治理建设滞后，水库工程除上游长潭水库为大(2)型水库外，多为小型水库，流域调蓄能力低，堤防工程防洪标准低，防洪能力不足，易被冲毁。

7.5.2.3 长潭水库防洪影响分析

分别计算分析方案1～4，针对天然情景及水库调度情景分别进行分析。天然情景下以长潭水库入库流量作为一维模型的上边界条件，水库调度情景下长潭水库调度时严格按照调度规则计算，其下泄流量作为一维模型的上边界条件。计算结果见图7-26，不同方案下淹没情况对比见表7-20。

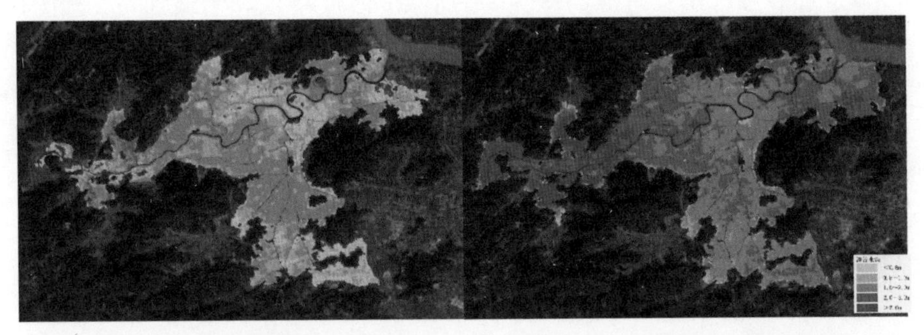

(a) 50年一遇考虑水库调度情景下的淹没水深　　(b) 50年一遇自然状态下淹没水深

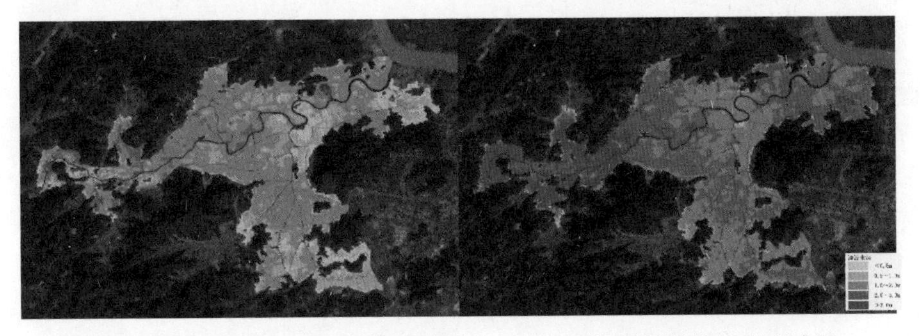

(c) 100年一遇考虑水库调度情景下的淹没水深　　(d) 100年一遇自然状态下淹没水深

图7-26　不同方案下淹没水深图

表7-20　不同方案下淹没情况对比表

分析方案	水库是否运行	淹没面积(km^2)	最大淹没深度(m)	平均淹没深度(m)	淹没平均深度改变率
50年一遇设计洪水	否	160.77	4.09	1.52	0.39
	是	145.21	3.71	0.93	
100年一遇设计洪水	否	169.82	5.19	2.19	0.47
	是	156.00	4.15	1.15	

注：变化率＝|100%×(有水库下指标均值－无水库下指标均值)|/无水库下指标均值，下同。

由对比淹没水深图可以看出，水库调度对于黄岩区城区洪水淹没范围及深度均有着极大影响。对于淹没范围，未经过长潭水库调洪的洪水方案计算值均较水库调度情景下的洪水淹没范围增加8%以上，50年一遇设计洪水增加10.7%，100年一遇设计洪水增加8.9%。重点淹没区域集中在元同溪、九溪支流等堤防薄弱区以及下游西江平原等地势低洼地区。对于平均淹没深度，水库调度情景下洪水方案计算值均小于天然情景下方案计算值，且随着设计洪水量级的增大，平均深度改变率也随之增加，这是由于遭遇大洪水时水库依照调度规则，拦蓄洪水水量增加，对下游城区的防洪作用愈发凸显。

由此，黄岩区城区防洪建设应充分利用流域内已建的长潭水库，以流域洪水控制为目标，最大限度发挥水库的错峰拦蓄作用，以实现防洪减灾综合效益最大化。

7.5.2.4 历史洪水方案模拟

历史洪水方案模拟一方面是为了模拟历史洪水发生时在当前防洪体系下的淹没情况，还原历史洪水的演进过程；另一方面是对比历史洪水发生时，经过长潭水库拦蓄洪水，淹没情况的改善程度，从而评估此防洪工程的有效性，为下一阶段防洪体系的健全提供技术指导。

7.5.2.4.1 “利奇马”洪水分析

2019年8月8日—8月11日期间受第9号超强台风“利奇马”影响，黄岩区境内发生大面积强降雨，全区累计面雨量达375 mm，47个遥测雨量站中30站超300 mm，19站超400 mm，11站超500 mm，4站超600 mm，最大值为龙潭头站650 mm，其中最大1小时降水量为白沙园站87.5 mm。据遥测雨量站实测资料，黄岩区逐时面雨量过程见图7-27，各站24小时、1日和3日暴雨统计成果见表7-21。

表7-21 黄岩区各站“利奇马”期间各历时暴雨统计表

站名	最大24 h雨量(mm)	最大1日雨量(mm)	最大3日雨量(mm)	站名	最大24 h雨量(mm)	最大1日雨量(mm)	最大3日雨量(mm)
布袋坑	478	476	533	直坑	390	390	425
新江闸	212	206.5	243	里岙	560	560	635
下抱	232	230.5	273.5	望春	438	438	471
蔡龙	369	369	403	田料	243	241	256

续表

站名	最大 24 h 雨量(mm)	最大 1 日雨量(mm)	最大 3 日雨量(mm)	站名	最大 24 h 雨量(mm)	最大 1 日雨量(mm)	最大 3 日雨量(mm)
共青号	203.5	203	231.5	半山	418	414	483
长潭雨量	323	323	344.5	蒋家岸	345	345	365
桐里岙	540	528	574	石库垟	276	272	319
龙潭头	607	605	650	上横	470	464	508
白沙园	595	588.5	635.5	外金	301	291	382
西坑	441	441	488	永宁江	212.5	195	236
井头	207	196.5	209.5	佛岭	243	241.5	264.5
乌山	497.5	490	531.5	高桥	244	243	274.5
英山	245.5	245.5	283	廿四横	362	362	406
下水龟	592.5	579	628	白石	470	468	515
猫儿坑	289	288	327	山头金	202.5	184.5	230
十二坑	181	181	200	洋头	337	335	369.5
元同溪	314.5	310.5	359.5	黄沙	196.5	194.5	221.5
黄坦	252	252	299	王家店	375	375	425.5
水竹	207.5	204	224.5	马鞍山	464.5	462.5	532.5
跃进	270	266	325	西江	207.5	202.5	234.5
西溪	292.5	292.5	328.5	上垟	498	489	544.5
潮济	316	316	343.5	宁溪	338.5	338.5	360.5
山后	270.5	270	300	秀岭	219.5	212	241
抱料	380	368	429				

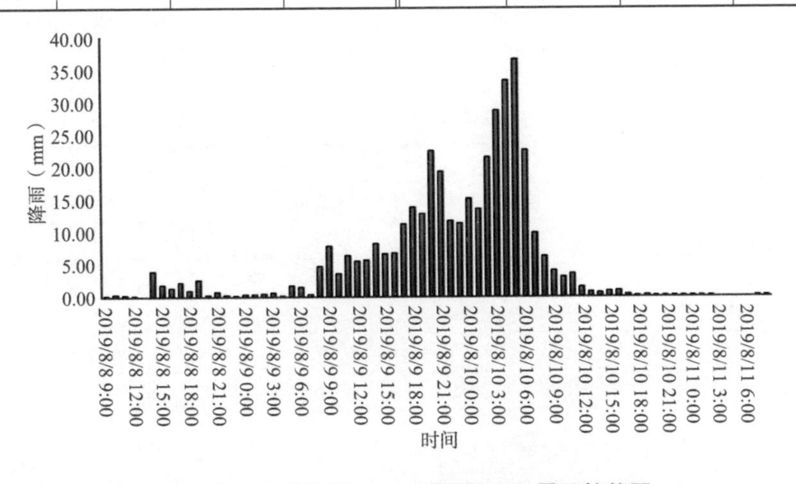

图 7-27　黄岩区“20190810”期间三日暴雨柱状图

从此次台风降雨的时程分布来看，全区降水量集中在8月9日—11日，集中降水时间在8月9日8时至10日8时。经统计分析，全区最大24 h面雨量为334 mm，重现期接近20年一遇，最大三日面雨量375 mm，重现期超10年一遇。永宁江流域不同历时设计暴雨表及本次黄岩区降雨面雨量见表7-22。

从空间分布来看，本次台风的暴雨中心分布在长潭水库库区，降雨整体呈现从上游至下游逐级递减的趋势。经统计分析，长潭水库库区三日面雨量449 mm，重现期超10年一遇，最大24面雨量403 mm，重现期约25年一遇；长潭水库下游区三日面雨量317 mm，重现期接近10年一遇，最大24 h面雨量280 mm，重现期超过10年一遇。

表7-22　永宁江流域设计暴雨及本次面雨量比较表　　单位：mm

分区	频率	$H_{一日}$	H_{24h}	$H_{三日}$	备注
永宁江流域	1%	415	469	594	设计值
	2%	365	412	524	
	5%	299	338	432	
	10%	248	280	360	
	20%	196	221	288	
本次(永宁江流域)		339	339	380	"利奇马"台风
本次(长潭水库下游区)		280	280	317	

下游洪涝灾害较为严重的九溪地区最大三日面雨量为480 mm，最大24 h面雨量达到433 mm，约为下游面雨量的1.5倍；而同样受灾严重的元同溪地区最大三日面雨量为322 mm，最大24 h面雨量达到287 mm，比下游面雨量大2%，重现期约5～10年一遇。不同典型断面本次台风最高水位值与设计洪水对比情况见表7-23。

表7-23　考虑水库调度情景下洪水水位分析

位置	设计频率				本次台风最高水位值(m)
	20%	10%	5%	2%	
潮济	6.24	7.18	7.72	8.47	6.48
九溪	5.74	6.61	7.09	7.74	5.63
头陀	5.33	6.12	6.57	7.13	5.1
跃进闸下	4.56	5.13	5.37	5.61	4.21
西江闸下	4.48	5.01	5.18	5.34	4.15
双龙闸下	4.26	4.7	4.77	4.81	3.94
永宁江大闸上	4.23	4.66	4.71	4.74	3.85

7.5.2.4.2 长潭水库调度

“利奇马”台风登陆前，长潭水库即按照调度令开启机组预泄，至 8 月 9 日 8：00，长潭水库水位 33.56 m，库容 3.75 亿 m^3。从 8 月 6 日 8：00 至 8 月 9 日 8：00，水库预泄库容 0.126 亿 m^3。

此次洪水调度情况如下，具体调度过程见图 7-28。

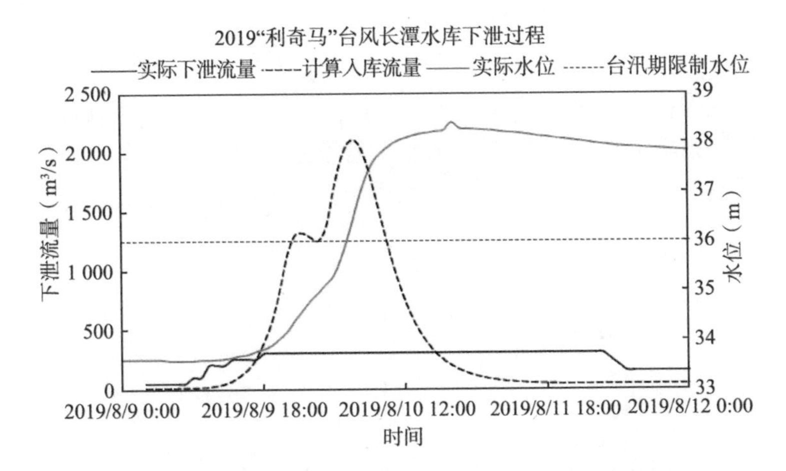

图 7-28 “利奇马”台风期间长潭水库水位及下泄过程图

随着降雨逐步开始，水库水位缓慢上涨，至 9 日 20 时，水位升至 34 m，已接近水库汛限水位(34.05 m)。

8 月 10 日 7 时，长潭水库水位 37.27 m，台州市防指向黄岩区防指发出调度单：要求先按 500 m^3/s 下泄。

8 月 10 日 8 时，长潭水库水位 37.59 m，黄岩区水利局向长潭水库管理局发出调度单：水库于 9 时 30 分先以 100 m^3/s 下泄，视下游涝水位消退情况，将下泄流量逐步加大到 500 m^3/s。

8 月 10 日 10 时 30 分，长潭水库水位 37.96 m，黄岩区水利局向长潭水库管理局发出调度单：请于 11 时加大到 200 m^3/s。

10 日 13 时，长潭水库水位 38.14 m，达到历史最高水位，且水库水位仍继续上涨。

10 日 17 时，长潭水库水位 38.24 m，黄岩区水利局向长潭水库管理局发出调度单：请于 18 时加大到 300 m^3/s。

10 日 18 时，长潭水库水位 38.41 m，为本次台风期间水库最高水位，库容 5.44 亿 m^3。

11 日 14 时，长潭水库水位 37.94 m，黄岩区水利局向长潭水库管理局发出调度单：要求水库于8月11日15时将下泄流量调减到150 m^3/s。

12日9时15分，长潭水库水位37.72 m，黄岩区水利局向长潭水库管理局发出调度单：要求将下泄流量加大到300 m^3/s。

此次台风期间，长潭水库共拦蓄洪水1.69亿 m^3，为下游头陀、西江平原等河道排涝创造了非常有利条件。

7.5.2.4.3　历史洪水方案设计

为了分析长潭水库在2019年"利奇马"台风洪水中的防洪保护作用，针对此次洪水模拟设置计算方案11、12。其中一、二维水动力模型方案中上边界为按实测降雨推求得到的长潭水库入库流量过程以及长潭水库的实测下泄过程，下边界均为永宁江闸实测潮位过程。边界过程见图7-29。

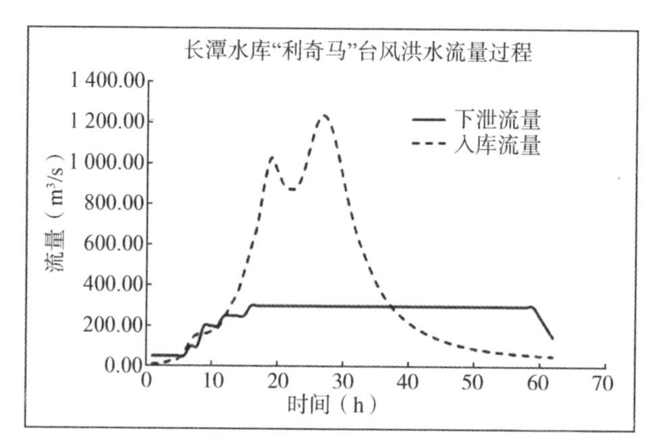

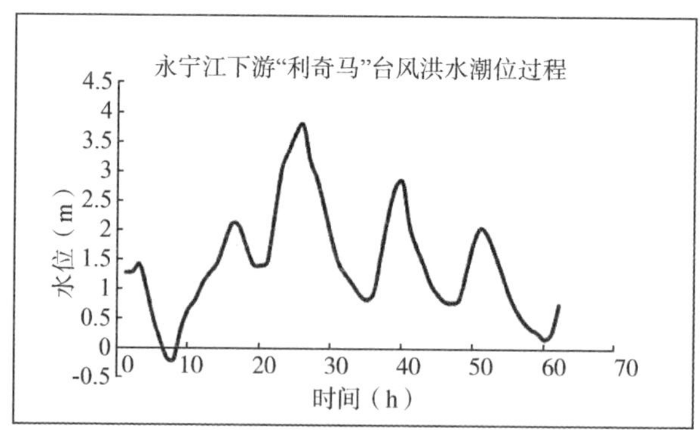

图7-29　2019年"利奇马"台风洪水水文边界过程

7.5.2.4.4　历史洪水方案分析

分别计算分析方案11～12，结果见图7-30至图7-31，不同方案下淹没情况对比见表7-24。

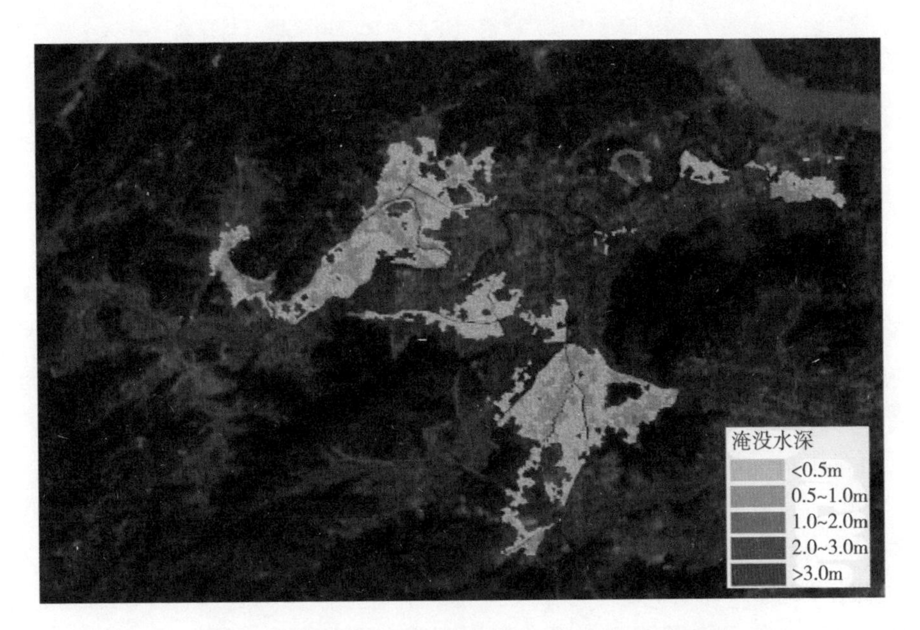

图 7-30　2019 年“利奇马”台风水库调度下淹没水深

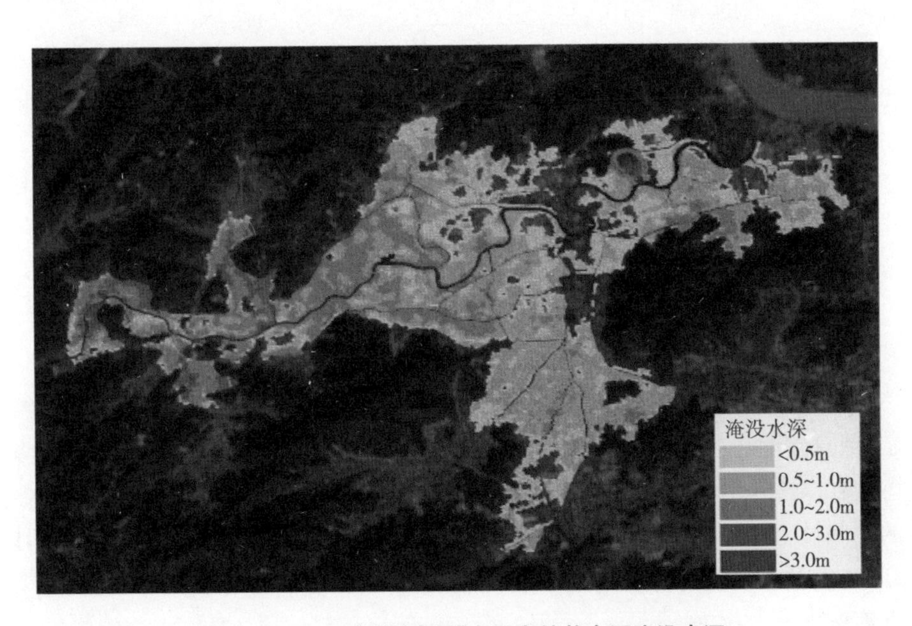

图 7-31　2019 年“利奇马”台风自然状态下淹没水深

表 7-24 遭遇“利奇马”台风不同方案下淹没情况对比表

分析方案	水库是否运行	淹没面积(km^2)	最大淹没深度(m)	平均淹没深度(m)	淹没平均深度降低率
2019 年“利奇马”台风历史洪水	否	88.01	3.25	0.53	0.29
	是	55.71	2.33	0.41	

由表 7-24 可得,2019 年“利奇马”台风洪水基本达到 5 年一遇洪水标准,在没有长潭水库拦蓄洪水的情况下,淹没面积由 55.71 km^2 增加到 88.01 km^2,平均淹没深度上浮 0.12 m,下游城区基本全面被淹。此次台风期间,经长潭水库调度错峰削峰,共拦蓄洪水 1.69 亿 m^3,为下游头陀、西江平原等河道排涝争取了时间,创造了非常有利条件,除上游元同溪、九溪支流因堤防标准不足导致淹没外,城区基本可以安全抵御此次“利奇马”台风洪水。

此次台风长潭水库拦蓄洪水,发挥了巨大的防洪效益。但同时水库也突破了历史高水位,导致水库自身的防洪压力加大。长期以来,长潭水库作为台州南片的唯一水源,其兴利和防洪的调度一直存在矛盾,即使在有预报台风暴雨影响黄岩的条件下,也无法做到预降库水位很多。故在以后的防洪排涝工作中,应及时研究扩大长潭水库防洪库容的解决方案,进行合理调度,发挥好长潭水库的防洪作用。

此次“利奇马”台风洪水也同时反映出黄岩区目前防洪排涝工作仍然存在短板,在长潭水库正常运行情况下,元同溪、九溪及西江平原高桥等部分地区内涝问题依旧严重,淹没水深达 1.5～2 m,暴露出小流域防洪标准低,排涝基础设施不足的问题。因此应加快推进实施元同溪及九溪小流域堤防建设、黄岩北排涝工程等防洪工程建设,新增排水通道,提高黄岩区城区的排涝能力。

7.6 黄岩区洪水风险图管理与应用系统

台州市黄岩区洪水风险图管理与应用系统实现各类洪水风险图自动绘制、信息查询、灾情统计、损失评估以及风险预警等功能于一体。系统主要考虑外江洪水作为洪水风险致灾因子,结合 GIS 平台和数据库技术建立研究区的空间及空间属性数据库,模拟洪水淹没过程,包括多种洪水淹没要素的计算,如淹没水深、淹没范围、淹没面积、淹没流速等,结合社会经济情况进行受灾淹没损失分析。

系统主要功能包括:(1)洪水风险查询;(2)洪水动态展示;(3)洪水实时计算。系统通过电子地图将区域内的空间数据进行表达,集成了空间分析、信息管理、实时洪水演进分析、风险分析等专业模型，可以辅助管理人员进行黄岩城区的洪水风险分析工作(图 7-32 至图 7-34)。

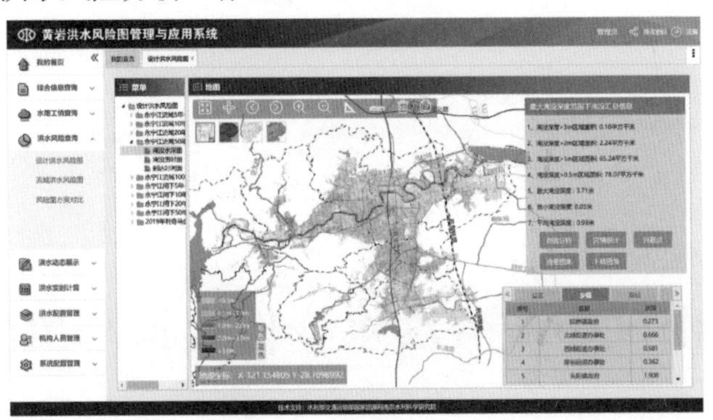

图 7-32　洪水风险查询

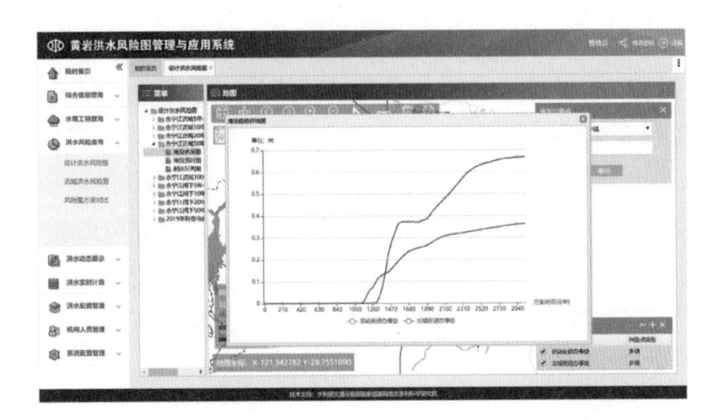

图 7-33　洪水风险查询——淹没趋势折线图

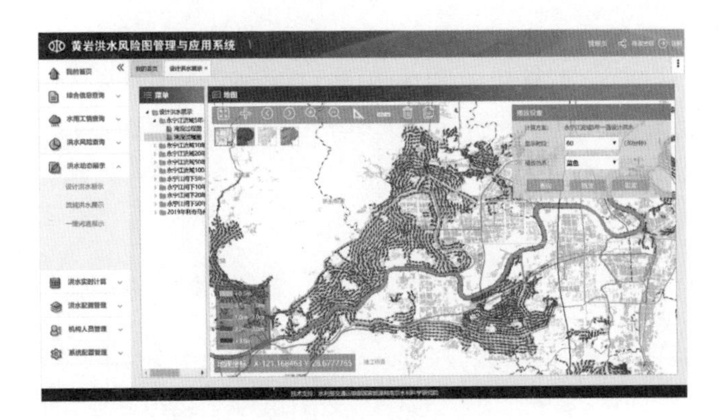

图 7-34　洪水动态展示

8

遂昌县山区小流域洪水分析模拟与风险评估

松阴溪流域位于遂昌县东南部，是瓯江发源地。松阴溪属典型山溪性河流，洪水陡涨陡落，上游建有成屏水库防洪，保护下游县城安全。本章以松阴溪（遂昌县城段）为研究区域，利用一、二维水动力模型对松阴溪干支流进行洪水模拟，基于设计洪水和历史洪水工况设定模拟情景，分析现状防洪体系下淹没结果和洪灾损失分析，并构建遂昌县松阴溪洪水风险图管理与应用系统。

8.1 研究区域概况

8.1.1 自然地理条件

遂昌县位于浙江省西南部，地理坐标为北纬 28 °13′～28 °49′，东经 118 °41′～119 °30′。东靠武义县、松阳县，南接龙泉市，西邻江山市和福建省浦城县，北毗衢州衢江区、龙游县和金华市婺城区，县域总面积 2 539 km^2。县政府驻地妙高街道，位于县境东部，海拔 200 m。龙丽高速公路和 50 省道、51 省道穿境而过。

8.1.2 河流水系

遂昌县共有河流 1 467 条，河道总长度 2 838 km，分属钱塘江、瓯江两大水系，遂昌又被称作“钱瓯之源”。其中，松阴溪位于遂昌县东南部，属瓯江水系，流域面积 1 981 km^2，占县域面积的 26.55%。松阴溪发源于垵口乡北园，由南往北流经垵口、成屏一级水库、成屏二级水库、遂昌县城区、金岸，然后折向东南，流经界首、古市、西屏、靖居口等地，在丽水市大港头注入瓯江干流，河长 119 km。松阴溪主流自河源至遂昌城区叶坦桥之间称南溪；自叶坦桥左纳北溪后，至庄山之间称襟溪；至庄山左纳濂溪后称松阴溪。

濂溪发源于马头乡与丽水县山坑乡交界处的小龙葱尖南麓，自北向南流经清水、苏庄滩、马头、范村、连头、龙口、古亭、社后、长濂至三川乡庄山与襟溪汇合，注入松阴溪。濂溪河长 33.19 km，河道比降 10.7‰，流域面积 187.8 km^2。松阴溪上游属山溪性河道，洪水暴涨暴落。

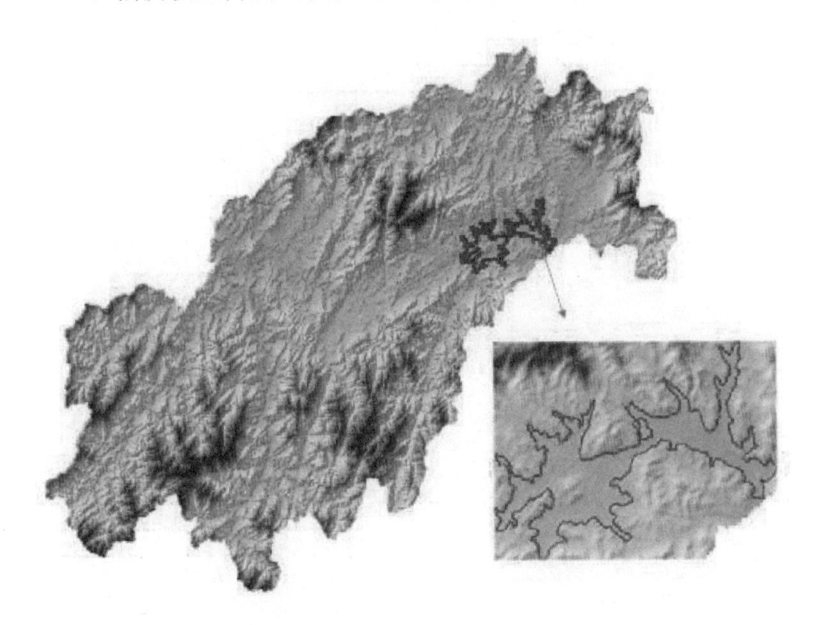

图 8-1　遂昌县松阴溪流域地形图

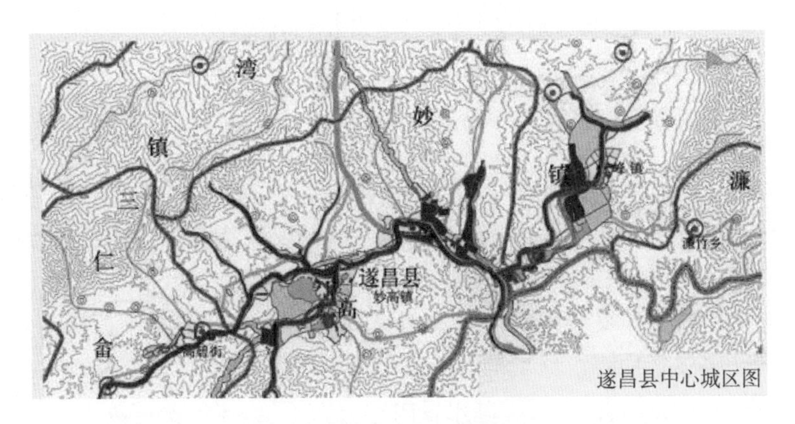

图 8-2　遂昌县中心城区图

表 8-1　主要控制断面集水面积表

序号	控制断面	集水面积(km²)
1	成屏一级水库坝址	185
2	成屏二级水库坝址	215
3	北溪口	117
4	叶　坦	355
5	濂溪口	187.8
6	庄　山	600.3

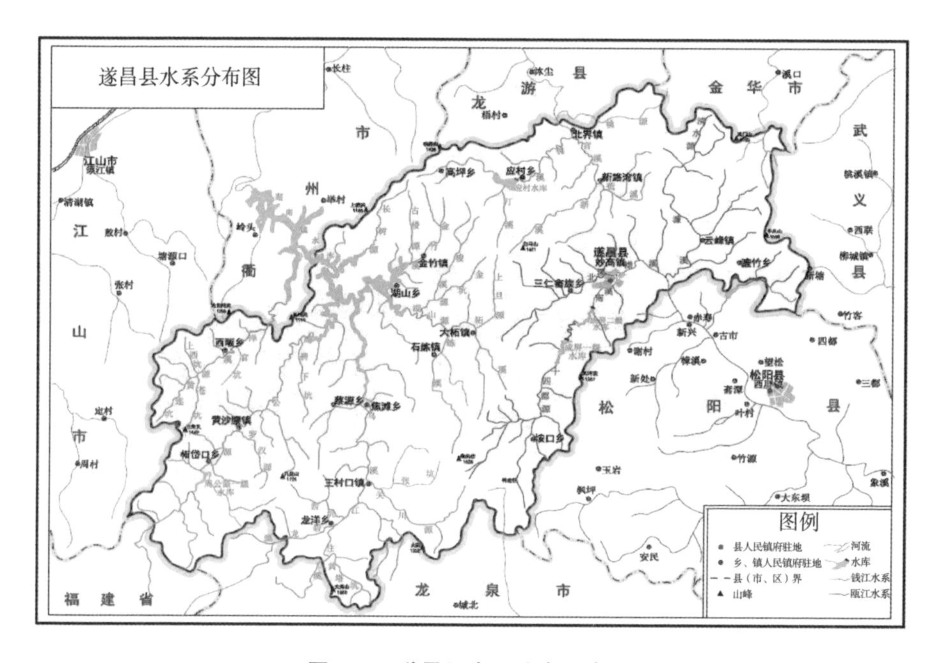

图 8-3　遂昌县水系分布示意图

8.1.3　水文气象

本地区属中亚热带季风气候区，温暖湿润，四季分明，日照充足，降雨丰沛。夏半年(4—9 月)主要受湿润而温暖的热带或赤道海洋气团的控制；冬半年(10—次年 3 月)主要受干燥、寒冷的副极地或极地大陆气团控制。另一方面，复杂的山丘地形又严重影响着本地区的雨量和温度分布。据遂昌站观测资料统计，多年平均降水量 1 549 mm，多年平均雨日 173 天，其中日降雨量大于或等于 10 mm 的有 49 天。降水量时空分布不均，年内变化较大，其中 3 至

9月七个月的降水量占全年总降水量的79%。梅雨及台风暴雨是形成本流域大洪水的主要因素。遂昌站实测最大一日雨量为170 mm(1955年6月20日),最大三日雨量为281.3 mm(1955年6月18日至20日),实测较大暴雨统计见表8-2。位于流域上游的垵口站,实测最大一日雨量为202.4 mm(1994年8月21日),最大三日雨量为249.5 mm(2010年6月19日至21日),实测较大暴雨统计见表8-3。

表8-2　遂昌站较大暴雨统计成果表

序号	一日雨量(mm)	发生时间(年、月、日)	三日雨量(mm)	开始时间(年、月、日)	七日雨量(mm)	开始时间(年、月、日)
1	170.0	1955.6.20	281.3	1955.6.18	351.5	1955.6.15
2	127.6	2005.9.1	205.0	1997.7.8	310.7	1998.6.11
3	127.2	1997.7.9	205.0	2000.6.8	277.9	1997.7.6
4	113.5	1976.6.1	179.4	1992.7.3	275.3	1994.6.9
5	100.0	1953.6.23	170.8	1976.6.1	248.1	1995.6.22
6	98.6	1989.5.27	169.8	1998.6.16	243.1	2010.6.16
7	98.5	1940.6.24	165.9	1970.6.25	242.5	1933.6.13
8	94.2	1994.8.21	165.1	2006.6.3	240.5	2000.6.4
9	93.9	1988.9.22	160.0	1953.6.22	231.3	1989.6.27
10	93.5	1954.7.12	158.9	1989.5.26	230.9	2006.5.3

表8-3　垵口站较大暴雨统计成果表

序号	一日雨量(mm)	发生年份	三日雨量(mm)	发生年份	七日雨量(mm)	发生年份
1	202.4	1994	249.5	2010	341.0	2010
2	148.6	2009	245.8	2009	320.4	1994
3	132.3	200	217.1	1994	319.8	1998
4	127.1	1992	214.6	2000	307.7	2009
5	122.8	1976	210.4	1976	298.9	1995
6	119.7	1971	208.7	1963	287.9	1989
7	117.0	2010	204.6	1995	273.5	2000
8	114.4	1975	183.8	1997	245.5	1997
9	113.9	1980	179.4	1992	242.0	1968
10	113.8	1997	178.5	2007	238.2	1993

8.1.4 防洪工程概况

遂昌县城河段南溪、北溪和襟溪堤防基本实施完成且防洪标准达20年一遇，仅有北门桥0.4 km及北溪人民公园段左岸0.7 km未建，南溪人民公园河段长度0.4 km为老堤未加固。城区下游襟溪河段堤防及濂溪河段大部分未实施。北溪北门桥至公园桥河段未按遂昌县城市防洪规划要求拓宽。阻水严重的龙潭堰现已拆除，以翻板坝代替，上江堰和庄山堰尚未改造。

松阴溪遂昌县城段上游建有成屏一级水库和成屏二级水库。

成屏一级水电站位于襟溪站上游南溪流域，距遂昌县城12 km，是松阴溪梯级开发的首级电站。坝址以上集水面积185 km^2，主流长28 km，河道平均比降14‰，库区多年平均降雨量1 670 mm，多年平均流量5.84 m^3/s。水库正常蓄水位346.00 m，总库容6 094万m^3，为中型水库。成屏一级水库原工程任务是以发电为主，兼顾灌溉和防洪。除险加固后，工程的任务是以防洪为主，兼顾发电和灌溉。水库枢纽主体工程包括拦河坝主坝、副坝、溢洪道、发电引水隧洞、导流放空隧洞及发电厂房等。

成屏二级水库位于浙江省遂昌县妙高镇源口村，坝址以上的集水面积为215 km^2。大坝上游约8 km处建有成屏一级水库。成屏二级水库经本次复核总库容为1 325万m^3，属中型水库工程。水库正常蓄水位263.00 m，相应库容920万m^3。成屏二级水库采用50年一遇洪水设计，500年一遇洪水校核，设计洪水位266.16 m，校核洪水位268.80 m。

8.1.5 社会经济

遂昌县位于浙江省西南部，2017年，遂昌实现GDP(现价)107.10亿元，可比价增长8.8%，总量突破百亿。其中第一产业增加值增长4.1%；第二产业增加值增长9.4%，其中工业增加值增长8.0%；第三产业增加值增长9.4%。人均生产总值56 119元，比上年增长7.8%。三大产业比由上年的11.5∶37.8∶50.7调整为10.8∶36.6∶52.6，第三产业经济总量占GDP总量的比重继续提升。

8.1.6 历史洪水及洪水灾害

松阴溪流域的洪水由暴雨所形成。其中主要为梅雨和台风暴雨。由于干、支流都属山溪性河流，洪水涨落迅速，洪峰较为尖瘦，历时较短。据文献记载，本流域洪水较多，洪灾严重。历史上特大洪水有1800年和1912年等。

松阴溪流域近期发生的较大洪水为1993年6月24日的梅雨洪水。松阴溪下游靖居口水文站实测最大流量为2 630 m^3/s。本次洪水的暴雨中心在成屏一级水库。据推算，成屏一级水库最大入库流量约为1 000 m^3/s，最大出库流量约为660 m^3/s，成屏二级水库坝址最大出流量约为720 m^3/s，庄山堰最大洪峰流量为1 066m^3/s。据实测暴雨推算，遂昌北溪最大洪峰流量259 m^3/s，襟溪最大洪峰流量953 m^3/s。濂溪龙口水文站（集水面积77.4 km^2）实测最大流量仅为53.3 m^3/s。

2014年8月16日至20日出现强降雨，过程面雨量达到179 mm，最大站垵口站265 mm。通过前期预泄，腾出大量防洪库容，洪峰来临时拦峰错峰，减轻下游行洪压力，及时预警和转移人员，因此本次强降雨未造成大的洪涝灾害。

遂昌县历史洪水调查成果如表8-4所示。

表8-4　遂昌县历史洪水调查表

序号	灾害发生时间	涉及地点		灾害描述
		乡镇、村	小流域	
1	1992年9月23日	全县20个乡镇230个村		受当年19号台风影响，全县普降暴雨到大暴雨，许多小流域山洪暴发，损坏、倒塌房屋378间，农作物受灾5.3万亩，直接损失1 200余万元
2	1993年6月24日	县城妙高镇吴乐、南街、东街、龙潭及石练、大柘、王村口等乡镇	南溪、襟溪、练溪、柘溪、关川源	受连续强降雨影响，县城上游成屏一级水库紧急泄洪，最大下泄流量为600 m^3/s，致使县城及襟溪沿岸村庄许多民房、商铺和企事业单位进水，石练、大柘、王村口等乡镇所在地也因溪河洪水暴涨进水，全县因灾死亡2人，受伤12人，倒塌和损坏房屋795间，直接损失约1.5亿元
3	1994年6月9日—18日	全县20个乡镇约250个村		受持续梅雨暴雨影响，全县各地山洪暴发，溪河水位猛涨，倒塌、损坏房屋863间，因灾死亡5人，受伤32人，农作物受灾12.5万亩，直接损失约1.2亿元
4	2002年8月15日	蔡源乡萁坑、上村、下村，云峰镇马头、范村，新路湾镇蕉村、马埠等地	蔡溪、蕉坑、濂溪	短时特大暴雨致相关小流域内山洪暴发，山体滑坡，倒塌房屋192间，死亡5人，受伤2人，直接损失4 000余万元

续表

序号	灾害发生时间	涉及地点		灾害描述
		乡镇、村	小流域	
5	2009 年 6 月 10 日	金竹镇西坞、溪口、官坊、百万突，妙高镇东门、叶坦、井桐坞、大桥、水阁，新路湾溪淤、丙庄、大候周，高坪茶树坪、湖莲，应村南塘、双溪口等	梭溪、金竹溪、北溪、新溪、桃溪	连续强降雨造成流域内山洪暴发，山体塌方，许多道路桥梁及水利电力设施受损，部分民房进水，倒塌损坏房屋 34 间，直接损失近 5 000 万元
6	2014 年 8 月 20 日	—	周公源、南溪	通过前期预泄，腾出大量防洪库容，洪峰来临时拦峰错峰，减轻下游行洪压力，及时预警和转移人员，因此本次强降雨未造成大的洪涝灾害

8.2 技术方案

技术方案主要分为四个部分：数据收集与分析、洪水模型构建与检验、洪水风险情景模拟、洪水风险管理。

(1) 数据收集与分析：收集所需要的基础地理信息、水文气象、构筑物及工程调度、社会经济、历史洪涝灾害等数据。

(2) 洪水模型构建与检验：对松阴溪流域进行水文分析计算，得到不同设计频率下的洪水流量过程，并对成屏水库进行调洪演算得到水库下泄流量过程。以水库下泄流量过程、支流设计洪水过程作为一维水动力模型边界输入，下边界为自由出流。建立松阴溪、南溪、北溪、濂溪一维河网模型，模拟洪水演进过程。构建沿江区域高精度二维水动力模型，范围包含沿江所有可能受洪水影响的乡镇、行政村，采用侧向连接方法进行一维、二维水动力模型耦合。以“19930624”“20140820”历史洪水用于参数选取与率定。

(3) 洪水风险情景模拟：以不同频率的设计洪水、历史洪水等设定情景方案，开展松阴溪遂昌县城段的洪水模拟计算，通过淹没水深、淹没范围等指标对遂昌县城防洪能力进行分析，并评估洪水损失。

(4) 洪水风险管理：构建遂昌县松阴溪洪水风险图管理与应用系统，实现区域洪水风险快速判断和分析。

具体的技术路线如图 8-4 所示。

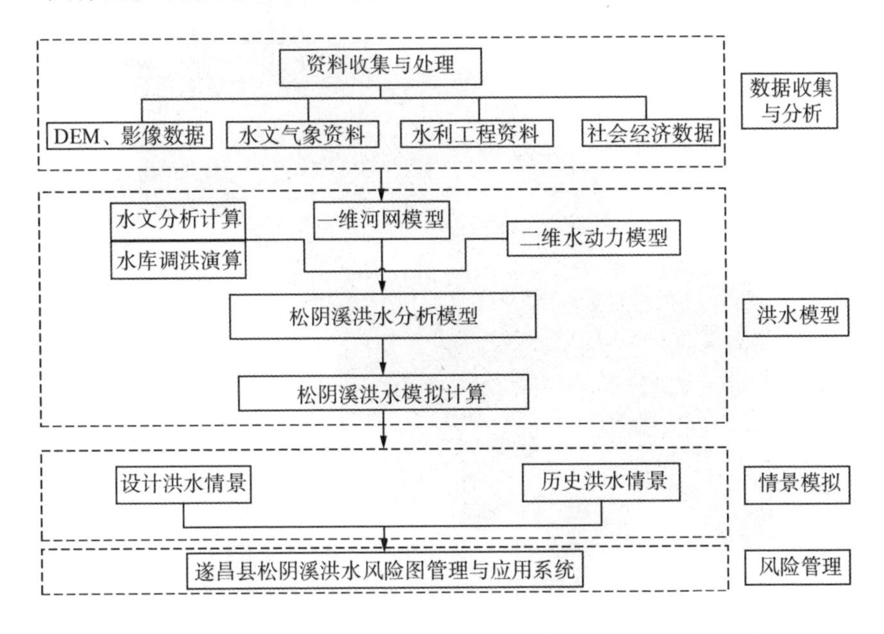

图 8-4　技术路线

8.3　数据收集

8.3.1　基础地理资料

收集遂昌县研究范围的 1∶10 000 电子地图、高精度数字地面高程(DEM)、影像图等,包括:等高线、高程点、河道断面、行政区划、居民点、道路交通、河流水系、水利工程、线状构筑物(公路、铁路、堤防)等(图 8-5 至图 8-7)。

8.3.2　河道地形资料

收集松阴溪(叶坦大桥—松阳县界资口大桥)、南溪(成屏二级水库坝址以下至叶坦大桥)、北溪(后江村三墩桥以下至叶坦大桥)、濂溪(利民化工公司断面处至汇入口)的河道水下地形资料,河长分别为 10.6 km、4.3 km、4.9 km、2.0 km。

图 8-5　遂昌县遥感影像图

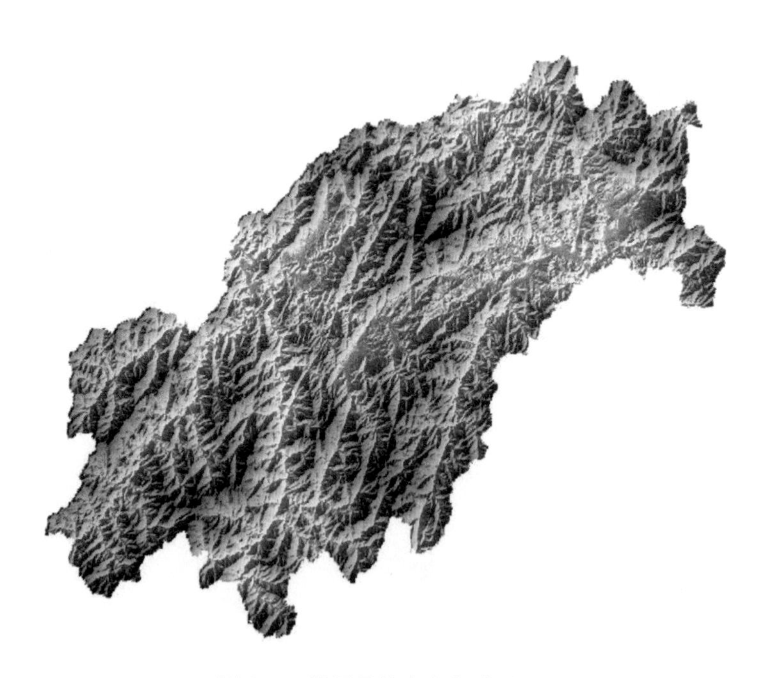

图 8-6　遂昌县数字高程地形图

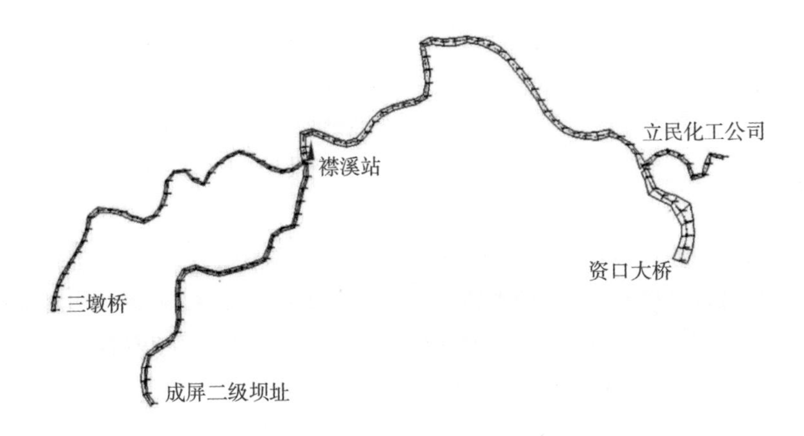

图 8-7　遂昌县河道地形资料

8.3.3　水利规划设计成果资料

研究区域水利规划设计成果资料收集情况如下：

(1)《瓯江流域防洪规划》(修编中)；

(2)《浙江省遂昌县松阴溪北溪段治理一期工程初步设计报告》(2011 年)；

(3)《遂昌县松阴溪吴乐、上溪滩、金溪段治理工程初步设计报告》(2013 年)；

(4)《浙江省遂昌县松阴溪治理一期工程初步设计报告》(2011 年)；

(5)《成屏二级水库大坝安全鉴定报告》(2015 年)；

(6)《成屏一级水库除险加固工程完工验收设计工作报告》(2011 年)；

(7)《浙江省遂昌县三溪综合治理工程初步设计报告》(2014 年)；

(8)《遂昌县 2013 年度山洪灾害防治项目建设管理工作报告》(2017 年)；

(9)《遂昌县松阴溪襟溪站河道特征水位技术报告》(2016 年)；

(10)《2018 年遂昌县成屏一级电站水库控运计划》(2018 年)；

(11)《2018 年遂昌县成屏二级电站水库控运计划》(2018 年)。

8.3.4　构筑物及工程调度资料

收集到松阴溪堤防信息表和成屏水库调度规则。

8.3.4.1 防洪堤

南溪：根据调查，成屏水库除险加固后，南溪三官堂至襟溪西明山大桥防洪能力已达到20年一遇设计标准；南溪上游源口至吴乐段，防洪能力不足20年一遇，从吴乐至三官堂段，基本没有采取防洪措施。

北溪：三墩桥—上石马段未按照规划要求整治；上石马—叶坦段（城区段）右岸堤防达标建成，左岸堤防部分已达标。

襟溪：叶坦—西明山大桥河段堤防高程达到20年一遇标准，能够有效保护遂昌老城区的防洪安全；西明山大桥—庄山堰部分河段未按相应的防洪规划进行堤防建设和河道整治，沿溪左岸有省道龙丽线，右岸现有堤防为农家土堤，其防洪能力不足20年一遇。

濂溪：仅有云峰街道部分河段堤防建成，防洪能力达到20年一遇。

具体见图8-8和表8-5。

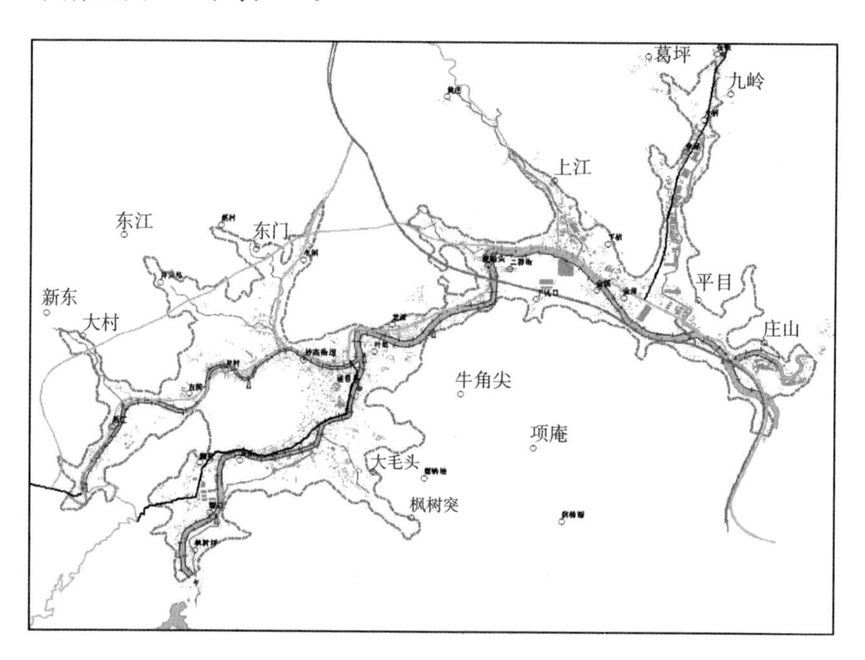

图8-8 遂昌县堤防分布图

表 8-5　遂昌县堤防信息表

序号	堤防名称	所在河流(湖泊、海岸)名称	河流岸别	建成时间(年)	堤防级别	规划防洪(潮)标准[重现期](年)	堤防长度(m)	堤顶高程(起点高程)(m)	堤顶高程(终点高程)(m)	设计水(高潮)位(m)	堤防高度(m)(最大值)	堤防高度(m)(最小值)
1	大桥村防洪堤	松阴溪	左岸	2008	5级	10	4 150	234.5	186.6	209.23	3.8	3.1
2	大桥村防洪堤	松阴溪	右岸	2008	5级	15	4 300	227.3	199.2	212	3.6	3.2
3	上南门村防洪堤	松阴溪	右岸	2008	4级	20	1 110	224	214.5	217.9	4.3	3.8
4	上南门村防洪堤	松阴溪	左岸	2008	4级	20	1 120	234	223	227.27	4.3	3.7
5	松阴溪防洪堤遂昌段	松阴溪	右岸	2003	2级	50	10 860	226.75	169.44	168.9	10	4
6	松阴溪防洪堤遂昌段	松阴溪	左岸	2003	2级	50	12 570	226.75	169.44	168.9	10	4
7	成屏水库防洪堤	松阴溪	左岸	2002	4级	20	690	229.6	225.5	226.29	4.1	3.1

8.3.4.2 水库工程及调度规则

成屏水库的运行方式为:除险加固后,设置防洪库容 1 271 万 m^3,水库下泄控制方式为 50 年一遇,当库水位低于 50 年一遇(含 50 年一遇),按妙高镇叶坦断面南北溪汇合口流量不超过 850 m^3/s 控制,成屏一级水库最大下泄流量(南溪防洪要求)控制在 500 m^3/s 以内。

根据工程防洪调度设计,泄洪调度按以下程序进行操作。

(1) 水库起调水位 345.00m。

(2) 当库水位低于 50 年一遇(含 50 年一遇以下),按妙高镇叶坦断面南北溪汇合口流量不超过 850 m^3/s 控制,成屏一级水库最大下泄流量(南溪防洪要求)控制在 500 m^3/s 以内。

(3) 当库水位高于 50 年一遇防洪高水位时,应视入库洪水按大坝自身安全而进行合理操作,适当控制,对下游起一定的防洪作用。

水库的调度运行应根据水库自身情况,并结合下游妙高镇叶坦断面南北溪汇合口流量监测数据进行联合调度。

根据国家有关条例规定,在汛期水库水位大于 346 m(汛限水位)的防洪库容及洪水调度运用由县政府防汛指挥部门统一调度指挥。

8.3.5 社会经济资料

遂昌县统计局《浙江省遂昌县经济统计资料(2016)》收录了 2016 年遂昌县经济和社会各方面大量的统计数据,统计资料与本研究相关内容包括:行政区划、生产总值及发展指数详情、人口及变动详情、单位人员数据、农业产值及耕地面积详情、工业产值及单位产值详情、固定资产投资和建筑业统计、国内贸易对外经济和旅游统计、交运邮电和电力详情、文化教育等事业统计、街道乡镇资料详情等。遂昌县松阴溪防洪的主要保护对象为遂昌县城,涉及的行政区为妙高街道。

表 8-6 遂昌县 2016 年社会经济数据

地区	面积(km^2)	常住人口(人)	地区生产总值(万元)	第一产业增加值(万元)	第二产业增加值(万元)	第三产业增加值(万元)
遂昌县	2 539	231 908	974 775	112 318	368 185	494 272

表 8-7　研究区域 2016 年社会经济数据

街道（乡镇）	面积（km²）	常住人口（人）	农业人口（人）	农村经济总收入（万元）	规模以上工业企业（个）
妙高街道	192	62 763	26 110	54 601	275

注：规模以上工业企业是指年主营业务收入在 2 000 万元以上的工业企业。

8.3.6　历史洪水及洪水灾害资料

8.3.6.1　历史洪涝灾害

松阴溪流域的洪水由暴雨所形成。其中主要为梅雨和台风暴雨。由于干、支流都属山溪性河流，洪水涨落迅速，洪峰较为尖瘦，历时较短。据文献记载，本流域洪水较多，洪灾严重。历史上特大洪水有 1993 年和 2014 年等。见图 8-9 至图 8-11。

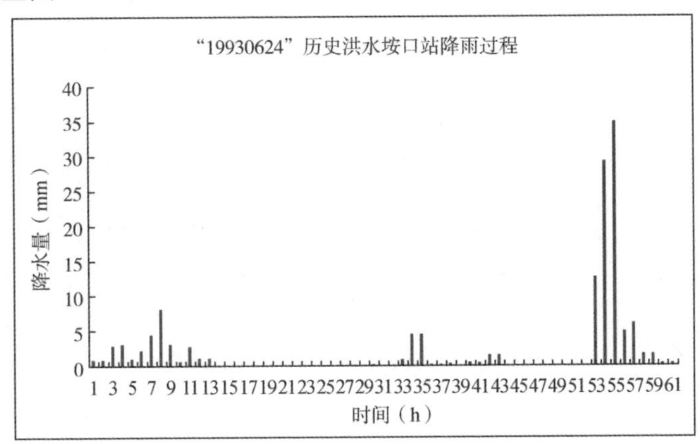

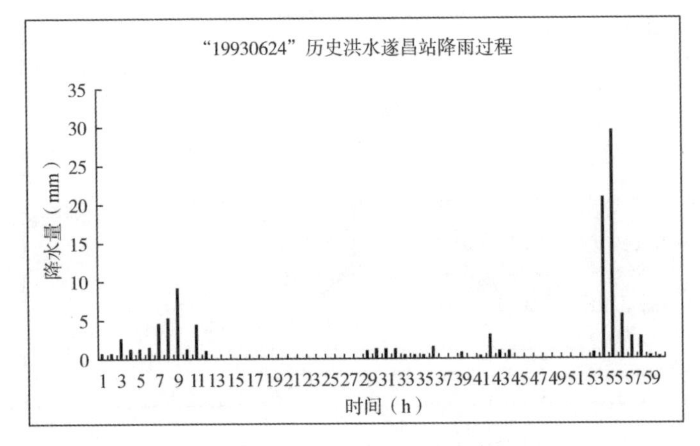

图 8-9　1993 年历史洪水降雨资料

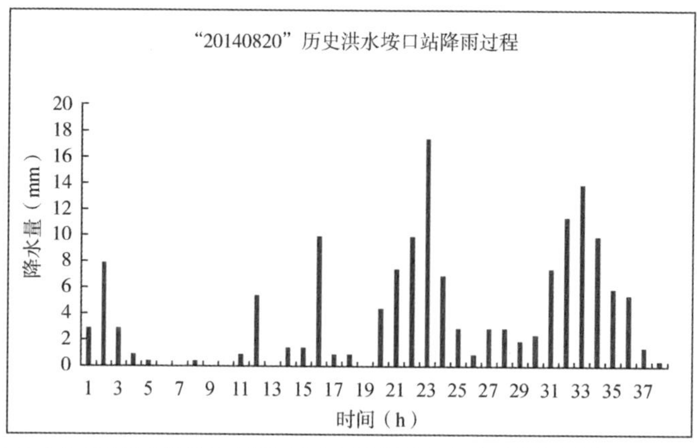

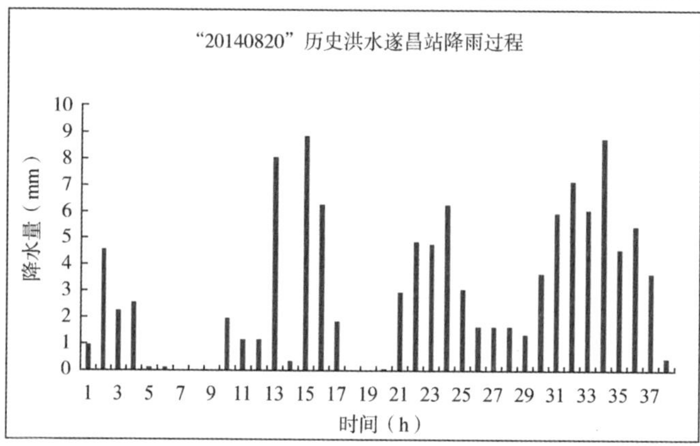

图 8-10　2014 年历史洪水降雨资料

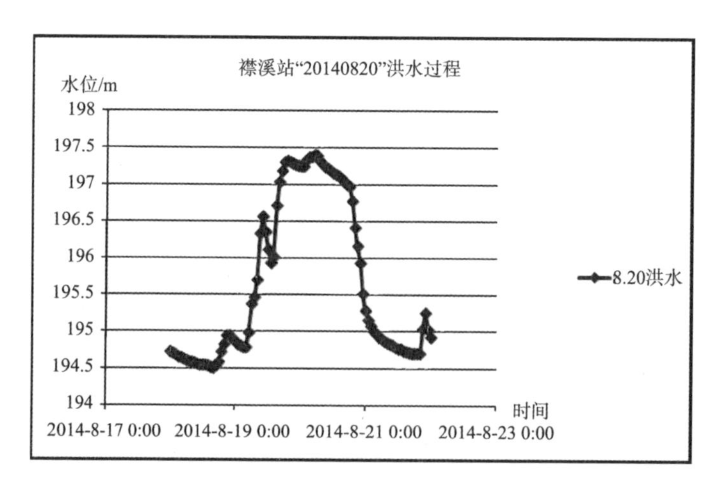

图 8-11　2014 年历史洪水襟溪站实测水位资料

8.3.6.2 历史洪水资料收集成果

(1)《遂昌县松阴溪襟溪站河道特征水位》(2016)、《浙江省遂昌县三溪综合治理工程初步设计报告》(2011)的相关历史洪水资料。

(2)《遂昌县 1993 年 6 月洪水资料》、《遂昌县 2014 年 8 月洪水资料》的洪水调查整编资料。

此系列材料是对各场洪水过程中的相关通知、调度令、报道、水文测量、调查报告、成果报告等统一整编成册,形成相对完整的洪灾记录情况。

(3) 通过专家咨询和现场调查,对松阴溪历史主要洪水场次的淹没及险情情况充分进行了解。

8.4 洪水分析模型

8.4.1 建模思路

建模范围为松阴溪(叶坦大桥—松阳县界资口大桥)、南溪(成屏二级水库坝址以下至叶坦大桥)、北溪(后江村三墩桥以下至叶坦大桥)、濂溪(利民化工公司断面处至汇入口),河长分别 10.6 km、4.3 km、4.9 km、2.0 km。

根据松阴溪干支流洪水最大可能范围,划定二维模型建模范围,主要保护对象为遂昌县城段。

洪水分析方法采用水力学方法进行分析计算。河道洪水采用一维水力学法分析,漫溢洪水采用二维水力学法分析,并对一维和二维模型进行耦合计算。二维模型以研究范围内地形(DEM 数字高程模型)、地貌为依据,充分考虑线性工程(公路、铁路、堤防等线状物)的阻水及导水影响。

8.4.2 水文分析计算

8.4.2.1 水文站点

目前,遂昌县城以上流域内尚无水文站,雨量站及水位站详细信息见表 8-8。

表 8-8 雨量、水位测站情况一览表

序号	所在乡镇	站点名称	观测项目	站点信息	东经(°)	北纬(°)
1	垵口乡	垵口石柱	雨量	雨量站	119.1282	28.3935
2	垵口乡	垵口桂洋	雨量	雨量站	119.1527	28.3585
3	垵口乡	垵口	雨量	雨量站	119.1935	28.4333

续表

序号	所在乡镇	站点名称	观测项目	站点信息	东经(°)	北纬(°)
4	垵口乡	垵口乡大公坑	雨量、水位	河道站	119.1942	28.4771
5	垵口乡	山坑源电站	雨量、水位	水库站	119.2233	28.4715
6	垵口乡	垵口乡阴坑	雨量	雨量站	119.1985	28.5016
7	三仁乡	三仁大觉	雨量	雨量站	119.1821	28.5832
8	三仁乡	吴处水库	雨量	雨量站	119.1849	28.5422
9	三仁乡	吴处水位 2	水位	水库站	119.1849	28.5422
10	三仁乡	三仁高碧街	雨量、水位	河道站	119.2177	28.5765
11	妙高街道	成屏一级	雨量、水位	水库站	119.2250	28.5331
12	妙高街道	成屏二级	雨量、水位	水库站	119.2520	28.5586
13	妙高街道	麻洋口水库	雨量、水位	水库站	119.2633	28.5356
14	妙高街道	妙高源口	雨量、水位	河道站	119.2511	28.5676
15	妙高街道	妙高上石马	水位	河道站	119.2607	28.5938
16	妙高街道	遂昌	雨量	雨量站	119.2790	28.5941
17	妙高街道	遂昌襟溪	雨量、水位	河道站	119.2794	28.5991
18	妙高街道	遂昌地下水	雨量、水位	地下水站	119.2912	28.6017
19	妙高街道	妙高苍畈	雨量	雨量站	119.3368	28.6439

8.4.2.2 设计暴雨

因流域实测流量资料较少，设计洪水采用暴雨资料推求。据统计，历年大暴雨多数发生在梅雨期。流域暴雨分析主要代表站选用遂昌站，该站资料系列较长，本次采用资料年限为1933—1940年、1951—2011年共69年。暴雨选样为年最大值法，统计时段为一日、三日和七日。通过暴雨频率分析计算，采用P-Ⅲ型理论曲线适线拟合，求得遂昌站设计暴雨见表8-9。其中24小时雨量$H_{24}=1.13H_{一日}$。遂昌站年最大一日、三日、七日暴雨频率曲线见表8-9。

表8-9 遂昌站设计暴雨成果表

分期	历时	均值(mm)	Cv	Cs/Cv	各频率(%)设计值(mm)				
					1	2	5	10	20
年最大	一日	76	0.40	4	179	161	136	116	97
	24小时	86	0.40	4	202	182	154	131	110
	三日	125	0.40	4	294	264	223	191	159
	七日	184	0.35	4	395	358	309	270	229

成屏一级水库暴雨代表站选用垵口站，该站资料系列为1960—2011年共52年，设计暴雨见表8-10。

表8-10 分区设计暴雨成果表

分区	时段	均值(mm)	Cv	Cs/Cv	各频率设计值(mm)				
					1%	2%	5%	10%	20%
成屏一级水库	24小时	101	0.42	4	245	219	184	157	129
	三日	141	0.38	4	320	288	246	212	178
	七日	196	0.35	4	420	382	329	288	244
成屏一级水库坝址—叶坦	24小时	86	0.40	4	202	182	154	131	110
	三日	125	0.40	4	294	264	223	191	159
	七日	184	0.35	4	395	358	309	270	229
北　溪	24小时	86	0.40	4	202	182	154	131	110
	三日	125	0.40	4	294	264	223	191	159
	七日	184	0.35	4	395	358	309	270	229
成屏一级水库坝址—庄山堰	24小时	89	0.40	4	210	188	159	136	113
	三日	125	0.40	4	294	264	223	192	159
	七日	184	0.35	4	395	358	309	270	229

成屏一级水库坝址—叶坦区间设计面雨量计算采用点面系数法，由1982—2011年实测降水量资料分析求得其系数值为1.0，即以遂昌站设计值代表流域面雨量设计值；北溪在成屏一级水库坝址—叶坦区间范围内，设计面雨量同样以遂昌站设计值为代表；成屏一级水库坝址—庄山堰区间面雨量由有关测站的雨量资料按面积加权法求得。

8.4.2.3 设计雨型

本流域的洪水主要由梅雨和台风暴雨所形成。大暴雨一般较为集中，三日暴雨大多占七日暴雨的70%以上。干、支流洪水分区面积相对较小，且都属山溪性河流，洪水涨落迅速，洪峰较为尖瘦，洪水过程历时较短。故采用设计暴雨推求设计洪水时，选用暴雨控制时段为24小时和三日。

根据实测大暴雨统计分析，暴雨日程分配为：将最大24小时雨量置于三日当中的第二日，其余两日均为$(H_{三日}-H_{24\,h})/2$。

最大24小时暴雨时程分配，根据实测暴雨衰减指数（部分成果见表8-11）综合分析确定。

表 8-11　遂昌等站部分暴雨衰减指数 n 值分析成果表

站　名	年　份	月.日	$H_{24\,h}$(mm)	n	备　注
遂　昌	1962	7.1	102.1	0.33	选择原则为 24 小时雨量大于 100 mm
	1969	5.19	101.2	0.43	
	1970	6.19	100.1	0.44	
	1975	6.9	114.5	0.36	
	1976	6.1	134.3	0.44	
	1986	6.22	110.2	0.73	
垵　口	1963	9.11	161.9	0.32	
	1964	5.28	103.4	0.61	
	1968	6.15	118.4	0.53	
	1969	5.19	114.6	0.33	
	1973	5.30	111.4	0.41	
	1975	8.12	115.2	0.33	
	1976	6.1	151.5	0.47	
	1980	7.7	144.7	0.70	
	1989	7.22	114.3	0.55	
	1990	8.20	104.9	0.42	
	1994	8.21	202.4	0.24	

本次计算成屏一级水库和濂溪暴雨衰减指数采用 0.59。成屏一级水库坝址—叶坦区间暴雨衰减指数取用 0.55、北溪的暴雨衰减指数取用 0.60。

分区设计暴雨过程成果如图 8-12 所示。

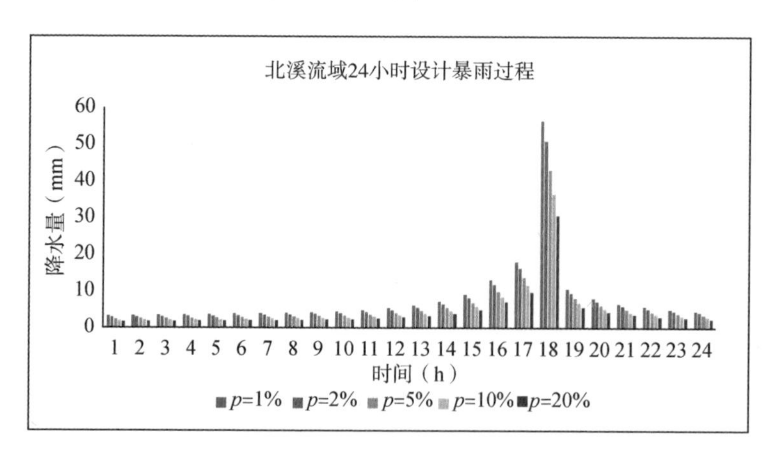

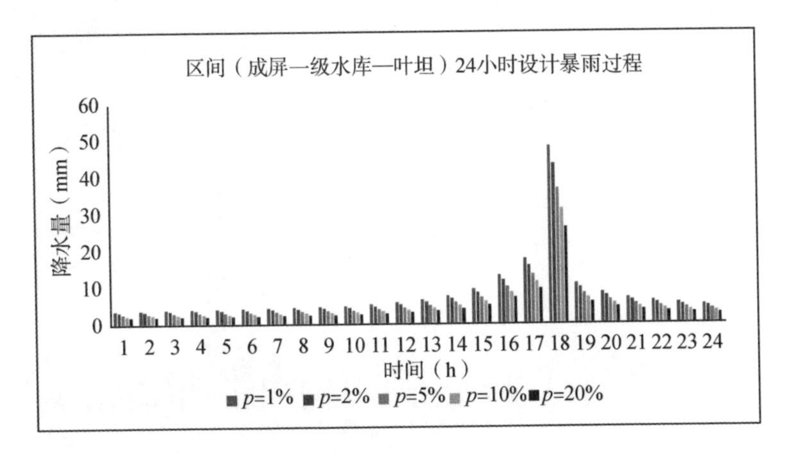

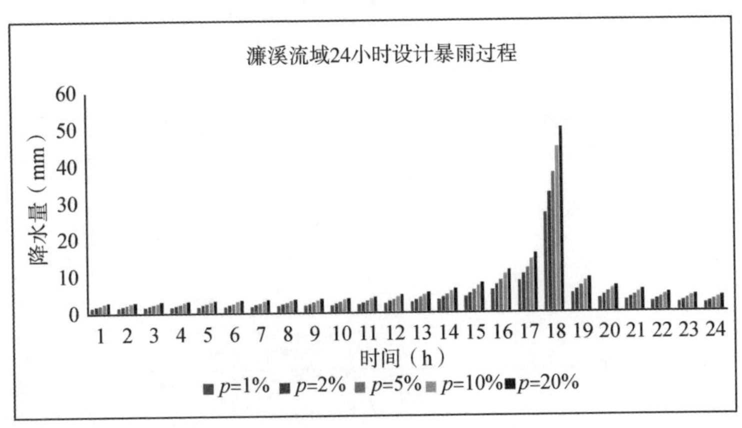

图 8-12　松阴溪流域分区设计暴雨过程成果

8.4.2.4　成屏水库设计洪水及调洪演算

根据《成屏一级水库除险加固报告》，采用位于流域中心的垵口站 1960—2005 年实测连续资料，分别按年最大、梅汛期、台汛期取样，统计时段分别为一日、三日、七日，作为成屏一级水库实测暴雨系列。通过频率分析计算所求得的成屏一级水库(垵口站)设计暴雨成果见图 8-13 及表 8-12。

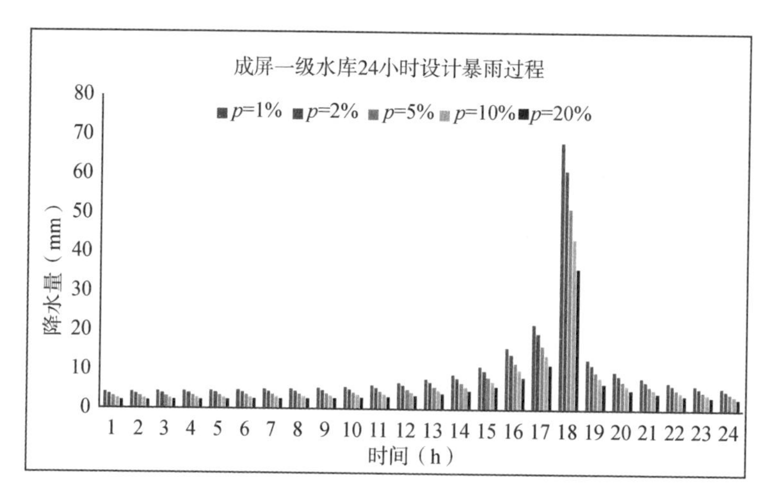

图 8-13　成屏一级水库 24 小时设计暴雨过程

表 8-12　成屏一级水库设计暴雨成果表

分区	时段	均值(mm)	Cv	Cs/Cv	各频率设计值(mm)				
					1%	2%	5%	10%	20%
成屏一级水库	24 小时	101	0.42	4	245	219	184	157	129
	三日	141	0.38	4	320	288	246	212	178
	七日	196	0.35	4	420	382	329	288	244

设计洪水采用浙江省瞬时单位线法推求。计算时段为 1 小时，瞬时单位线法临界雨强采用 35 mm/h。

根据工程防洪调度设计，按照成屏水库调度规程进行调洪演算（图 8-14 和图 8-15）。

表 8-13　成屏一级水库设计洪水成果表

项目		各频率设计值				
		1%	2%	5%	10%	20%
入库洪峰流量(m^3/s)	设计报告计算	1 335	1 198	955	774	586
	本次计算	1 383	1 206	971	794	615
最大下泄流量(m^3/s)	设计报告计算	1 222	500	500	399	300
	本次计算	1 273.96	500.00	500.00	405.52	307.15

注：设计报告计算值摘自《2018 年成屏一级水库控制运用计划》。

由表 8-13 结果可知，本次计算与设计报告中的计算值误差均在 5%以内,计算结果合理。

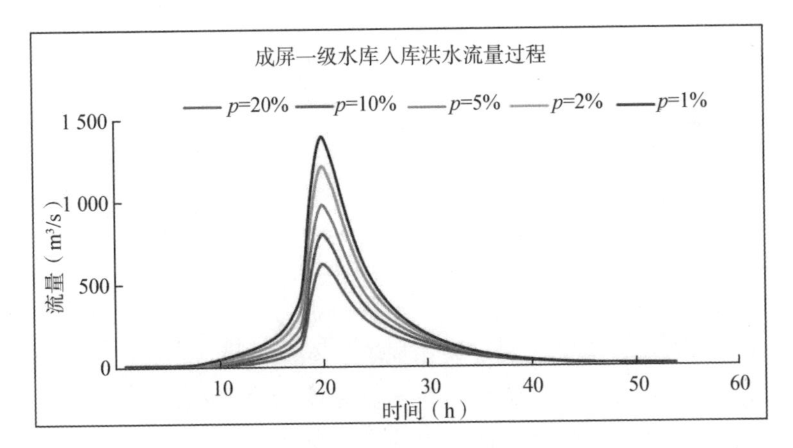

图 8-14　成屏一级水库入库洪水流量过程

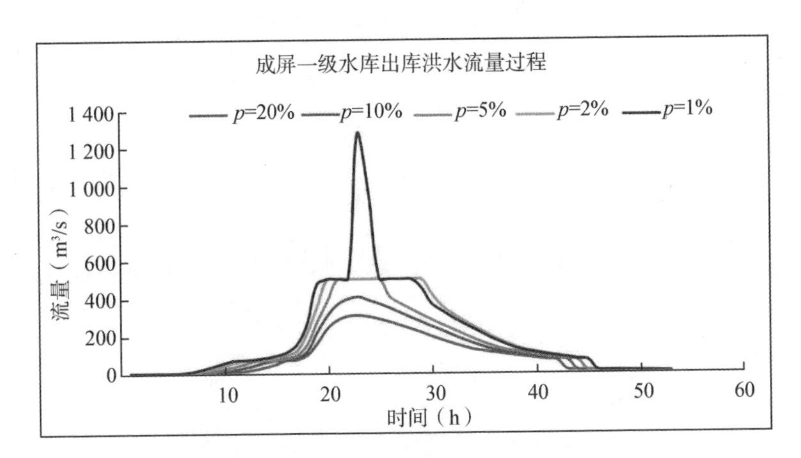

图 8-15　成屏一级水库出库洪水流量过程

8.4.2.5　支流设计洪水

北溪等流域采用暴雨资料推求设计洪水,可以参考《浙江省遂昌县三溪综合治理工程初步设计报告》中的计算成果,设计洪水计算采用浙江省推理公式或瞬时单位线进行推求。由于北溪的影响范围为后江村以下,北溪后江村断面距离北溪汇合口约 5 km,因此设计洪水直接移用北溪流域设计洪水。区间汇水分为成屏一级水库—叶坦、叶坦—庄山堰,其中叶坦—庄山堰暴雨分区和濂溪一致,属于成屏水库—庄山堰,因此设计洪水过程根据面积比移用濂溪设计洪水。

表 8-14　支流信息表

河流名称	集雨面积(km^2)	河长(km)	平均比降(‰)
北溪	117	20.5	12.8
濂溪	187.8	33.19	10.7
区间(成屏一级水库—叶坦)	170	/	/
区间(叶坦—庄山堰)	245.3	/	/

(1) 产流计算

产流计算采用蓄满产流的简易扣损法。本流域属南方湿润地区，产流方式用蓄满产流(或称超蓄产流)，即在土壤含水量达到田间持水量以前不产流，所有的降水都被土壤吸收；而在土壤含水量达到田间持水量后，所有的降水(减去同期的蒸散发)都产流。在设计条件下，采用土壤最大含水量 I_{max} 为 100 mm，土壤前期含水量为 75 mm，则初损为 25 mm。最大 24 小时雨量后损值 1 mm/h，其余几日后损值为 0.5 mm/h。对毛雨过程进行扣损计算，即可求得设计净雨过程。

(2) 汇流计算

汇流计算采用浙江省瞬时单位线，设计洪水计算成果见表 8-15。

表 8-15　设计洪水计算成果表

分　区	来源	集水面积(km^2)	各重现期洪峰流量(m^3/s)				
			100 年	50 年	20 年	10 年	5 年
北　溪	设计报告计算	117	713	628	511	402	303
	本次计算		701	617	501	407	308
濂溪	设计报告计算	187	1 110	964	780	637	458
	本次计算		1 108	964	779	637	473
成屏一级水库坝址—叶坦	设计报告计算	170	922	818	667	536	401
	本次计算		964	844	681	525	386
叶坦—庄山堰	本次计算	245.3	1 259	1 102	889	686	504

注：设计报告计算值摘自《浙江省遂昌县三溪综合治理工程初步设计报告》。

由表 8-15 结果可知，本次计算与设计报告中的计算值误差均在 5%以内，计算结果合理。其中叶坦—庄山堰区间设计报告中未列出设计洪水洪峰流量。

各支流设计洪水过程如图 8-16 所示。

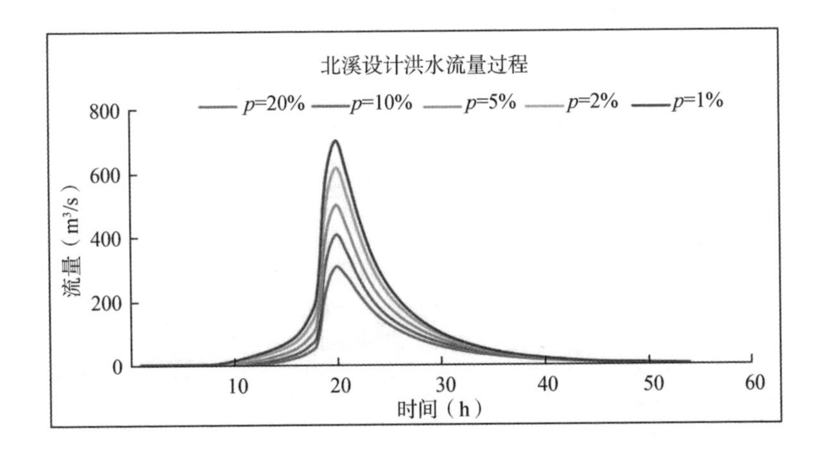
北溪设计洪水流量过程
p=20% p=10% p=5% p=2% p=1%
800
600
400
200
0
流量（m³/s）
10
20
30
40
50
60
时间（h）

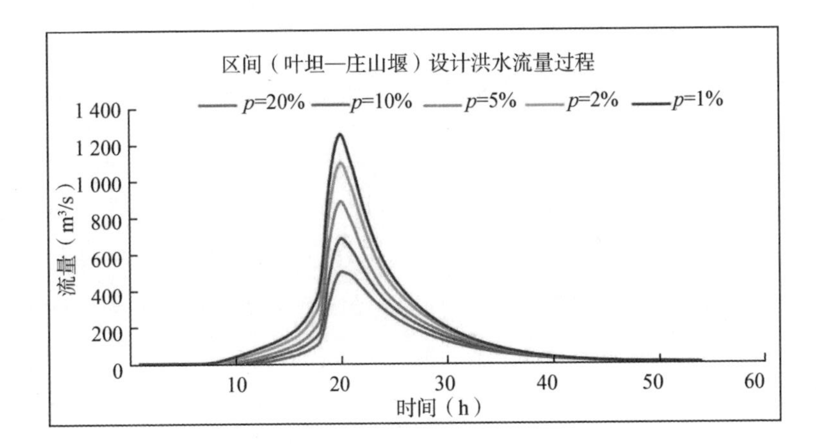
区间（叶坦—庄山堰）设计洪水流量过程
p=20% p=10% p=5% p=2% p=1%
1 400
1 200
1 000
800
600
400
200
0
流量（m³/s）
10
20
30
40
50
60
时间（h）

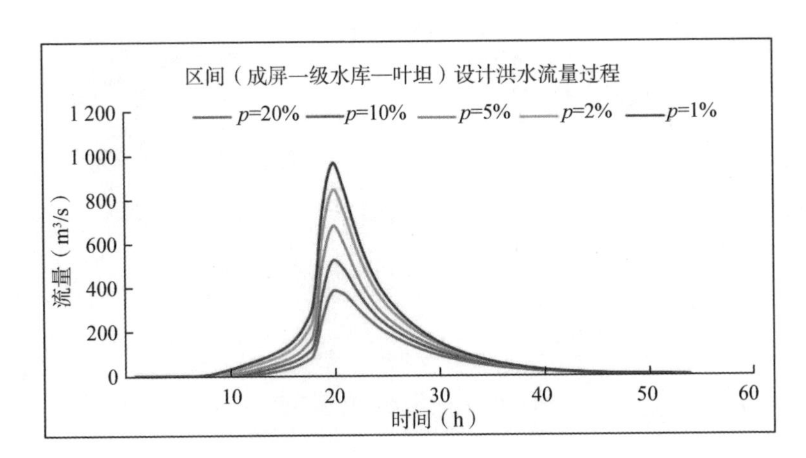
区间（成屏一级水库—叶坦）设计洪水流量过程
p=20% p=10% p=5% p=2% p=1%
1 200
1 000
800
600
400
200
0
流量（m³/s）
10
20
30
40
50
60
时间（h）

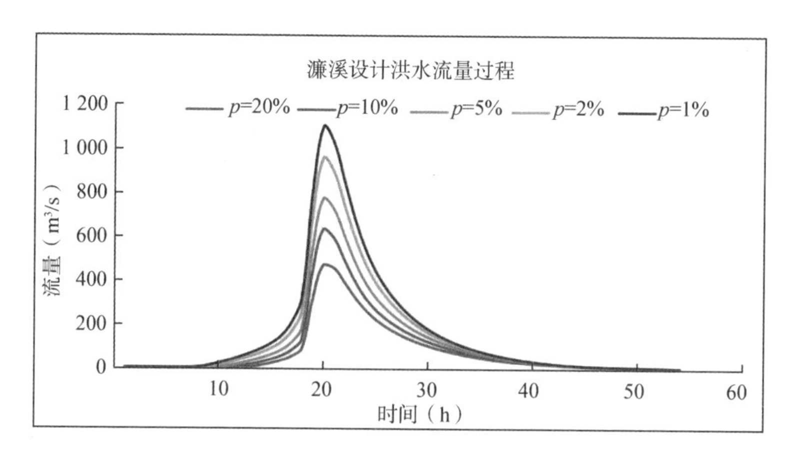

图 8-16　松阴溪流域设计洪水过程

8.4.3　一维水动力模型构建

8.4.3.1　模型概化

一维河道建模范围为松阴溪（叶坦大桥—松阳县界资口大桥）、南溪（成屏二级水库坝址以下至叶坦大桥）、北溪（后江村三墩桥以下至叶坦大桥）、濂溪（利民化工公司断面处至汇入口），河长分别 10.6 km、4.3 km、4.9 km、2.0 km。如图 8-17—图 8-19 所示。

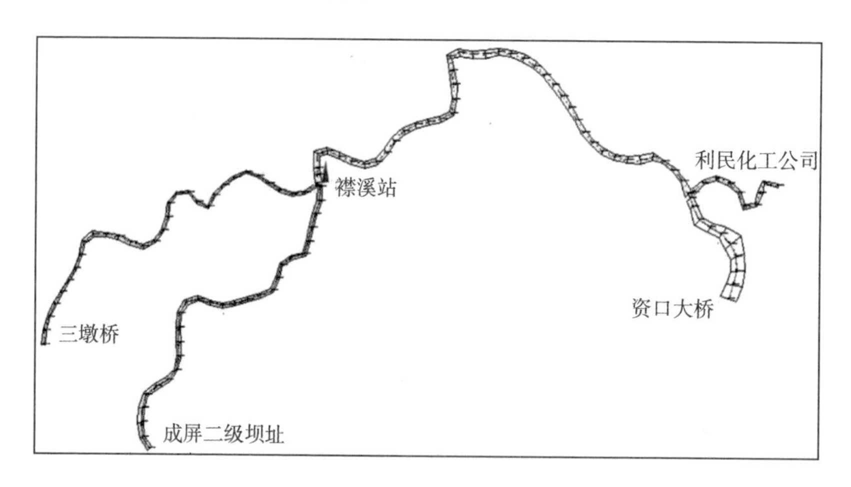

图 8-17　一维河道建模范围

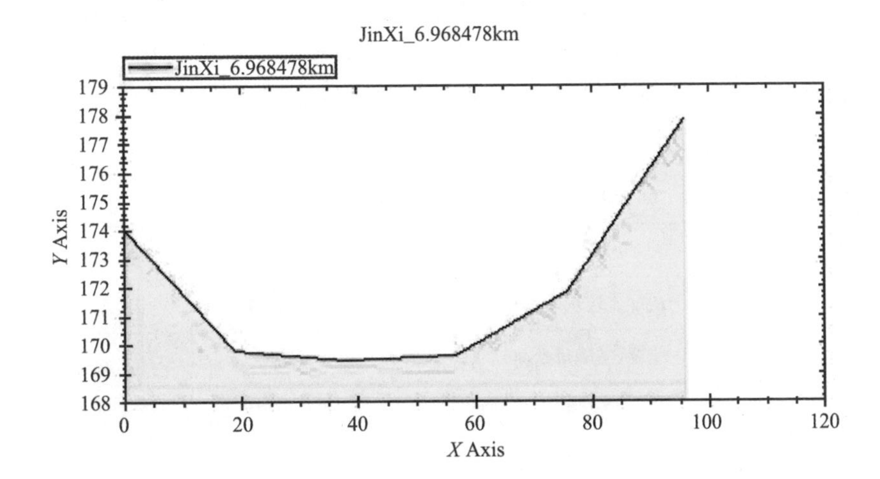

图 8-18　一维河道建模断面(典型断面)

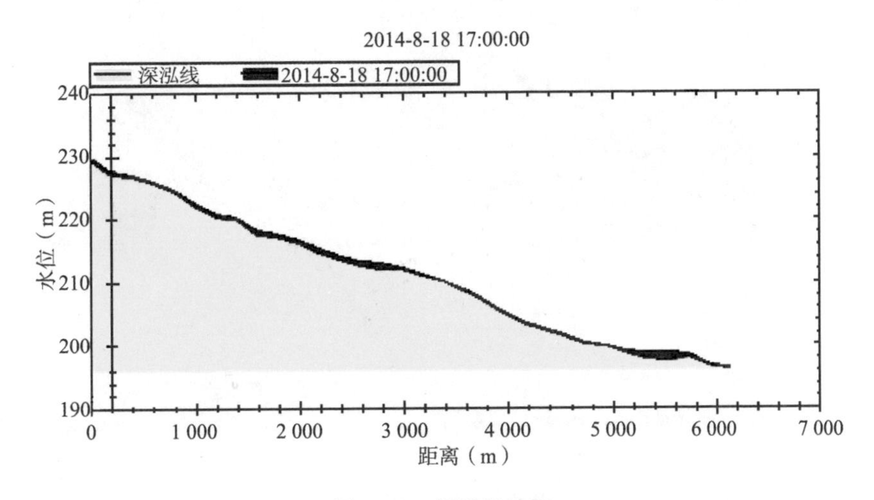

图 8-19　河道纵坡面

8.4.3.3　边界条件

模型水文边界条件如下。

干流上边界 1 个,南溪(成屏二级水库坝址),为流量边界。

支流边界 2 个,北溪流量边界;濂溪流量边界,通过集雨面积的暴雨产汇流计算得到。

下边界 1 个,为松阳县界(资口大桥)断面,根据河道坡降采用自然下泄。

区间暴雨边界 1 个。主要为计算其他支流集雨面积上汇入松阴溪的暴雨洪水，分为成屏一级水库—叶坦和叶坦—庄山堰两个区间。采用洪水流量过程线，按照同频原则，即干流发生某一设计频率洪水、区间支流发生相应频率设计洪水这种组合。

表 8-16　松阴溪流域模型边界示意表

序号	河流名称	边界性质	数据类型
1	南溪（成屏二级水库坝址水库）	干流上边界	流量
2	北溪（三墩桥断面）	支流边界	流量
3	濂溪	支流边界	流量
4	区间	集中入流	流量

图 8-20　模型边界示意图

8.4.3.3　模型率定与验证

根据松阴溪历史洪水调查资料，松阴溪“19930624”洪水、“20140820”洪水主要控制断面沿程实测洪水或洪痕资料较详细，糙率率定选用“20140820”洪水的洪痕及相应的洪水量级进行水面线反推，得出各河段的糙率分布。

模型参数验证采用“19930624”和“20140820”两场洪水的实际洪水调查资料进行模型验证。

2014 年历史洪水成屏水库流量为实测值整理所得，北溪、濂溪以及区间由实测雨量通过产汇流计算得到。

1993年历史洪水由于实测资料短缺，均由实测雨量通过产汇流计算得到，其中成屏水库出库采用调洪演算并参考历史洪水调查资料综合得出。

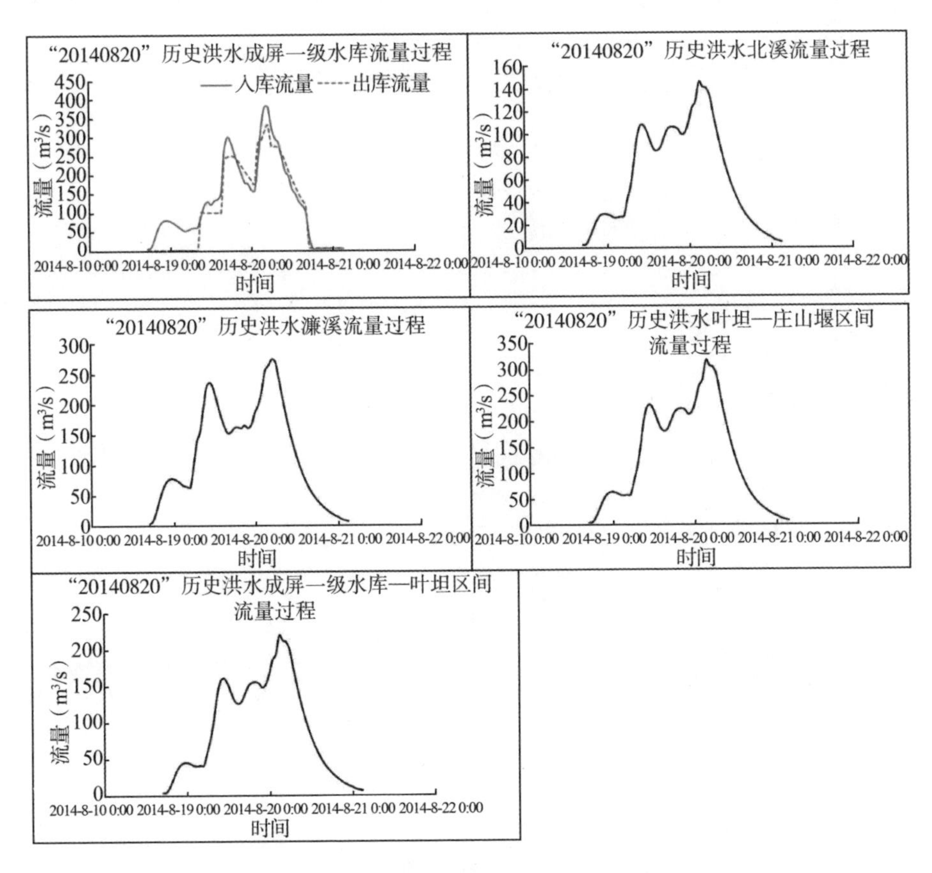

图8-21 "20140820"历史洪水水文边界过程

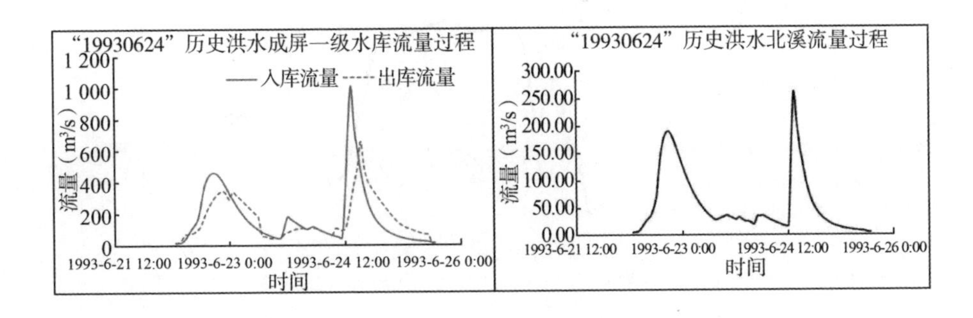

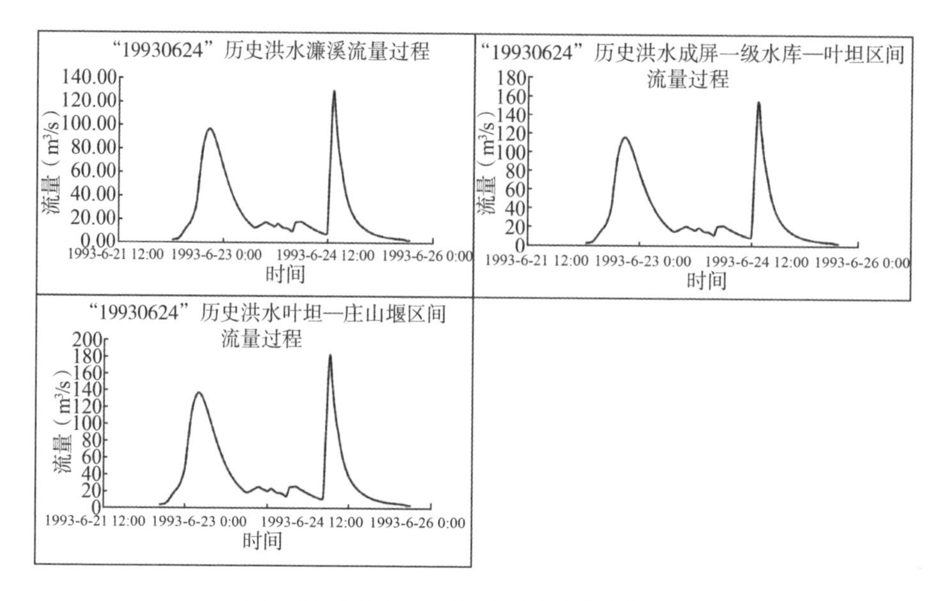

图 8-22 "19930624"历史洪水水文边界过程

洪水具体验证要求如下：

① 验证结果与实际洪水的最大水位误差(实测水位与计算水位之差绝对值的最大值)≤20 cm；

② 最大流量相对误差(实测流量与计算流量之差的绝对值/实测流量)≤10%；

③ 淹没面积、淹没水深等计算结果与实测资料进行综合对比，具有合理性。

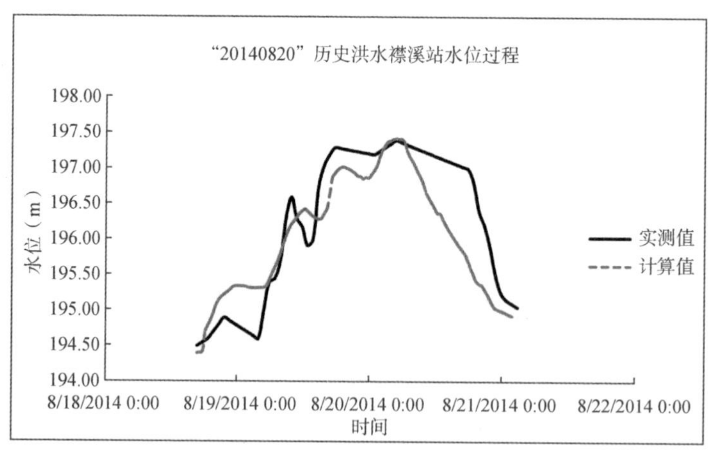

图 8-23 2014 年洪水襟溪站水位实测与计算值对比

历史洪水的水位、流量峰值计算值与实测值的对比如表 8-17 所示。

表 8-17　2014 年洪水历史洪水水位、流量峰值计算值与实测值对比

断面	洪水场次		流量峰值(m^3/s)	水位峰值(m)
襟溪站(叶坦)	20140820	实测值	197.4	675
		计算值	197.44	682

由图 8-23 及表 8-17 可知,"20140820"洪水襟溪水位站峰值模拟效果好,但过程偏差较大。原因可能是区间汇水无实测值,采用实测雨量计算得到的值与实测存在误差。

由于 1993 年历史洪水襟溪站无实测资料,通过资料考察得知庄山堰断面实测洪峰数据,通过实测值与计算值的比对,误差为 8.5%,小于 10%,满足条件(表 8-18)。

表 8-18　1993 年洪水历史流量峰值计算值与实测值对比

断面	洪水场次		流量峰值(m^3/s)
庄山堰	19930624	实测值	1 066
		计算值	975

对 1993 年、2014 年两场大洪水开展率定和验证工作,比较 2014 年襟溪站的实测水位、流量峰值与模型计算值,以及 1993 年庄山堰断面的流量峰值的实测值及计算值,得到模型基本满足要求的结论。

根据各河段特点及河床特征,参考类似工程计算糙率取用 0.026～0.035。

8.4.4　二维水动力模型构建

8.4.4.1　建模范围

根据松阴溪干支流洪水最大可能淹没范围,划定二维模型建模范围。叶坦大桥以上以 260 m 等高线,下游以 220 m 等高线为界确定二维模型建模范围,面积为 23.07 km^2。

8.4.4.2　模型概化

根据地形地貌,开展二维模型网格剖分,在经济与人口分布密集区段,适当进行网格加密。此外,通过试算,将计算区域内水流不可能到达的地区单独设定,使其不生成网格,节省计算时间。最终计算方案网格数量 13 442,网

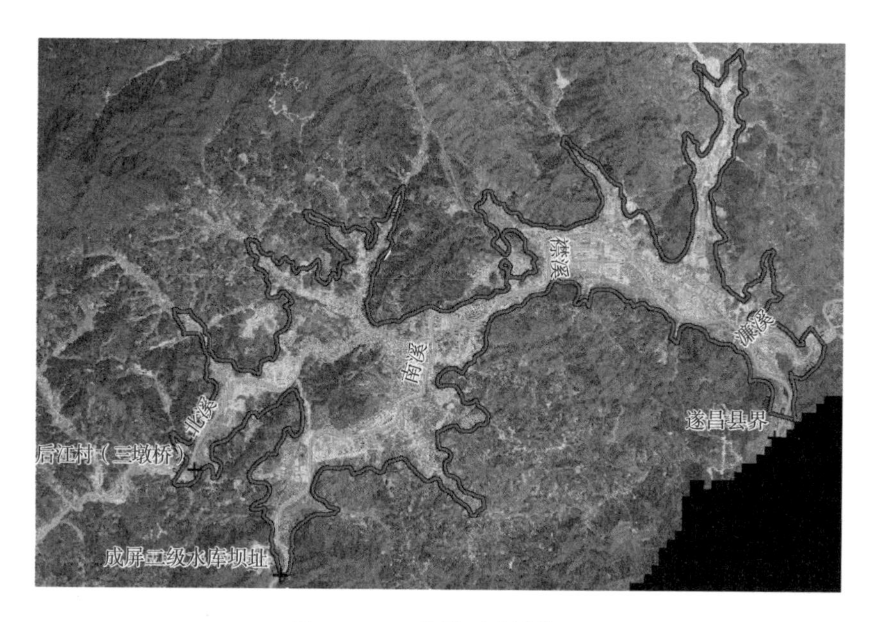

图 8-24　二维模型建模范围

格平均边长 48 m,是比较合理的网格划分结果。不但考虑了计算精度,而且考虑了计算效率。(注:技术要求规定,采用规则网格或不规则网格,对于规则网格,边长一般不超过 300 m,对于不规则网格,最大网格面积一般不超过 0.1 km^2,重要地区、地形变化较大部分的计算网格要适当加密。城镇范围内计算网格控制在 0.05 km^2以下。)网格划分过程中考虑了重要阻水建筑物的作用,以重要道路和堤防作为控制边界进行划分。网格划分完成后,利用数字高程模型、土地利用情况和高分辨率遥感图像为网格附上相应的属性值,并且试算进行优化调整,确定最终的网格模型。如图 8-25—图 8-26,及表 8-19 所示。

表 8-19　松阴溪洪水分析模拟二维网格情况

网格个数	13 442
最小边长(m)	18
平均边长(m)	48
建模范围(km^2)	23.07
单元平均面积(m^2)	1 716

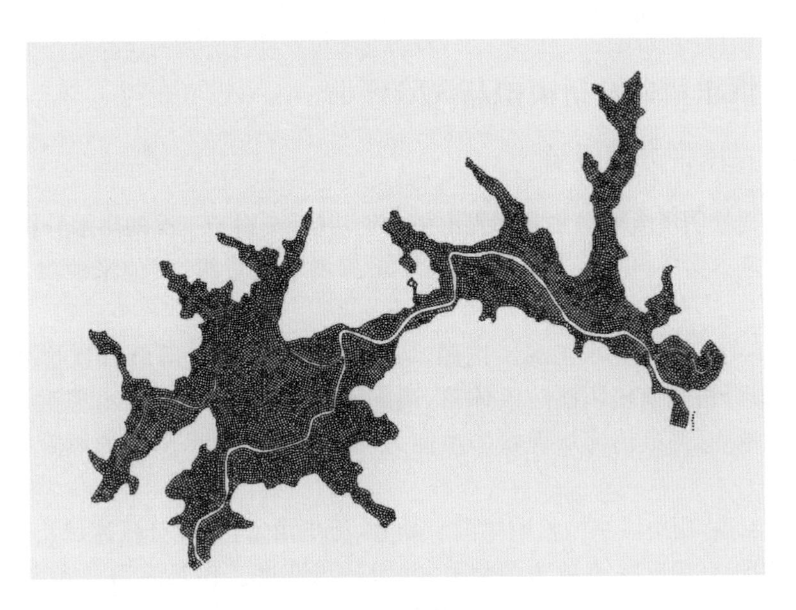

图 8-25　二维网格剖分

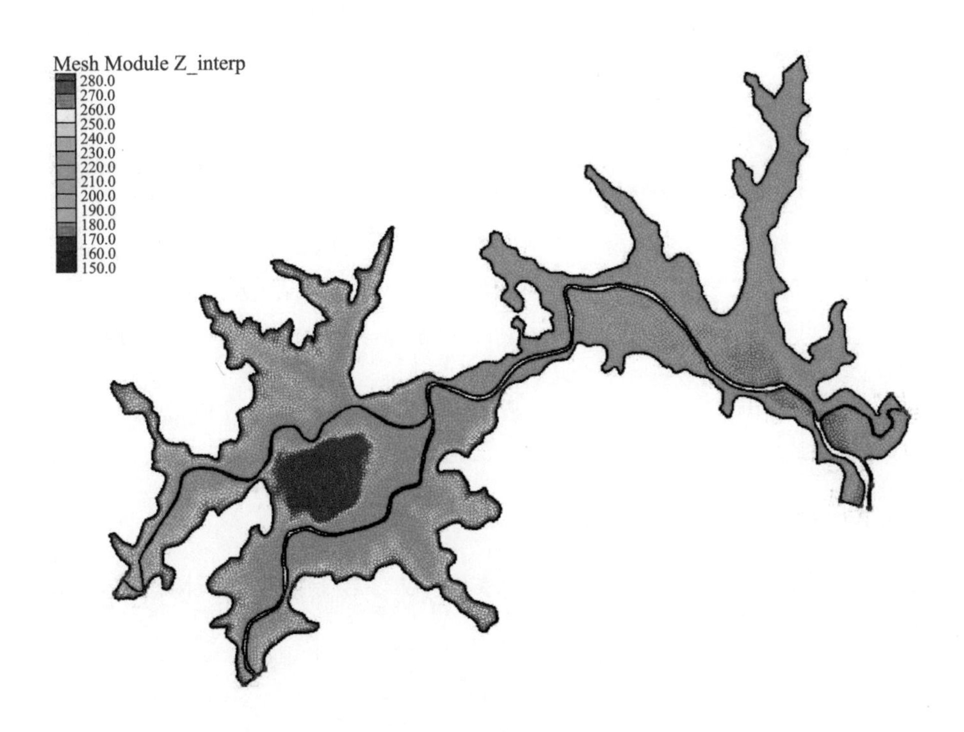

图 8-26　二维网格高程赋值

8.5 洪水情景分析模拟与风险评估

8.5.1 情景方案设置

根据松阴溪流域洪水实际提出两大类，共计7组子工况的洪水分析方案。

计算方案中包括了分析对象主要来源洪水的量级、其他来源洪水的量级等。

第一类，设计洪水工况。按照5～100年一遇洪水等级依次递增的方式，模拟分析当前松阴溪防洪体系，遭遇不同频率洪水，可能出现洪水风险和事故地点，为摸清流域现状防洪能力和评估相应频率洪水的风险提供技术支撑。

第二类，历史洪水。松阴溪洪涝频繁，历史洪水，主要分析流域实际洪水过程，用于直观反映流域防洪能力，并对防汛调度工作具有重要参考价值。主要选取1993年、2014年大洪水作为历史洪水方案。

表8-20 遂昌县松阴溪洪水情景方案设置表

序号	类别	方案	标准(重现期)	备注
1	设计洪水	设计雨型	5	松阴溪流域5年一遇设计洪水，考虑河道洪水漫溢
2			10	松阴溪流域10年一遇设计洪水，考虑河道洪水漫溢
3			20	松阴溪流域20年一遇设计洪水，考虑河道洪水漫溢
4			50	松阴溪流域50年一遇设计洪水，考虑河道洪水漫溢
5			100	松阴溪流域100年一遇设计洪水，考虑河道洪水漫溢
6	历史洪水	“19930624”洪水	/	假定发生历史洪水，分析现状条件下所造成的洪水淹没及损失
7		“20140820”洪水	/	假定发生历史洪水，分析现状条件下所造成的洪水淹没及损失

8.5.2 洪水方案模拟

洪水计算主要成果为基于7个洪水计算方案绘制的洪水风险图，包含淹没历时图、到达时间图和淹没水深图。

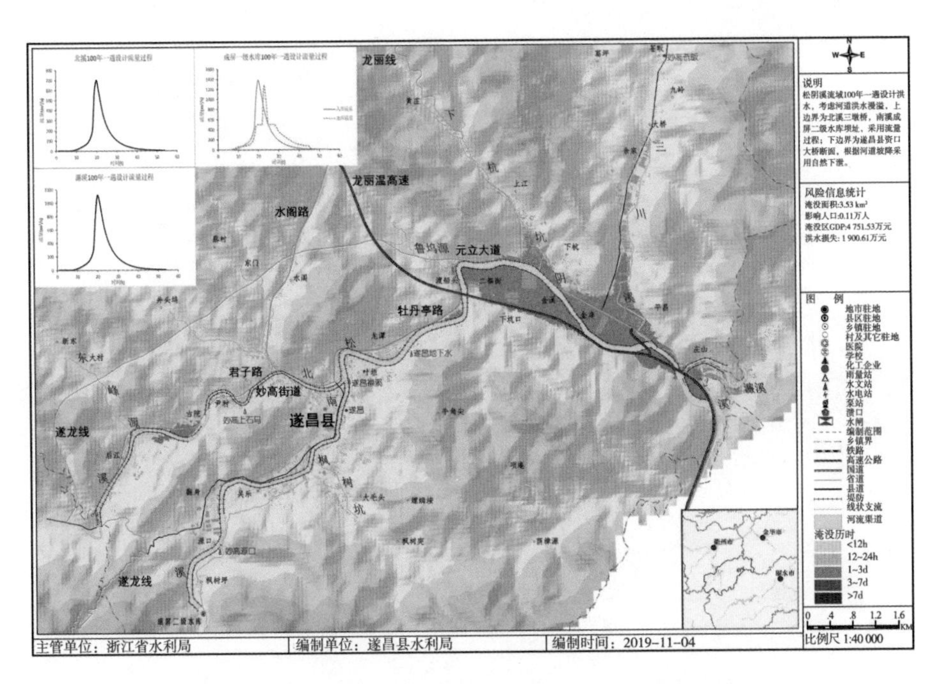

图 8-27　松阴溪流域 100 年一遇设计洪水淹没历时图

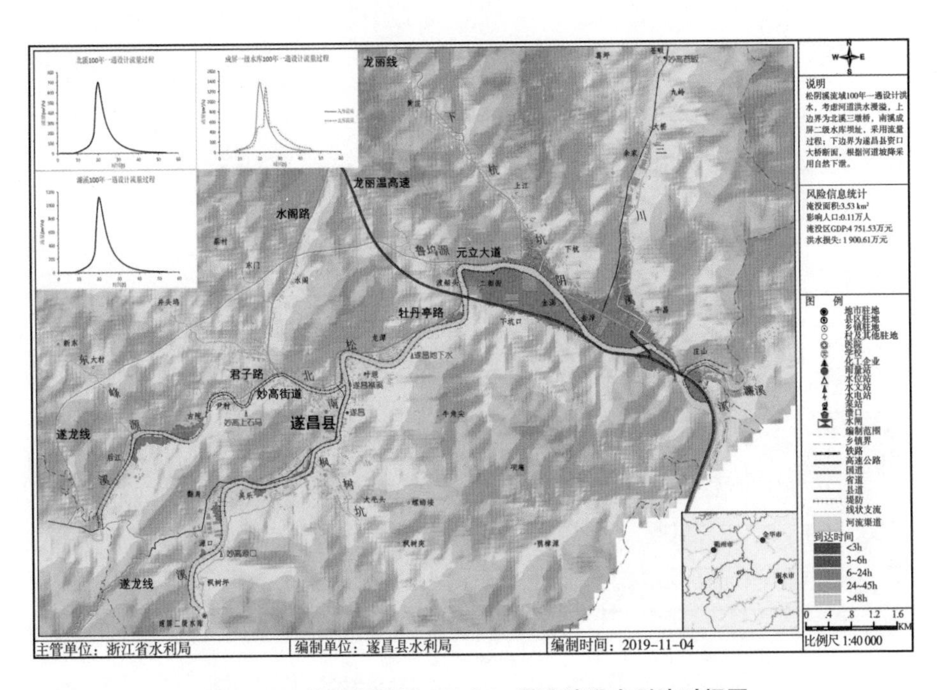

图 8-28　松阴溪流域 100 年一遇设计洪水到达时间图

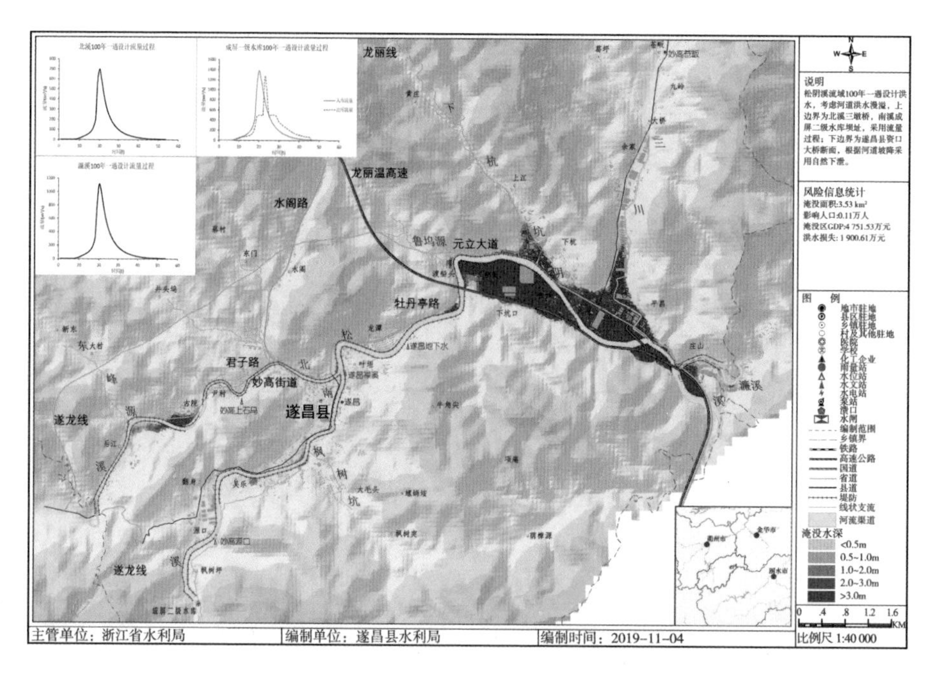

图 8-29 松阴溪流域 100 年一遇设计洪水淹没水深图

8.5.3 方案成果合理性分析

针对松阴溪流域5年、10年、20年、50年、100年一遇设计洪水方案，分析统计各方案淹没范围和淹没水深，横向比较。对襟溪站的设计流量峰值进行合理性分析，将模型计算结果与前期资料中的设计值进行比对。见表8-21。

表 8-21 襟溪站设计流量结果比对

分区	集水面积（km²）	各重现期洪峰流量（m³/s）									
		100年		50年		20年		10年		5年	
		设计值	计算值	设计值	计算值	设计值	计算值	设计值	计算值	设计值	计算值
叶坦（南溪）	355	1 660	1 505	1 470	1 289	1 200	1 061	966	829	723	707
北溪	117	713	684	628	590	511	475	402	392	303	297
濂溪	187	1 110	1 087	964	956	780	764	637	610	458	460
庄山堰	600.3	2 510	2 773	2 200	2 530	1 770	2 124	1 450	1 726	1 120	1 364

注：设计值摘自《浙江省遂昌县三溪综合治理工程初步设计报告》。

由表8-21可知，针对松阴溪遂昌段各重要断面在不同重现期洪水下的洪峰流量，本次建立的一、二维水动力模型计算值与相关规划设计报告中的设计值基本保持一致。其中庄山堰断面的计算值比设计值偏大，这主要是从偏不利的角度考虑了区间支流濂溪同频率设计洪水的汇入。

8.5.4 洪水风险评估

使用相应的损失评估软件并结合GIS平台将行政区界、耕地、道路、人口图层分别与淹没范围面图层进行求交计算后，以乡镇为统计单元得到受淹面积、受影响GDP等情况。

具体成果见表8-22。

表8-22　遂昌县松阴溪流域洪水风险损失评估统计

方案编号	淹没面积(km^2)	影响人口(万人)	淹没区GDP(万元)	洪水损失(万元)
方案1	0.47	0.01	612.51	245.00
方案2	1.03	0.03	1 364.08	545.63
方案3	1.80	0.06	2 416.57	966.63
方案4	1.96	0.06	2 633.11	1 053.24
方案5	3.53	0.11	4 751.53	1 900.61
方案6	0.07	0.00	99.48	39.79
方案7	0.09	0.00	124.75	49.90

8.6 遂昌县洪水风险图管理与应用系统

遂昌县松阴溪洪水风险图管理与应用系统集实现各类洪水风险图自动绘制、信息查询、灾情统计、损失评估以及风险预警等功能于一体。系统主要考虑外江洪水作为洪水风险致灾因子，结合GIS平台和数据库技术建立研究区的空间及空间属性数据库，模拟洪水淹没过程，包括多种洪水淹没要素的计算，如淹没水深、淹没范围、淹没面积、淹没流速等，结合社会经济情况进行受灾淹没损失分析。

系统主要功能包括洪水实时计算和洪水动态展示。系统通过电子地图将区域内的空间数据进行表达，集成了空间分析、信息管理、实时洪水演进分析、风险分析等专业模型，可以辅助管理人员进行遂昌县城区的洪水风险分析工作。

8.6.1 洪水实时计算

设置计算模型需要的计算参数，包括基本参数设置、边界条件设置和溃口设置，调用计算模型进行计算（图 8-30）。

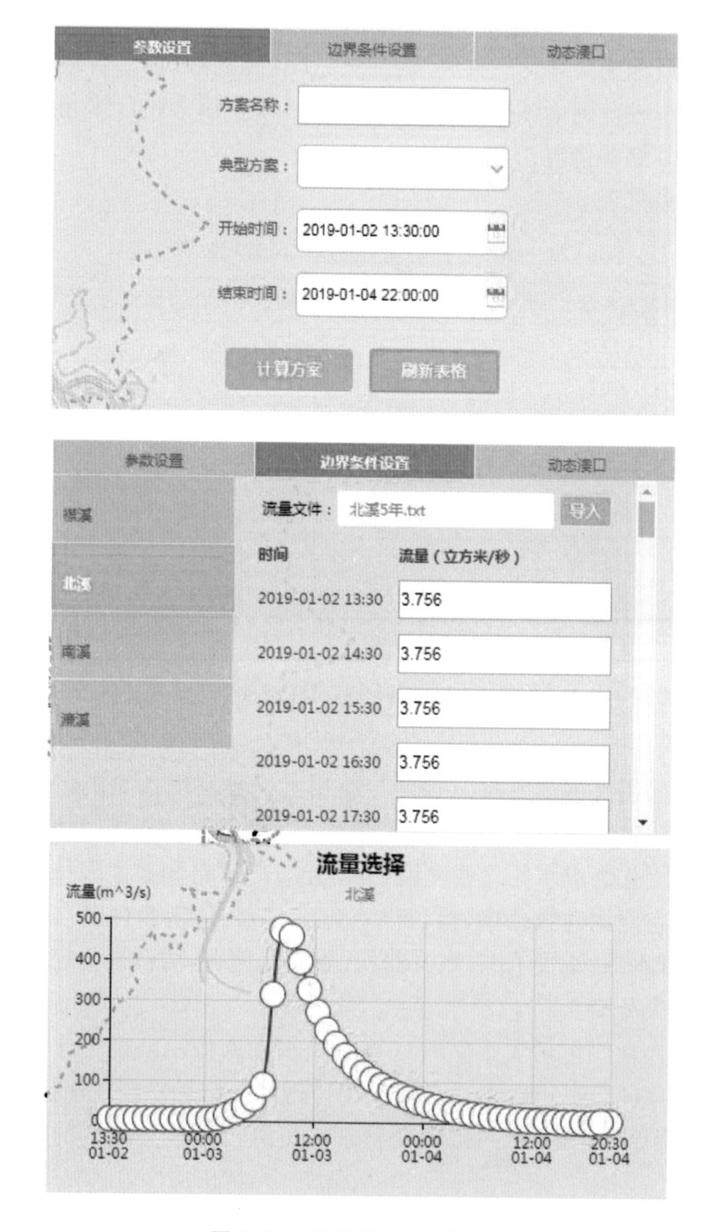

图 8-30 流域洪水实时计算

8.6.2 洪水动态展示

(1)设计洪水展示

如图 8-31 所示。

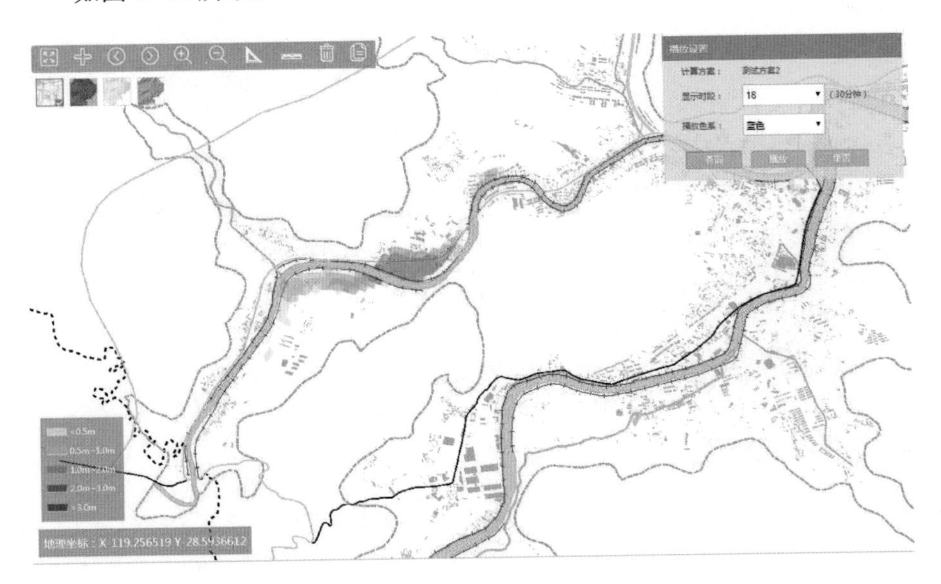

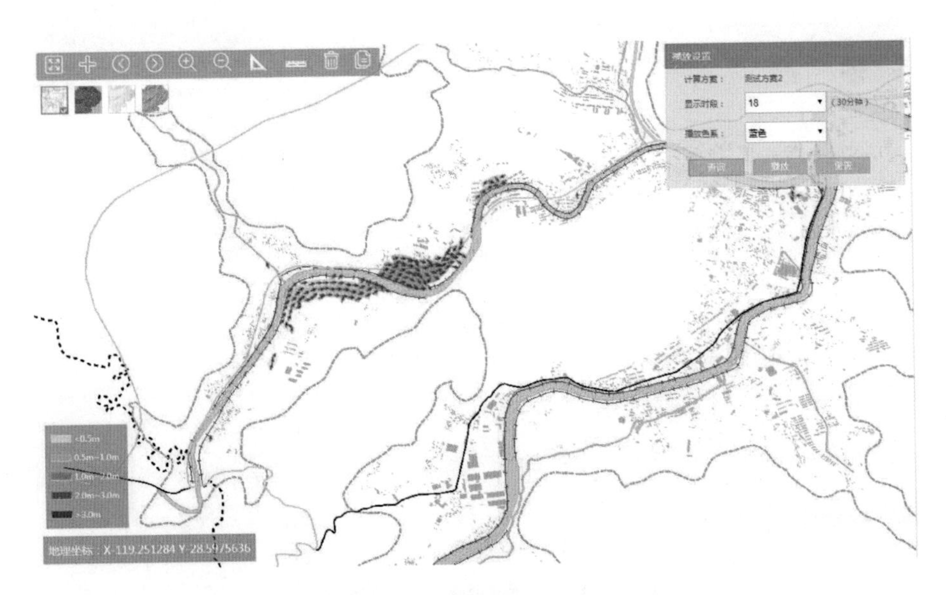

图 8-31　设计洪水动态展示

（2）一维河道展示

如图 8-32 和图 8-33 所示。

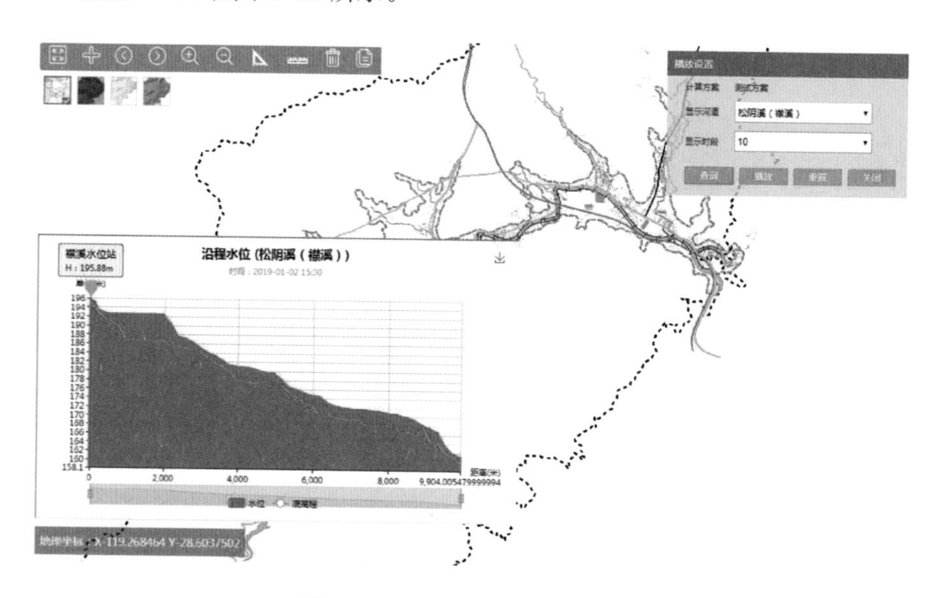

图 8-32　一维河道水位动态展示

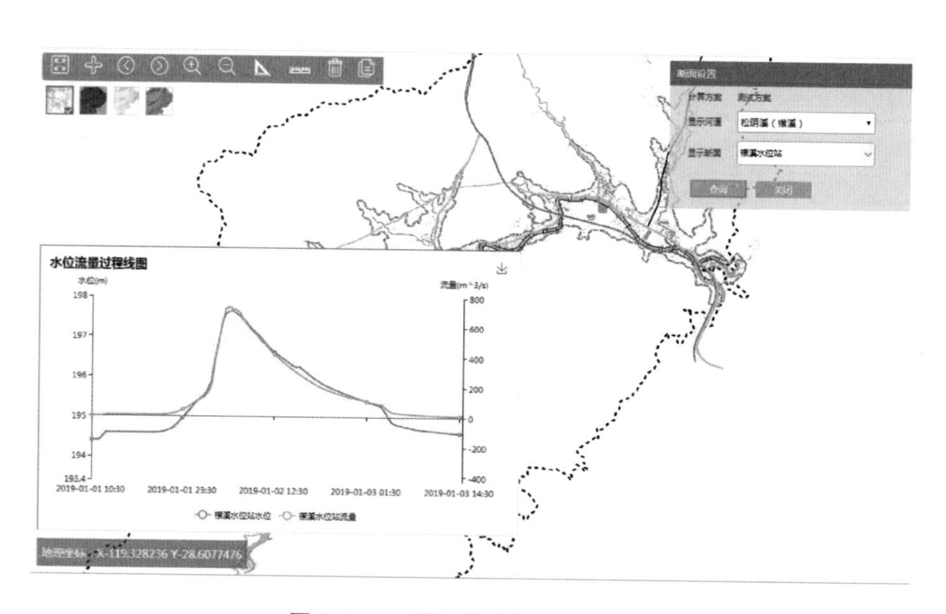

图 8-33　一维河道流量过程线展示

9

滨海城区精细化洪涝模拟与淹没分析

受产业发展和城市化影响，滨海城市人口、经济要素等日趋聚集，占我国经济比重持续上升。但同时，我国大多数滨海城市容易遭受复合洪涝灾害，洪、潮、暴雨等多个致灾因子同时或关联出现易导致洪涝损失。防洪与减灾体系建设面临城市型洪涝的压力与挑战，内涝风险显著加剧。滨海城市坡面汇流流程缩短，水文响应单元更加破碎化、水动力学特性发生改变，以及复杂的致灾机制、下垫面硬化、不透水面积增加等因素使得产汇流过程模拟难度增大。滨海城市雨水排水管网分布和流态、地面径流和地下管流交换情况等方面十分复杂，目前缺乏对城市地下管网汇流过程研究，导致构建的洪水分析模型不能完整模拟产汇流过程。因此在洪水模拟和淹没分析时，有必要构建一维河网汇流模型、地下管网汇流模型和二维地表产汇流模型并耦合，实现更为精细、准确的洪水演进过程模拟。

本章以杭州市钱塘区下沙片为研究区域，构建精细化一维管网、一维河道、二维地表耦合水动力模型，对城市各类阻水建筑物、复杂下垫面情况进行精细化处理，对河道、管网、路网、地表洪水演进过程进行精准化模拟，研究台风暴雨、洪水、高潮位等复合情境下的内涝淹没情况，为滨海城市洪水风险管理、抵御台风暴雨提供技术支撑。

9.1 研究区域概况

9.1.1 自然地理条件

本章以杭州市钱塘区下沙片为研究对象，包括下沙街道及白杨街道两个街道的行政管辖区域及托管未建制区域。该区域南临钱塘江，西与九堡街道相连，北与临平区接壤。根据城市规划，下沙街道辖区范围约 50 km²。白杨街道除法定辖区 9.2 km² 外，还包括辖区以东、以南至沿江及其他未建制区域，托管面积 31.8 km²，行政总管辖面积 41 km²。见图 9-1。

图 9-1　研究区域影像图

下沙地区属钱塘江冲积平原，地势极为平坦。地面自然标高为 5.1～5.9 m(1985 国家高程基准，下同)。

9.1.2　河流水系

杭州钱塘区下沙片位于钱塘江流域近海区。

(1) 钱塘江

钱塘江有南、北两源，均发源于安徽省休宁县，流至建德梅城汇合后，向东北流出七里泷峡谷，进入河口区，继续东北流经口门注入东海。北源(新安江)从源头至河口入海处，全长 668.1 km。流域面积 55 558.4 km²，其中浙江省境内 48 080 km²。

钱塘江的两支源流兰江和新安江在建德市梅城汇合，以下称富春江。富春江自西南向东北流至袁浦东江嘴，右纳浦阳江后始称钱塘江，往北流经杭州闸口，至老盐仓折向东流经盐官，在尖山右纳曹娥江，至澉浦入杭州湾注入

图 9-2　研究区域地形图

东海。自 1965 年起，钱塘江开始大规模的治江围涂工程，闸口至盐官长达 60 km的河段，江面已大为缩窄，岸线已基本稳定。下沙地区沿线钱塘江防洪堤已按 100 年一遇标准建成。

研究区域位于杭州市下游，属河口段，受杭州湾潮汐影响。当大洪水或台风暴雨侵袭时，下沙段水位便会急剧壅高。

(2) 区域河网

下沙由围涂造地而来，以明清老海塘为界自成水系，相对运河水系地势较高，比邻近的上塘河地区平均地面高程也高出约 1.0 m，排涝系统相对独立，以向钱塘江排泄为主。区内主要排水河道有月雅河、幸福河、新华河、三号大堤护塘河、临江护塘河、新建河、宏达河、2 号渠、下沙公路渠、6 号渠、12 号渠等。主要排水口门有四格排灌站、下沙排涝闸站、850 排涝闸等。

研究区域内河道纵横交错，呈网格状分布，境内地势平坦，其河网主要包括河流、浜、漾，归属运河流域和钱塘江流域，三号大堤护塘河、下沙 11 号渠和下沙 20 号渠将钱塘区下沙片分为运河和钱塘江两个流域。东西走向的主要有钱塘江、石塘河、北闸北河、北闸河、五一河、新建河、围垦河、松乔河、下沙 2

号渠、下沙 6 号渠、下沙 20 号渠等；南北走向的主要有新华河、幸福河、聚首河、七格渠、翁盘河、二号坝河、翔龙河、开源河、3 号大堤护塘河、下沙 11 号渠等。骨干河道构成了全区水系骨架，成为排水、引水的主要河道，大小河、浜、汊纵横交错，灌溉便利，水运发达。

根据《杭州钱塘区（下沙片）水域调查报告》，钱塘区下沙片河道共计 36 条，总长 158.987 km，水域总面积 19.22 km^2，容积 11 867.32 万 m^3。

目前，下沙新城建成区内，城市建设和工业化进程完善程度很高，河道总体范围及格局已趋于基本稳定。建成区范围内河道通过综合整治工程，河渠阻断、淤积现象基本消除，行洪能力得到恢复；沿岸生态绿化，河道面貌大大改观。但北部农业区范围广，受地质条件和配水水源含沙量较高的影响，农业区河道淤积较为严重，河底高程普遍在 3.0m 以上。特别是北侧区域的骨干河道、新建河，部分河段河底达到 3.8 m 以上。根据水景观及农业灌溉要求，下沙常水位范围在 3.8～4.1 m。

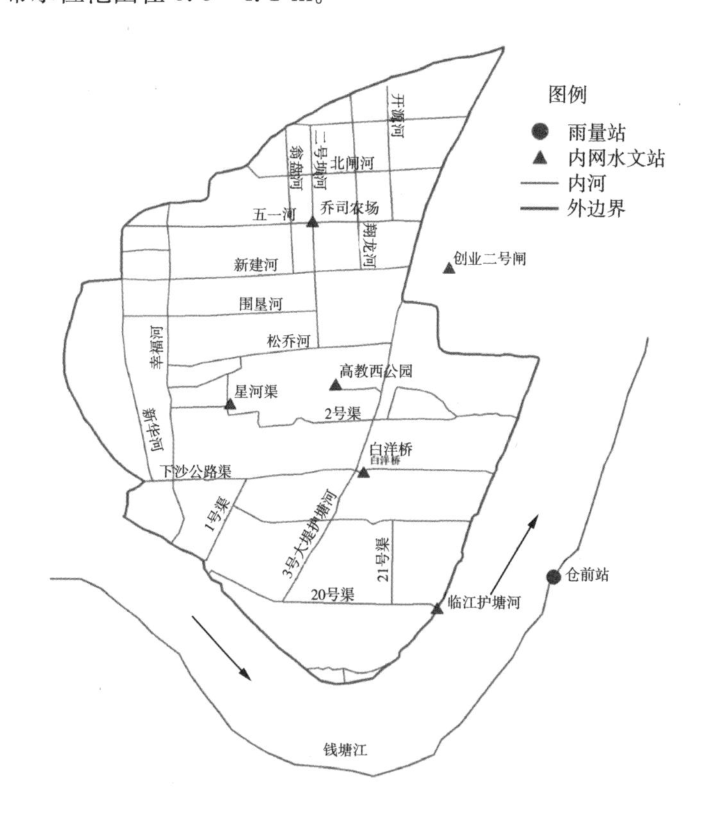

图 9-3 研究区域水系分布

9.1.3 水文气象

研究区域气候的主要特征为：雨量充沛、日照丰富、湿润温和、四季分明；冬夏长而春秋短，春季温凉多雨，夏季炎热湿润，秋季先湿后干，冬季寒冷干燥；冷空气易进难出，灾害性天气较多，光、温、水的地区差异明显。

处于梅雨和台风的双重控制之下，每年春末夏初季节，太平洋副热带高压逐渐加强，与北方冷空气相遇，静止锋徘徊，形成连绵阴雨天气，即梅汛期；夏秋季节受太平洋副热带高压控制，热带风暴或台风活动频繁，经常发生大暴雨，即台汛期。由于受台风暴雨和梅雨交替双重控制，降水量在年内分配呈双峰型，峰值出现在 6 月和 9 月，多年月平均降雨量分别为 186.3 mm 和 164.4 mm，形成相对的两个雨季和两个旱季，即 3—6 月的春雨和梅雨，8—9 月的台风雨季，7—8 月和 10 月—次年 2 月的旱季。

区域内缺乏长序列的雨量、水位等观测站，邻近流域设有闸口、七堡、仓前等雨量站。根据闸口站 1946—2011 年降水资料统计，多年平均降水量为 1 444.3 mm。降水量年际变化明显：最丰年 2 374.4 mm(1954 年)，最枯年 931.0 mm(2003 年)。年内分配亦不均匀，从多年平均月降水量看：3—9 月份降水量为 1 089.8 mm，占全年的 75%以上，最大月降水量 214.3 mm(6 月份)，最小月降水量 57.5 mm(12 月份)。实测最大 1 小时降雨量为 90.2 mm (1984 年 8 月 22 日)，最大一日降雨量为 261.0 mm(1962 年 9 月 5 日)，最大三日降水量为 337.3 mm(1962 年 9 月 4 日—6 日)，最大七日降水量为 341.0 mm(1962 年 8 月 31 日—9 月 6 日)。

9.1.4 防洪排涝现状

杭州市钱塘区下沙片外临钱塘江，已基本达到百年一遇的防洪标准。下沙片水利工程现状分为沿江排涝口门工程和内河水位(节制)控制工程两大部分。其中沿江排涝口门工程主要为：四格排灌站、850 排涝闸和下沙排涝闸站。

下沙片区上有暴雨洪水迫境，下受外江潮汐的袭击，尤其是台风引起巨浪正面冲击，即受洪水与潮汐的双向作用，堤坝主槽变迁频繁，断面形状变化大。若一旦“台风、天文大潮、暴雨、上游洪水”几种致灾因子同时发生，极易造成潮浪越顶、堤坝损毁，后果严重。

目前下沙地区的排涝能力已经达到 20 年一遇标准，但距较为安全的 50 年一遇标准尚有一定差距，主要原因如下。

(1) 地形地貌:下沙位于杭州湾上游,由围垦造地发展而来,地势为西低东高,内陆低、沿江高,排水走势不畅。

(2) 河道输水能力不足:部分河道淤积严重,流动性差,对沿线周边区域排涝安全造成不利影响。现状农业区河道普遍淤积,并且沿线有较多阻水涵洞,既不利于河网流动、日常配水,也增加暴雨期间因排水不畅通而局部受涝的情况。

(3) 区域外排能力不足:下沙地区主要排水方向为向钱塘江排水,目前总的设计外排能力为 74 m^3/s,仍然难以满足外江遭遇天文大潮时高潮位的排涝需要,部分低洼地块和管道排水能力不足地区时有排水不畅。

(4) 北部农业区河道淤积严重:农业区河道为土质河床,地势高且来水含沙量大,又因灌溉导致河道淤积,尤其是部分河道未进行护岸改造,口门段河道塌落,淤塞河道,河床底高程在 2.0～2.5 m 之间,调蓄水量的减少削弱了河道的行洪排涝能力。

9.1.5 社会经济

钱塘区下沙片包括下沙街道及白杨街道两个街道的行政管辖区域及托管未建制区域。前身是 1993 年 4 月经国务院批准设立的杭州经济技术开发区,是全国唯一集工业园区、高教园区、出口加工区于一体的国家级开发区。开发区投资环境综合评价连续三年位居全国国家级开发区十强、多年位列浙江省开发区第一位,被评为中国 75 个城市开发区投资环境最佳开发区、获得“跨国公司最佳投资开发区”等荣誉称号。先后获得“国家计算机及网络产品产业园”“生物产业国家高技术产业基地核心区”“国家知识产权试点园区”“国家服务外包产业基地城市示范区”“中国产学研合作创新示范基地”“国家物流标准化试点基地”“浙江省物流产业基地”“杭州市十大文化创意产业园区”等基地(园区)品牌。

9.1.6 历史洪涝灾害

2013 年 10 月第 23 号强台风“菲特”,导致浙江沿海多地特大暴雨,特别是给宁波、余姚酿成重灾。受其影响,下沙地区也发生历史罕见的特大暴雨。由于领导重视,通过科学调度,无重大涝情发生。“菲特”台风特大暴雨,发生时间近、降雨过程典型,对分析下沙地区防洪排涝现状能力,极具说服力。

9.1.7 洪水来源分析

研究区域洪水来源主要是区域暴雨洪水、钱塘江洪水及潮位顶托。受平原河网区防洪排涝的特点影响，暴雨主要造成河道洪水、低洼处内涝。同时也需要考虑到钱塘江高潮位对城市内涝外排的影响，考虑到关键排涝闸泵的调度。

(1) 暴雨洪水的影响

研究区域的暴雨洪水一般由两种降雨形式产生：梅雨期降雨和夏秋两季的台风降雨。自 6 月上旬起，长历时降雨时有发生；7—10 月台风频繁，局部地区成灾严重，平均每年有两至三次强台风，气压影响降雨量大，洪灾历时长。

(2) 钱塘江洪水、高潮位顶托

钱塘江高水位易造成海塘决口，造成严重的洪水灾害。1974 年“7413”号台风在三门湾登陆，其时适值农历七月朔汛，致使钱塘江河口在杭州闸口以下全线出现有记载以来的最高潮位，堤防缺口 76 处，损毁长度达 95 km，田地影响 57 万亩。21 世纪以来，每逢天文大潮都会造成钱塘江两侧道路淹没、车辆损毁、人员伤亡等，也在一定程度上影响着城市区域的防洪排涝工程调度规则，加剧城市洪涝灾害和淹没风险。

下沙片的洪水来源包括暴雨、高潮位两种致灾因子和两者的组合。研究区域河网密集复杂，多元致灾因子共同作用下产生洪涝灾害。因此区间暴雨洪水与钱塘江高潮位的组合为洪水来源，雨型为台风短历时和长历时降雨结合。

9.2 技术方案

研究工作主要分为四个部分：数据收集与分析、洪水模型构建与检验、洪水风险情景模拟、洪水风险管理。

(1) 数据收集与分析：收集研究区域基础地理信息、水文气象、构筑物及工程调度、社会经济、历史洪涝灾害等数据。

(2) 洪水模型构建与检验：对各类数据的高程、空间位置、形状等采用人工校核、网格剖分细化等精细化处理方法，建立包括河道、地下管网、道路和地表四类水动力学精细化多维洪涝耦合模型，根据“菲特”台风、“利奇马”台风资料进行率定和验证后认为模型合理有效。

(3) 洪水风险情景模拟：在对研究区域洪水来源和闸泵调度规则分析的

基础上,选用暴雨、潮位组合和历史洪水情景模拟方案,对研究区域遭受暴雨、外江高潮位等复合致灾因子情景进行洪涝模拟,针对重点区域进行淹没分析。根据洪水分析得到的淹没范围、淹没水深、淹没历时等要素,结合淹没区各街道经济情况,综合分析评估洪水影响程度,包括淹没范围内、不同淹没水深区域内的人口、资产统计分析等,并评估洪水损失。

(4) 洪水风险管理:构建杭州市钱塘区下沙片洪水风险图管理与应用系统,实现区域洪水风险快速判断和分析。

具体的技术路线如图 9-4 所示。

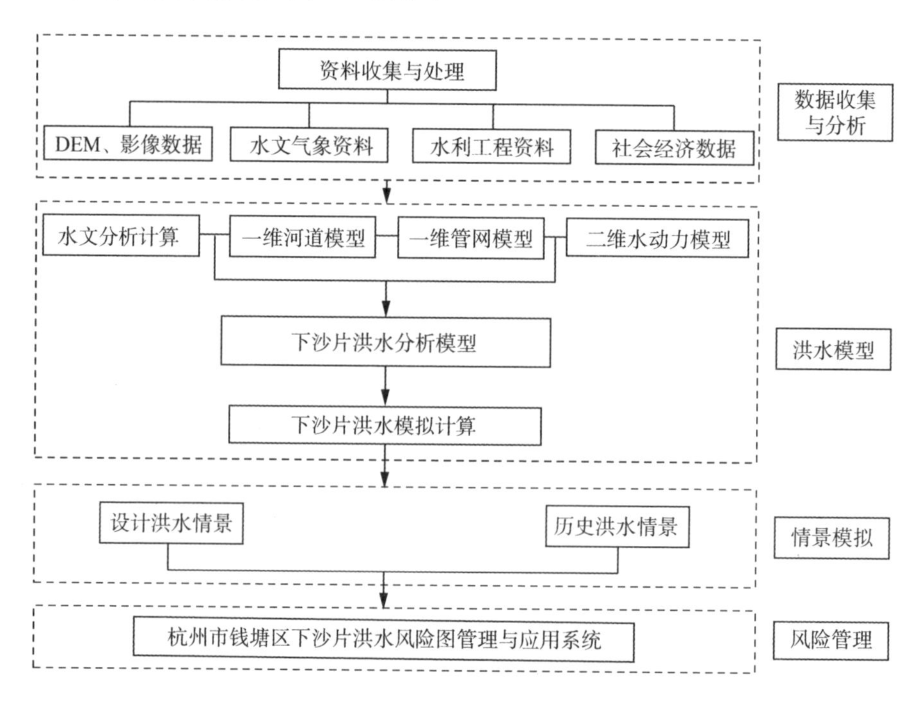

图 9-4　技术路线

9.3　数据收集

9.3.1　基础地理信息

收集区域 1∶500 DLG 电子地图、DEM 及遥感影像图等,包括:等高线、高程点、河道断面、行政区划、居民点、道路交通、河流水系、水利工程、线状构筑物(公路、铁路、堤防)等。如图 9-5—图 9-7 所示。

图 9-5 研究区域影像

图 9-6　研究区域路网

图 9-7　研究区域建筑物

9.3.2 水文及洪水成果资料

收集相关规划设计报告，提取设计暴雨（设计净雨）5 年、10 年、20 年、50 年、100 年、200 年一遇设计值，以上成果可以应用于洪水方案中。

（1）雨量站：研究区域附近设有省级雨量站仓前，钱塘江沿岸设有闸口、七堡雨量站。各站设立年份在 1922 至 1962 年间，自 1962 年后为连续观测。

（2）水位站：钱塘江沿岸有水位站仓前、七堡。上述各站的水文资料均经有关单位整编、审核、刊印发表，精度满足规划设计的要求。测站的基本情况见表 9-1。

表 9-1 水文测站基本情况一览表

河名	站名	东经	北纬	观测项目	设站年份	备注
钱塘江	闸口	120 °08 ′	30 °12 ′	降水量、潮位	1915	曾中断
钱塘江	七堡	120 °15 ′	30 °18 ′	降水量、潮位	1956	连续
钱塘江	仓前	120 °24 ′	30 °17 ′	降水量、潮位	1951	连续

9.3.3 河道断面及地下排水管网资料

9.3.3.1 河道断面

收集研究范围内的河网水下地形（河道断面测量）数据。对于次要的排涝沟渠，按照相关要求进行了概化和简化处理。如图 9-8—图 9-11 所示。

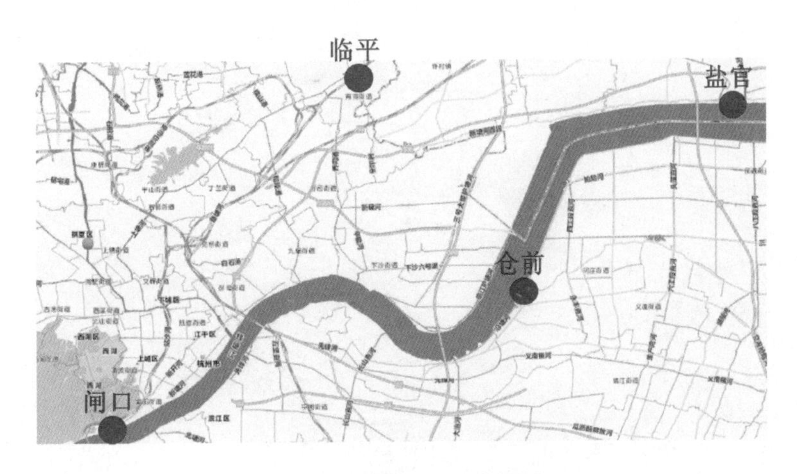

图 9-8 雨量站分布示意图

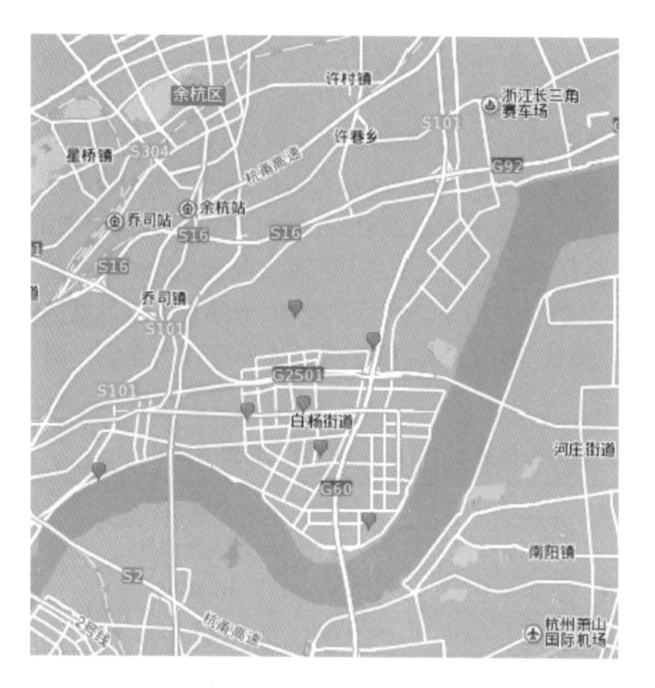

图 9-9　研究区域内水位站

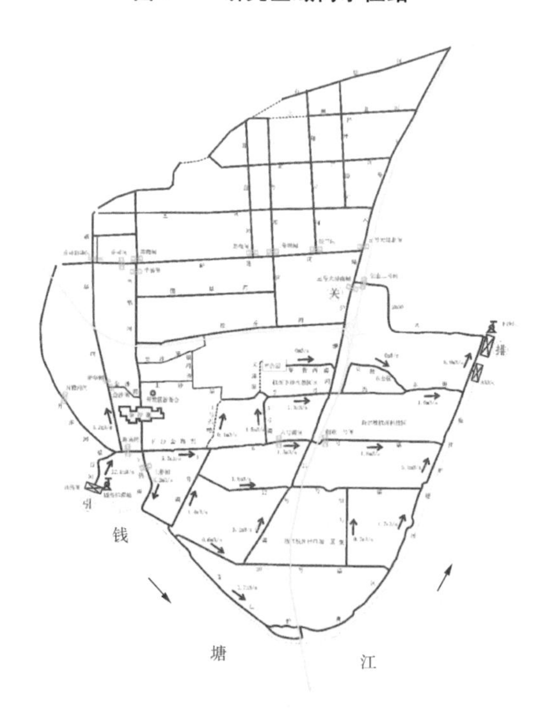

图 9-10　区域排水现状

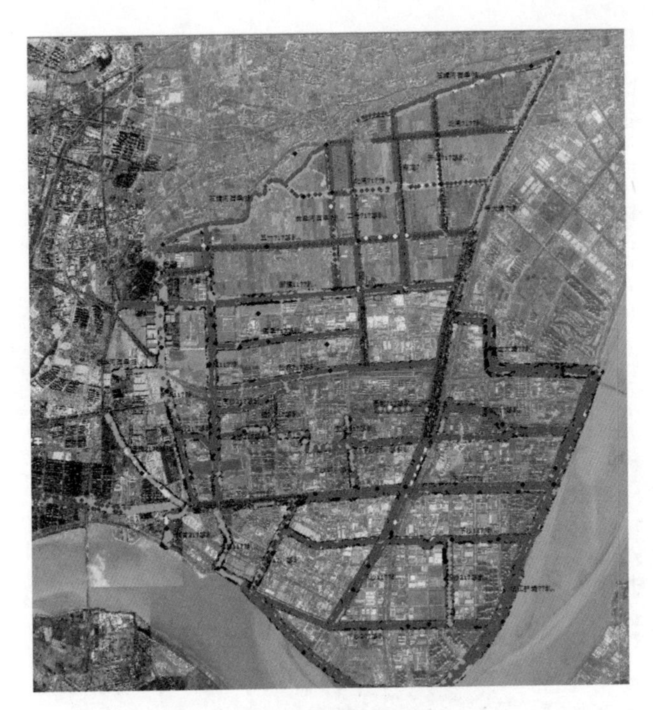

图 9-11　区域河道断面测量分布

9.3.3.2　排水管网

下沙片区域内河流大多沿道路一侧布置，河流与河流将区块分割成 26 个独立的排水分区，布局较为规整，雨水管就近排河(图 9-12)。

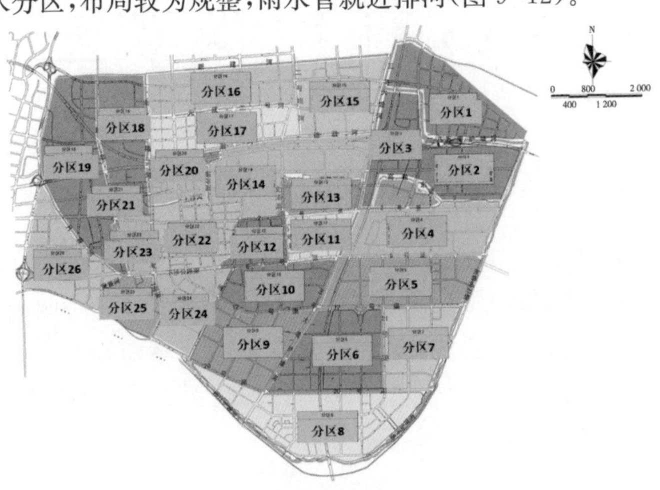

图 9-12　排水分区图

下沙现状雨水管总长约 230.7 km，通过对现状管网系统的分析，研究区域管网分布情况如下。

(1) 管道排水能力

通过对现状雨水管网的排水能力校核，发现区域内的大多数雨水管道排水能力在 1 年一遇及以下，排水能力明显不足，容易造成管网承压，甚至引起路面积水(图 9-13)。

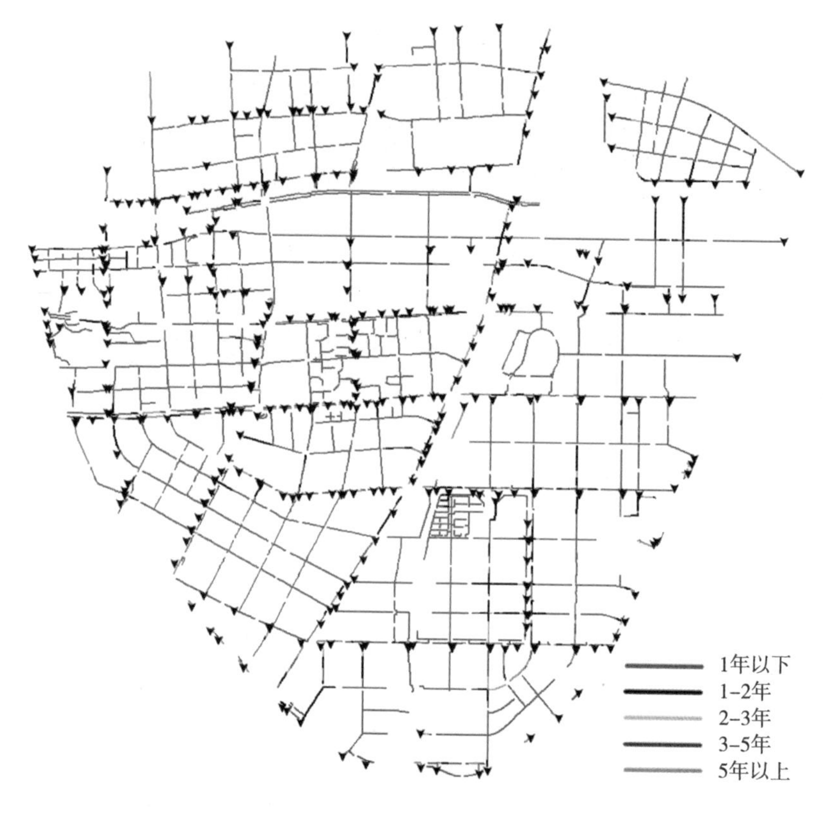

图 9-13　管道排水能力现状图

(2) 管渠资料问题预处理

通过管线普查资料发现，整个下沙的雨水管排出口比较明确，但存在相当一部分管道出现平坡甚至逆坡现象，过流能力达不到原设计值，进行高程检查处理。逆坡管道总长约有 62.4 km，占现状管道总长的比例约 27%(如图 9-14 红色管道部分)。

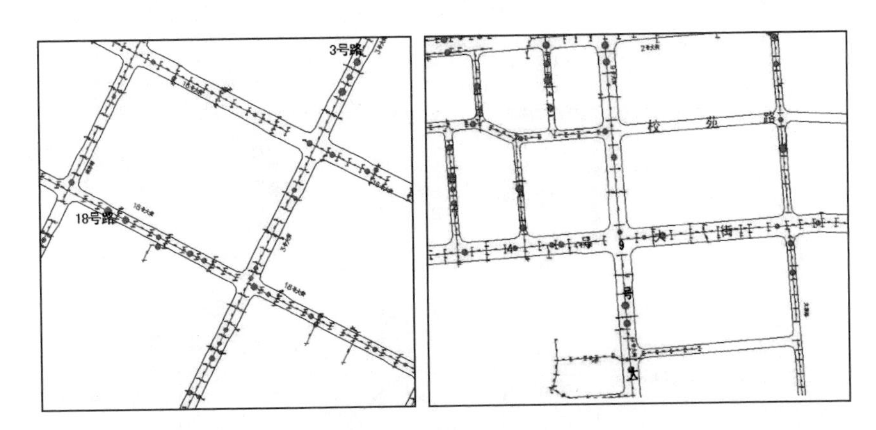

图 9-14　研究区域排水管道逆坡局部图

9.3.4　构筑物及工程调度资料

收集到研究区域河道堤防、水闸泵站相关资料，收集到堤防、涵闸、堰坝工程情况和调度资料，包括工程布置及特性、建筑物、控制运用情况、逐年运用情况、历年水文情况、淹没损失调查数据。

9.3.5　历史洪水及洪水灾害资料

典型洪涝灾害统计资料特征参数包括了受灾范围、农作物受灾面积、受灾人口、转移人口、倒塌房屋、直接经济总损失。这些数据收集较为困难，主要是根据历史台风洪水中的洪灾描述性文字进行定性化的分析，以满足洪水分析模型率定、验证以及灾情统计和损失评估计算的需要。收集 2013 年“菲特”台风的相关情况。

(1) 降雨情况

受强台风“菲特”外围影响，10 月 6 日 8 点下沙开始降雨，于 7 日 1 时到 8 日 5 时(历时 28 小时)开始集中降雨，集中降雨量达 321 mm。到 8 日 15 时(历时 55 小时)结束降雨，下沙地区累计降雨量达到 361 mm，已超过百年一遇降雨标准。

(2) 河网水位及涝灾情况

台风 “菲特”引起的降雨历时长、雨量大，又正值天文大潮，造成区内河道水位持续上涨。据分析，本次降雨最大 24 小时暴雨达到 100 年一遇，但经过全力调度，未造成大的涝灾情况。

受外江高潮水位的影响，7 日 18 点各水位监测点水位达到最高点，白洋

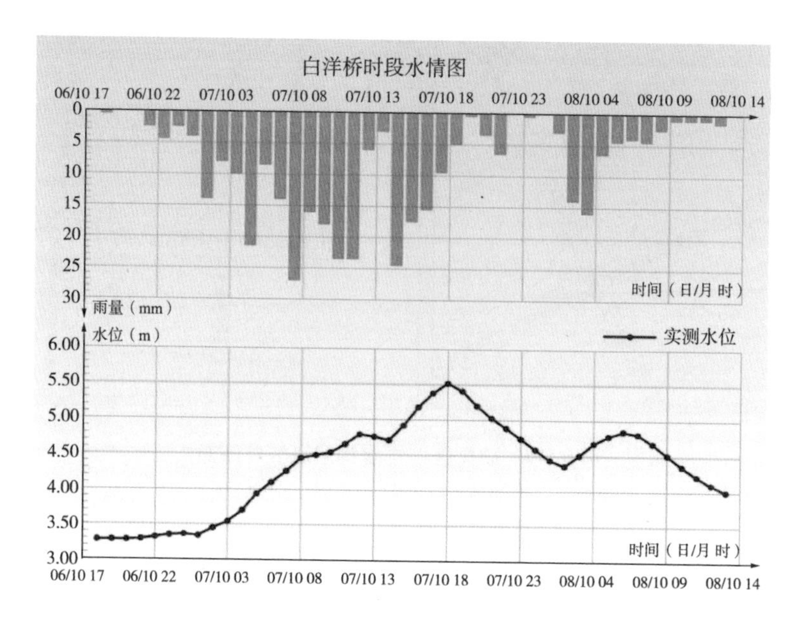

图 9-15 “菲特”台风，下沙白洋桥降雨及水位过程

桥站点最高河道水位达 5.52 m，乔司农场站点最高河道水位达 5.42 m，创业二号闸站点河道最高水位达 5.38 m，均超过河道 20 年一遇洪水位（5.2 m），白洋桥站点超 20 年一遇洪水位历时 4 小时（图 9-15）。

“菲特”期间，19 个路段局部路面积水，影响车辆通行，主干道路未出现严重积水。4 家企业和 3 户居民发生进水告急的情况，经公安、消防等部门紧急救援，未发生险情。全区道路交通和生产生活一定程度受到了影响。

（3）水利工程调度

在接到台风预报后，通过下沙排涝闸站和 850 排涝闸的排涝运行预降河道水位，在降雨开始前河道平均为 3.4 m。因正值天文大潮，降雨开始后，四格排灌站即开足马力全力机排；下沙排涝闸站和 850 排涝闸则根据钱塘江水位变化，通过自排和机排交替运行方式 24 小时不间断运行。临江三个泵闸站累计水泵机排运行 273.16 台时，排水约 980 万 m^3；闸门自排运行 251 孔时，排水约 2 740 万 m^3；合计总排水量达 3 720 万 m^3。

9.3.6 防洪重要保护对象

防洪重要保护对象主要包括物资仓库、避灾场所、危化企业、医院、学校等场所及道路系统等重要设施。备汛资料包括防汛物资仓库位置及储备情况、避灾点位置及数量、抢险队伍等。

这部分资料主要来源于收集到的全要素 DLG 数据及防办和民政部门提供的避灾点位置及数量等信息。

9.4 洪水分析模拟

9.4.1 建模思路

研究区域洪水来源主要是区域暴雨、钱塘江洪水顶托导致排涝不畅。受平原河网区防洪排涝的特点影响，暴雨主要造成河道洪水、低洼处内涝。同时也需要考虑到钱塘江高潮位对区域内涝外排的影响，考虑到关键排涝闸泵的调度。

杭州钱塘区下沙片区域地形主要为平原，基于河道断面信息及堤防高程数据，建立一维河道水动力学模型，模拟洪水演进过程。

对排水管网资料进行概化，对主干管道、集水井、排水口等进行处理，建立管网模型。

二维模型以研究范围内地形（DEM 数字高程模型）、地貌为依据，对于研究区域内的有明显阻水作用的堤防、道路及其他线状物等，在模型中作为阻水通道，考虑其对水流的影响作用，当演进的洪水位高于堤防、公路时，以宽顶堰的方式计算过流量。

一维和二维的水流交换主要通过漫溢的方式，一维模型为二维模型提供流量值 Q 作为二维模型的边界条件，将 Q 值分布到二维计算的单元的流量边界上。由于在连接处二维计算网格的水位值并不相等，取各个计算网格的平均水位值返回给一维模型，以进行下一时段的计算，从而实现一维、二维模型的耦合计算。

9.4.2 水文分析计算

9.4.2.1 设计暴雨计算

（一）暴雨特性

研究范围位于钱塘江左岸，处于梅雨和台风的双重控制之下。每年春末夏初季节，太平洋副热带高压逐渐加强，与北方冷空气相遇，形成静止锋，锋面在流域上空徘徊，易产生笼罩范围广、历时长、总量大的降水过程；夏秋季节，冷空气衰退，受太平洋副热带高压控制，热带风暴和台风活动频繁，其降雨特性表现为来势猛、历时短、雨强大。

（二）设计暴雨

区域缺乏具有长序列资料的雨量、水位等观测站，邻近流域设有闸口、七堡、仓前等雨量站。设站年份在 1915 年至 1956 年间，自 1956 年后为连续观测，资料系列在 40 年以上。钱塘江杭州河段设有闸口、七堡、仓前等站，观测钱塘江的潮位。各潮位站设立年份在 1922 年至 1956 年间，资料系列均在 40 年以上。有关测站的基本情况见表 9-2。

表 9-2　水文测站基本情况一览表

河名	站名	东经	北纬	观测项目	设站年份	备注
钱塘江	闸口	120 °08′	30 °12′	降水量、潮位	1915	曾中断
钱塘江	七堡	120 °15′	30 °18′	降水量、潮位	1956	连续
钱塘江	仓前	120 °24′	30 °17′	降水量、潮位	1951	连续
上塘河	临平	120 °18′	30 °26′	降水量、水位	1931	曾中断

统计仓前站 1953—2013 年共 61 年资料，分析仓前站前 10 位年最大一日暴雨，发生在梅汛期、台汛期的分别为 4 年、6 年；仓前站年最大一日暴雨，发生在梅汛期、台汛期的各为 26 年、35 年。可知，从出现频次来看，台汛期暴雨和梅汛期暴雨是形成设计流域大暴雨洪水的主要成因，难分伯仲。考虑计算的合理性和工程的安全性，本次设计暴雨统计按年最大、梅汛期最大、台汛期最大取样的原则进行。

表 9-3　仓前站各分期较大暴雨成果表　　单位：mm

序号	年最大				梅汛期				台汛期			
	年份	一日	年份	三日	年份	一日	年份	三日	年份	一日	年份	三日
1	2013	262	2013	371	1984	197	1984	234.4	2013	262	2013	371
2	1963	203.8	1963	251.5	1996	123.3	1996	213.7	1963	203.8	1963	251.5
3	1984	197	1984	234.4	1954	120.7	1997	182.4	1962	168.9	1962	222
4	1962	168.9	1962	222	1969	112.6	1999	181.5	2008	132.9	2001	203.6
5	2008	132.9	1996	213.7	1994	102.4	1994	179.1	2012	131	1987	192.9
6	2012	131	2001	203.6	1995	87.1	1954	173.6	2001	122.1	2008	184.1
7	1996	123.3	1987	192.9	1997	84.2	1995	134.2	1988	112	1990	165.5
8	2001	122.1	2007	191.5	1992	83.7	1969	129.8	1990	105.4	2012	158
9	1954	120.7	2008	184.1	1955	83.6	2009	129.3	2011	102.5	1983	133.7
10	1969	112.6	1997	182.4	2010	83.5	2012	127.5	1991	94.9	1991	128.4

表 9-4　闸口站各分期较大暴雨成果表　　单位:mm

序号	年最大				梅汛期				台汛期			
	年份	一日	年份	三日	年份	一日	年份	三日	年份	一日	年份	三日
1	1963	261	2013	371	1985	163.4	1997	282.6	1963	261	1963	337.3
2	2013	229	1963	251.5	1954	158.3	1998	226.4	2013	229	2013	297.5
3	1964	216	1984	234.4	2008	141.5	2000	202.8	1964	216	1964	294.1
4	1985	163.4	1962	222	1951	141	1985	202.3	1965	143	1988	197
5	1954	158.3	1996	213.7	1997	132.6	1951	201.1	1985	137.5	1984	184.8
6	2007	156.9	2001	203.6	1998	125	1954	196.4	1991	131.9	1991	182
7	1965	143	1987	192.9	2012	123.5	1995	188.3	1956	128.1	1990	178.3
8	2008	141.5	2007	191.5	1984	113.7	2008	186.7	1989	111.2	1965	168.2
9	1951	141	2008	184.1	1995	113.6	2012	151.5	1988	103.1	1973	144.8
10	1997	132.6	1997	182.4	1955	97.6	1955	138	1952	100.8	1985	138.7

由表 9-3 和表 9-4 可知,仓前、闸口站的台汛期暴雨均较梅汛期大,其中闸口站梅汛期、台汛期暴雨的差异较明显。

(三) 设计雨型

设计暴雨各时段雨量按暴雨公式计算,然后进行排列,老大项时段雨量的末时刻排在 21 时段,老二项时段雨量紧靠老大项的左边,其余各时段雨量,按大小次序,奇数项时段雨量排在左边,偶数项时段雨量排在右边,当右边排满 24 小时,余下各时段雨量按大小依次向左边排列。

根据分析,历年发生较大暴雨 Np 都不是很大,一般介于 0.2～0.4 间,从工程安全考虑,本次暴雨衰减指数取值为 0.55。最终计算得到研究区域设计暴雨情况如表 9-5。

表 9-5　研究区域不同频率 24 h 设计暴雨成果表

时段	各频率设计暴雨					
	20%	10%	5%	2%	1%	0.50%
1	2.39	3.11	3.83	4.80	5.54	6.28
2	2.45	3.19	3.92	4.92	5.67	6.43
3	2.51	3.27	4.02	5.04	5.82	6.59
4	2.58	3.35	4.13	5.17	5.97	6.77
5	2.65	3.45	4.25	5.32	6.14	6.96
6	2.73	3.55	4.37	5.47	6.32	7.16

续表

时段	各频率设计暴雨					
	20%	10%	5%	2%	1%	0.50%
7	2.81	3.66	4.51	5.64	6.51	7.38
8	2.90	3.78	4.65	5.83	6.73	7.63
9	3.01	3.91	4.82	6.03	6.96	7.89
10	3.12	4.06	5.00	6.26	7.22	8.19
11	3.38	4.40	5.42	6.79	7.84	8.89
12	3.72	4.85	5.97	7.48	8.63	9.78
13	4.18	5.44	6.71	8.40	9.69	10.99
14	4.85	6.31	7.78	9.74	11.24	12.74
15	5.94	7.73	9.53	11.93	13.77	15.61
16	8.24	10.73	13.22	16.55	19.10	21.66
17	11.04	14.36	17.69	22.16	25.58	28.99
18	30.15	39.24	48.33	60.54	69.87	79.20
19	6.83	8.89	10.95	13.72	15.83	17.95
20	5.32	6.92	8.53	10.68	12.33	13.97
21	4.48	5.83	7.19	9.00	10.39	11.77
22	3.93	5.12	6.31	7.90	9.12	10.34
23	3.54	4.61	5.68	7.11	8.21	9.30
24	3.24	4.22	5.20	6.51	7.51	8.52

9.4.2.2 潮位边界计算

根据《下沙新城水系规划》，设计潮位选用仓前站潮位。仓前站潮汐特征值见表9-6，设计潮位成果见表9-7。

表9-6 潮汐特征值表

站名	特征值						
	历史最高潮位(m)	历史最低潮位(m)	多年平均年最高潮位(m)	多年平均年最低潮位(m)	平均高潮位(m)	平均低潮位(m)	平均潮位(m)
仓前	8.03	0.42	6.60	1.85	4.26	2.73	3.50

注：文中潮位均为1985国家高程基准，下同。

表 9-7　年最高潮位成果表

站名	各重现期设计潮位(m)		
	100 年	20 年	10 年
仓前	8.42	7.59	7.22

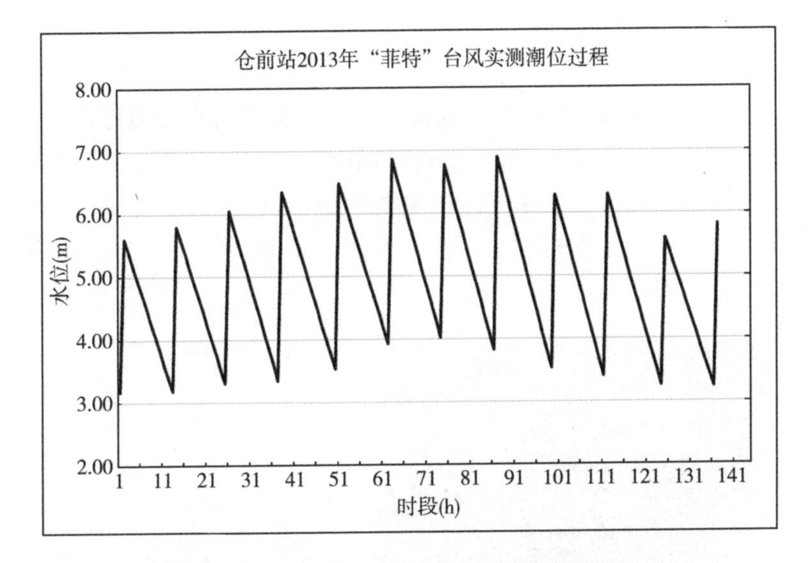

图 9-16　仓前站 2013 年“菲特”台风实测潮位过程

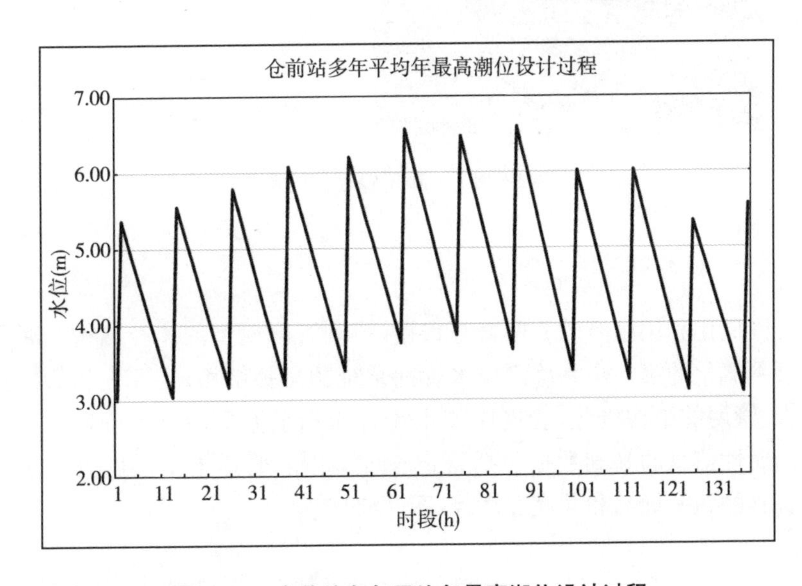

图 9-17　仓前站多年平均年最高潮位设计过程

选择略高于多年平均年最高值的 2013 年 10 月"菲特"台风作为偏不利设计潮型，以仓前站多年平均年最高潮位为控制要素同倍比放大，作为设计洪水方案的下边界潮位过程。

9.4.3 一维水动力模型构建

9.4.3.1 河网概化

河道交叉纵横形成河网，要对这样复杂的河道进行水动力计算是不太现实的，同时也是没有意义的，因此要对河网进行必要的简化。河网概化的基本原则是：保留幸福河等中小河流中主要河流，对保留的主要河流的细小支流加以概化，忽略缺乏资料的小河流。最终一维河网断面 916 个，河道共计 36 条，总长 158.987 km(图 9-18)。

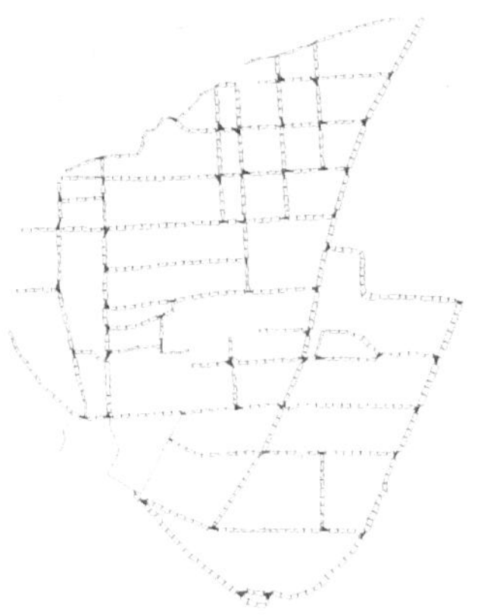

图 9-18 一维河道模型结构

9.4.3.2 管网概化

管网概化利用已有的管网普查数据，得到管网模型的拓扑结构及属性信息。管网概化的第一步是确定排水管网系统的拓扑结构，主要包括管网连通性检查，管网的结构概化，管网中的水流方向和水流变向点的确定等。排水管道的属性信息的基础数据包括管道长度、管径，管道上下游的管底标高以及检查井的地面标高和井底标高等(图 9-19)。

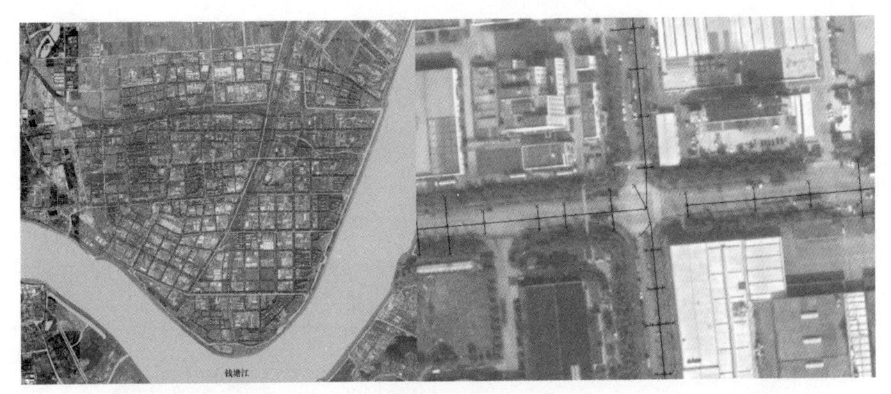
钱塘江

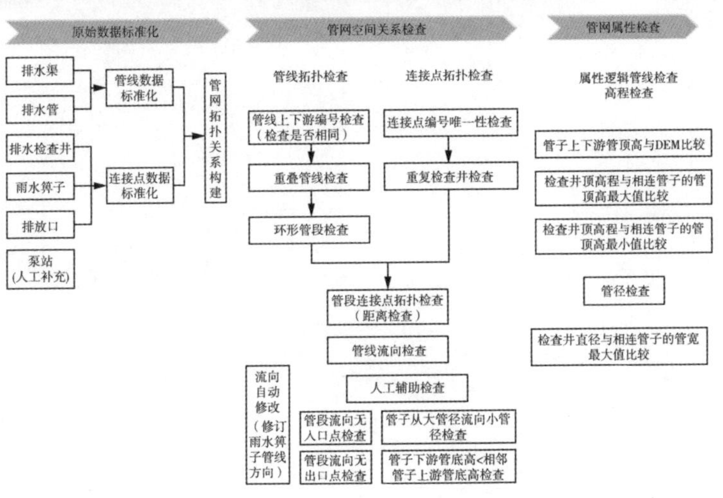
原始数据标准化
管网空间关系检查
管网属性检查
排水渠
排水管
管线数据标准化
排水检查井
雨水箅子
排放口
连接点数据标准化
泵站(人工补充)
管网拓扑关系构建
管线拓扑检查
连接点拓扑检查
管线上下游编号检查（检查是否相同）
重叠管线检查
环形管段检查
连接点编号唯一性检查
重复检查井检查
管段连接点拓扑检查（距离检查）
管线流向检查
人工辅助检查
流向自动修改（修订雨水箅子管线方向）
管段流向无入口点检查
管段流向无出口点检查
管子从大管径流向小管径检查
管子下游管底高<相邻管子上游管底高检查
属性逻辑管线检查
高程检查
管子上下游管顶高与DEM比较
检查井顶高程与相连管子的管顶高最大值比较
检查井顶高程与相连管子的管顶高最小值比较
管径检查
检查井直径与相连管子的管宽最大值比较

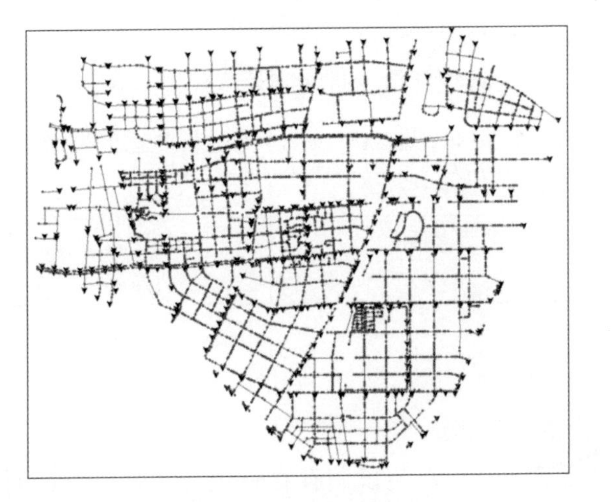

图 9-19　管网模型构建

9.4.3.3 建筑物及路网概化

下沙片为高度城市化的区域，流域内建筑密集，对水流有阻挡作用，在模型中的处理思路是先划除建筑物再进行模拟。建立模型时划出建筑物轮廓并在模拟范围中将建筑物排除在外，只考虑建筑物对水流的阻挡作用，不考虑建筑物内部淹没作用。本研究采用基于地表类型的糙率系法来确定糙率。同时，道路作为通行通道，实际中不可积水。最终一维路网断面 5 892 个，50 m一个矩形概化断面。

图 9-20 路网模型结构

9.4.3.4 边界条件

洪水分析模型的水文边界条件如下。

雨量边界 1 个，区域设计面雨量过程。

水位边界 1 个，为钱塘江沿岸排涝闸处水位过程。

表 9-8 杭州钱塘区(下沙片)洪水分析模型边界示意表

序号	名称	边界性质	数据类型
1	区域降雨	上边界	暴雨
2	钱塘江	下边界	潮位

9.4.3.5 参数选取与率定

(1) 下垫面情况分析

不同下垫面情况的产汇流机制存在一定的差异。本次暂按照房屋、道路、水系来区分下垫面，设置不同的不透水率，以便后续计算汇水区的实际径流系数。

按照房屋不透水率取95%，道路不透水率取75%，水系不透水率取0%，其他汇水区不透水率取60%，经过计算并综合考虑降雨工况，确定建模范围内的不透水率为：1—5年重现期下，短历时降雨时不透水率约为70%；50年降雨重现期下，长短历时降雨不透水率约为85%，“菲特”降雨工况下，不透水率约为90%。

(2) 径流系数确定

径流系数为一定汇水面积内总径流量(mm)与降水量(mm)的比值。影响径流系数的因素很多，最主要的是流域的地面性质。地面的种植情况对径流有很大的影响。地面上如种有植物或覆有草皮，就能截流很多水。土壤的渗水能力也是影响径流系数的一个因素。

根据杭州市用地类型资料和调研，及有关不同地面种类的径流系数的规定，借助GIS统计并核实杭州市不同地面种类的组成和比例，以加权平均法计算各用地类型的径流系数，即道路取0.85、居民地取0.70、耕地为0.20、城市绿地取0.20、水系为1、其他用地取0.80。另外，目前在雨水管道的设计中，径流系数通常采用按地面覆盖种类确定的经验数值。考虑到下沙新城一般雨水管道设计重现期取值为3年，因此径流系数适当取高至0.7，保证排水安全。

(3) 不同河段糙率系数确定

由于缺乏实测水位、流量资料，根据《杭州经济技术开发区防洪排涝专项规划》，结合下沙片区地形特点和水系分布，硬质护岸的顺直河段综合糙率0.022 5～0.025，土质河岸为0.025～0.030；个别河势不顺直且有阻水河段综合糙率为0.030～0.032 5。

以上参数，基本符合海积平原地区河道糙率系数取值规律，并和已有设计成果相协调，可用于下沙地区河网防洪排水计算。

9.4.3.6 模型验证

率定验证采用绝对误差与相对误差对模型有效性进行评定，用于表示计算值系列与实测系列数量级近似程度，模拟值与实测值相差越小，模拟效果越好；反之，模拟值与实测值相差越大，模拟效果越差。

选取“20200917”“20210723”“20210813”历史洪水，采用率定过的参数进行河道洪水和区域洪水淹没的验证，需要满足验证结果与实际洪水的最大水位误差(实测水位与计算水位之差绝对值的最大值)不超过20 cm，相对误差不超过10%。

表 9-9　模型验证结果

率定场次	时间	站点	实测水位峰值(m)	计算水位峰值(m)	水位峰值误差(m)
1	20200917	白洋桥站	4.43	4.51	+0.08
		创业二号闸站	4.30	4.36	+0.06
		乔司农场站	4.35	4.33	−0.02
2	20210723	白洋桥站	4.36	4.43	+0.07
		创业二号闸站	4.31	4.35	+0.04
		乔司农场站	4.34	4.33	−0.01
3	20210813	白洋桥站	4.33	4.40	+0.07
		创业二号闸站	3.87	3.92	+0.05
		乔司农场站	4.41	4.48	+0.07

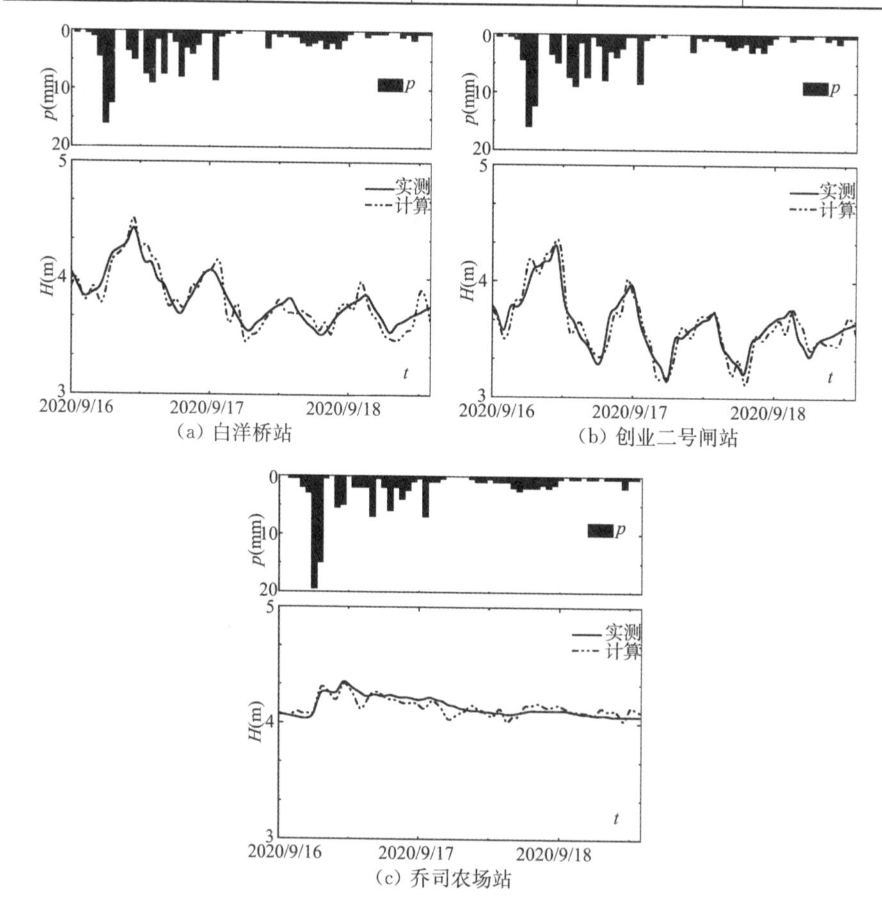

图 9-21　“20200917”洪水各验证站点水位模拟对比

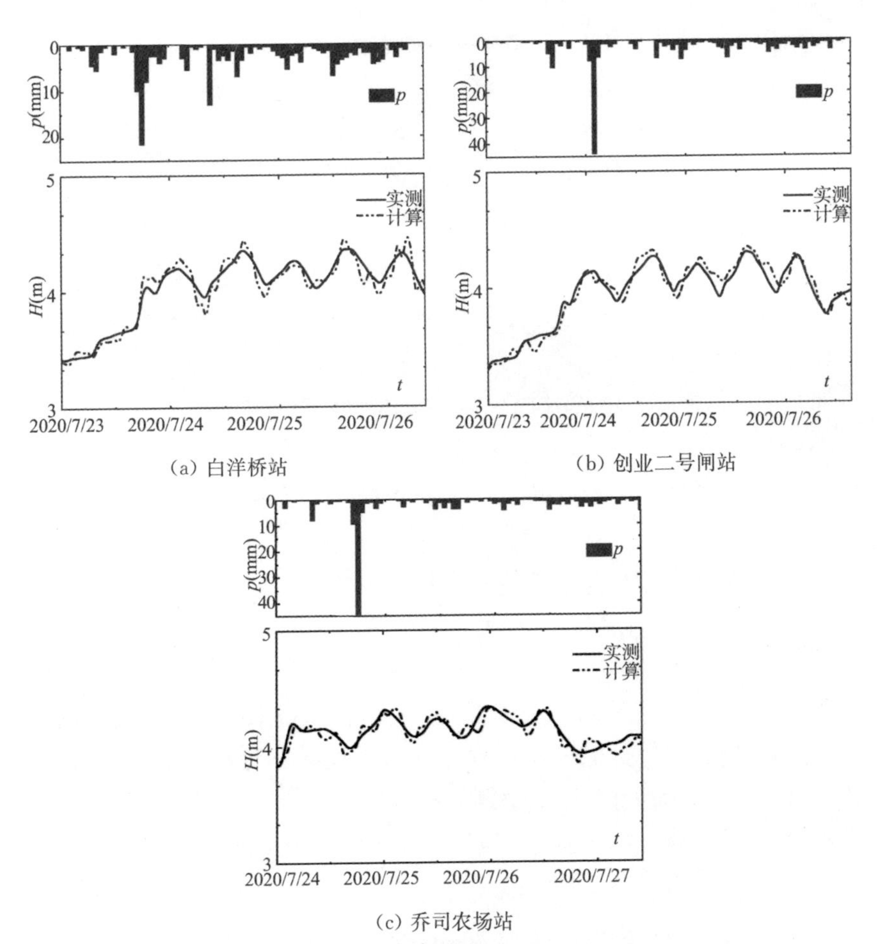

(a) 白洋桥站　　(b) 创业二号闸站

(c) 乔司农场站

图 9-22　“20210723”洪水各验证站点水位模拟对比

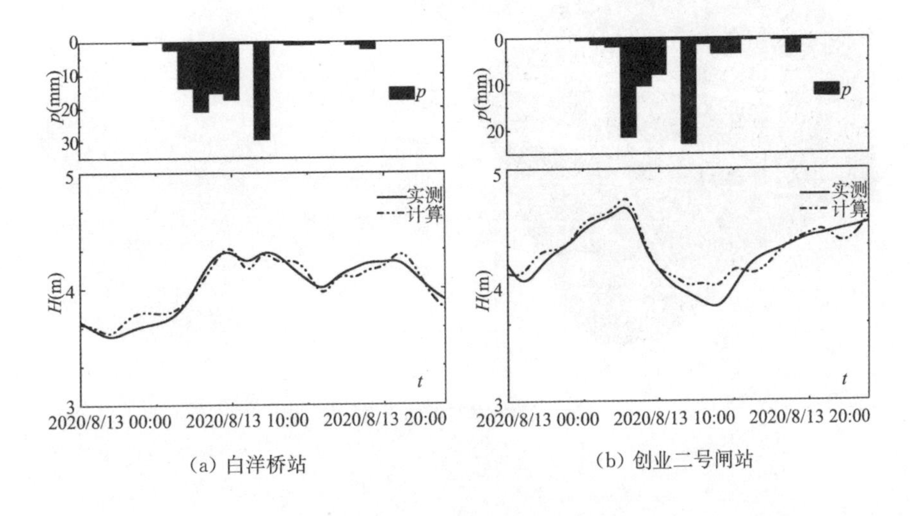

(a) 白洋桥站　　(b) 创业二号闸站

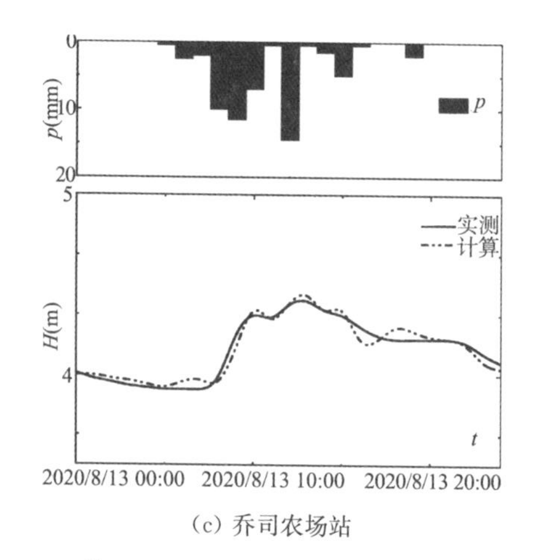

（c）乔司农场站

图 9-23 “20210813”洪水各验证站点水位模拟对比

9.4.4 二维水动力模型构建

9.4.4.1 模型概化

二维模型网格划分的平均边长约为 31 m，网格数 100 840 个，建筑物密集区域、道路区域等重要区域的网格根据建筑物边界和道路边界自动加密，最小边长可达 9 m，将地面高程赋值到划分好的网格之中。以上的网格划分方法既可提高道路、建筑物等重要区域的计算精度，又保证了模型整体的计算效率。如图 9-24 及表 9-10 所示。

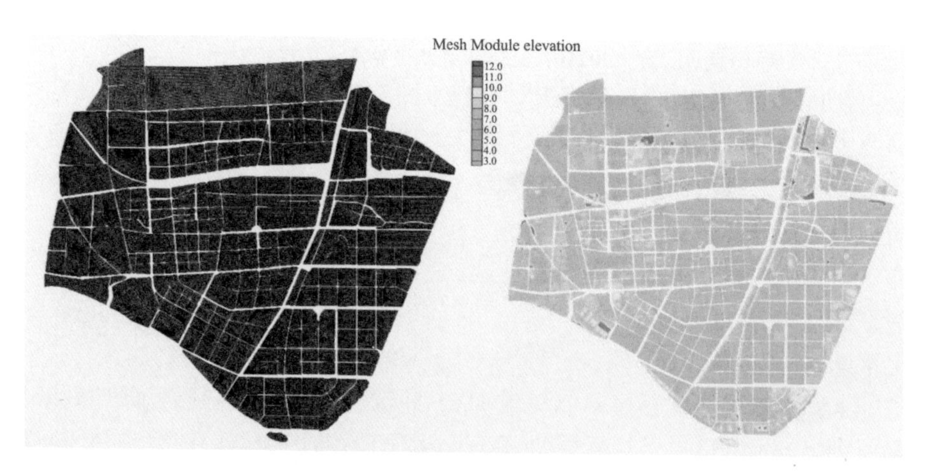

图 9-24 二维模型结构及高程赋值

表 9-10　二维网格剖分信息表

网格信息	单元数	边数	结点数	面积	最短/长边	平均边长
数量	100 840	190 745	90 262	72 404 745	9.5/61.4	30.96

9.4.4.2　参数选取与率定

选取各排水分区的常水位作为整体模型中各河道的初始水位，模型根据断面资料采用不等间距的节点布置，实测河道断面间距约为 100～500 m，模型计算步长为 100 m 左右，为使模拟计算过程保持较好的稳定状态和满足模型计算精度，模型时间步长采用 60 s。河道糙率取值参考《水力学手册》，根据土地利用类型糙率取值标准，同时考虑城区建筑的密集程度、历史洪水的淹没情况，具体取值如表 9-11 所示。

表 9-11　二维模型糙率值表

地表分类	糙率通常取值	本文糙率值	备注
城区街道	0.01～0.067	0.05	城区街道中心设有隔离设施和绿化、人行道和车辆，主要材料混凝土和沥青
植被茂密	0.05～0.2	0.08	区域内公园、小区成片绿化
开阔空地	0.33～0.1	0.06	城郊大面积空地，被树木、草或庄稼大面积覆盖

9.4.4.3　模型验证

采用 2021 年“烟花”台风实况降雨作为地表淹没验证的边界条件。主要积水点集中在金沙湖附近、大学城北和科技园，从对比结果可以看出，城区 85%的积水点与实际相符，满足精度要求，因此构建的二维地表模型也是合理准确的(表 9-12)。

表 9-12　“烟花”台风积水分布计算情况与实际对比

序号	积水路段	积水原因	积水深度(cm)(模型计算)	结果是否相符
1	海达路金沙大道路口	存在下沉式广场，地形相对周边地区低，形成低洼点	5～25	是
2	金乔街海达北路口东	内涝严重积水点，雨水管径较小，地面标高较低	15～20	是
3	新加坡杭州科技园	管道排水能力满负荷	25～40	是
4	新南路文渊北路口西	无雨水管且地势低	10～22	是

续表

序号	积水路段	积水原因	积水深度(cm)(模型计算)	结果是否相符
5	银沙路校苑路口西	雨量大导致短时排涝不畅,有少量积水	0	否
6	南苑路下沙南路口	地形低洼,大量雨水汇入	8～20	是
7	五洋路松乔街路口西北	溢流严重,雨水管道不畅	10～15	是

9.5 洪涝情景分析模拟及风险评估

9.5.1 情景方案设置

下沙地区地势平坦低洼,一旦遭遇暴雨形成的洪涝灾害范围广、历时长。主要的洪水来源包括区域暴雨洪水和钱塘江高潮位。结合致灾因子变化与各水利工程调度的影响,模拟方案提出两大类,共计 7 组情景模拟方案(表 9-13)。

表 9-13 洪涝模拟情景设置

序号	类别	备注
1	洪潮组合情景模拟	下沙地区 5 年一遇设计暴雨,钱塘江遭遇 5 年一遇设计潮位
2		下沙地区 10 年一遇设计暴雨,钱塘江遭遇 10 年一遇设计潮位
3		下沙地区 20 年一遇设计暴雨,钱塘江遭遇 20 年一遇设计潮位
4		下沙地区 50 年一遇设计暴雨,钱塘江遭遇 50 年一遇设计潮位
5		下沙地区 100 年一遇设计暴雨,钱塘江遭遇 100 年一遇设计潮位
6		下沙地区 200 年一遇设计暴雨,钱塘江遭遇 200 年一遇设计潮位
7	历史洪水情景模拟	假定发生 2013 年“菲特”台风历史洪水,分析现状条件下所造成的洪水淹没及损失

采用验证后的计算模型,对上述计算方案开展洪水分析,得出淹没区的淹没范围、淹没水深、淹没时间、淹没历时等特征信息。

9.5.2 洪潮组合方案模拟结果分析

为了探究下沙区城区目前的防洪能力,分别对 5 年至 100 年一遇设计洪水情景进行比较,统计分析各方案下淹没范围及淹没水深情况,进行横向比较。见表 9-14 及图 9-25。

表 9-14　不同方案下淹没情况对比表

情景方案	淹没面积(km²)
5 年一遇设计暴雨＋潮位	1.74
10 年一遇设计暴雨＋潮位	3.20
20 年一遇设计暴雨＋潮位	3.24
50 年一遇设计暴雨＋潮位	3.56
100 年一遇设计暴雨＋潮位	3.59
200 年一遇设计暴雨＋潮位	3.62
2013 年“菲特”台风历史洪水	3.73

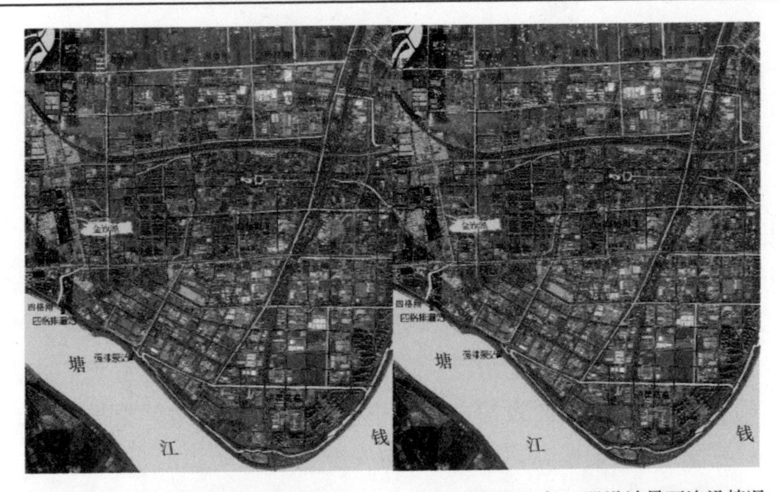

(a) 遭遇 5 年一遇设计暴雨淹没情况　　(b) 遭遇 10 年一遇设计暴雨淹没情况

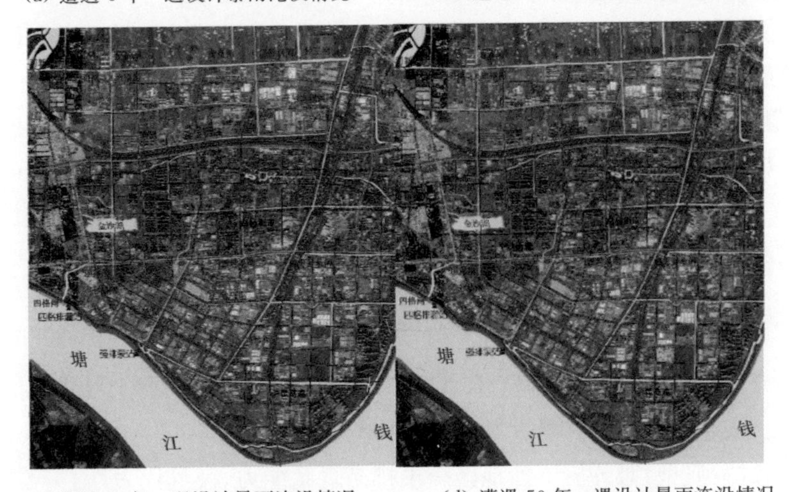

(c) 遭遇 20 年一遇设计暴雨淹没情况　　(d) 遭遇 50 年一遇设计暴雨淹没情况

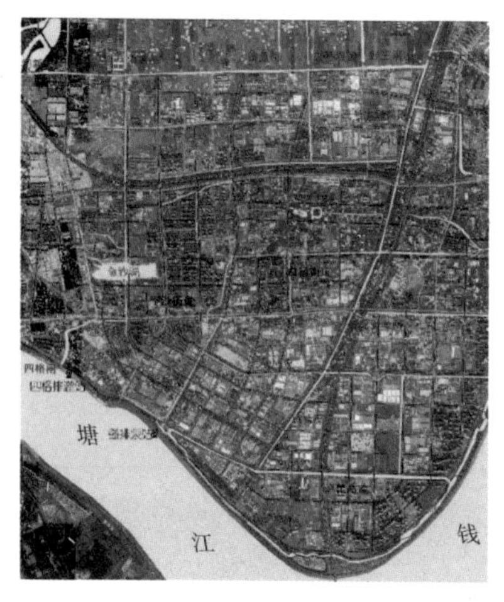

(e) 遭遇 100 年一遇设计暴雨淹没情况

图 9-25　不同方案下淹没水深图

由淹没水深图可以看出,金沙湖及周边的受涝情况较为严重,防洪能力仅有 10 年一遇水平。分析原因是:金沙大道以北原本地势低,距离四格、850 等口门远,排涝条件先天不足;金沙湖周边 8 km^2 范围,正在进行高标准城市化开发建设,城市雨水管网全覆盖后,外排水强度增大,对河道承接能力提出了更高的要求;幸福河中断致使金沙大道以北区域排涝条件更加恶化。周边区域人口密集、财富集聚高,其防洪排涝安全是下沙防汛的重中之重。因此,必须针对淹没情况研究科学对策。

德胜路以北—新建河以南,东西两侧分别到文津路、绕城高速(下沙西部)范围 10.5 km^2,主要为工业用地,辅以部分居住用地,开展了城市化建设,雨水管网一年一遇短历时设计降雨 36 mm/h。当遇到 20 年一遇强度降雨时,区域排水强度达到 38 万 m^3/h,可抬高周边河网最高水位约 14 cm,大大增加了河道洪水漫溢风险,同时当河道上游洪峰与下游钱塘江高潮位相碰时,洪水由于受到潮水顶托,排泄受阻,形成更加严重的区域城市内涝。

9.5.3　历史洪水方案重演模拟结果分析

2013 年 10 月第 23 号强台风“菲特”,导致浙江沿海多地特大暴雨,特别是宁波、余姚受灾严重。受其影响,下沙地区也发生历史罕见的特大暴雨,此次降雨过程典型,对分析下沙地区防洪排涝现状能力,极具代表性。

受强台风“菲特”外围影响,2013 年 10 月 6 日 8 点下沙地区开始下小到中雨，于7日凌晨1点到8日凌晨5点(历时28小时)开始集中降雨，集中降雨量达321 mm。到8日15点(历时55小时)结束降雨，下沙地区累计降雨量达到361 mm，已超过百年一遇降雨标准。受外江高潮水位的影响，7日18点开发区各水位监测点水位达到最高点，开发区白洋桥站点最高河道水位达5.52 m，乔司农场站点最高河道水位达5.42 m，创业二号闸站点河道最高水位达5.38 m，均超过开发区河道20年一遇洪水位(5.2 m)，白洋桥站点超20年一遇洪水位历时4小时。

表9-15　白洋桥站"菲特"台风雨量、水位过程

时间	水位(m)	小时雨量(mm)	累计雨量(mm)	时间	水位(m)	小时雨量(mm)	累计雨量(mm)
6日22时	3.32	2.5	2.5	7日14时	4.71	3	206.5
23时	3.35	4.5	7	15时	4.92	24.5	231
24时	3.36	2.5	9.5	16时	5.18	17.5	248.5
7日1时	3.34	4	13.5	17时	5.38	15.5	264
2时	3.45	14	27.5	18时	5.52	9.5	273.5
3时	3.54	8	35.5	19时	5.41	5	278.5
4时	3.7	10	45.5	20时	5.2	0.5	279
5时	3.94	21.5	67	21时	5.03	3.5	282.5
6时	4.1	8.5	75.5	22时	4.89	6.5	289
7时	4.26	14	89.5	23时	4.74	0	289
8时	4.45	27	116.5	24时	4.59	0.5	289.5
9时	4.49	16	132.5	8日1时	4.44	0	289.5
10时	4.53	18	150.5	2时	4.36	3	292.5
11时	4.65	23.5	174	3时	4.51	14	306.5
12时	4.79	23.5	197.5	4时	4.68	16	322.5
13时	4.76	6	203.5	5时	4.78	6.5	329

表9-16　2013年"菲特"台风淹没统计

分析方案	淹没面积(km^2)	最大淹没深度(m)	平均淹没深度(m)
2013年"菲特"台风历史洪水	3.73	0.81	0.30

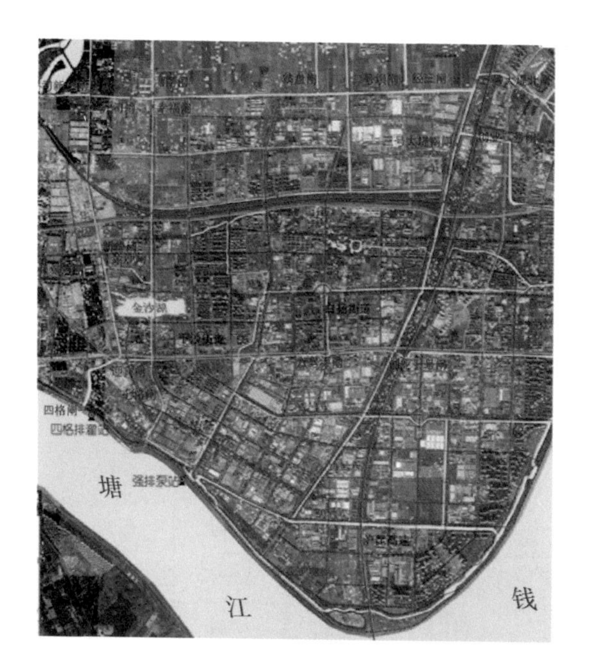

图 9-26　2013 年“菲特”台风淹没水深

在接到台风预报后，即通过下沙排涝闸和 850 排涝闸的排涝运行预降河道水位，在降雨开始前开发区河道平均水位为 3.4 m。因正值天文大潮，降雨开始后，四格排灌站即开足马力全力机排；下沙排涝闸和 850 排涝闸则根据钱塘江水位变化，通过自排和机排交替运行方式 24 小时不间断运行。临江三个泵闸站累计水泵机排运行 273.16 台时，排水约 980 万 m^3；闸门自排运行 251 孔时，排水约 2 740 万 m^3；合计总排水量达 3 720 万 m^3。

本次降雨造成区域内 19 个路段局部路面积水，影响车辆通行，但主干道路未出现严重积水。4 家企业和 3 户居民发生进水告急的情况，经公安、消防等部门紧急救援，未发生险情。全区道路交通和生产生活一定程度受到了影响。本次洪水未造成排涝闸站及内河节制闸出现损毁；造成河道驳坎损毁 4 处，计 25 m；造成标准堤塘堤顶道路路肩塌陷 8 处计 23 m，内坡坡面出现多处大小不等的雨淋沟，但未危及堤塘结构安全。

9.5.4　洪水风险评估

收集下沙相关区域 2019 年统计年鉴数据。统计年鉴中与本研究相关内容包括：行政区划、生产总值、人口、工业产值、街道镇乡资料详情等。

使用相应的损失评估软件并结合 GIS 平台将行政区界、道路、人口图层分别与淹没范围面图层进行求交计算后，以乡镇为统计单元得到 7 个情景方案的受淹面积、受影响 GDP 等情况。

表 9-17　各方案影响统计表

分析方案	淹没面积（km^2）	影响人口（万元）	淹没区 GDP（万元）	洪水损失（万元）
5 年一遇设计暴雨	1.74	1.01	1 005.87	402.35
10 年一遇设计暴雨	3.20	1.85	1 850.72	740.29
20 年一遇设计暴雨	3.24	1.89	1 886.07	754.43
50 年一遇设计暴雨	3.56	2.09	2 087.82	835.13
100 年一遇设计暴雨	3.59	2.11	2 112.76	845.1
200 年一遇设计暴雨	3.62	2.13	2 128.36	851.34
2013 年“菲特”台风历史洪水	3.73	2.17	2 173.34	869.33

9.6　钱塘区下沙片洪水风险图管理与应用系统

杭州钱塘区下沙片洪水风险图管理与应用系统实现各类洪水风险图自动绘制、信息查询、灾情统计、损失评估以及风险预警等功能于一体。

系统结合 GIS 平台和数据库技术，模拟洪水淹没过程，包括多种洪水淹没要素的计算，如淹没水深、淹没范围等，结合社会人口经济情况进行受灾淹没损失分析。

系统主要功能包括：(1) 实时洪涝计算；(2) 洪水灾情分析；(3) 实时洪水风险图绘制。系统通过电子地图将区域内的空间数据进行表达，集成了空间分析、信息管理、实时洪水演进分析、风险分析等专业模型，可以辅助管理人员进行杭州钱塘区下沙片的洪水风险分析工作。

9.6.1　洪涝模拟

近几十年来，计算机对水流运动的模拟能力和模拟精确程度也不断地得到提高，河道水流数值模拟逐渐成为人们认识水流运动、研究水流运动的重要的方法，通过计算机程序模拟真实、直观地反映了河道水流的运动情况。

模型计算的条件设定包括如下。

1. 边界条件

对于边界，主要是给定区域雨量过程(图 9-27)。

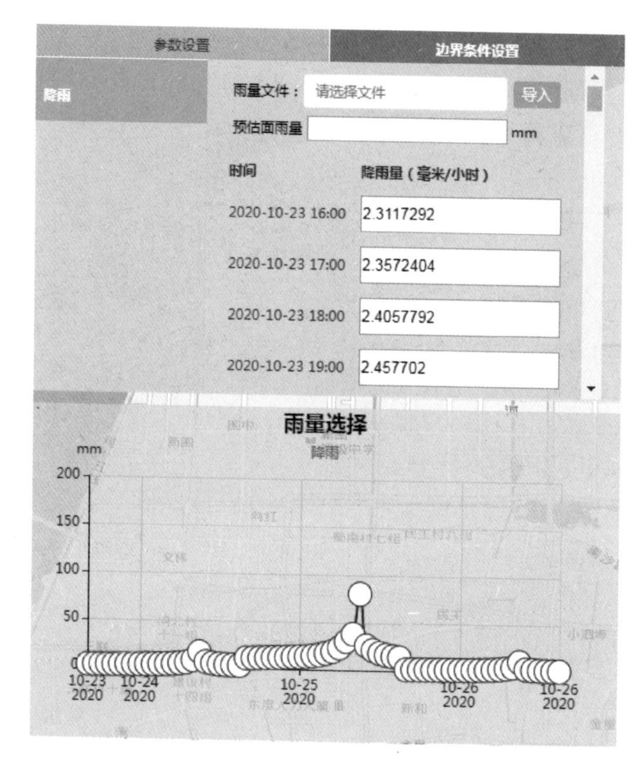

图 9-27　模型边界条件设计

2. 模型参数的选择

模型控制参数主要有演算时段控制参数和结果输出控制参数。演进时段控制参数包括起始计算时间、终止计算时间和计算时间步长。结果输出控制参数是结果文件输出的时间步长间隔数(图 9-28)。

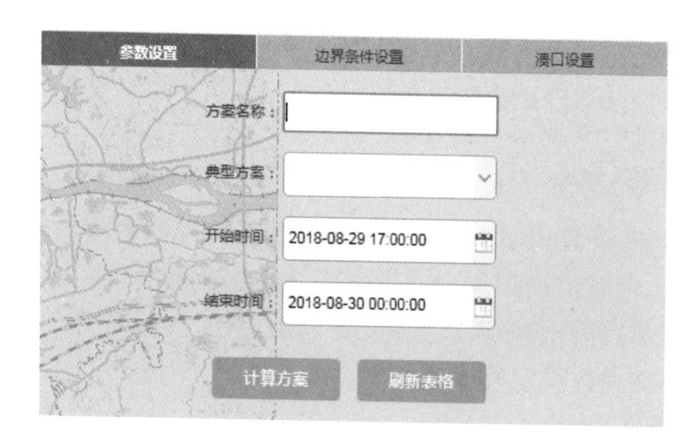

图 9-28　模型运算时间等参数设置

9.6.2 灾情统计分析

洪水灾情统计是防洪决策的重要组成部分。通过模型计算得出洪水淹没图层，确定洪水淹没范围及等级，然后再对淹没区的淹没深度进行分级统计（图 9-29）。

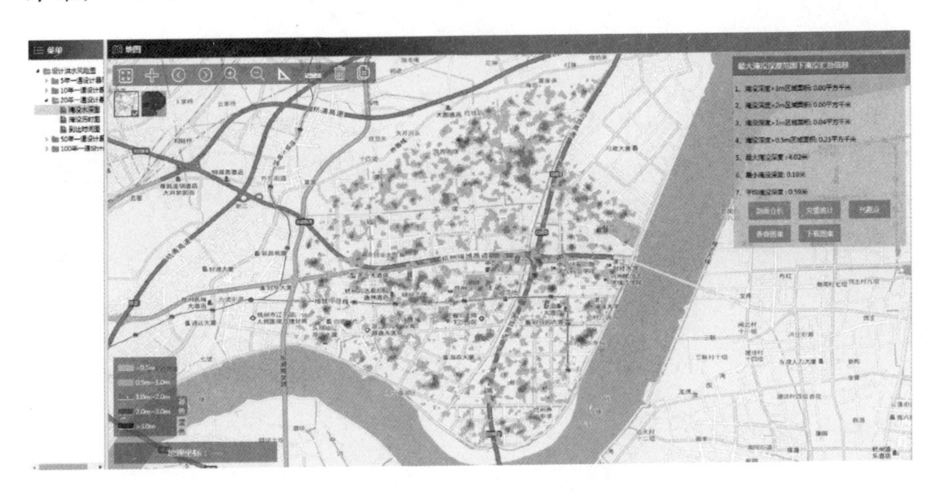

图 9-29 淹没信息统计及展示

9.6.3 实时洪水风险图绘制

如图 9-30—图 9-31 所示。

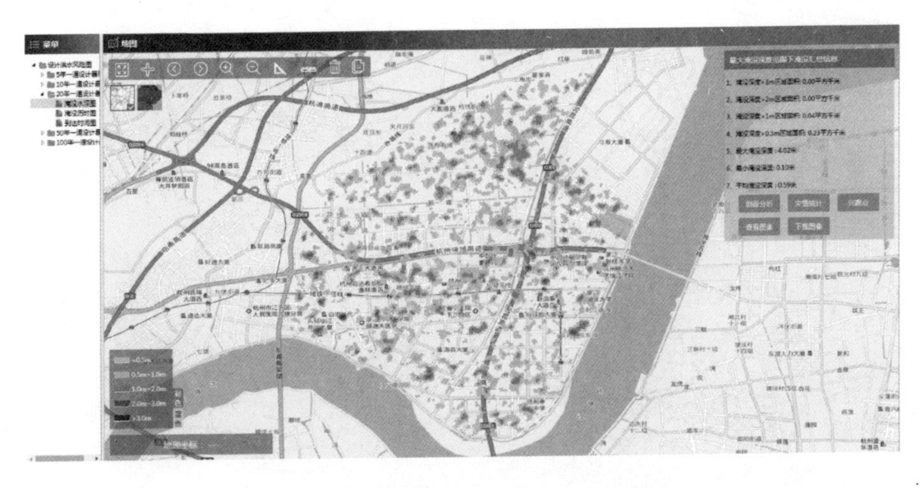

图 9-30 某方案下洪水最大淹没水深图

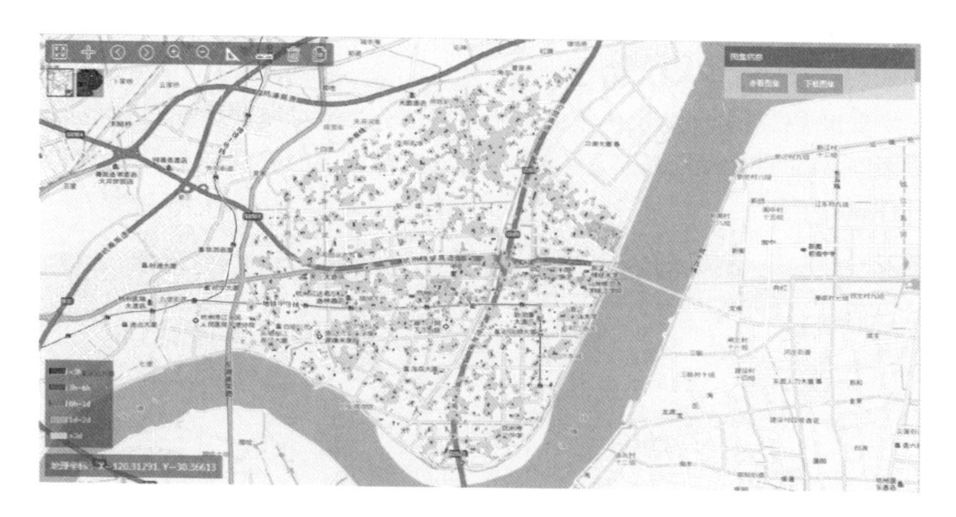

图 9-31　某方案下洪水淹没历时图

参考文献

[1] 张建云,王国庆.气候变化对水文水资源影响研究[M].北京:科学出版社,2007.

[2] MCDONALD R I, GREEN P, BALK D, et al. Urban growth, climate change, and freshwater availability[J]. Proceedings of the National Academy of Sciences of the United States of America,2011, 108(15): 6312-6317.

[3] ROOS M M D, HARTMANN T T, SPIT T T J M, et al. Constructing risks-Internalisation of flood risks in the flood risk management plan[J]. Environmental Science & Policy, 2017, 74: 23-29.

[4] 文康. 洪水管理——一种人与自然和谐共存的策略[J]. 水利规划与设计,2004(1):11-14.

[5] OUMERACI H. Sustainable coastal flood defences: scientific and modelling challenges towards an integrated risk-based design concept [C]. Proc. First IMA International Conference on Flood Risk Assessment, IMA -Institute of Mathematics and its Applications, Session 1, Bath, UK, 2009 :9-24.

[6] 程晓陶,谭徐明,周魁一,等. 我国防洪安全保障体系与洪水风险管理的基础研究[J]. 中国水利,2004,22:61-63.

[7] FLEMING G. Learning to live with rivers—the ICE's report to government [J]. Proceedings of the Institution of Civil Engineers-civil Engineering, 2002,150(5):15-21.

[8] 国家防汛抗旱总指挥部办公室. 洪水风险图编制导则: SL 483—2010 [S].北京:中国水利水电出版社,2010.

[9] 国家防汛抗旱总指挥部办公室. 洪水风险图编制技术细则(试行)[S]. 北京:中国水利水电出版社,2009.

[10] 程晓陶. 城市型水灾害及其综合治水方略[J]. 灾害学, 2010, S1: 10-15.

[11] 张建云,宋晓猛,王国庆,等. 变化环境下城市水文学的发展与挑战——I. 城市水文效应[J]. 水科学进展,2014,25(4):594-605.

[12] 李娜,王艳艳,王静,等. 洪水风险管理理论与技术[J]. 中国防汛抗旱, 2022,32(1):54-62.

[13] R E HORTON. The role of infiltration in the hydrologic cycle[J]. Transactions, American Geophysical Union, 1933, 14:446-460.

[14] 赵人俊. 流域水文模拟——新安江模型与陕北模型[M]. 北京:水利电力出版社, 1984.

[15] 吴险峰, 刘昌明. 流域水文模型研究的若干进展[J]. 地理科学进展, 2002, 21(4): 341-348.

[16] FREEZE R A, HARLAN R L. Blueprint for a physical-based digitally-simulated hydrological response model[J]. Journal of Hydrology, 1969, 9: 237-258.

[17] BEVEN K J, KIRKBY M J. A physically based, variable contributing area model of basin hydrology[J]. Hydrological Sciences Journal, 1979, 24(1): 43-69.

[18] IAHS. International Hydrology Today[Z]. IAHS Publications,2003.

[19] 刘志雨,侯爱中,王秀庆. 基于分布式水文模型的中小河流洪水预报技术[J]. 水文,2015,35(1):1-6.

[20] 包红军,李致家,王莉莉,等. 基于分布式水文模型的小流域山洪预报方法与应用[J]. 暴雨灾害,2017,36(2):156-163.

[21] DOOGE J C I, KUNDZEWICZ Z W, NAPIÓRKOWSKI J J. On backwater effects in linear diffusion flood routing[J]. Hydrological Sciences Journal, 1983, 28(3): 391-402.

[22] LIGGETT J A, WOOLHISER D A. Difference solutions of the shallow-water equation[J]. Journal of the Engineering Mechanics Division, 1967, 93(2): 39-72.

[23] 周孝德,陈惠君. 滞洪区二维洪水演进及洪灾风险分析[J]. 西安理工大学学报,1996,12(3):244-250.

[24] 李大鸣,陈虹,李世森.河道洪水演进的二维水流数学模型[J].天津大学学报,1998,3(4):439-445.

[25] PAUL D BATES, MATTHEW S HORRITT, TIMOTHY J FEWTRELL. A simple inertial formulation of the shallow water equations for efficient two-dimensional flood inundation modeling [J], Journal of Hydrology, 2010,387:33-45.

[26] 胡四一,谭维炎.用TVD格式预测溃坝洪水波的演进[J].水利学报,1989(7):1-11.

[27] 谭维炎,胡四一.二维浅水流动的一种普适的高性能格式——有限体积Osher格式[J].水科学进展,1991,2(3):154-161.

[28] 谭维炎,胡四一.二维浅水明流的一种二阶高性能算法[J].水科学进展,1992,3(2):89-95.

[29] 谭维炎,韩曾萃.钱塘江口涌潮的二维数值模拟[J].水科学进展,1995,6(2):83-93.

[30] 谭维炎,胡四一,王银堂,等.长江中游洞庭湖防洪系统水流模拟——Ⅰ.建模思路和基本算法[J].水科学进展,1996(4):57-66.

[31] 陈文龙,宋利祥,邢领航,等.一维-二维耦合的防洪保护区洪水演进数学模型[J].水科学进展,2014,25(6):848-855.

[32] 章国材.暴雨洪涝预报与风险评估[M].北京:气象出版社,2012:119-125.

[33] 张大伟,李丹勋,陈稚聪,等.溃堤洪水的一维、二维耦合水动力模型及应用[J].水力发电学报,2010,29(2):149-154.

[34] 蒋书伟.南渡江河道及洪泛区洪水演进的一、二维数值仿真模拟研究[D].天津:天津大学,2014.

[35] BRANDMEYER J E, KARIMI H A. Coupling methodologies for environmental models[J]. Environmental Modelling & Software, 2000, 15(5):479-488.

[36] 王船海,李光炽.流域洪水模拟[J].水利学报,1996(3):44-50.

[37] 李致家,包红军,孔祥光,等.水文学与水力学相结合的南四湖洪水预报模型[J].湖泊科学,2005(4):299-304.

[38] 杨甜甜.大沽夹河流域水文水动力耦合模型研究及应用[D].大连:大连理工大学,2015.

[39] BEIGHLEY R E , EGGERT K G , DUNNE T , et al. Simulating

hydrologic and hydrodynamic processes throughout the Amazon River Basin[J]. Hydrological Processes, 2010, 23(8):1221-1235.
[40] 张小琴,包为民.新安江模型与水动力学模型结合的区间入流动态修正研究[J].中国农村水利水电,2008(6):37-41.
[41] THOMPSON J R,SRENSON H R,GAVIN H,et al. Application of the coupled MIKE SHE /MIKE 11 modelling system to a lowland wet grassland in southeast England [J]. Journal of Hydrology,2004,293(1-4): 151-179.
[42] 韩超,梅青,刘曙光,等. 平原感潮河网水文水动力耦合模型的研究与应用[J]. 水动力学研究与进展(A辑),2014,29(6):706-712.
[43] 刘浏, 徐宗学. 太湖流域洪水过程水文-水力学耦合模拟[J]. 北京师范大学学报:自然科学版, 2012, 48(5): 530-536.
[44] 董湃.基于水文水动力耦合模型的浑河流域排涝区土地利用变化对排涝模数的影响分析[J].水利技术监督,2018(4):145-148.
[45] 罗文兵,王修贵,乔伟,等.基于水文水动力耦合模型的平原湖区土地利用变化对排涝模数的影响[J].长江科学院院报,2018,35(1):76-81.
[46] VOGEL R M. Reliablilty indices for water supply systems[J]. Water Resources Planning and Management, 1987,113(4):563-579.
[47] 梁华男. 基于不同风险因素组合的水库防洪风险分析[D].西安:长安大学,2016.
[48] 刘艳丽,周惠成,张建云.不确定性分析方法在水库防洪风险分析中的应用研究[J].水力发电学报,2010,29(6):47-53.
[49] 焦瑞峰. 水库防洪调度多目标风险分析模型及应用研究[D].郑州:郑州大学,2004.
[50] 杨百银,王锐琛,安占刚.单一水库泄洪风险分析模式和计算方法[J].水文,1999(4):5-12.
[51] 姜树海,范子武.水库防洪预报调度的风险分析[J].水利学报,2004(11):102-107.
[52] 郑管平,王木兰.溢流坝泄流能力可靠度计算[J].河海大学学报,1989(5):15-22.
[53] 徐祖信,郭子中.开敞式溢洪道泄洪风险计算[J].水利学报,1989(4):50-54.
[54] 庞树森.三峡水库对长江中下游防洪补偿调度的作用——以 2017 年长

江第1号洪水为例[J]. 中国防汛抗旱,2019,29(8):16-19.

[55] 顾巍巍,江雨田,张卫国,等. 一维-二维耦合的水库下游地区洪水演进数学模型及应用[J]. 水电能源科学,2018,36(5):43-45+132.

[56] 陈建峰. 黑河金盆水库下游洪水模拟研究[D]. 西安:西安理工大学,2007.

[57] 孙继鑫,王剑,杨少雄,等. 黄河水库下游河段洪水影响规律数值模拟研究[J]. 西北水电,2022(2):18-26.

[58] 曹永强,倪广恒,王本德. 利用年内洪水统计特性计算设计洪水和分期汛限水位新方法[J]. 大连理工大学学报,2005,45(5):740-744.

[59] 陈军飞,董然. 基于随机森林算法的洪水灾害风险评估研究[J]. 水利经济,2019,37(3):55-61+87.

[60] SUN D, YU Y, GOLDBERG M D. Deriving water fraction and flood maps from MODIS images using a decision tree approach[J]. IEEE Journal of Selected Topics in Applied Earth Observations and Remote Sensing, 2011, 4(4):814-825.

[61] TAVARES A O, SANTOS P P, FREIRE P, et al. Flooding hazard in the Tagus estuarine area: The challenge of scale in vulnerability assessments[J]. Environmental Science & Policy, 2015, 51: 238-255.

[62] DUSHMANTA DUTTA, SRIKANTHA HERATH, KATUMI MUSIAKE. A mathematical model for flood loss estimation[J]. Journal of Hydrology, 2003,277(1-2):24-49.

[63] 殷洁,裴志远,陈曦炜,等. 基于GIS的武陵山区洪水灾害风险评估[J]. 农业工程学报,2013,29(24):110-117.

[64] 田玉刚,覃东华,杜渊会. 洞庭湖地区洪水灾害风险评估[J]. 灾害学,2011,26(3):56-60.

[65] 马建明,许静,朱云枫,等. 国外洪水风险图编制综述[J]. 中国水利,2005(17):29-31.

[66] 朱绛. 美国的洪泛平原管理[J]. 灾害学,2002(4):84-87.

[67] 向立云. 洪水风险图编制与应用概述[J]. 中国水利,2017(5):9-13.

[68] 毛德华,谢石,刘晓群,等. 洪灾风险分析的国内外研究现状及展望(Ⅲ)——研究展望[J]. 自然灾害学报,2012,21(5):8-15.

[69] 程晓陶. 我国推进洪水风险图编制工作基本思路的探讨[J]. 中国水利,2005(17):11-13.

[70] 林源君,王旭滢,包为民,等.基于一二维水动力模型的山丘区小流域洪水模拟与淹没分析[J].水力发电,2022,48(3):10-14.
[71] 周慧妍,常鸿,王旭滢,等.永宁江流域洪水情景模拟分析[J].中国市政工程,2021(06):46-50+127-128.
[72] 王旭滢,阮跟军,马婷,等.基于水文水动力模型的浦阳江流域洪水情景模拟[J].中国农村水利水电,2021(2):113-118.
[73] 王旭滢.浦阳江流域洪水模拟与风险管理[D].南京:河海大学,2019.
[74] 周慧妍.永宁江流域防洪工程对洪水淹没影响分析[D].南京:河海大学,2021.
[75] 林源君.浙江典型滨海城市复合致灾因子洪涝模拟及淹没分析[D].南京:河海大学,2022.